JN102400

改訂2版

実務測量に挑戦!!

基準点測量

control point survey

谷口 光廣
岡島 賢治
森本 英嗣 著
中村 光司
成岡 市

電気書院

まえがき

平成26年（2014年）、本書の原点にあたる初版が出版された。それから数年の間に関係法や測量機器あるいは測量技術が更新され、平成29年（2017年）に改訂新版、そして今回、改訂２版が出版されることになった。

測量とは、地球表面上に存在しているモノの「**位置、距離、高低差、面積、体積を測る**」ことである。この測るという行為は、人類文明の発達とともに、集落を築く、農耕地を拓く、人工物を建造する、あるいは社会基盤の整備を行うことであり、「**基準となるモノ**」を用いて測ることであった。

古代中国に、現代の測量につながる「観天法地」あるいは「測天量地」という語句が残されている。すなわち、「国土統治のために天象に基準を求め、地勢に従って境域を定める」こと、「天をはかる（測る）、地をはかる（量る）ことを使い分けて、天と地をはかる総称」であり、測量の概念、方法、技術、測定器械の原理・原点の意味が込められている。

測量は、長い歴史を有する技術であり、常にその時代における最高水準の技術・理論が駆使され、高精度の計測（測量）技術が開発されてきた。そして、この長い歴史に支えられた技術「測量」を学ぶということは、「**温故知新**」をあらためて理解するということでもある。測量技術には「**バックサイト**」(backsight) という用語があり、既知の点をふり返り、未知の点を探る基本中の基本を意味する。これを「温故知新」の意味として理解したい。

日本では「地理空間情報活用推進基本法」、「地理空間情報活用推進基本計画」、「公共測量　作業規程の準則」などの制度整備が進められ、測量がアナログからデジタルへ進化している。このデジタル化された世界では、かつての測量器械や方法論に「トータルステーション、GNSS 測量機、電子平板、SXF 形式の CAD データ、電子納品」などが加わり、これが専門術語になり、それらを使いこなす測量技術者が養成される時代となっている。さらに、測量分野にも地理情報システム（GIS）の解析処理が浸透しつつあり、これまで使われてきた「測量技術」は、「情報処理」という新しい概念を伴い、現行の測量技術の深部に浸透してきている。

本書は、測量に関する最新の制度ならびに操作技術を理解し、「新しい基準点測量」に触れようとする実務者を対象にまとめられている。高等学校、専門学校、大学などにおける測量学（測量技術）の教育現場でも活用できるだろう。

初版から改訂２版の出版に際して多大のご尽力を賜った株式会社電気書院ならびに担当者の近藤知之氏に深く感謝申しあげる。

令和２年（2020年）４月

著者グループ　記す

まえがき

基準点測量編（測量ことはじめ）

第1章 測量の歴史

1-1　測量の起源

「**測量**」とは、一般的には、「**地球表面上に存在している物の“距離を測る”、“高さを測る”、“面積を測る”、“位置関係を測る”**」ことと理解されている。

測量では、人類文明の発達とともに、集落を築くこと、農耕地を拓くこと、人工物を建造すること、あるいは社会基盤整備を行うこと、などに関して何らかの“基準となるもの、標準となるもの”が用意される。それによって測量技術者は距離を測り、位置を測るなどの行為を行ってきた。

世界四大文明には、ナイル川流域のエジプト文明、ティグリス・ユーフラテス川流域のメソポタミア文明、インダス川流域のインダス文明、黄河流域の黄河文明などが並ぶ。これらのいずれの文明においても、測量技術は既に確立しており、活用されてきた。その代表例として、エジプト文明におけるピラミッド建設、メソポタミア文明における灌漑（かんがい）整備、インダス文明における排水溝設備の整った都市建設、黄河文明における治水事業などが知られている。

これらの四大文明に共通するのは、大河の流域に栄えていることや定期的な氾濫が発生していることなどがあげられる。氾濫するたびに、流失した構造物や土地・区画の境界を再現する必要があり、そのために測量技術と計算技術が発達したと考えることができる。

氾濫を予想するには暦が必要である。そのため、太陽、月、星の天文観測技術も同時に発達した。その後に発祥したギリシャ文明、イスラム文明でも、測量学、数学、天文学などが併行して発達し、より精度の高い計測手法（測量手法）が開発されてきたと考えられている。

トピックス／地図の起源

世界最古の地図は、紀元前1500年ころに描かれたといわれる北イタリアのカモニカ渓谷の岩壁に残されている「ベトリナ地図」（壁画）、世界最古の世界地図は紀元前600年～500年頃の「バビロニアの世界地図」（粘土版）といわれている

日本における最古の日本地図は、奈良時代の僧である行基（668年～749年）が作成したといわれている「行基図」である

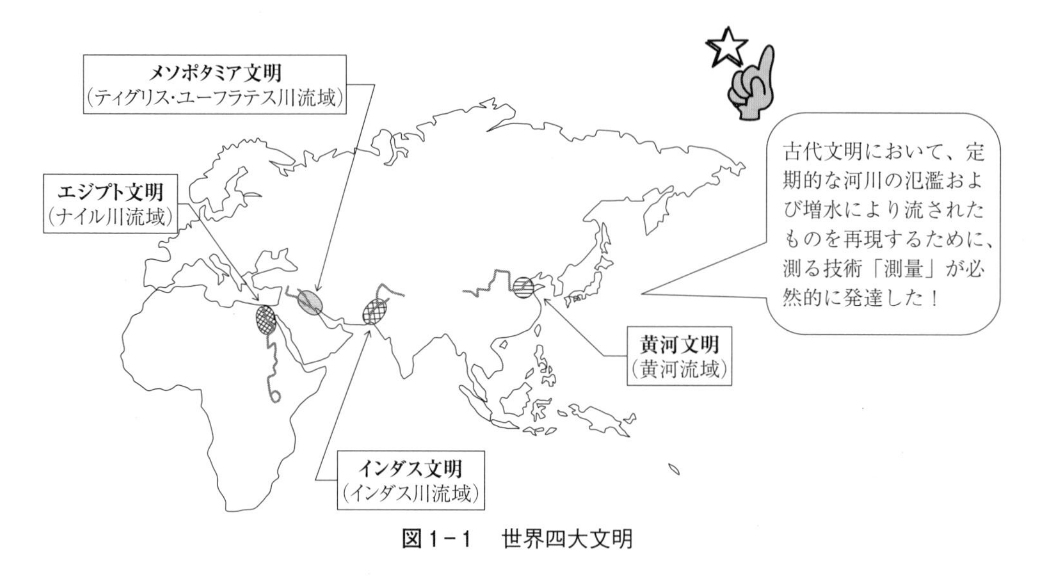

図1－1　世界四大文明

1-2　日本における測量の起源

「測量」は、古代中国で使用されていた言葉に由来する。

古代中国には、現代の測量を意味する言葉として、「観天法地」あるいは「測天量地」という語句があった。前者は国土統治のため「天象に基準を求め、地勢に従って境域を定める」ことに由来し、後者は天をはかることを「測る」、地をはかることを「量る」と使い分け、天と地をはかるという概念の総称として使用されていた。

日本においては、細井広沢（ほそいこうたく）（1658年～1735年）が「測天量地」から「測量」と命名したとされている。

日本における測量の歴史的事例をみてみよう。

古代日本に測量技術を駆使して築造されたといわれる「古墳」がある。前方後円墳に代表される大型古墳の築造には、測量の基本である「地を測る」技術が必要であり、この技術により大規模な土木工事を進めることができた。

豊臣秀吉の「太閤検地（たいこうけんち）」も測量による事例である。これは、正確な年貢を把握するため、全国的規模で田と畑の形状を測り、面積、耕作者を検地帳に記すことで、耕作地（個人）ごとの年貢を計算しており、現在の地籍業務といえる。

このように、その時代の最高レベルの技術と理論を駆使することで、その時代における高精度の計測（測量）技術が使用されていたと考えることができる。

長い歴史に支えられた技術である測量を学ぶということは、「温故知新（おんこちしん）」をあらためて理解するということでもある。

本書においては、江戸時代を代表する測量関連の古文書である『量地指南（りょうちしなん）』『量地図説（りょうちずせつ）』『算法地方大成（さんぽうじかたたいせい）』を紹介し、江戸時代の測量技術と偉大な先人の片鱗に触れたい。

写真1－1　仁徳天皇陵古墳（大仙古墳）

今から1 700年程前の3世紀から7世紀の約400年間、大王や王（豪族）が亡くなると、土と石を使って高く盛った大きな墓を造りました。今、この墓を古墳と呼び、造っていた時代を古墳時代と呼んでいます。全国に16万基以上はあるといわれる古墳のなかで、日本最大の古墳が堺市にある仁徳天皇陵古墳です。墳丘の大きさ486メートルと、エジプト・ギザのクフ王のピラミッドや中国の秦の始皇帝陵よりも大きく、世界三大墳墓の一つに数えられる世界に誇る文化遺産です。ユネスコは2019年7月6日、仁徳天皇陵古墳を含む「百下鳥・古市古墳群」を世界文化遺産として登録することに決定しました（堺市博物館HP「仁徳天皇陵古墳百科」を一部修正、加筆）。

トピックス

天下統一を果たした豊臣秀吉（1537年～1598年）は、太閤検地（たいこうけんち）を実施するにあたって、地方によってまちまちであった長さの基準を統一した。その長さの基準を定めるために作成したものが「太閤検地尺」である。1寸（すん）（3.03 cm）を基準と定め、10寸で1尺（しゃく）（30.3 cm）と決定した。当時の1間（けん）は6尺3寸で現在の1.910 mであるが、江戸時代に1間は6尺（現在の1.818 m）となった

1-3　江戸時代の測量術

江戸時代において、測量は「測量術」と表現されていた。「術」という言葉が使われていたことから、測量技術は特別なものとして扱われ、秘伝の「術」として、限られた弟子などに伝授されたものと理解される。

江戸初期の測量術には、大きく分けて二種類の技術があった。一つは中国伝来の算法を起源とした「測量術」であり、もう一つは紅毛（オランダ）流測量術と南蛮（ポルトガル）流測量術が合体した「西洋測量術」である。

中国伝来の測量術は、和算を応用した算法によって、離れた場所の距離や樹木の高さを測る計算手法であり、「**町見術**（ちょうけんじゅつ）」といわれた。

一方、西洋測量術は、コンパスと定規を用いて遠近・高低を測る手法で、「**規矩術**（きくじゅつ）」といわれ、計測方法と絵図作成技術であった。この規矩術は、秘伝として弟子に口伝（くでん）され、清水流測量術などとも呼ばれ、広く一般的に伝わる技術ではなかったとされている。

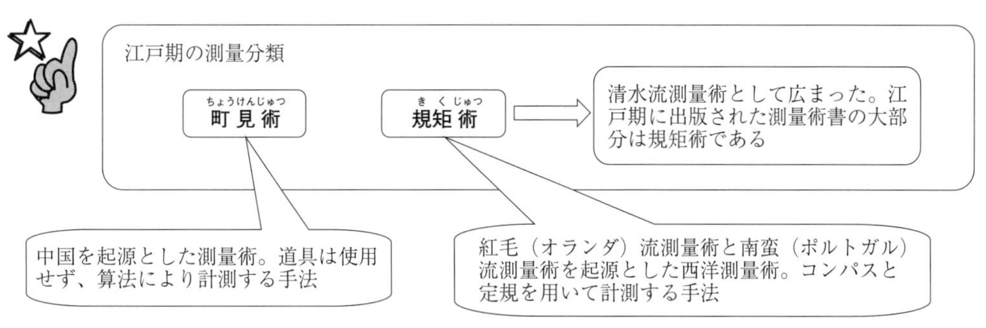

図1－2　江戸期の測量分類

トピックス

・**町見**とは、距離を測るという意味。算法を使用して距離を測ることから町見術
・**規矩**とは、コンパスの意味。コンパス等を使用して計測することから、町見術と区別して規矩術といわれた
・**南蛮流測量術**は、航海測量術・天文測量術である
・**町見術**は、和算を応用した算法による計測手法であり、有名な和算書である。「塵劫記」（吉田光由）にも表記されている

測量術の理論は、一般人にとってはほとんど知ることができなかった。しかし、江戸中期の享保18年（1733年）、村井昌弘が『量地指南　前編』を刊行したことによって、規矩術の内容の多くが明らかになり、一般に普及するきっかけとなった。

トピックス／村井昌弘　元禄６年（1693年）～宝暦９年（1759年）

伊勢国（現 三重県）の兵法家、測量家。享保18年（1733年）『量地指南 前編』を刊行。没後の寛政６年（1794年）『量地指南 後編』を弟子が刊行。祖父の時代から、規矩術が伝えられていたといわれている。安濃津（現 津市）で兵学塾の神武館をひらき、甲冑の着用方法を記した『単騎要略』〈享保20年（1735年）〉を刊行している。墓碑は、生誕の地である三重県伊勢市東大淀町にある

測量術は、数学（和算）を直接応用した技術であり、有名な和算書である『塵劫記』でも測量術と和算が説明されている。当時の和算家や天文家は「測量家」とも呼ばれることがあり、この種類の学者が測量術の中心的役割を担っていた事がうかがえる。また、日本独自に発達した「農業土木」（または農業農村工学）は、日本独自の農法に和算と測量術を組み合わせたことによって確立されており、農業土木関連の古文書の多くには、測量術が記されている。

江戸時代の測量術を記した有名な古文書である『量地指南　前編』（村井昌弘著）の一部に説明を付して紹介し、江戸後期の測量書である『量地図説』（甲斐駒蔵、小野友五郎共著）と農業土木関連の古文書である『算法地方大成』（秋田義一著）の概要を紹介する。

トピックス／江戸中期の測量器械（『量地指南　前編』より）

『量地指南』には、量盤（けんばん）（平板）やコンパスといった測量器材が詳細な図解によって分かりやすく示されている。西洋測量術（規矩術（きくじゅつ））であることがわかる

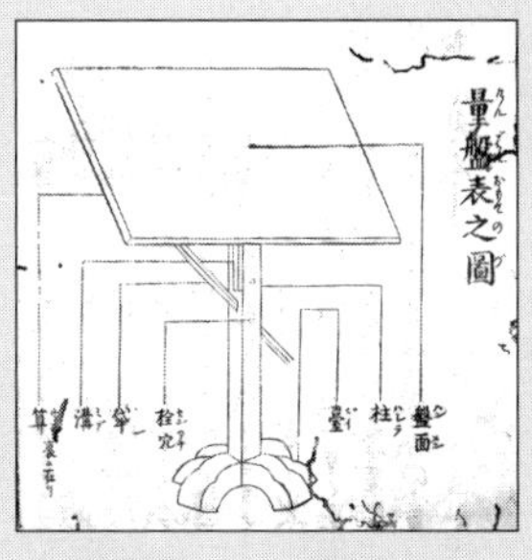

写真１－２　量盤の表

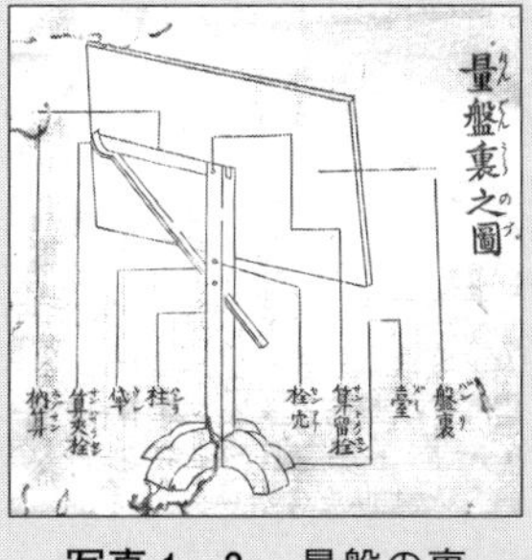

写真１－３　量盤の裏

量盤（けんばん）とは、現在の平板（へいばん）測量で使用される平板のことである

写真１－４　渾發（コンパス）

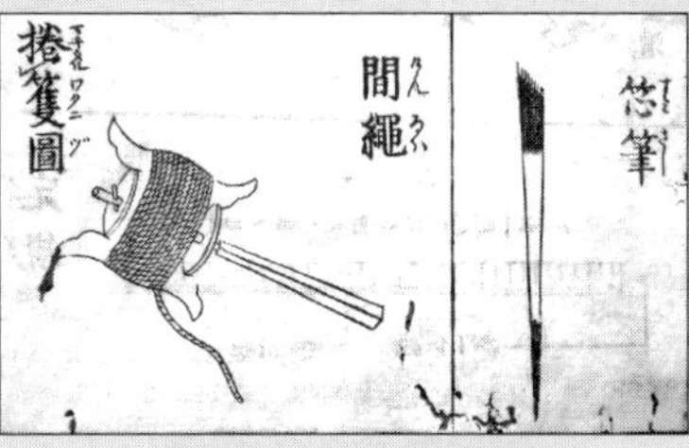
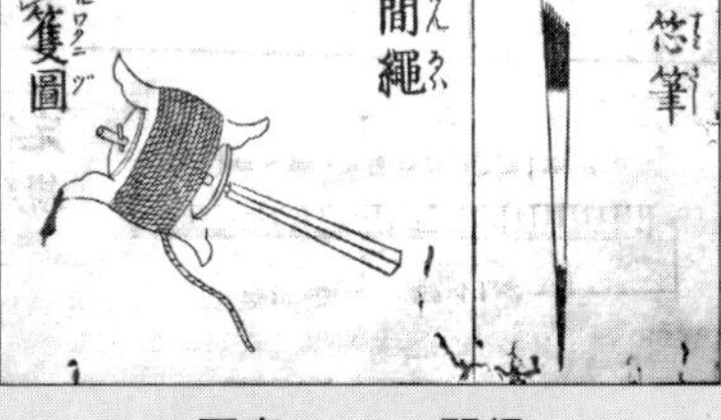

写真１－５　間縄

間縄（けんなわ）とは、１間（1.818 m）ごとに印をつけた測量用の縄であり、距離を測るために使用された

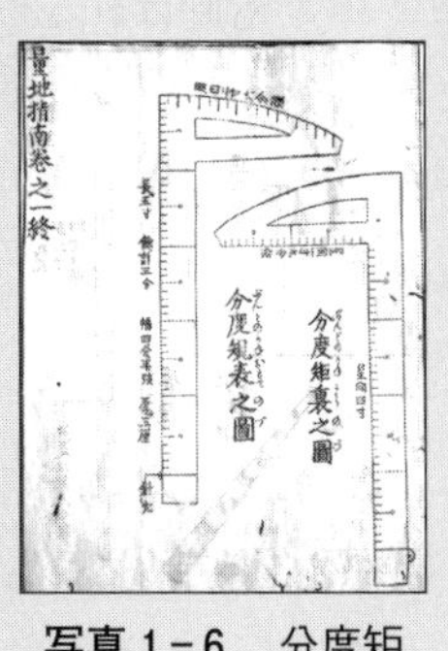

写真１－６　分度矩

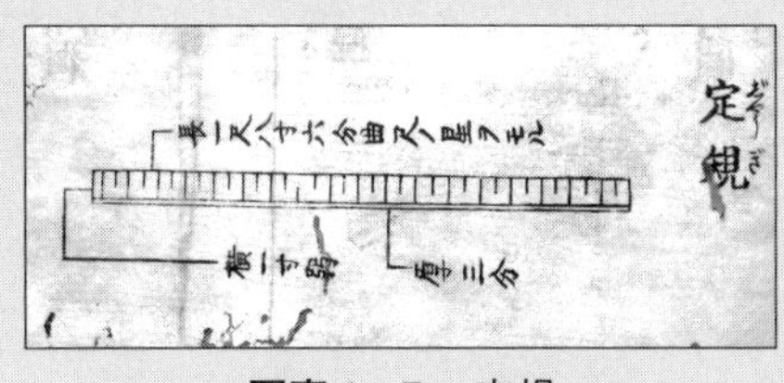

写真１－７　定規

分度矩（ぶんどがね）とは、定規と分度器が一緒になった道具である

○『量地指南』

享保18年（1733年）に刊行された村井昌弘の『量地指南　前編』（３冊）、さらに村井昌弘の死後の寛政６年（1794年）には『図解 量地指南　後編』（５冊）が刊行され、これらの書籍によって、量盤やコンパスを使用した西洋測量術である規矩術全般の内容がまとめられ、測量術が一般に広まった。

これらの書籍には、以下のような測量における心構えが記述されており、現在においても測量技術者（特に初心者）にとって大切な心構えとして通じるものがある。技術書でありながら、このような構成内容に感銘を受ける。

トピックス／測量における心構え／その１（『量地指南　序例』より）

・原文読み

「世に量地の術数多あるがごとしといへども、大旨其教五種あり。一に云　盤鍼術。二に云　量盤術。三に云　渾發術。四に云　算勘術。五に云　機転術是なり。尤その教法尊卑優劣なす事能わず。学者選て学ふべし。所謂盤針術ハ中華先立の正法にしてこれが甲たり。所謂量磐術渾發術は紅毛国人の鈔法にて徑捷なり。所謂算勘術は数家者流の造すところにして迂遠なり。」

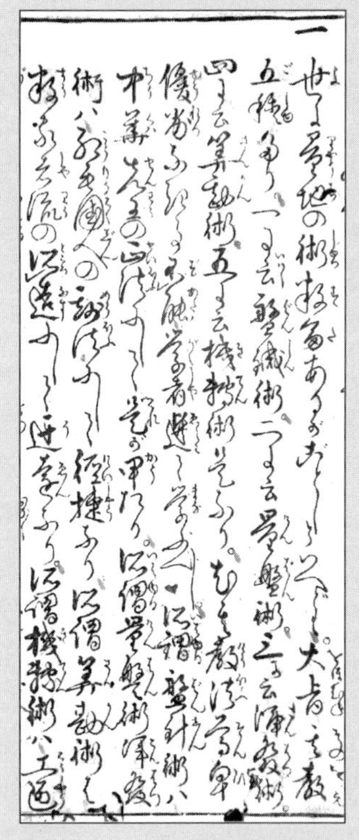

写真１−８　『量地指南』（原文）

・口語訳

「測量の術には、５種類ある。一に盤針術（磁石を用いた方位盤を用いる術）、二に量盤術（平板法を用いた術）、三に渾發術（コンパスを用いた術）、四に算勘術（算法による術）、五に機転術（経験と知識による術）。これらの教え方に尊卑や優劣をつけることはできない。学者を選んで学ぶべきである。盤針術は中国発祥の術でこれが最初の術である。量盤術と渾發術はオランダ人の見事な術である。算勘術は数学者発祥の術で少し難しい。」

・解説

村井昌弘の『量地指南』は、西洋流測量術である規矩術が基本となっているが、口語訳にもあるように、方位盤を用いる中国の測量術や算法（和算）による術も取り入れられており、まさに、当時の測量術が網羅されている。また、５番目に **“機転術”という、経験や知識による術も必要**であると表記されている。現在においても、器械のみに頼らず、経験や幅広い知識も重要な技術的要素である

トピックス／和算

日本独自に発達した数学。西洋数学が輸入される以前の江戸期の数学。中国から日本に数学が輸入され、江戸期に日本独自の数学が発達した。それが和算である

江戸時代初期の和算家の吉田光由（1598年～1673年）の『塵劫記』と関孝和（1642年～1708年）の『発微算法』が有名である。江戸時代に和算が庶民にも流行し、発達した

トピックス／測量における心構え／その２（『量地指南　序例』より）

・原文読み

「量地の作法に理と事と二様の差別あり。
理は閫内に談じて日々まなび窮むべし。
事は野外に出し時にこころみ習ふべし。」

・口語訳

「測量を極めるには、理論と技術の取得が必要である。理論は屋内にて日々勉強し窮めること。技術は野外にて実際に体験し学ぶこと。」

・解説

現代においても、測量に従事する技術者にとって、測量理論と実務の習得は必須である。しかし、時には、野外における実務にのみ重点がおかれ、根本である理論の習得が疎かになり、単に現場で計測することのみが測量技術者であるかのような傾向がある

技術は日進月歩である。常に理論を習得し、**新しい発想による手法等を創造できる技術者が必要**である。現在においても、技術者としての心構えを江戸時代の書籍から学ぶべきことが多い

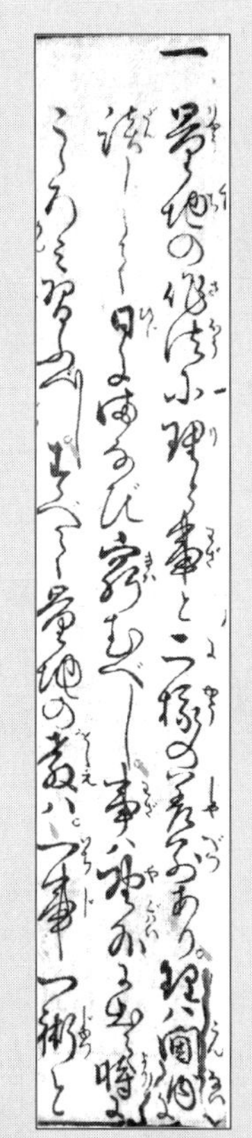

写真１－９　『量地指南』（原文）

トピックス／測量における心構え／その３（空眼の図）

測量を始める以前から「空眼」を鍛える必要性を説いている

空眼とは目測のことである。「目標物を観測するときには、まず、目測にて遠近および高低の見当を付けておけば、測量器械を使用して観測した際に、もし、差異がでたときに気付くことができる。」と説明している

現在においても、初心者に「**測量器械にのみ頼ってはいけない**」、と忠告するのと同じである。下記のように「空眼の図」も表記されており、目標を凝視する目つきまで説明されている

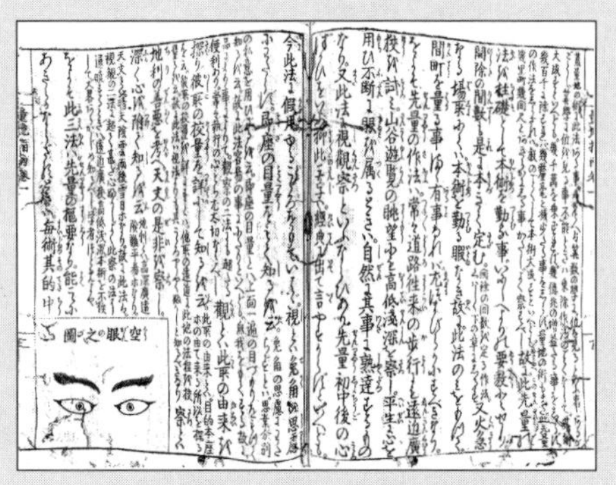

写真１－10　『量地指南』（原文）

写真１－11　『量地指南』（原文）空眼の図

トピックス／測量における心構え／その４（精眼の図）

測量観測時には、山、村、田畑、海面等において、曇りの日も猛暑の日も極寒の日も見誤ることのないよう、目標物を凝視するための姿勢まで説明されている

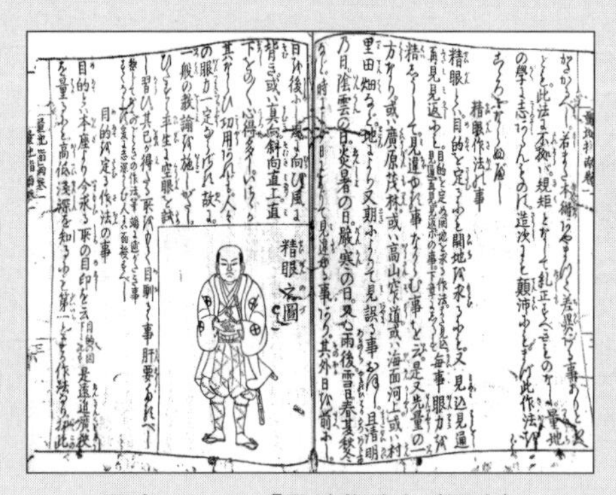

写真１－12　『量地指南』（原文）

写真１－13　『量地指南』（原文）精眼の図

トピックス／量地術

『量地指南』の序例に、量地術についての説明がある

・原文読み

「偉なるかな量地術の徳たる事や。昇らずして天の杳に高きを測り、至らずして地の厚く廣きを察し、入らずして海の深く遠きを知る。彼の山谷江河原野丘陵城営宮室の類、その高深廣遠を量るがごときにいたつては、恰も掌上の物を指がごとし。或は日月の運行を測て暦象を造り、或は滄海に舟船を汎て萬國を圖し、或は敵陣の遠近を量りて鳥銃を飛し、或は彼此の高低を知りて水道を墾くのたぐひ、皆是此術に據といふ事なし。その務る所のものは至近にしてよく遠きを極め、その守る所のものは至約にしてよく愽を盡す。誠に要法妙術にあらずや」

・口語訳

「量地術を使用することで、高さ、深さ、広さ、遠さを測ることができる。太陽と月の観測を行うことで暦を作り、また、航海もできる。敵陣までの距離を測り鉄砲を飛ばし、高低を測って水を引く。量地術とは巧妙な術である。」

・解説

まさに、「測る」ことが量地術（測量）であるということが如実にうかがえる

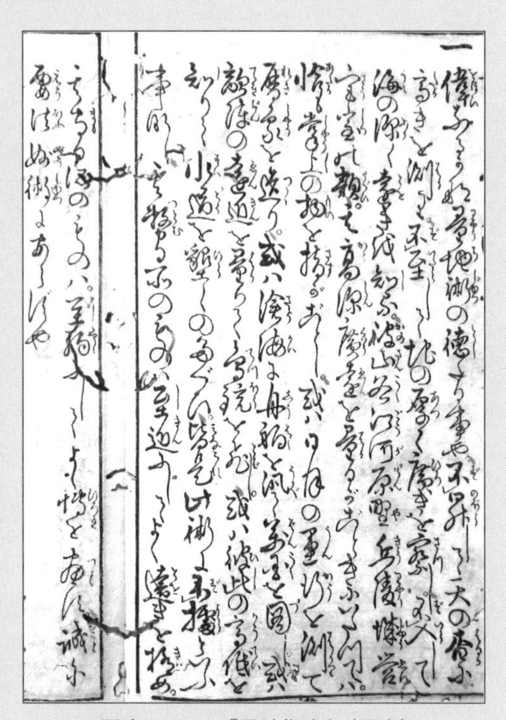

写真１－14　『量地指南』（原文）

トピックス／量盤（けんばん）を用いた測量

量盤（けんばん）を用いた測量とは、現在の平板（へいばん）測量のことである。『量地指南』には、量盤の詳細図面や分解図などが描かれており、また、各パーツの詳細な寸法も表記されている

量盤用法は現代の前方交会法（後述「測量実習編」を参照）であり、盤面を水平に据えて離れた目的物の位置を求める方法と、盤面を鉛直に据えて高さを測る方法が表記されている

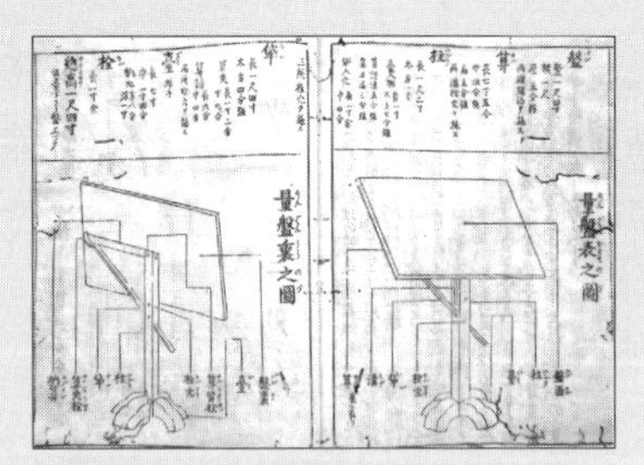

写真 1－15　量盤裏の図、量盤表の図
量盤の各部名称と寸法が記されている

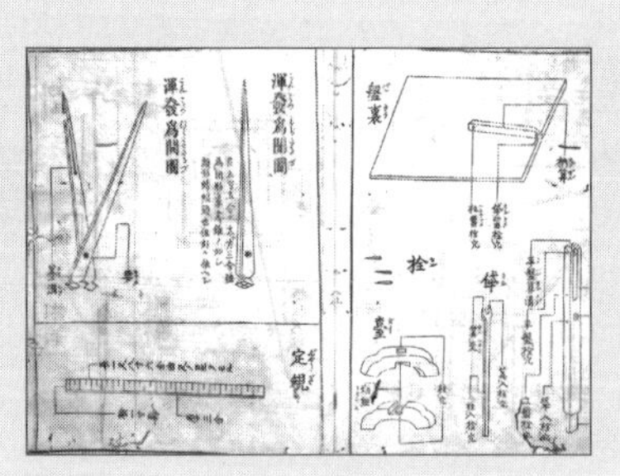

写真 1－16　コンパスと定規の図、量盤分解の図
コンパスと定規の説明および量盤の分解・組立方法が記されている

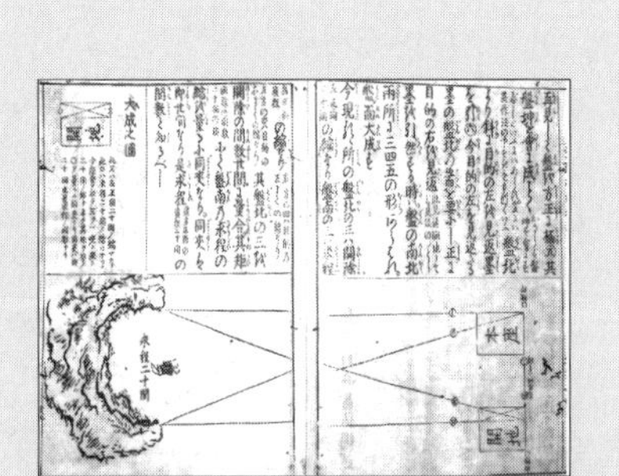

写真 1－17　量盤を用いた前方交会法（位置の測定）
離れた目的物である 2 点間の距離を求める方法が記されている

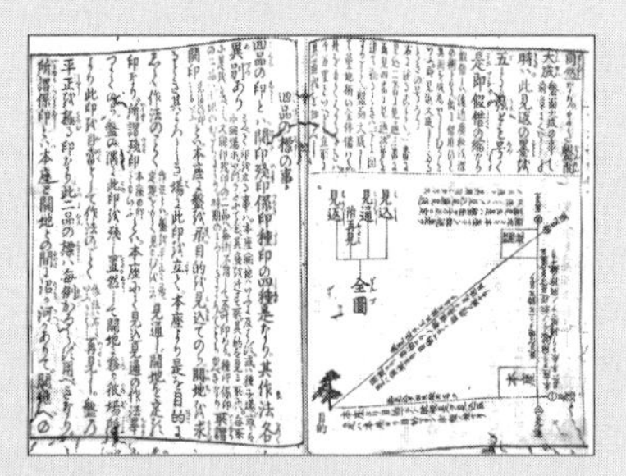

写真 1－18　量盤を用いた前方交会法（位置の測定）
離れた目的物までの距離と高低を求める方法が記されている

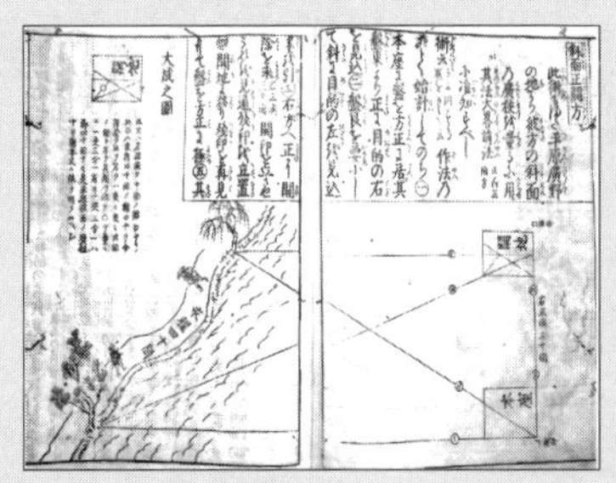

写真 1－19　量盤を用いた前方交会法（位置の測定）
離れた目的物である 2 点間の距離を求める方法が記されている

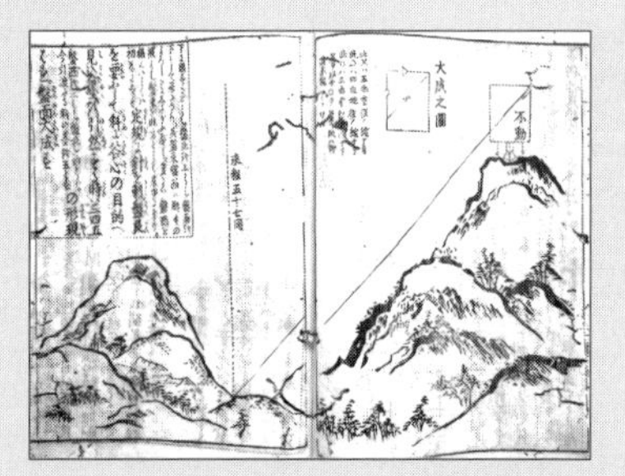

写真 1－20　量盤を用いた前方交会法（高さの測定）
谷底の目的物までの高低差を求める方法が記されている

トピックス／『量地図説』

嘉永5年（1852年）に刊行された、初心者のための測量術解説書である甲斐駒蔵とその弟子である小野友五郎との共著。簡易な測量器を用いる観測方法および計算方法について解説しており、多くの地方（農政・農業土木に従事する者）の測量初心者向けに書かれたものである

挿絵は、葛飾北斎の晩年の門人である葛飾為斎の作である。挿絵の素晴らしさは、他の測量書と比較してもずば抜けている。出版元が葛飾為斎に依頼し、素晴らしい挿絵を使用することで、測量初学者にとっては見るだけでも興味が引かれ、測量術に魅了されたかもしれない。また、測量術を後世に伝える意味でも、当時流行っていた浮世絵を用いたことで、測量術の魅力が倍増しただろう

写真1－21　正方儀を覗く図

正方儀とは現在の経緯儀（トランシット、セオドライト）で、水平角度を測る測量器である

写真1－22　葛飾為斉画の表記

葛飾偽斉は、江戸後期の浮世絵師で葛飾北斎の晩年の門人である

写真1－23　町見の図

経緯儀を使用して、遠くの目的物の位置を求める方法。三角測量に相当する

写真1－24　全方儀を覗く図

全方儀とは現在の経緯儀で、高低角を測る測量器である

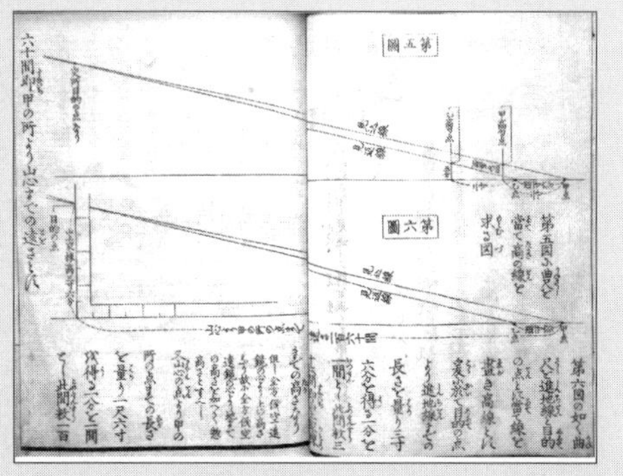

写真1－25　目的物までの距離と高さの計算

観測結果から目的物までの距離と高さの計算方法を記している

トピックス／『算法地方大成』

天保８年（1837年）に刊行された秋田義一の著である。現在でいう農政学・農業土木学に関しての教科書（算法地方書）。全５編からなる

【１巻（年貢・石高・検地などについて）、２巻（米俵・諸国相場など）、３巻（免除の事、種貸しの事、普請心構え、ため池作り）、４巻（河川の土木工事の手法など）、５巻（測量の道具の図）】

写真１-26のように、堤防決壊による工事の方法も詳細に記されており、当時の農政学や土木技術の工法がよくわかる書である

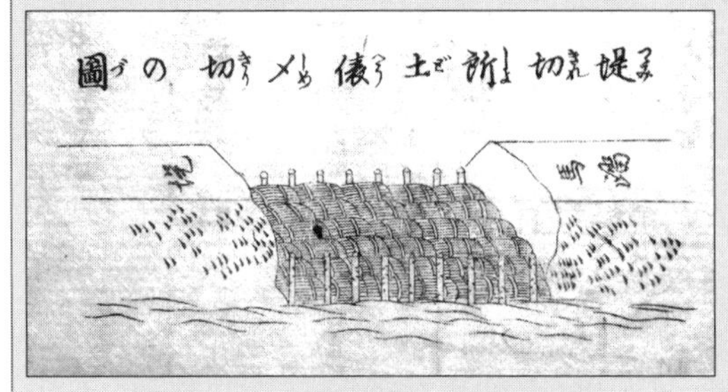

写真１－26　堤切所土俵〆切の図
土木工事の工法が解説されている

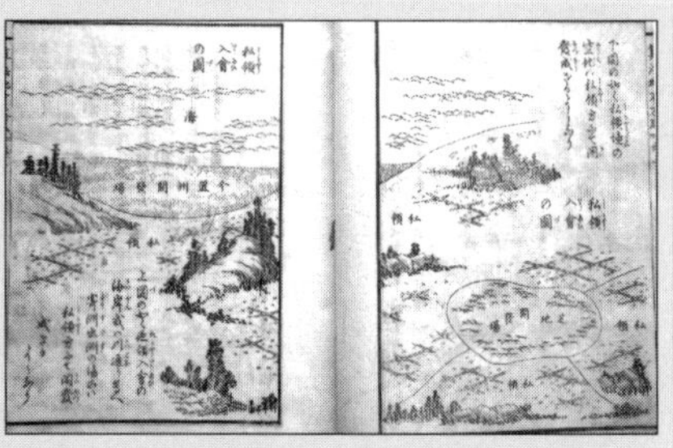

写真１－27　１巻（年貢・石高・検地などについて）

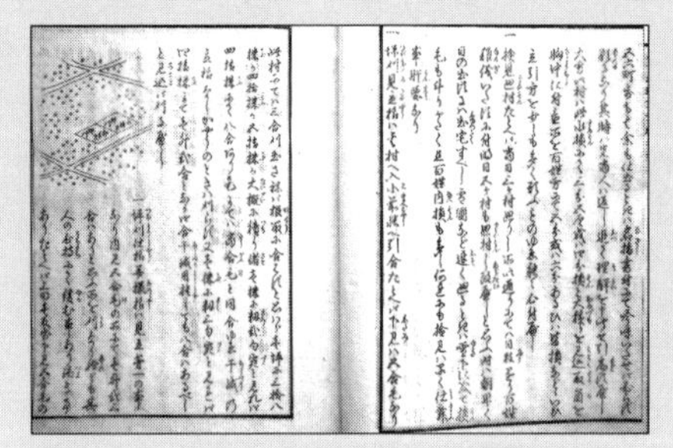

写真１－28　２巻（米俵・諸国相場など）

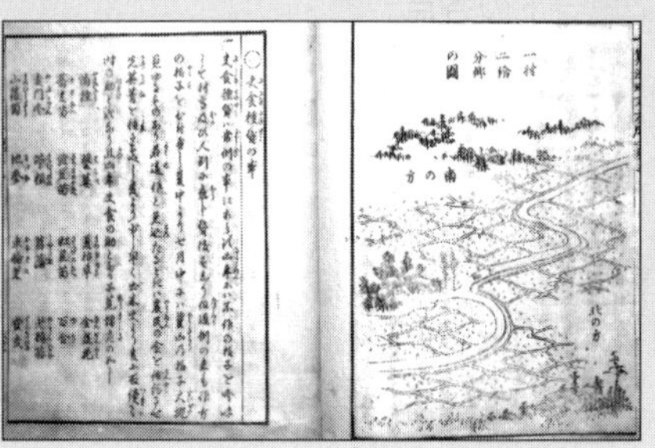

写真１－29　３巻（普請心構え、ため池作りなど）

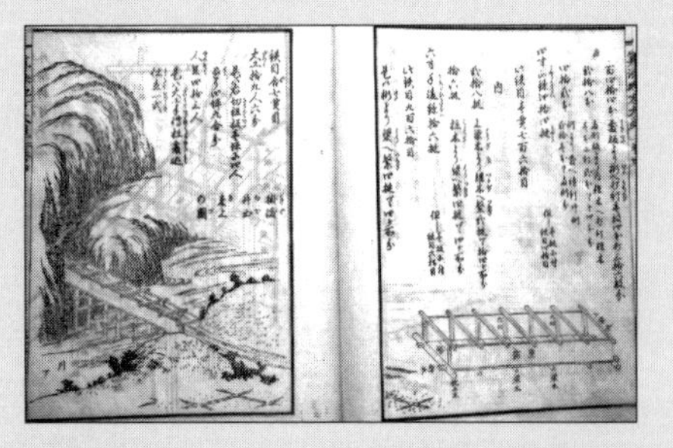

写真１－30　４巻（河川の土木工事の手法など）

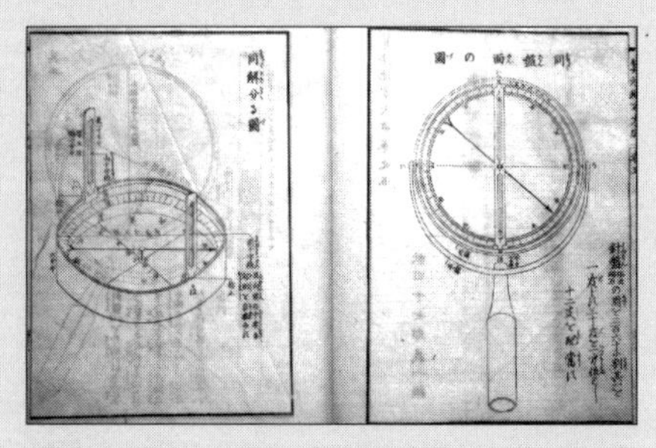

写真１－31　５巻（測量道具の説明など）

第2章
測量の基準

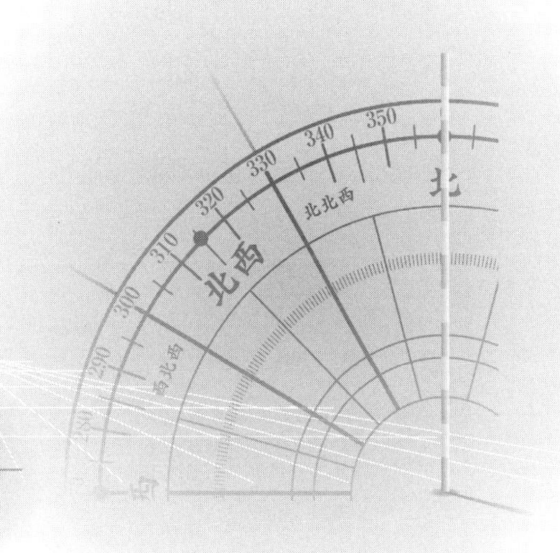

2-1　測量とは何か

測量とはいったい何か？

測量に直接従事している技術者であってもこれを定義することは非常に難しい。

現在においても、測量技術を扱っている分野は拡大しつつあり、測量技術に関する理解度が深くなるほど、端的な言葉で表現するのが難しくなる。

そこで、『広辞苑』を参考にすると、「測量」とは下記のように説明できる。

①器械を用い物の高さ、深さ、長さ、広さ、距離を測り知ること
②地表上の各点相互の位置を求め、ある部分の位置・形状・面積を測定し、かつ、これらを図示する技術

道路上や工事現場でよく見かける何かの器械を使用して計測している作業は、おそらく測量であろうと理解できる。また、地図を作成する技術も同様である。これらは、『広辞苑』に述べられているように「**測ること**」、「**図示すること**」の諸作業である。

現在において、「測ること」と「図示すること」は、技術の発展に伴って、様々な手法が開発・応用されている。

位置データの計測においては、座標（X, Y, Z）の三次元データを同時に取得でき、時間データも加えた座標（X, Y, Z, T）を計測する四次元計測も行われる。また、図示する技術は「3D」（三次元）による表現が主流となり、パーソナルコンピュータ（PC）を必要とせず、携帯端末だけで瞬時に表示できる。

このように、以前の「土木技術に使用されているものだけが測量技術」という定義は、現在においては適合しない。

現在においては、レーザー（レーザ；laser）を使用した三次元計測技術や、衛星電波を10秒間受信するだけで数センチメートルの精度を得る特殊な測量技術と、一般の人でも利用できるカー・ナビゲーション、携帯電話あるいはスマートフォンなどの普及によって、衛星電波による位置データを簡単に利用している。衛星電波を受信して現在位置を測り、その結果を図示しているから、これらも測量技術ということができる。

また、たとえば人の動き（パーソントリップ；PT）を調べるPT調査データをもとに、移動経路のデータ補正・補間を行うことで、人の流れを可視化することも行われている。これも広義の意味での測量技術といえる。

トピックス／さまざまな測量技術

写真２－１　トータルステーションによる測量

写真２－２　GNSS による測量

写真２－３　カー・ナビゲーション

写真２－４　車載搭載型レーザスキャナー（アイサンテクノロジー HP）

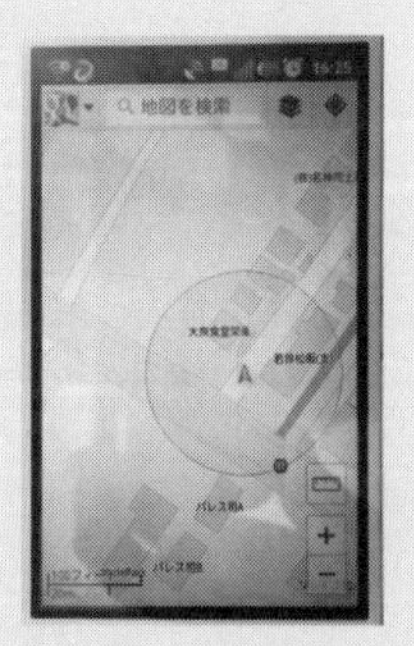

写真２－５　スマートフォンの地図表示

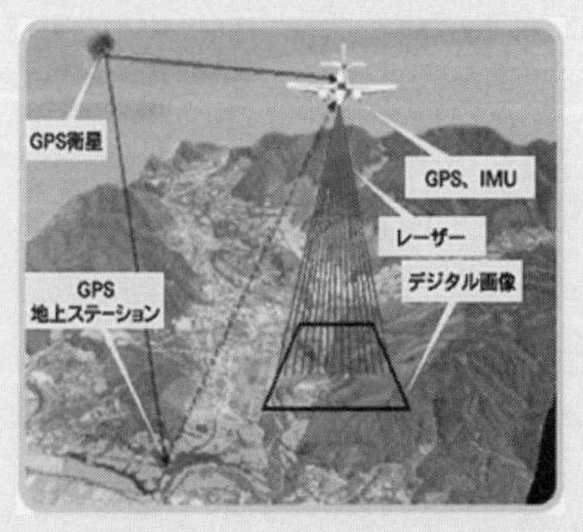

図２－１　航空レーザ測量（国土地理院 HP）

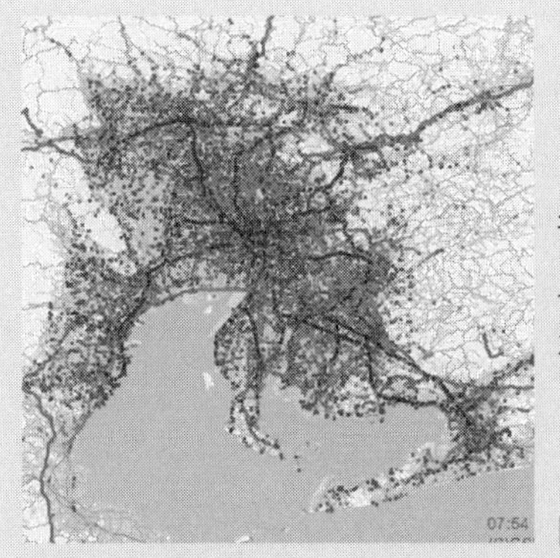

図2－2　人の流れデータを用いた可視化（東海都市圏）
（東京大学、空間情報科学研究センター“人の流れプロジェクト”）

パーソントリップとは（国土交通省ホームページ）

パーソントリップ調査（PT 調査）は、昭和42年（1967年）に広島都市圏で大規模に実施されて以来、既に30年を超える実績を日本各地で積み重ねている

一定の調査対象地域内において「人の動き」（パーソントリップ）を調べるPT 調査は、交通に関する実態調査としては最も基本的な調査の一つとなっている。PT 調査を行うことによって、交通行動の起点（出発地：Origin）、終点（到着地：Destination）、目的、利用手段、行動時間帯など1日の詳細な交通データ（トリップデータ）を得ることができる

このように、『広辞苑』に定義されている「器械を用いて測り、その位置を図示する技術」は、現在においては幅広く利用されており、すべてを定義付けするのは困難である。

現在では、このような多種多様な計測・解析技術を対象とする学問として、従来の「測量学」という言葉では全てを網羅できない状態となってきている。そのため、「空間情報工学」という言葉に置き換えられるようになり、必要とされる学問領域も広がっている。

本書は、公共測量を行う技術者を対象としているため、公共測量で扱う技術領域を軸に解説する。

なお、日本国内においては、公共測量は「測量法」によって定義されており、「作業規程の準則」に準拠する必要がある。そこで、「作業規程の準則」の解説書である「作業規程の準則　解説と運用」において記述されている測量について、以下に紹介する。

「作業規程の準則　解説と運用」　抜粋2－1

測量とは、地表面若しくはその近傍の地点の相互関係及び位置を確立する科学技術であり、また、数値又は図によって表された相対的位置を地上その他に再現させる技術である。このうち、わが国の国土の開発、利用、保全等に重要な役割を担うのが「土地の測量」であり、この土地の測量について定められた基本的な法律が「測量法」である。

測量法（以下「法」という。）は、昭和24年6月3日に「国若しくは公共団体が費用の全部若しくは一部を負担し、若しくは補助して実施する土地の測量又はこれらの測量の結果を利用する土地の測量について、その実施の基準及び実施に必要な権能を定め、測量の重複を除き、並びに測量の正確さを確保し、もって各種測量の調

整及び測量制度の改善発達に図ることを目的とする（法第１条)」として制定された。昭和24年６月３日に法律第188号として制定・施行されたものである。すなわち、法においては、法の適用を受ける測量の重複の排除と正確さの確保を大きな柱としている。また、「この法律において「測量」とは、土地の測量をいい、地図の調製及び測量用写真の撮影を含むものとする。(法第３条)」とされている。

したがって、測量法における測量とは、「**地上のある地点の相互関係およびその位置を座標（X, Y, Z）として決定する技術であり、目的により必要箇所を位置座標（X, Y, Z）として決定し、その位置を再現する技術**」となる。

● 2-1-1　測量の分類

日本において、「国若（も）しくは公共団体が費用の全部若しくは一部を負担し、若しくは補助して実施する土地の測量又（また）はこれらの測量の結果を利用する土地の測量」においては測量法が適用され、下記のとおり分類されている。

「測量法」　抜粋２－１

（基本測量）
第四条　この法律において「基本測量」とは、すべての測量の基礎となる測量で、国土地理院の行うものをいう。
（公共測量）
第五条　この法律において「公共測量」とは、基本測量以外の測量で次に掲げるものをいい、建物に関する測量その他局地的測量又は小縮尺図の調整その他の高度の精度を必要としない測量で政令で定めるものを除く。
一　その実施に要する費用の全部又は一部を国又は公共団体が負担し、又は補助して実施する測量
二　基本測量又は前号の測量の測量成果を使用して次に掲げる事業のために実施する測量で国土交通大臣が指定するもの
イ　行政庁の許可、認可その他の処分を受けて行われる事業
ロ　その実施に要する費用の全部又は一部について国又は公共団体の負担又は補助、貸付けその他の助成を受けて行われる事業
（基本測量及び公共測量以外の測量）
第六条　この法律において「基本測量及び公共測量以外の測量」とは、基本測量又は公共測量の測量成果を使用して実施する基本測量及び公共測量以外の測量（建物に関する測量その他の局地的測量又は小縮尺図の調整その他の高度の精度を必要としない測量で政令で定めるものを除く）をいう。

このように測量は、法律上3つ（**基本測量、公共測量、それ以外の測量**）に分類される。各測量の詳細は以下の通りである。

(1) 基本測量

「**すべての測量の基礎となる測量で、国土地理院の行うもの**」は、三角点および水準点などの国家基準点測量（電子基準点含む）、重力地磁気測定、国土基本図作成、主題図作成、天文測量などである。

基本測量の成果で最も身近である、**国家基準点（三角点および水準点）**の詳細は、以下の通りである。

- **国家三角点**：全国の山頂や屋上など見晴らしの良い場所に設置された点で、緯度経度が正確に求められている。公共測量を行う際の水平位置の既知点として使用される。国家三角点は、一、二、三、四等三角点に区分される。
- **国家水準点**：全国の国道や主要地方道の地盤の堅固な場所に設置された点で、直接水準測量により高さが正確に求められている。公共測量を行う際の高さの基準として使用される。国家水準点は、基準水準点、一、二等水準点に区分される。
- **電子基準点**：GNSS（Global Navigation Satellite System；全地球測位システム）衛星からの電波を連続的に受信している基準点で、全国に約20 km間隔で設置されている。観測データは、接続回線を通じて常時、茨城県つくば市の国土地理院に集められている。観測データは、公共測量の既知基準点データとして利用できる。

表2－1　国家三角点・国家水準点の数（国土地理院HP、平成31年4月1日現在）

国家三角点（Triangulation Point）				
区分	一等三角点	二等三角点	三等三角点	四等三角点
設置数	974	5 009	31 754	71 746
平均点間距離	25 km	8 km	4 km	2 km

国家水準点（Bench Mark）			
区分	基準水準点	一等水準点	二等水準点
設置数	84	13 634	3 090
平均点間距離	100 km	2 km	2 km

電子基準点	
設置数	1 318
平均点間距離	20 km

（注）本書では、3桁ごとに“,”をつけず、半角スペースで表示する。
　例）123,456 → 123 456

写真２－６　水準点

写真２－７　三角点

写真２－８　電子基準点
（国土地理院 HP）

（２）公共測量

基本測量以外の測量のうち、建物に関する測量、局地的な測量、または高度の精度を必要としない測量を除き、**公共投資にかかる測量（測量に関する費用の全部もしくは一部を国または公共団体が負担し、もしくは補助して実施するもの）**であり、その大部分はインフラ整備のために行われる。多くの測量は公共測量にあたる。

公共測量は「作業規程の準則」に準拠して行われる。公共測量の項目は以下の通りである。

- **基準点測量**：１、２、３、４級基準点測量、１、２、３、４級水準測量、復旧測量
- **地形測量および写真測量**：現地測量、空中写真測量、既成図数値化、修正測量、写真地図作成、航空レーザー測量、地図編集、基盤地図情報の作成
- **応用測量**：路線測量、河川測量、用地測量
- **その他の応用測量**

測量法において、公共測量は以下のように定められている。

「測量法」　抜粋２－２

（公共測量の基準）

第三十二条　公共測量は、基本測量又は公共測量の測量成果に基いて実施しなければならない。

（作業規程）

第三十三条　測量計画機関は、公共測量を実施しようとするときは、当該公共測量

に関し観測機械の種類、観測法、計算法その他国土交通省令で定める事項を定めた作業規程を定め、あらかじめ、国土交通大臣の承認を得なければならない。これを変更しようとするときも、同様とする。
2　公共測量は、前項の承認を得た作業規程に基づいて実施しなければならない。
（作業規程の準則）
第三十四条　国土交通大臣は、作業規程の準則を定めることができる。
（公共測量の調整）
第三十五条　国土交通大臣は、測量の正確さを確保し、又は測量の重複を除くためその他必要があると認めるときは、測量計画機関に対し、公共測量の計画若しくは実施について必要な勧告をし、又は測量計画機関から公共測量についての長期計画若しくは年度計画の報告を求めることができる。
（計画書についての助言）
第三十六条　測量計画機関は、公共測量を実施しようとするときは、あらかじめ、次に掲げる事項を記載した計画書を提出して、国土地理院の長の技術的助言を求めなければならない。その計画書を変更しようとするときも、同様とする。
一　目的、地域及び期間
二　精度及び方法

（3）基本測量および公共測量以外の測量

上記の基本測量および公共測量以外の測量とは、局地的または高度な精度を必要としない測量のことをいう。

● 2-1-2　測量士と測量士補

測量士および測量士補は国家資格であり、測量法において、「**技術者として測量業務に従事するものは、国土交通省国土地理院に登録された測量士又（また）は測量士補でなければならない**」とされている。

測量士と測量士補は、国家試験に合格するか、一定の資格要件を満たした者が国土地理院に申請をすることで取得することができる。国家試験の受験資格には、学歴、年齢、実務経験等の制限はない。測量士と測量士補の資格等については、測量法により以下のように定められている。

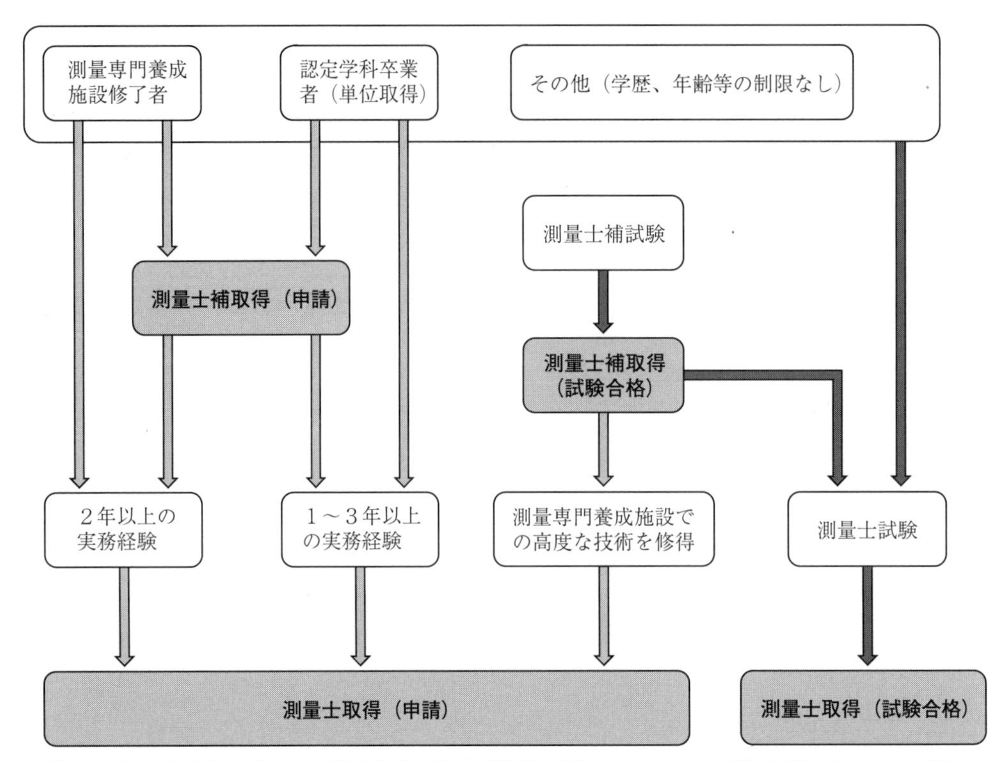

測量専門養成施設修了者および認定学科卒業者（単位取得）であっても、試験を受けることで、測量士補または測量士を取得することも選択肢としてある。測量士補を取得せずに、測量士試験を受験することも可能

図２−３　測量士および測量士補取得のフローチャート

「測量法」　抜粋２−３

（測量士及び測量士補）

第四十八条　技術者として基本測量又は公共測量に従事する者は、第四十九条の規定に従い登録された測量士又は測量士補でなければならない。

2　測量士は、測量に関する計画を作製し、又は実施する。

3　測量士補は、測量士の作製した計画に従い測量に従事する。

（測量士及び測量士補の登録）

第四十九条　次条又は第五十一条の規定により測量士又は測量士補となる資格を有する者は、測量士又は測量士補になろうとする場合においては、国土地理院の長に対してその資格を証する書類を添えて、測量士名簿又は測量士補名簿に登録の申請をしなければならない。

2　測量士名簿及び測量士補名簿は、国土地理院に備える。

（測量士となる資格）

第五十条　次の各号のいずれかに該当する者は、測量士となる資格を有する。

一　大学（短期大学を除き、旧大学令（大正七年勅令第三百八十八号）による大学を含む。）であって文部科学大臣の認定を受けたもの（以下この号、次条、第五十一条の五及び第五十一条の六において単に「大学」という。）において、測量に関する科目を修め、当該大学を卒業した者で、測量に関し一年以上の実務の経験を有するもの

二　短期大学又は高等専門学校（旧専門学校令（明治三十六年勅令第六十一号）による専門学校を含む。）であって文部科学大臣の認定を受けたもの（以下この号、次条、第五十一条の五及び第五十一条の六において「短期大学等」と総称する。）において、測量に関する科目を修め、当該短期大学等を卒業した者で、測量に関し三年以上の実務の経験を有するもの

三　測量に関する専門の養成施設であって第五十一条の二から第五十一条の四までの規定により国土交通大臣の登録を受けたものにおいて一年以上測量士補となるのに必要な専門の知識及び技能を修得した者で、測量に関し二年以上の実務の経験を有するもの

四　測量士補で、測量に関する専門の養成施設であって第五十一条の二から第五十一条の四までの規定により国土交通大臣の登録を受けたものにおいて高度の専門の知識及び技能を修得した者

五　国土地理院の長が行う測量士試験に合格した者

（測量士補となる資格）

第五十一条　次の各号のいずれかに該当する者は、測量士補となる資格を有する。

一　大学において、測量に関する科目を修め、当該大学を卒業した者

二　短期大学等において、測量に関する科目を修め、当該短期大学等を卒業した者

三　前条第三号の登録を受けた測量に関する専門の養成施設において一年以上測量士補となるのに必要な専門の知識及び技能を修得した者

四　国土地理院の長が行う測量士補試験に合格した者

2-2　地球の形状

位置の決定および再現を行うためには、基準となる既知の位置（X, Y, Z）を定め、それら既知の位置からの角度と距離によって求める必要がある。

ごく限られた小範囲の位置の決定あるいは再現をするのであれば、必要範囲内のみの任意の基準（任意座標）を定めることで、目的を達成することが可能である。

しかし、広範囲にわたる位置の決定および再現を行ったり、幾つもの位置座標を持っているデータを統合したり、または、それら位置座標を再利用する場合には、共通の基準となる既知の位置からの角度と距離に基づくことで、位置座標の互換性と再現性が容易となる。したがって、位置を定める共通の基準が必要となる。

測量結果である位置座標は、地理学的経緯度に基づいた座標値で表現される。そのため、地理学的経緯度を決定するためには、基準となる地球の形状を忠実に表現した楕円体

とその楕円体上での位置を決定するための座標系が必要となる。基準となる楕円体や座標系を総称して「**測地基準系**」という。

もし、世界各国がお互いに共通性のない測地基準系を採用していると、海図、航空図および地図において国同士の整合性が無くなったり、地殻変動やプレート運動などの地球規模での観測データの利用にも不都合が生じる。また、人工衛星による地球上での位置取得が標準化されてきていることから、世界各国で共通に利用できる測地基準系が必要となる（位置座標の国際標準化）。

この世界各国で共通に利用できることを目的に構築された測地基準系を「**世界測地系**」という。世界測地系は、地球の形状に最も近似している楕円体（**準拠楕円体**）と地球重心を原点とする座標系（**三次元直交座標系**）が用いられている。

測量法においては、測量で使用される基準が定められている。

「測量法」　抜粋２－４

（測量の基準）

第十一条　基本測量及び公共測量は、次に掲げる測量の基準に従って行わなければならない。

一　位置は、地理学的経緯度及び平均海面からの高さで表示する。ただし、場合により、直角座標及び平均海面からの高さ、極座標及び平均海面からの高さ又は地心直交座標で表示することができる。

二　距離及び面積は、第三項に規定する回転楕円体の表面上の値で表示する。

三　測量の原点は、日本経緯度原点及び日本水準原点とする。ただし、離島の測量その他特別の事情がある場合において、国土地理院の長の承認を得たときは、この限りでない。

四　前号の日本経緯度原点及び日本水準原点の地点及び原点数値は、政令で定める。

２　前項第一号の地理学的経緯度は、世界測地系に従って測定しなければならない。

３　前項の「世界測地系」とは、地球を次に掲げる要件を満たす扁平な回転楕円体であると想定して行う地理学的経緯度の測定に関する測量の基準をいう。

一　その長半径及び扁平率が、地理学的経緯度の測定に関する国際的な決定に基づき政令で定める値であるものであること。

二　その中心が、地球の重心と一致するものであること。

三　その短軸が、地球の自転軸と一致するものであること。

測量の基準の具体的な数値は、測量法施行令で以下のとおり定められている。

「測量法施行令」　抜粋2－1

（日本経緯度原点及び日本水準原点）

第二条　法第十一条第一項第四号に規定する日本経緯度原点の地点及び原点数値は、次のとおりとする。

一　地点　東京都港区麻布台二丁目十八番一地内日本経緯度原点金属標の十字の交点

二　原点数値　次に掲げる値

イ　経度　東経百三十九度四十四分二十八秒八八六九

ロ　緯度　北緯三十五度三十九分二十九秒一五七二

ハ　原点方位角　三十二度二十分四十六秒二〇九（前号の地点において真北を基準として右回りに測定した茨城県つくば市北郷一番地内つくば超長基線電波干渉計観測点金属標の十字の交点の方位角）

2　法第十一条第一項第四号に規定する日本水準原点の地点及び原点数値は、次のとおりとする。

一　地点　東京都千代田区永田町一丁目一番二地内水準点標石の水晶板の零分画線の中点

二　原点数値　東京湾平均海面上二十四・三九〇〇メートル

（長半径及び扁平率）

第三条　法第十一条第三項第一号に規定する長半径及び扁平率の政令で定める値は、次のとおりとする。

一　長半径　六百三十七万八千百三十七メートル

二　扁平率　二百九十八・二五七二二二一〇一分の一

写真2－9　経緯度原点（国土地理院 HP）

写真2－10　水準原点（国土地理院 HP）

トピックス／平成23年（2011年）10月　「原点数値が変わった」

平成23年（2011年）3月11日に発生した東北地方太平洋沖地震に伴い、日本経緯度原点および日本水準原点の改測作業が実施され、移動が確認された。原点の位置が移動したことにより、測量の正確さを確保するため、原点数値の改正が行われた

「測量法施行令」 抜粋２−２

測量法施行令の一部を改正する政令について

発表日時：2011年10月18日（火）14時00分

1．背景

測量法（昭和24年法律第188号）第11条では、基本測量及び公共測量の基準について、位置は地理学的経緯度及び平均海面からの高さで表示することとされています。このうち地理学的経緯度は「日本経緯度原点」を、平均海面からの高さは「日本水準原点」を測量の原点とし、その地点及び原点数値は測量法施行令（昭和24年政令第322号）第２条第１項及び第２項に規定されているところです。

平成23年３月11日に発生した東北地方太平洋沖地震に伴い、日本経緯度原点及び日本水準原点の移動が確認されました。

原点の位置が移動したことにより地点と原点数値に乖離が生じたことから、測量の正確さを確保するため、原点数値を改正します。

2．概要

（１）日本経緯度原点の原点数値の改正（第２条第１項関係）

［１］経度

「東経百三十九度四十四分二十八秒八七五九」を

「東経百三十九度四十四分二十八秒八八六九」に改めることとする。

［２］原点方位角

「三十二度二十分四十四秒七五六」を

「三十二度二十分四十六秒二〇九」に改めることとする。

（２）日本水準原点の原点数値の改正（第２条第２項関係）

「東京湾平均海面上二十四・四一四〇メートル」を

「東京湾平均海面上二十四・三九〇〇メートル」に改めることとする。

（３）施行期日（附則関係）

この政令は、公布の日から施行することとする。

3．今後のスケジュール

閣　議　　平成23年10月18日（火）

公　布　　平成23年10月21日（金）

施　行　　平成23年10月21日（金）

（国土地理院 HP）

● 2-2-1　地球の形状と世界測地系

地球の形状は、地球表面積の70%を占めている海洋の海水面を基準に考える。しかし、海水面は、「**重力、海流、気圧、水温**あるいは**波浪**など」の影響を受けて常に変動しているため、一定の形状を保てない。

そこで、重力のみの影響を受けている状態の海水面（**平均海水面**という）を想定し、その海水面を陸地にも延長した仮想的な海水面（地球全体を海水で覆った状態）を規定する。この状態が最も良く地球形状に近似しておりこれを「**ジオイド**（Geoid）」と呼ぶ。

なお、測地学的に、重力エネルギーが一定の面を重力の「**等ポテンシャル面**」と呼び、無数の等ポテンシャル面を描くことができる。その中で、**平均海水面から描く等ポテンシャル面をジオイド**という。

ジオイド面は、重力エネルギーが一定の面つまり重力の方向（鉛直線）と垂直な面であるため、地球内部の質量や密度分布の違いなどの影響を受けて、ゆるやかな凹凸となる（地球全体で考えると、約±100 m の高低差がある）。

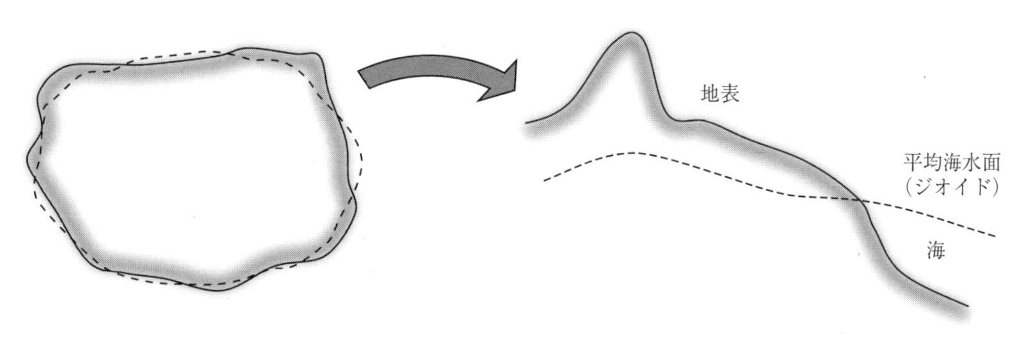

図2－4　ジオイド（Geoid）モデル

トピックス／重力とは

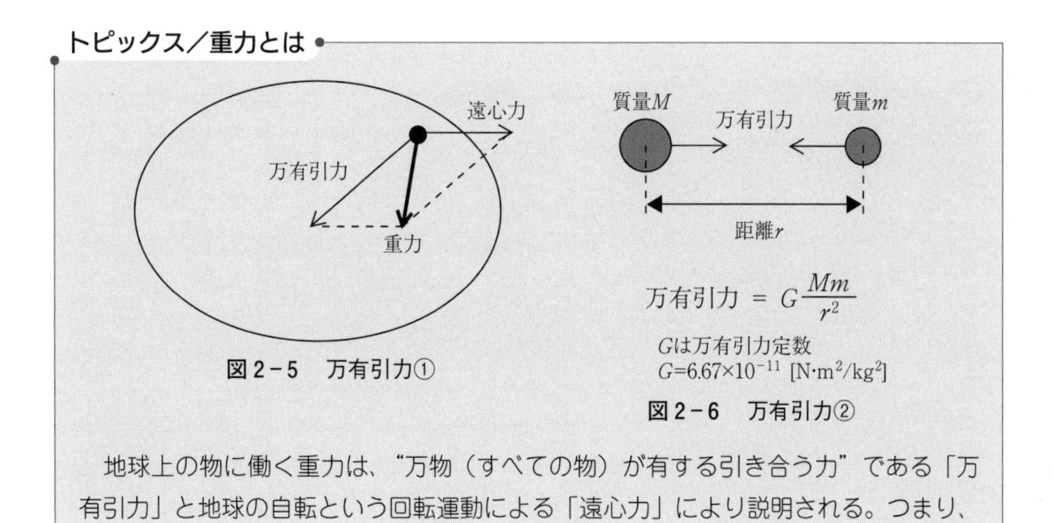

図2－5　万有引力①

図2－6　万有引力②

地球上の物に働く重力は、“万物（すべての物）が有する引き合う力”である「万有引力」と地球の自転という回転運動による「遠心力」により説明される。つまり、

地球上に働く重力とは、地球中心に引かれる力である万有引力と地球の外側へ働く遠心力との合力（図2－5）である

物体に働く引力は地球中心に向かうが、重力は引力と遠心力の合力となる方向に向かうため、地球の中心からわずかにずれる。また、重力は遠心力の影響を受けているので、遠心力の大きい赤道付近では重力が最小となり、逆に遠心力の小さい極付近では重力が最大となる。つまり、緯度が変われば重力もわずかに変化することになる

● 2-2-2　測地基準系

測量や地図などを作成するための基準（**測地基準系**）としての地球形状を考えたとき、**ジオイド**のような凹凸のある面を基準とすると非常に複雑となり、適切な基準とはいえない。

そこで、地球を表す形状として、ジオイドに近似した形状であること、規則性のある形状であること、そして地球が自転していることから南北軸を中心に回転する数学的な**回転楕円体**が考えられた。

その回転楕円体に地球形状に近似する大きさと形を定義する必要がある。そこで、ジオイドに最も近似する形状の「**長半径と扁平率が定義された回転楕円体**」を**地球楕円体**（Earth Ellipsoid）といい、地球の重心を原点とする三次元の座標軸を定め、地球楕円体の中心をその重心に一致させた状態を**準拠楕円体**（Reference Ellipsoid）という。

トピックス／地球楕円体とは

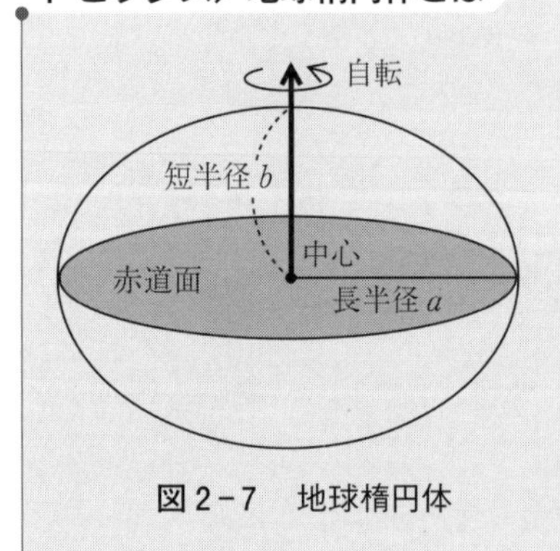

図2－7　地球楕円体

ジオイドに最も近似する形状の長半径と扁平率が定義された回転楕円体のこと

長半径（赤道半径）を a、短半径（極半径）b とした場合、**扁平率** f は

$$f = \frac{a - b}{a}$$

で表される

地球楕円体とは、地球の形状にもっとも近似していると考えられる回転楕円体であり、長半径と扁平率によって緯度を決定することができる

トピックス／準拠楕円体

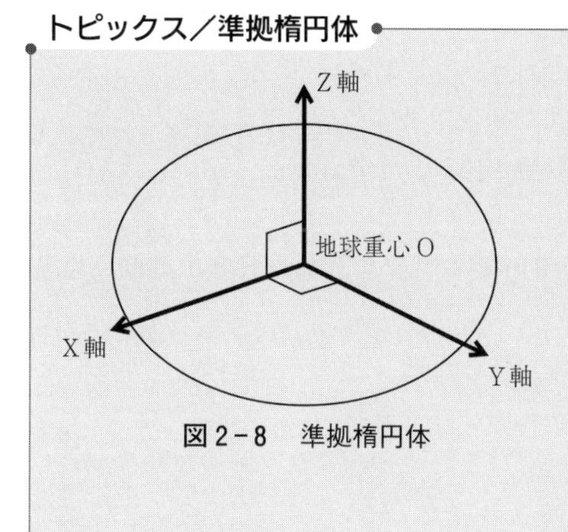

図2−8　準拠楕円体

準拠楕円体とは、地球の中心（重心）を原点とする、3つの座標軸（X，Y，Z）をもつ三次元直交座標（地心直交座標）に地球楕円体を重ね合わせたもの。合わせる基準は、

・地球楕円体の中心と三次元直交座標の地球重心
・グリニッジ子午線の方向
・Z軸と短軸

このように、**準拠楕円体は座標系と地球楕円体の組み合わせで表現する**

平成13年（2001年）に測量法の一部が改正され（改正測量法）、平成14年（2002年）4月1日、日本が明治時代から採用してきた準拠楕円体であるベッセル楕円体に代わり、**GRS80楕円体**（GRS80；**G**eodetic **R**eference **S**ystem1980の略語）を採用している。

GRS80は、**IAG**（**I**nternational **A**ssociation of **G**eodesy；国際測地学協会）および**IUGG**（**I**nternational **U**nion of **G**eodesy and **G**eophysics；国際測地学および地球物理学連合）が1979年に採択したもので、「**地球の形状、重力定数、角速度等地球の物理学的な定数および計算式**」からなっている。GRS80楕円体では、楕円体の形状や軸の方向および地球重心を楕円体の原点とすることも定められている。WGS84と並んで、世界で最もよく使用されている。

また、測地座標系として、IERS（国際地球回転機構）が構築した国際地球基準座標系では、地球重心を三次元直交座標系とする「**ITRF94**（**I**nternational **T**errestrial **R**eference **F**rame1994）座標系」を測地座標系としている。

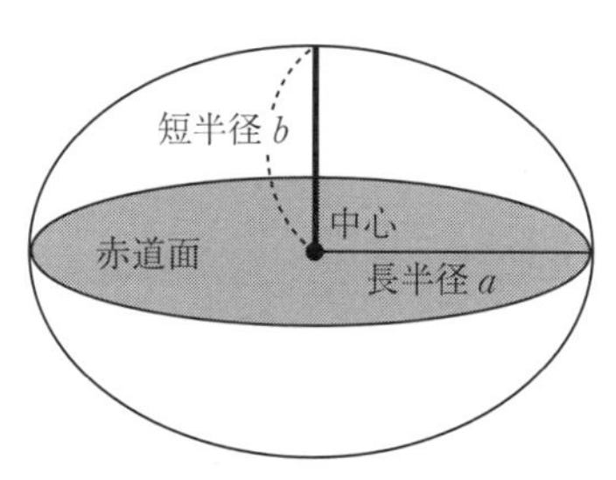

GRS80は、長半径 6 378 137 m および扁平率 1/298.257 222 101 で定義された回転楕円体である

図2−9　GRS80楕円体

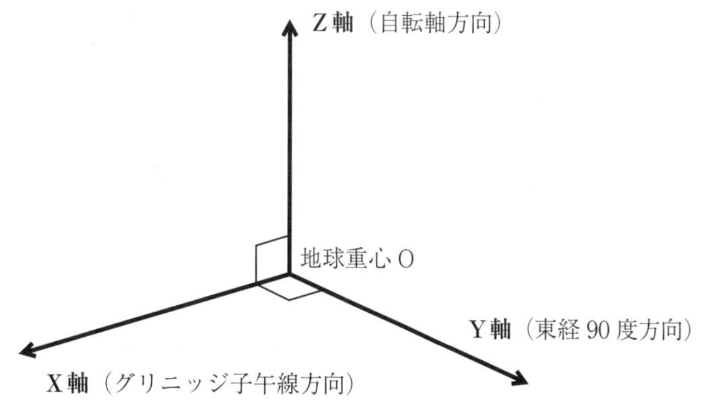

ITRF94座標系は、地球重心O（0，0，0）から地軸の北極方向をZ軸、本初子午線と赤道が交わる点の方向をX軸、東経90度の子午線と赤道の交わる点の方向をY軸としている

図2−10　ITRF94座標系

日本では、**GRS80楕円体とITRF94座標系である世界測地系に基づいた測量成果を「測地成果2000**（JGD 2000; **J**apan **G**eodetic **D**atum 2000）」としている。

また、平成23年（2011年）10月以降に実施された測量成果は、東北地方太平洋沖地震に伴い発生した地殻変動による三角点緯度経度の変更があり、**世界測地系「測地成果2011」**と表記して区別している。

日本では、**高さ（標高）は東京湾平均海面を0mとして決められた日本水準原点に基づいている**（高さの基準については後述する）。

世界測地系とは、人工衛星から計測された地球全体の正確な形状をもとに、国際的に定められた世界共通となる位置の基準（測地基準系）のことである。

世界測地系という概念は一つであるが、その概念によって定められた測地基準系がいくつかあり、国によって採用されている測地基準系は異なっている。代表的なものに、ITRF系、WGS系（米国）、PZ系（ロシア）がある。**ITRF系は、日本をはじめ多くの国で陸地部分の基準系として採用**されている。WGS系は、米国のGPS衛星や海域の基準系として採用されている。

表2－2　地球楕円体の種類

地球楕円体	年代	赤道半径（m）	扁平率の逆数（1/f）
ベッセル楕円体	1841	6 377 397.155	299.152 813
クラーク楕円体	1880	6 378 249.145	293.466 3
ヘルマート楕円体	1907	6 378 200	298.3
ヘイフォード楕円体	1909	6 378 388	297.0
クラソフスキー楕円体	1943	6 378 245	298.3
GRS80楕円体	**1980**	**6 378 137**	**298.257 222 101**
WGS84楕円体	1984	6 378 137	298.257 223 563
PZ-90楕円体	1990	6 378 136	298.257 839 303

トピックス／測地基準系とは

測地基準系とは、地球上での位置を経度・緯度で表すための基準のことで、地球の形（ジオイド）に最も近似した回転楕円体である地球楕円体と地球重心を原点とした三次元直交座標（測地座標系という）を定めたものである

国によって測地基準系は異なり、**日本は「GRS80楕円体＋ITRF94座標系」を採用**しており、米国は「WGS84楕円体＋WGS84座標系」を採用している

測地基準系は、単に測地系（datum）ともいう。位置座標のある地図データを扱うGISシステムでは、設定で測地基準系を指定する必要がある

参考　―測量成果への表示―

三角点の成果表や基準点測量の成果表には、“世界測地系（測地成果2011）”が表記されている。

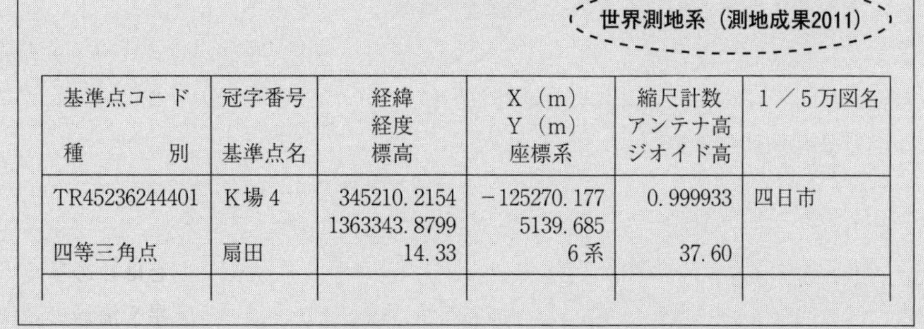

基準点成果表

世界測地系（測地成果2011）

基準点コード 種　　別	冠字番号 基準点名	経緯 経度 標高	X（m） Y（m） 座標系	縮尺計数 アンテナ高 ジオイド高	１／５万図名
TR45236244401 四等三角点	K場４ 扇田	345210.2154 1363343.8799 14.33	−125270.177 5139.685 6系	0.999933 37.60	四日市

資料２−１　三角点成果表

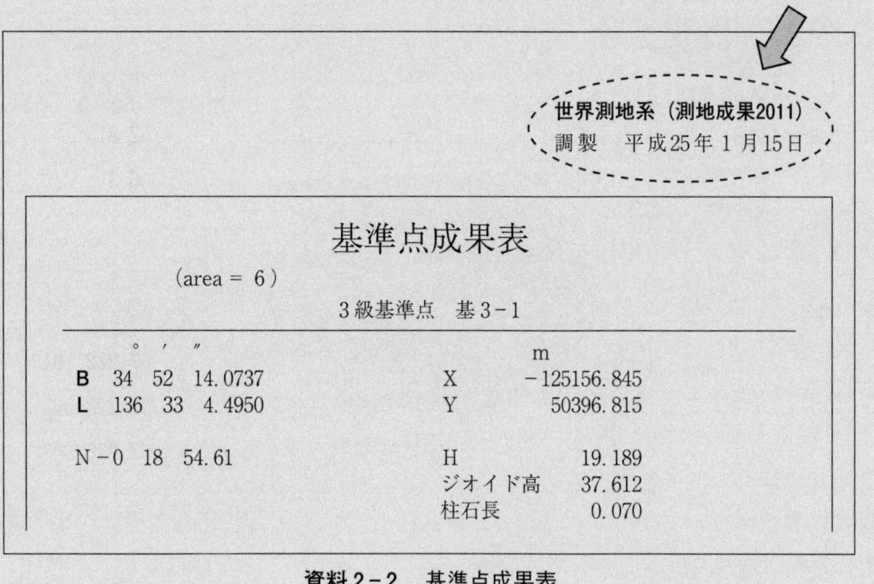

世界測地系（測地成果2011）
調製　平成25年１月15日

基準点成果表

（area＝ 6）

3級基準点　基3−1

	°	′	″			m
B	34	52	14.0737		X	−125156.845
L	136	33	4.4950		Y	50396.815
N−0	18	54.61			H	19.189
					ジオイド高	37.612
					柱石長	0.070

資料２−２　基準点成果表

トピックス／資料２−２にある緯度経度はなぜBLか？

ドイツ語の頭文字で、BはBreite（緯度）、LはLange（経度）の意味

英語ではLatitude（緯度）、Longitude（経度）の表記となり、両方ともL·Lとなって混同する

● 2-2-3　地球楕円体（Earth Ellipsoid）

地球上の位置を「**緯度、経度、高さ**」で表すには、最初に「**基準**」を決定する必要がある。この決定された基準面上で地球上の位置が表現されるため、地球の形に最も近い回転楕円体が定義される。

先に述べたとおり、地球の形状をもっともよく近似しているモデルはジオイドであるが、ジオイド面にはゆるやかな凹凸があるので基準面としては不適格である。

そこで、ジオイドにきわめてよく近似している形状の長半径と扁平率によって定義された回転楕円体が考えられた。これを「**地球楕円体**」という。日本においては、先に説明したようにGRS80楕円体を採用している。

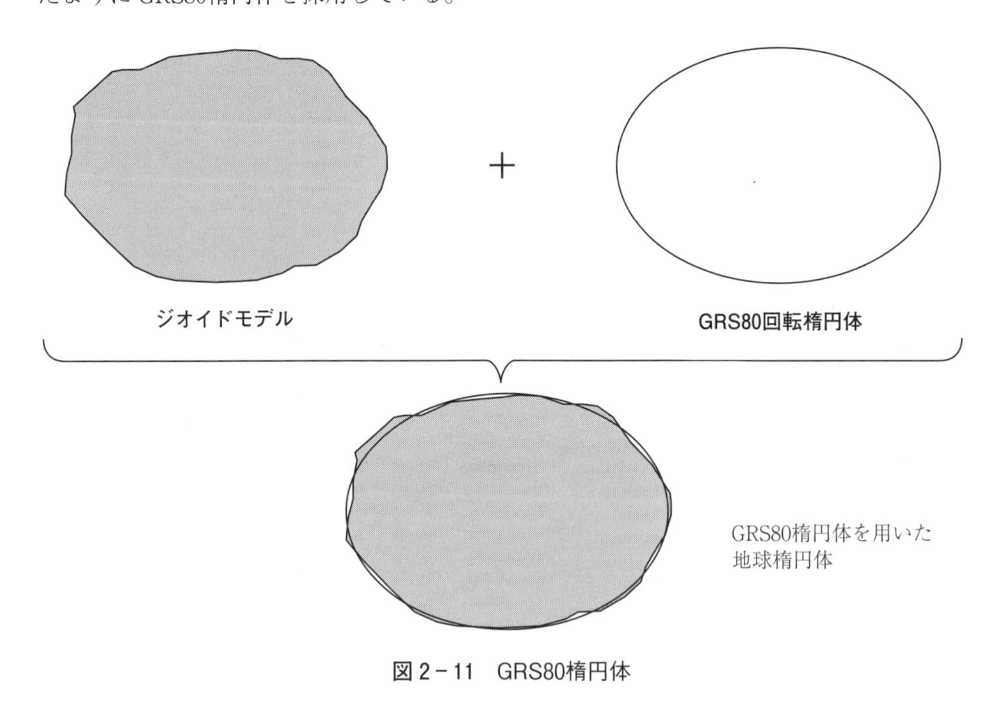

図2－11　GRS80楕円体

GRS80楕円体は、ジオイドに近似する回転楕円体であり「**楕円体の形状、軸方向、地球重心を楕円体の原点**」とすることが定められている。位置を緯度経度で表現することは可能であるが、座標では表現できない。そのため、地球楕円体と三次元直交座標を組み合わせることで、位置座標を表現することができる。この組み合わせを「**準拠楕円体**」という。

● 2-2-4　準拠楕円体（Reference Ellipsoid）

「**準拠楕円体**」は、測量法第11条第3項第一号～第三号に、次のように規定されている。

一　その長半径及び扁平率が、地理学的経緯度の測定に関する国際的な決定に基づき政令で定める値であるものであること。

二　その中心が、地球の重心と一致するものであること。

三　その短軸が、地球の自転軸と一致するものであること。

上記の一号の規定は、ジオイドに最も近似する形状の長半径と扁平率が定義された回転楕円体（GRS80楕円体）である。そのGRS80楕円体の中心をITRF94座標系の地球重心と一致させ、GRS80楕円体の短軸を自転軸つまりZ軸に一致させる。**図2－12**はそのイメージである。

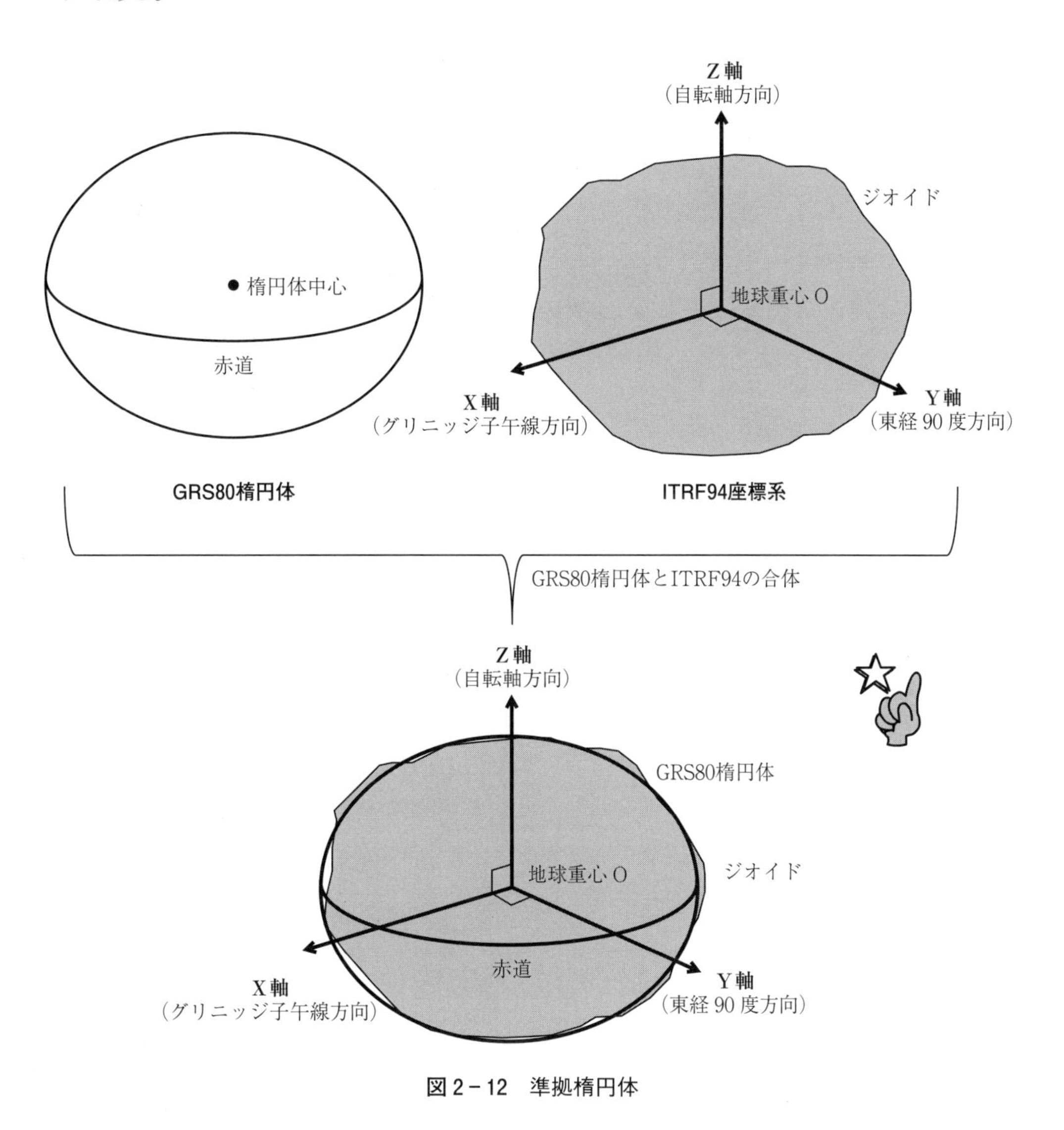

図2－12　準拠楕円体

● 2-2-5　地心直交座標系（三次元直交座標系）

測量法で定義されている地心直交座標系とは、GRS80楕円体の中心をITRF94座標系の地球重心（O）に一致させ、「**X軸をグリニッジ子午線方向と赤道との交点の方向、Y軸を東経90度の方向、Z軸を北極の自転軸方向**」にとった三次元直交座標系であり、位置座標を（X，Y，Z）で表す。

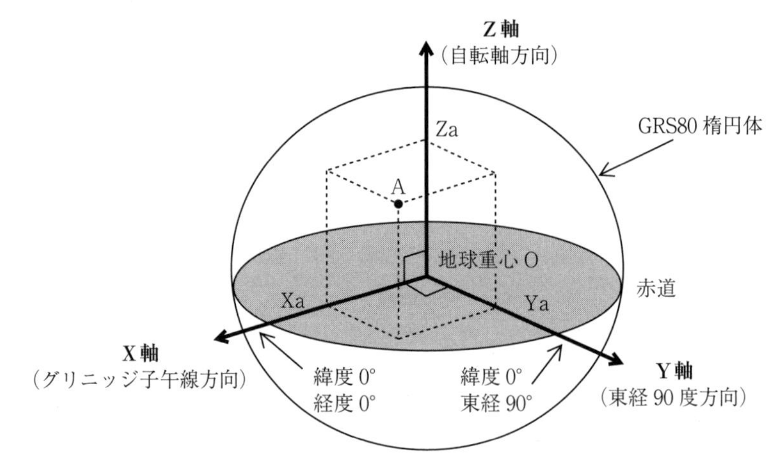

地点 A の地心直交座標値（3 次元直交座標値）は、A ＝（Xa, Ya, Za）と表現される

図 2－13　地心直交座標系

「測量法施行令」　抜粋 2－3

地心直交座標系（平成十四年国土交通省告示第百八十五号）

最終改正　平成二十三年十月二十一日国土交通省告示第千六十三号

地心直交座標系

第一　地心直交座標系は、法第十一条第三項に規定する扁平な回転楕円体の中心で互いに直交するＸ軸、Ｙ軸及びＺ軸の三軸からなり、各軸の要件は、次のとおりとする。

一　Ｘ軸は、回転楕円体の中心及び経度０度の子午線と赤道との交点を通る直線とし、回転楕円体の中心から経度０度の子午線と赤道との交点に向かう値を正とする。

二　Ｙ軸は、回転楕円体の中心及び東経九十度の子午線と赤道との交点を通る直線とし、回転楕円体の中心から東経九十度の子午線と赤道との交点に向かう値を正とする。

三　Ｚ軸は、回転楕円体の短軸と一致し、回転楕円体の中心から北に向う値を正とする。

第二　地心直交座標系における日本経緯度原点の座標値は、次の表のとおりとする。

軸	座標値
Ｘ軸	－3 959 340.203メートル
Ｙ軸	3 352 854.274メートル
Ｚ軸	3 697 471.413メートル

日本では、明治時代にベッセル楕円体を採用し、天文測量により日本経緯度原点の経緯度が決定された。これを「日本測地系（Tokyo Datum）」という。

しかし、計測技術の進歩により **VLBI 観測**（超長基線電波干渉法；**V**ery **L**ong **B**aseline **I**nterferometry）や人工衛星観測が行われ、世界共通に使用される測地基準系（世界測地系）と一致しないことが分かってきた。

そこで、地球規模での整合性を持たせた高精度な基準系が必要なことから、平成13年（2001年）に測量法の一部が改正され、平成14年（2002年）4月から日本が採用していた地球楕円体を「**ベッセル楕円体の日本測地系から世界測地系である GRS80楕円体の ITRF94座標系**」**に変更**された。その結果、東京付近での緯度経度が北西方向に約450 m 移動した。また、平成23年（2011年）3月に発生した東北地方太平洋沖地震による地殻変動により、平成23年（2011年）10月に日本経緯度原点の緯度が変更された。

表2－3　経緯度原点の変更

	旧日本経緯度原点（ベッセル楕円体）	日本経緯度原点（GRS80楕円体）平成14年4月変更	**新日本経緯度原点（GRS80楕円体）**平成23年10月変更
経度（東経）	139° 44′ 40.5020″	139° 44′ 28.8759″	**139° 44′ 28.8869″**
緯度（北緯）	35° 39′ 17.5148″	35° 39′ 29.1572″	**35° 39′ 29.1572″**

トピックス／測量の原点（国土地理院 HP）

日本経緯度原点は、わが国における地理学的経緯度を決めるための基準となる点です。明治25年に東京天文台の子午環の中心を日本経緯度原点と定めました。

その後、大正12年の関東大地震により、子午環が崩壊したため、日本経緯度原点の位置に金属標を設置しました。

平成13年に測量法が改正され測量の基準として、世界測地系を採用することになり、金属標の十字の交点が日本経緯度原点の地点となりました。

原点の経度、緯度および方位角の数値は、最新の宇宙技術を用いて定めたものです。

さらに、平成23年（2011年）東北地方太平洋沖地震の影響による地殻変動が観測されたため、平成23年10月21日に、次の数値に改定されました。

経度　東経　139° 44′ 28.8869″
緯度　北緯　35° 39′ 29.1572″
方位角　32° 20′ 46.209″
（つくば超長基線電波干渉計観測点に対する値）

経緯度1秒（1″）は、日本周辺で約30 m にあたります。1／10 000秒（0.0001″）は、3 mm にあたります。

● 2-2-6　地理学的経緯度

「地理学的経緯度」とは、準拠楕円体上であらわす緯度経度であり、地図などに表記されている緯度経度である。それに対して、「天文学的緯度経度」というものがあり、それはジオイド上であらわす緯度経度である。

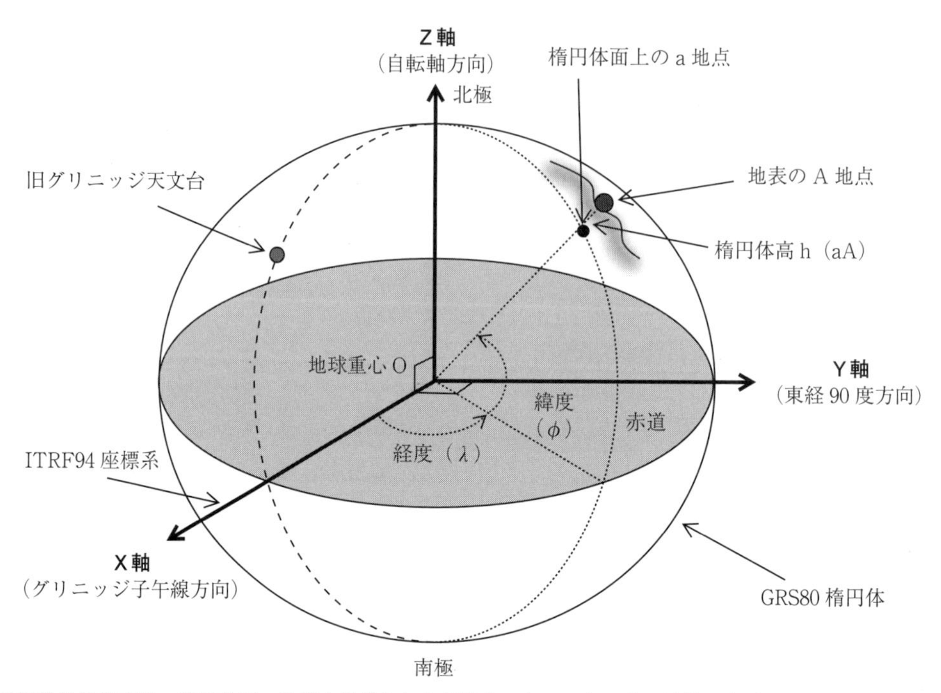

地理学的経緯度は、楕円体面の法線を基準とした経緯度である。ある点の法線が赤道面となす角度が緯度であり、ある点を通る子午線とグリニッジ子午線となす角度が経度である

図 2－14　地理学的経緯度

● 2-2-7　GPS 衛星に用いられている測地系

GPS 衛星の軌道情報や基線解析に用いている測地系は、米国が構築・維持している「**WGS84楕円体＋ WGS84座標系**（**W**orld **G**eodetic **S**ystem 1984）」であるため、日本で採用されている測地系「GRS80楕円体＋ ITRF94座標系」とは異なる。

しかし、国土地理院のホームページでは、「**WGS84座標系も過去 2 回の大きな改訂を経ているため ITRF94座標系に接近し、現在、両者の変換パラメータは 1 cm 以下といわれている。このため、両者は実用上同一と見なして差し支えないため、変換の必要はない**」と表記されている。

ITRF 系と WGS 系の座標系における差は 1 cm 以下であるが、GRS80楕円体と WGS84楕円体差はそれぞれ「GRS80楕円体の赤道半径は 6 378 137 m、扁平率の逆数（1/f）は 298. 257 222 101、WGS84楕円体の赤道半径は 6 378 137 m、扁平率の逆数（1/f）は 298. 257 223 563」と定義されている。

赤道半径は同一であるので、扁平率から極半径を計算すると、GRS80楕円体の極半径は

6 356 752.314 140 355 m、WGS84楕円体の極半径は 6 356 752.314 245 179 m となり、WGS84楕円体と GRS80楕円体の極半径の違いは、0.000 104 824 m である。実務上はまったく問題とならない差である。

しかし、日本で採用されている準拠楕円体は［GRS80楕円体＋ITRF94座標系］であることから、測量計算を行う際には、測量法上、必ず GRS80楕円体と ITRF94座標系を使用する必要がある。

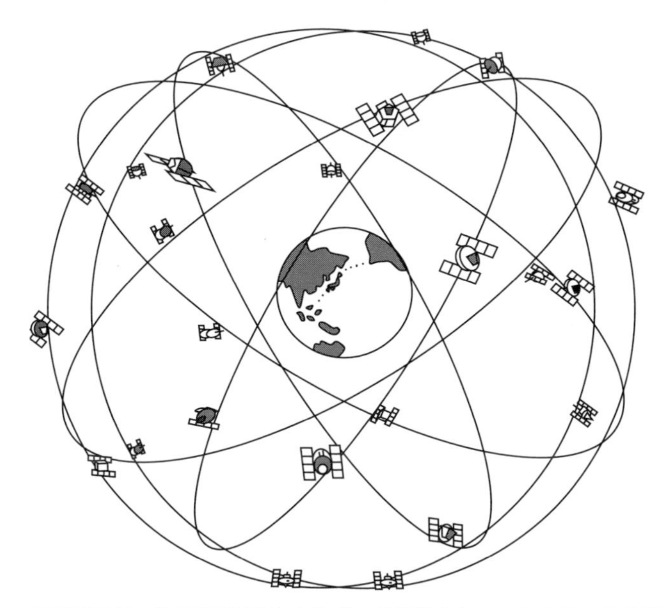

GPS 衛星は、WGS84座標系に基づいて運行されているため、GPS 衛星電波を受信しての位置は、WGS84系の緯度経度である！

図 2－15　GPS 衛星

● 2-2-8　GNSS とは

米国の国防省が運行管理している衛星を“**GPS**（**G**lobal **P**ositioning **S**ystem；凡地球測位システム）衛星”といい、その衛星の発信電波を受信し位置を特定する測位システムを GPS 測量と呼んでいる。

しかし、現在では、測位システムに利用できる衛星電波が、米国の GPS 衛星に限定されない他国の衛星電波も使用できる状態となり、測位精度を検証した結果、ロシアの GLONASS 衛星も測位システムとして利用できることになった。

従来の衛星測位システムの名称は、米国の GPS 衛星のみの測量であったため「GPS 測量」と呼ばれていたが、GLONASS 衛星も併用して利用できるようになったため、衛星測位システムの総名称を JIS（日本工業規格）で記述されている **GNSS**（**G**lobal **N**avigation **S**atellite **S**ystem；全地球航法衛星システム）を採用し、平成23年（2011年）3月に改正された「作業規程の準則」において、「**GNSS 測量、GNSS 衛星、GNSS 測量機**」等と名称が変更された。

なお、平成23年（2011年）3月に改正された「作業規程の準則」では、利用できるGNSS衛星はGPS衛星とGLONASS衛星であったが、平成25年（2013年）3月に改正された「作業規程の準則」では、日本が運行管理している**QZSS**（**Q**uasi-**Z**enith **S**atellite **S**ystem；準天頂衛星システム）も利用できるようになった。また、平成27年5月に施行された「マルチGNSS測量マニュアル（案）―近代化GPS、Galileo等の活用―」により、あらかじめ国土地理院に公共測量実施計画書を提出し、技術的助言を求めることで、Galileo衛星の利用が可能である。

GNSS衛星の軌道情報等の座標系は、**表2－4**に示すとおりである。

表2－4　GNSS衛星

GNSS衛星	座標系	国
GPS（**G**lobal **P**ositioning **S**ystem）	WGS84	米国
GLONASS （**GLO**bal'naya**NA**vigatsionnaya **S**putnikovaya **S**istema）	PZ-90	ロシア
QZSS（準天頂衛星システム「みちびき」） （**Q**uasi-**Z**enith **S**atellite **S**ystem）	JGS	日本
Galileo（欧州独自の衛星測位システム） （European Satellite NavigationSystem）	GTRF	EU
北斗（英語名：コンパス、北斗衛星導航系統） （BeiDou Navigation Satellite System）	CGS2000	中国

トピックス／「マニュアル（案）」より

「マルチGNSS測量マニュアル（案）」（以下「マニュアル」という。）は、国土交通省総合技術開発プロジェクト「高度な国土管理のための複数の衛星測位システム（マルチGNSS）による高精度測位技術の開発」の成果の1つであり、作業規程の準則第17条「機器及び作業方法に関する特例」第3項に規定するマニュアルとして策定し、平成27年5月29日から施行しました。その後、日本の準天頂衛星システムを明示するため、平成27年7月22日に改正しました

2-3　測量の基準

2-3-1　標高の基準

日本における地球上での位置は、準拠楕円体に基づいた緯度、経度で表される。

高さについては、東京湾の平均海面と一致した面を**ジオイド**と定義し、東京湾平均海面高（0m；ジオイド高）からの高さを標高としている。

GNSS測量で求められる位置の高さは、楕円体からの高さである楕円体高である。

標高（H）、楕円体高（h）、ジオイド高（N）の関係は、

$$H = h - N$$

で求められる。

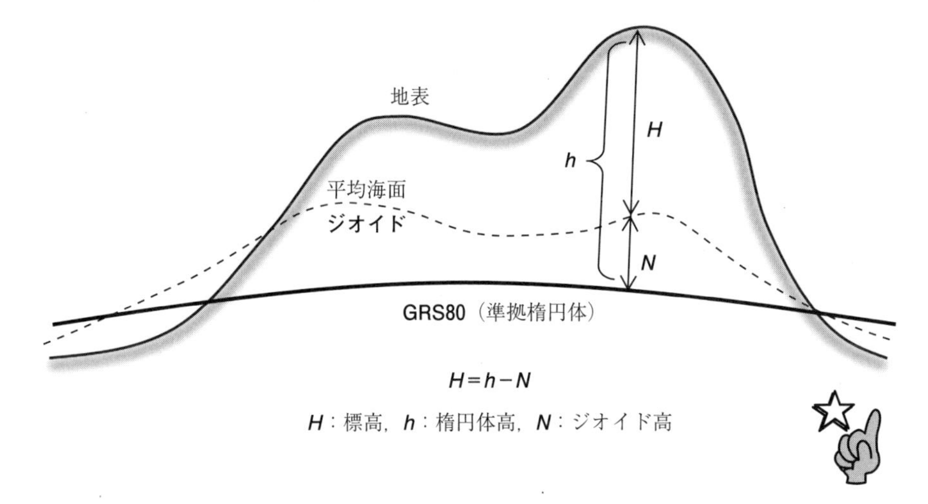

図2−16　高さの関係図

GNSS測量で求められる高さから水準測量で求められる高さの差がジオイド高（$N = h - H$）である。つまり、水準点の位置でGNSS測量を実施することで、ジオイド高を求めることが可能である。

ジオイド高を求めるジオイド測量は、国土地理院が実施する基本測量として行われている。それは、水準点等でGNSS測量を行い、ジオイドモデルを決定するものであり、そのモデルを「日本のジオイド2011」という。

ジオイド高は、国土地理院のホームページ上で、緯度経度を入力することで個別のジオイド高を求めることができ、また、ジオイドモデルファイルをダウンロードして使用することが可能である。平成29年（2017年）4月の最新バージョンの名称は、「日本のジオイド2011」（Ver.2）（GSIGEO2011（Ver.2））である。

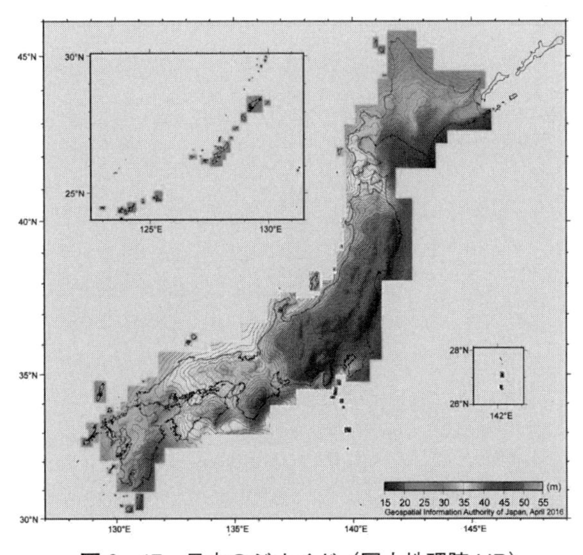

図2−17　日本のジオイド（国土地理院HP）

トピックス／各地の河川および港湾における基準面と平均海面の違い

各地の港湾においては、潮位の基準面が決められており、通常は各港湾の最低水面を０ｍとしている。験潮所（けんちょうじょ）の潮位の基準面は、気象庁所管の観測地点で、標高の基準として**東京湾平均海面（T.P.；Tokyo Peil）**を用いている。海上保安庁所管の観測地点は、観測開始時に決定した各験潮所固有の潮位の基準面を使用している

また、地方において特別に設けられた基準面を特殊基準面といい、特に河川や港湾で設けられている。これらの多くは、明治初期に設置されたものであり、東京湾平均海面（T.P.）が決定される以前に河川港湾工事のために設置されたものが多く、現在もその基準面が使用されているところもある

特殊基準面は、工事基準面とも呼ばれ、河川や港湾工事における高さの基準となっているため、T.P.との違いに注意する必要がある

表２－５　特殊基準面

河川及び港湾名	特殊基準面	東京湾平均海面（T.P.）との差
名古屋港	N.P.	−1.412 m
大阪港	O.P.	−1.300 m
荒川・多摩川	A.P.	−1.134 4 m
吉野川	A.P.	−0.833 3 m
琵琶湖	B.S.L.	＋84.371 m

たとえば、名古屋港の基準面は、測量の高さの基準である**東京湾平均海面**を基準とした高さ T.P. の1.412 m 下にある

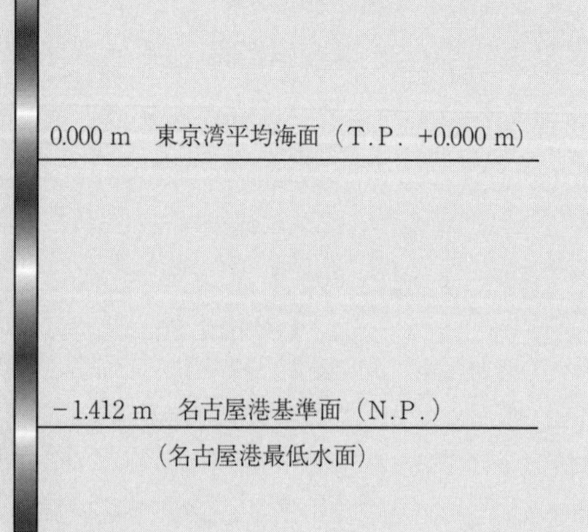

図２－18　T.P.と N.P.の関係図

トピックス／標高と水深の基準の違い

高さを表す表現に標高と海抜がある。両者は同じ基準である東京湾平均海面を0mとした高さであり、標高と海抜は同じである

しかし、海域については、高さの基準が違ってくる。深さを表す水深は、略最低低潮面（N.L.L.W.L.；ほぼさいていていちょうめん）からの深さで表される。また、海面上の構造物である橋梁の高さや架空線の高さは、略最高高潮面（N.H.H.W.L.；ほぼさいこうこうちょうめん）からの高さで表される

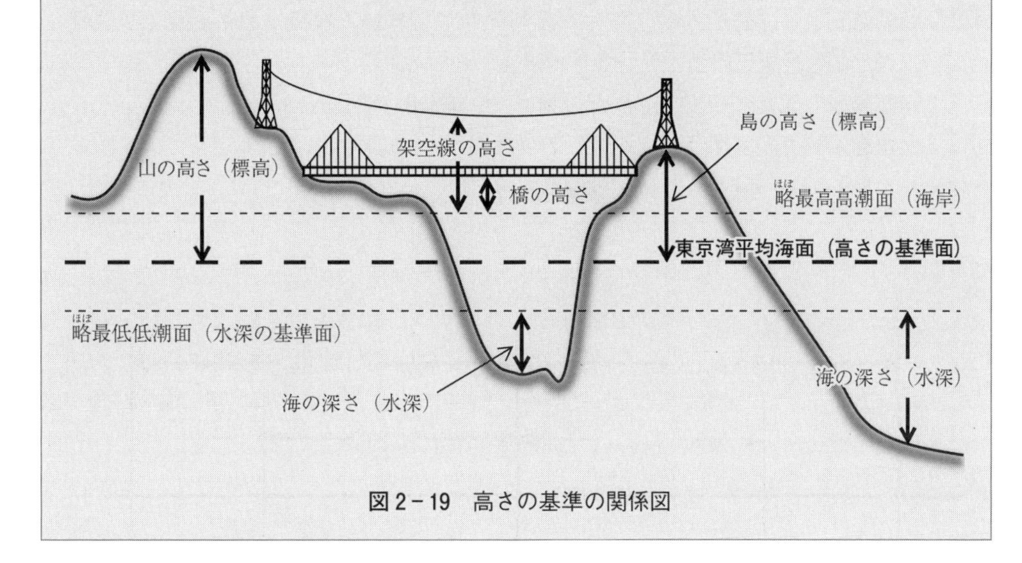

図2－19　高さの基準の関係図

● 2-3-2　平面直角座標系

地球上の水平位置は、準拠楕円体上での地理学的経緯度によって表される。公共測量のような測量範囲の比較的狭い場合には、曲面上の座標値である緯度経度を使用すると、測量計算が複雑となる。そこで、曲面上の位置を平面上に投影するには、計算等が簡略化でき、十分な精度を得ることができる方法として、日本固有の座標系である「**平面直角座標系**」が考えられた。

平面直角座標系は、ガウス・クリューゲルの投影法であり、準拠楕円体（GRS80楕円体＋ITRF94座標系）から直接平面に投影する方法である。また、座標原点を通る子午線は等長に投影され、図形は等角の相似系に投影されている。距離については、曲面上を平面上に投影するため、原点から東西に離れるにしたがって投影距離が増大する。そのため、投影距離の誤差を1／10 000以内に収めるように縮尺係数を与え、座標原点から東西130 km 以内を範囲とした座標系を定め、**全国を19の座標系**に分けている。

「国土交通省告示　平面直角座標系　備考」 抜粋2－1

平面直角座標系（平成十四年国土交通省告示第百九号）
最終改正　平成二十二年三月三十一日国土交通省告示第二百八十九号
備考
座標系は、地点の座標値が次の条件に従ってガウスの等角投影法によって表示されるように設けるものとする。
1．座標系のX軸は、座標系原点において子午線に一致する軸とし、真北に向う値を正とし、座標系のY軸は、座標系原点において座標系のX軸に直交する軸とし、真東に向う値を正とする。
2．座標系のX軸上における縮尺係数は、0.999 9とする。
3．座標系原点の座標値は、次のとおりとする。
X＝0.000メートル　　Y＝0.000メートル

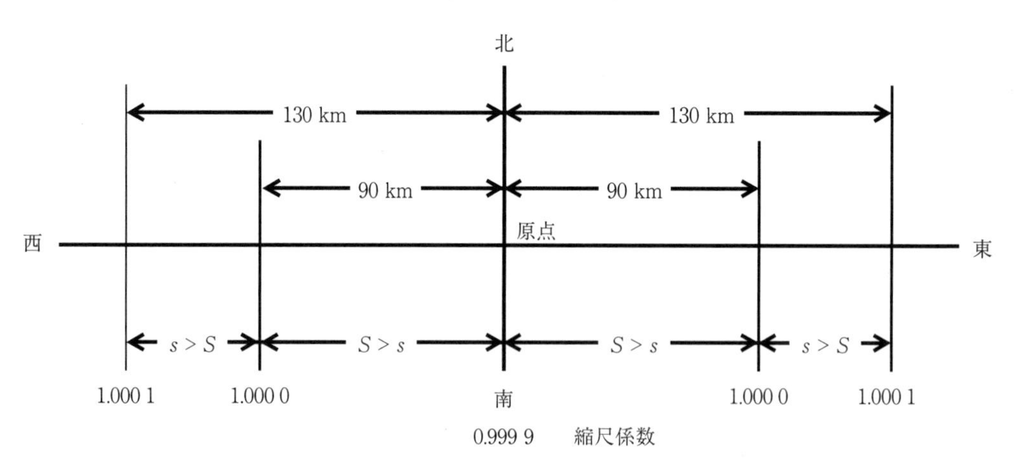

図2－20　平面直角座標系（縮尺係数）①

平面直角座標系は、曲面を平面に投影するため、投影距離の誤差を1／10 000以内に収めるように縮尺係数を与えている。つまり、弧 AB の球面距離 S を平面 ab の平面距離 s とした場合、s／S を縮尺係数という。

図2－21において、CD の区間では球面距離が平面距離より長いので、縮尺係数1未満となり、CD の中点では0.999 9となる。C または D では、球面距離と平面距離が同じになるので縮尺係数は1である。CD の中点から C または D までの距離は90 km である。aC と bD の区間では、球面距離は平面距離より短くなるので、縮尺係数は1より大きくなる。また、CD の中点から a または b までの距離は130 km である。

縮尺係数と平面距離との関係は、

$K = s / S$

$s = S \times K$

ただし、s：平面距離、S：球面距離、K：縮尺係数。使用する縮尺係数は2点の平均値である。

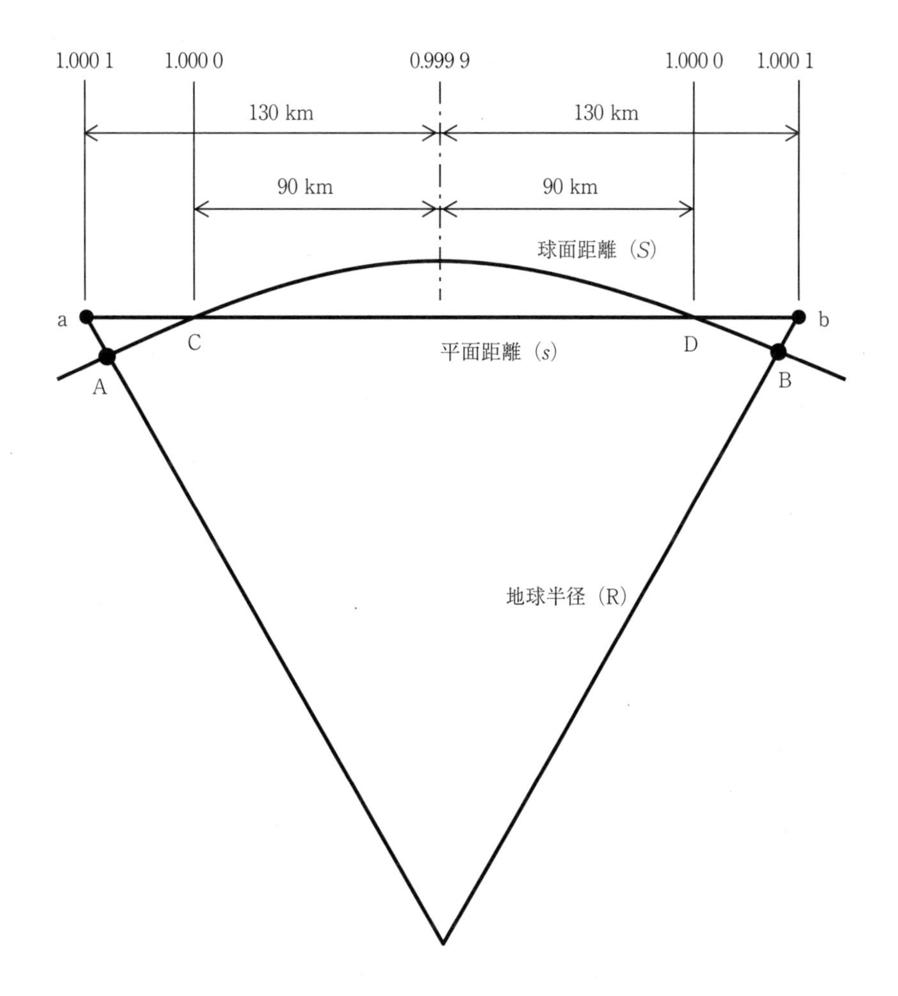

図2－21　平面直角座標系（縮尺係数）②

平面直角座標系では、「**縦座標をX軸、北方向を（＋）、南方向を（－）**」としている。また、「**横座標をY軸、東方向を（＋）、西方向を（－）**」としている。

数学座標では、X軸を基準としてY軸方向に向かう角度を正方向とする。平面直角座標系である測量座標では、北方向から右回りに向かう角度を正方向として、角度の基準となる軸をX軸としている。また、**測量座標の単位はメートル（m）**である。

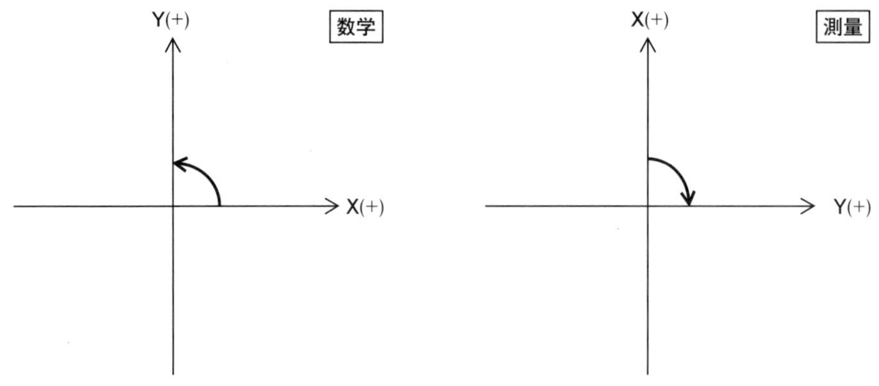

図２－22　数学座標（左）と測量座標（右）

トピックス／ガウス・クリューゲル投影法

地図は、地球の表面を平面上に投影することで表現されている。球面を平面に投影して、「距離・角度・面積」を同時にひずみなく投影することは不可能である。このため、距離を正しく表現する投影法の地図「正距（等距離）図法」、角度を正しく表現する投影法の地図「正角（等角）図法」、面積を正しく表現する投影法の地図「正積（等積）図法」があり、目的によって選択しなければならない

平面直角座標系の投影法であるガウス・クリューゲル投影法は、「正角（等角）図法」であり、UTM（ユニバーサル横メルカトル）図法ともいわれる。UTM 図法は円筒図法であり、地球に円筒をかぶせ、その円筒に投影した後に平面に切り開いた方法である

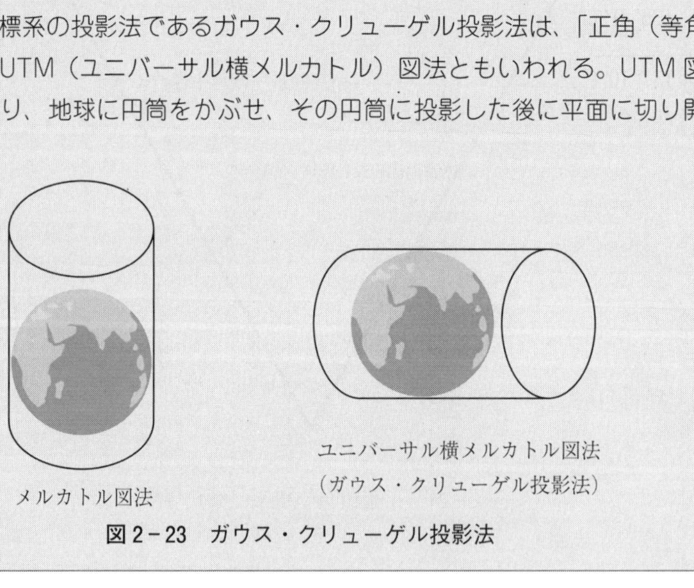

図２－23　ガウス・クリューゲル投影法

日本では、全国を19の座標系に分けており、位置座標は各原点座標（０，０）からの距離で表される。

平面直角座標系の特徴は以下のとおりである。

①投影誤差が１／10 000以内に収まるよう縮尺係数を与え、**座標原点から東西130 km以内を範囲とするよう、全国を19の座標系**に分けている。

②座標軸は、縦座標（南北軸）をＸ軸として北方向を＋、横座標（東西軸）をＹ軸と

して東方向を＋とする。
③座標原点の座標値は（0.000, 0.000）であり、単位はｍとする。
④位置座標は、同一座標値が存在するため、系番号と座標値で表す。
⑤沖縄県、鹿児島県、東京都、北海道の一部を除き、府県内は一つの座標系とする。

表2－6　平面直角座標系の原点と適用区域（国土交通省国土地理院）

系番号	座標系原点の経緯度		適用区域
	経度（東経）	緯度（北緯）	
Ⅰ	129°30′0.0000″	33°0′0.0000″	長崎県、鹿児島県のうち北方北緯32°南方北緯27°西方東経128°18′東方東経130°を境界線とする区域内（奄美群島は東経130°13′までを含む）にある全ての島、小島、環礁および岩礁
Ⅱ	131°0′0.0000″	33°0′0.0000″	福岡県、佐賀県、熊本県、大分県、宮崎県、鹿児島県（第Ⅰ系に規定する区域を除く）
Ⅲ	132°10′0.0000″	36°0′0.0000″	山口県、島根県、広島県
Ⅳ	133°30′0.0000″	33°0′0.0000″	香川県、愛媛県、徳島県、高知県
Ⅴ	134°20′0.0000″	36°0′0.0000″	兵庫県、鳥取県、岡山県
Ⅵ	136°0′0.0000″	36°0′0.0000″	京都府、大阪府、福井県、滋賀県、三重県、奈良県、和歌山県
Ⅶ	137°10′0.0000″	36°0′0.0000″	石川県、富山県、岐阜県、愛知県
Ⅷ	138°30′0.0000″	36°0′0.0000″	新潟県、長野県、山梨県、静岡県
Ⅸ	139°50′0.0000″	36°0′0.0000″	東京都（XⅣ系、XⅧ系およびXⅨ系に規定する区域を除く）、福島県、栃木県、茨城県、埼玉県、千葉県、群馬県、神奈川県
Ⅹ	140°50′0.0000″	40°0′0.0000″	青森県、秋田県、山形県、岩手県、宮城県
XⅠ	140°15′0.0000″	44°0′0.0000″	小樽市、函館市、伊達市、胆振支庁管内のうち有珠郡および虻田郡、檜山支庁管内、後志支庁管内、渡島支庁管内
XⅡ	142°15′0.0000″	44°0′0.0000″	札幌市、旭川市、稚内市、留萌市、美唄市、夕張市、岩見沢市、苫小牧市、室蘭市、士別市、名寄市、芦別市、赤平市、三笠市、滝川市、砂川市、江別市、千歳市、歌志内市、深川市、紋別市、富良野市、登別市、恵庭市、北広島市、石狩市、石狩支庁管内、網走支庁管内のうち紋別郡、上川支庁管内、宗谷支庁管内、日高支庁管内、胆振支庁管内（有珠郡および虻田郡を除く）、空知支庁管内、留萌支庁管内
XⅢ	144°15′0.0000″	44°0′0.0000″	北見市、帯広市、釧路市、網走市、根室市、根室支庁管内、釧路支庁管内、網走支庁管内（紋別郡を除く）、十勝支庁管内

ＸⅣ	142° 0′ 0.0000″	26° 0′ 0.0000″	東京都のうち北緯28°から南であり、かつ東経140°30′から東であり東経143°から西である区域
ＸⅤ	127° 30′ 0.0000″	26° 0′ 0.0000″	沖縄県のうち東経126°から東であり、かつ東経130°から西である区域
ＸⅥ	124° 0′ 0.0000″	26° 0′ 0.0000″	沖縄県のうち東経126°から西である区域
ＸⅦ	131° 0′ 0.0000″	26° 0′ 0.0000″	沖縄県のうち東経130°から東である区域
ＸⅧ	136° 0′ 0.0000″	20° 0′ 0.0000″	東京都のうち北緯28°から南であり、かつ東経140°30′から西である区域
ＸⅨ	154° 0′ 0.0000″	26° 0′ 0.0000″	東京都のうち北緯28°から南であり、かつ東経143°から東である区域

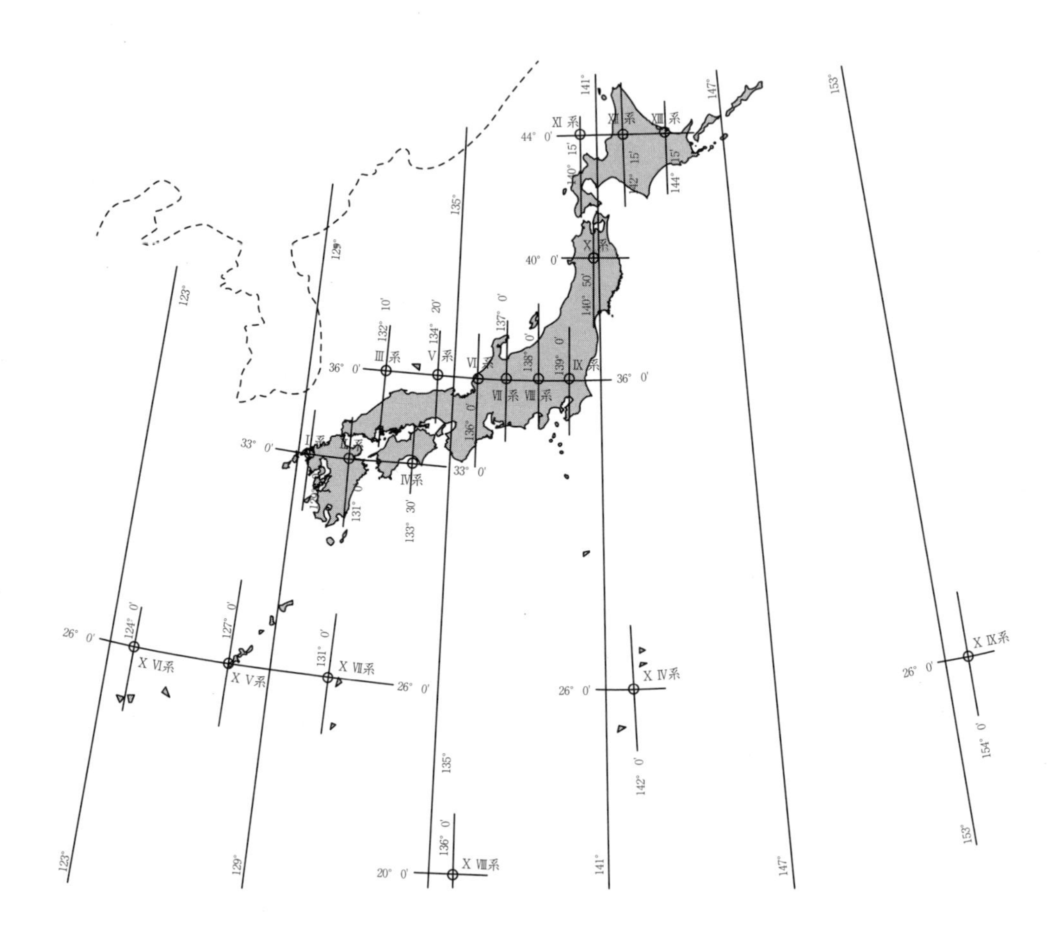

図2－24　平面直角座標系（全国地図；国土交通省国土地理院）

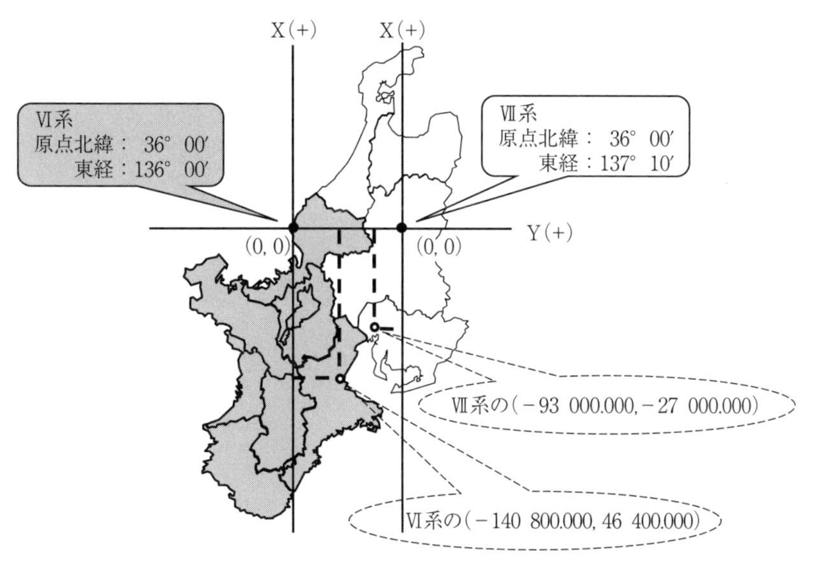

図2－25　平面直角座標系の例（Ⅵ系とⅦ系の位置関係）

トピックス／平面直角座標系の確認

平面直角座標系において、府県内は同一の座標系であり、座標系は府県境で分けられている

そのため、越境して測量成果を使用する場合には、座標系を確認することが重要である。国土地理院ホームページの基準点成果等閲覧サービスを利用して、事前に測量実施地域の既設基準点等を確認しておくこと

資料2－3　基準点成果等閲覧サービス
（国土地理院 HP）

● 2-3-3 UTM座標系

国土地理院発行の1／25 000, 1／50 000の中縮尺地形図または1／200 000地勢図は、ガウス・クリューゲル投影法によるUTM（Universal Transverse Mercator：ユニバーサ

ル横メルカトル）座標系で表されている。UTM 座標系の特徴は以下のとおりである。

①地球全体の表面は6°ごとの経度帯に分け、1～60までの座標帯（ゾーン）となる。
②60の座標帯ごとに投影した図法である。
③ UTM 座標系が適用される緯度範囲は、北緯84°～南緯80°である。
④原点の縮尺係数は0.999 6であり、原点から約180 km 離れると1.000 0、約270 km 離れると1.000 4となる。
⑤経度帯ごとに図で表すため、緯経線を図郭とする地形図の形は“不等辺四角形”となる。また、図郭線は曲線となるが、その曲線は目で認識できないほど微小であるため、直線で表されている。
⑥地図の図郭に表示される位置は、緯度経度で表される。

なお、日本における座標帯（ゾーン）は、51～56であり、通常、地図には座標帯（ゾーン）と中央子午線が表記されている。

トピックス／地図の図郭（ずかく）について

紙に印刷された地図の場合、慣例として、1/500～1/2 500を大縮尺地形図、1/1万～1/5万を中縮尺地形図、1/20万より小さい場合を小縮尺地形図という

大縮尺地形図の図郭4隅には、平面直角座標値が表記されているが、中縮尺地形図の図郭4隅には緯度経度が表記されている

GIS システム等で紙地図の大縮尺地形図と中縮尺地形図を重ねるときには、中縮尺地形図の緯度経度を平面直角座標値に変換する必要がある

第3章
測量の作業工程

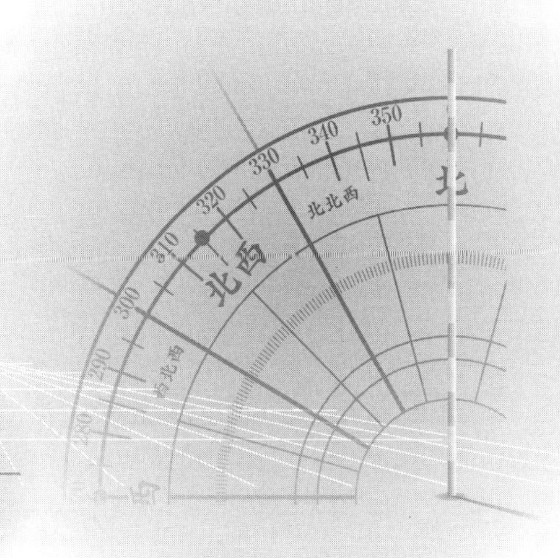

3-1　作業工程における測量

「測量」という作業は、あらゆる場面で行われている。土木や建築などはもちろんである。地図については、紙印刷の地図だけでなく、電子地図も含まれる。

ここでは、事例として、土木において道路建設を行う際の測量作業の工程をフロー形式で説明する。

トピックス／公共測量の手続きについて

公共測量を実施するには、測量法に定められている下記の手続きを行う必要がある。

① **測量作業規程の承認申請**
公共測量実施にあたり、作業規程を定めておく必要がある。多くの自治体は、国土交通大臣が定めた「作業規程の準則」を利用している

② **公共測量実施計画書の提出**
目的、地域等を記載した計画書を国土地理院の長に提出して、国土地理院の長の技術的助言を求める。計画書と製品仕様書を提出する

③ **公共測量実施の通知**
公共測量実施前に、関係する都道府県知事に測量に関する必要事項を通知する

④ **測量成果の使用承認**
使用する測量成果の管理者に、測量成果の使用承認を得る

⑤ **測量標の使用承認**
使用する測量標の管理者に、測量標の使用承認を得る

⑥ **公共測量終了の通知**
公共測量が終了したときには、関係する都道府県知事に終了を通知する

⑦ **測量成果の提出**
測量成果を国土地理院の長に提出する

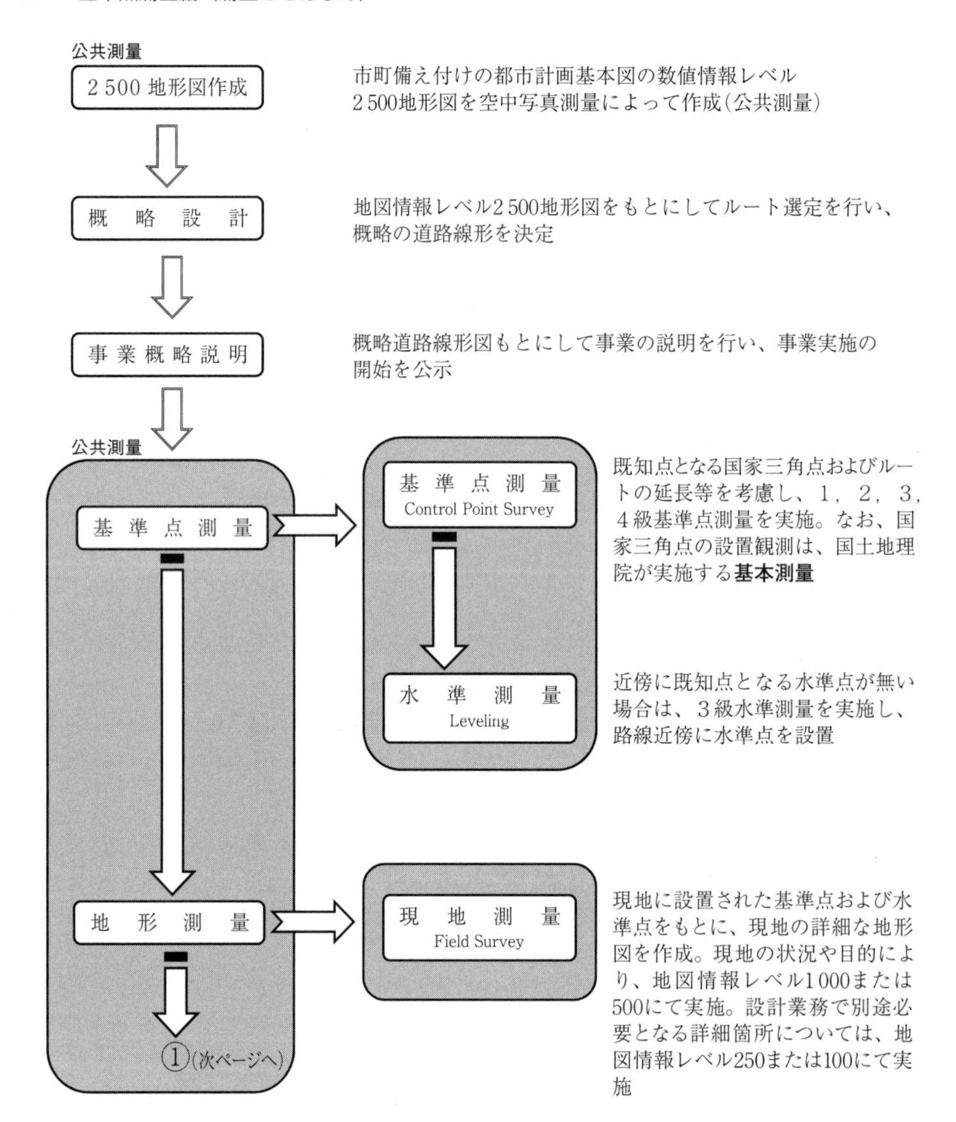

トピックス／空中写真測量と現地測量

※**空中写真測量**とは、航空機等から撮影された空中写真を用いて、数値地形図データを作成する測量である。作成される数値地形図データの地図情報レベルは、500、1 000、2 500、5 000および10 000を標準とする

※**現地測量**とは、トータルステーションやGNSS測量機を用いて、数値地形図データを作成する測量である。作成される数値地形図データの地図情報レベルは、250、500、1 000を標準とする

※**数値情報レベル**とは、数値地形図データの平均的な総合精度を表す指標であり、以前の縮尺のことである。数値情報レベル500とは、以前の縮尺1/500に相当する

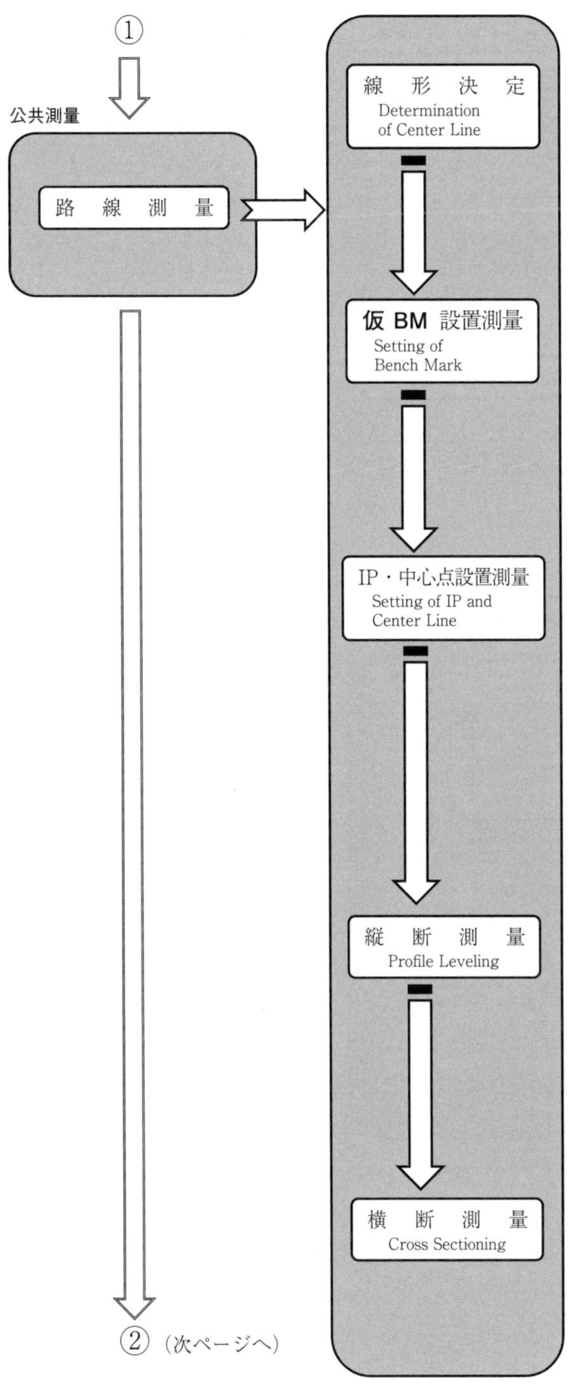

地形測量で作成された地形図をもとに、路線中心線の位置を決定する。道路出発地点（BP),カーブ交点（IP),道路到達地点（EP）の座標値を求め、カーブ主要点（BC, SP, ECなど）と道路中心点20mピッチの座標値を計算

近傍に設置された水準点から、縦横断測量や工事に必要な高さの基準となる仮の水準点を現地に設置し観測。平地においては3級水準測量、山地においては4級水準測量に準じて実施。**BMとは、Bench Mark（既知の水準点）のこと。また、仮BMは、KBMともいう**

線形決定で計算されたIP点、カーブ主要点および20m道路中心点を傍の基準点から放射法にて現地に設置。土面には木杭、アスファルトやコンクリート上には金属鋲を設置。木杭には、点の位置を示す釘を打設し、金属鋲は中心字の真ん中を計算位置とする。カーブ主要点は青色表示、20mピッチ点は赤色表示をし、測点名を表する。位置精度は、平地で1/2 000、山地では1/1 000以上

仮BM点の高さを基準に、道路中心線上に設置されたカーブ主要点および中心点と地形変化点の縦断方向の高さを往復観測し、地形の高低差を計算。その結果をもとに、縦断面図を作成。なお、カーブ主要点および中心点の観測位置は、杭上の釘頭部とその地盤高である。平地においては4級水準測量、山地においては簡易水準測により実施

道路中心に設置した杭（カーブ要素点、20mピッチ点、変化点）の中心線に対して直角方向（横断方向）の地形変化点を観測し、高さを計算。その結果をもとに、横断面図を作成。通常、横方向には横断方向杭を設置

トピックス／路線測量とは

「路線測量」とは、線状築造物建設のための調査、計画、実施設計等に用いられるデータを作成する測量である

「線状築造物」とは、道路、鉄道、水路、管路等である

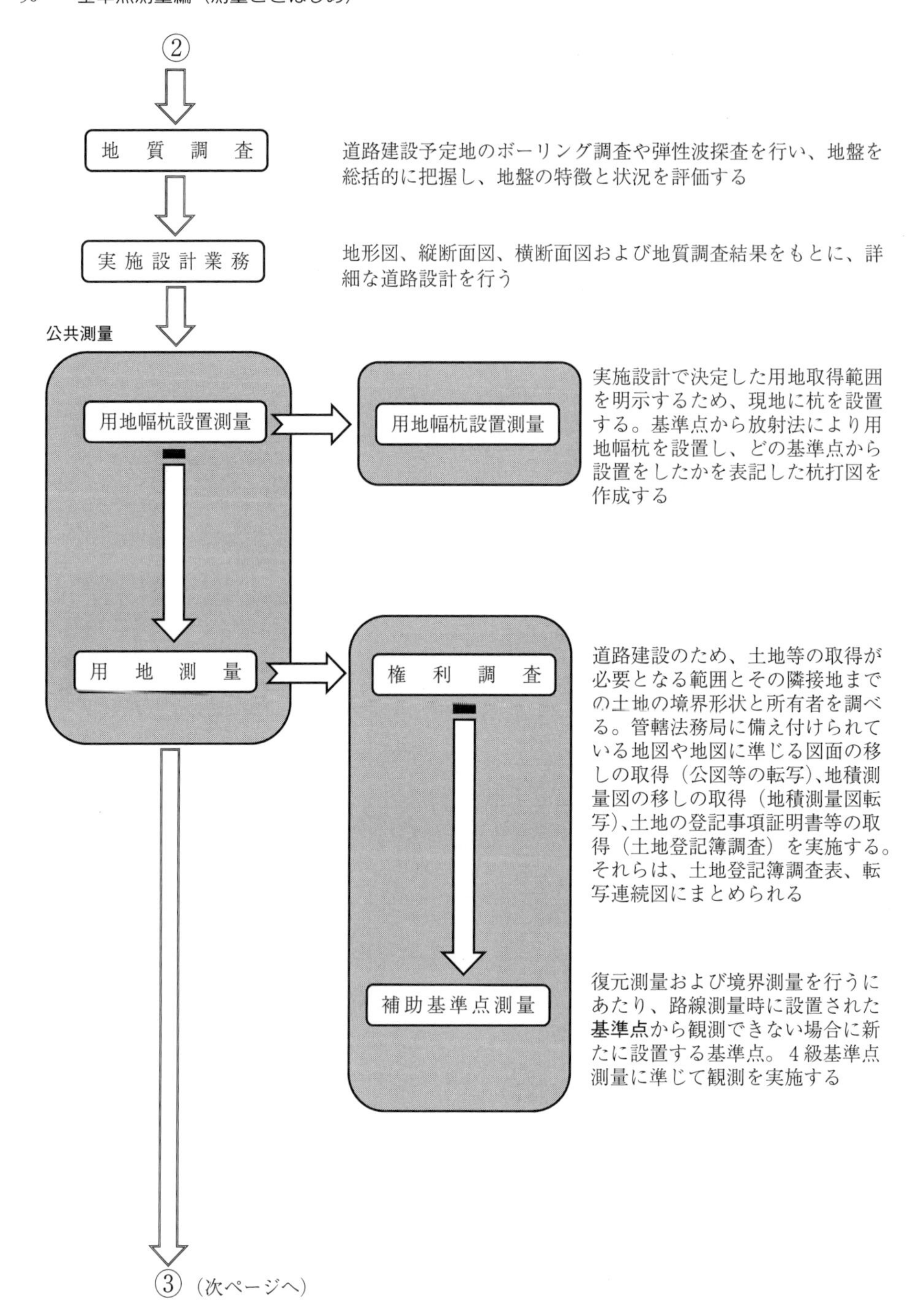

トピックス／用地測量とは

「用地測量」とは、土地および境界等について調査し、用地取得等に必要な土地所有者等の資料および用地境界の図面データを作成する測量である

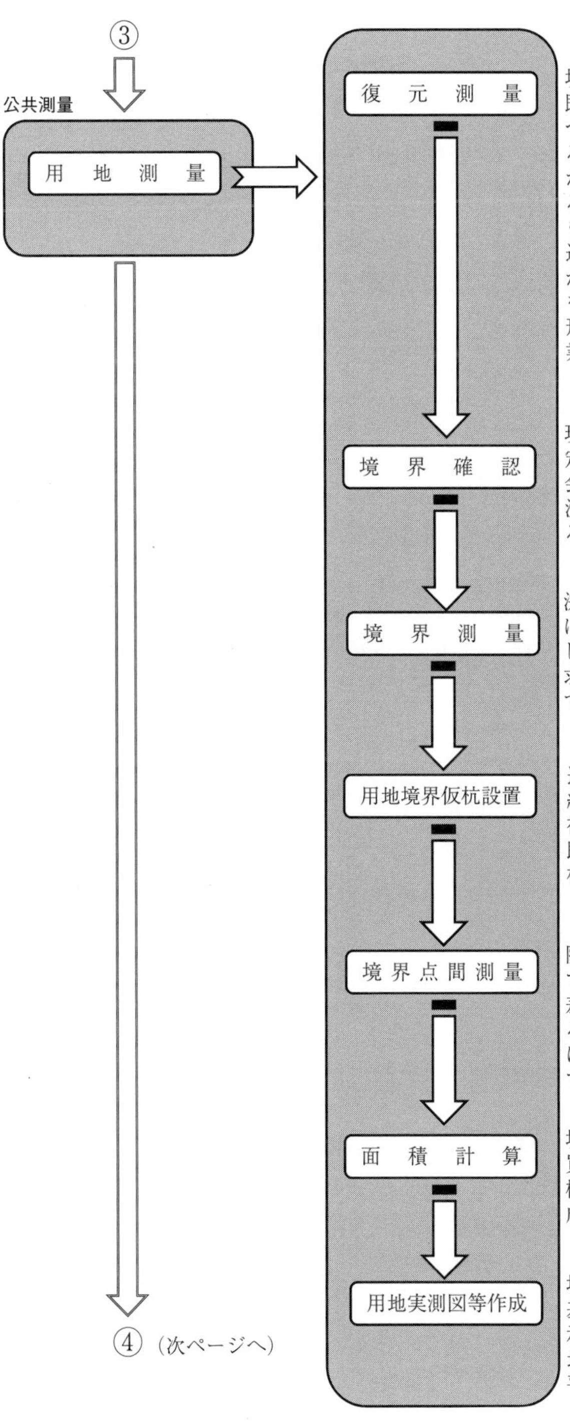

境界確認に先立ち、地積測量図や既存の測量成果等の関係資料に基づき、境界点を復元する作業である。既設基準点または補助基準点から境界点を以前の状態に復元する。境界点に座標値がある場合でも、基準点測量の座標値の基準と違う場合には、座標変換する必要がある。また、紙媒体での境界点を復元する場合には、現地の地形形状に合うように、座標化する作業が必要である

現地において、道路敷地となる予定地とその隣接地の土地所有者立会いのもと、土地の境界を確認し、決定した境界点に境界標を設置する

決定した境界標を既設基準点または補助基準点から放射法にて観測し、その境界点の座標値を求める。求める座標値は、ミリメートルまで計算する

道路敷地予定買収線と土地の境界線との交点に、既設基準点または補助基準点予定買収線との交点に、既設基準点または補助基準点から杭を設置する

隣接する境界点間の距離を現地にて測定し、計算値と検測値との較差を求め、境界点の精度を確認する。必要とされる精度は、平地では1/2 000、山地では1/1 000以上である

境界測量の成果に基づき、各筆の買収予定地および残地の面積を座標法にて計算し、面積計算書を作成する

境界測量および面積計算の結果に基づき、買収予定線と境界線を表示した用地実測図と地形図上に用地実測図の境界線を表示した用地平面図を作成する

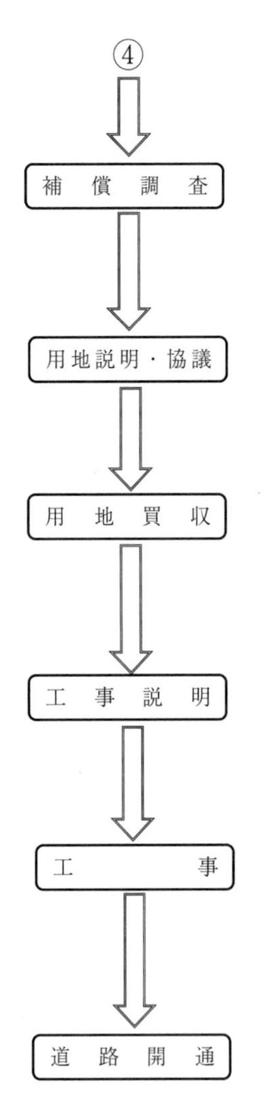

道路敷地の取得予定地内に存在する建物、立竹木、工作物等は、道路建設において必要としないものである。それらを取得予定地外に移転するために必要な補償を行うための、調査と補償費用を算出する

起業者（事業を行う者）が地権者（土地の所有権や借地権のある者）に補償費等の説明を行う

起業者と地権者の同意が得られれば、土地等の買収契約を結び、用地の取得を行う

工事の実施にあたり、工事方法や工事期間等の説明を行う

設計データに基づいて工事を実施する。工事期間中、工事測量が行われる

工事測量は、亡失した基準点、道路中心点や用地幅杭点の復元を行ったり、切盛工事のための丁張などを実施する

道路工事完了後に道路使用の告示を行い、実際に通行可能となる（供用開始）

開通後は、道路の維持管理が行われる

基準点測量時に設置・観測された基準点（1～4級基準点）と水準点（3～4級水準点）は、事業の最終目的である道路工事完了後においても、維持管理のためや近傍の工事においても利用されるなど、長期にわたり利活用される。そのため、継続して利用できる適切な位置に、作業規程の準則に定められた各基準点の位置精度を満たした基準点・水準点を設置することが重要である。

第4章 測量と地理空間情報

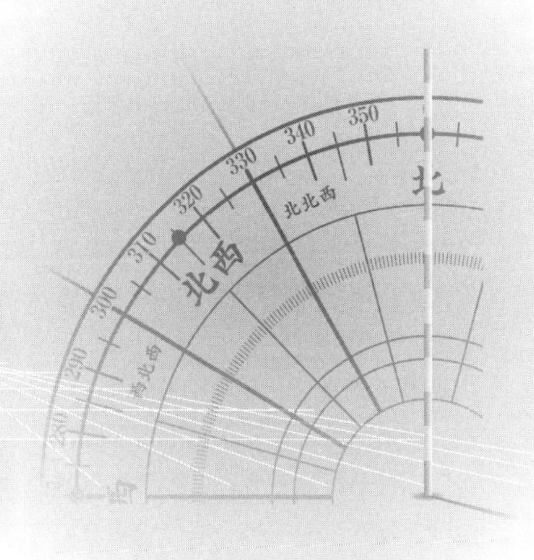

4-1　測量分野の広がり

測量学に関する多くの書籍で取り上げられている測量の技術や理論に「**三角測量、三辺測量**」がある。これらは、広範囲な地域に高精度な位置の基準である三角点や基準点を設置するための方法である。

明治期から行われていた三角測量は、1970年代に光波測距機の発達により三辺測量にとって代わり、三角測量を実施することは無くなった。

その後、1990年代にはGPS衛星を利用した地球測位システムが実用化されるようになったことで、三辺測量も無くなった。

また、トータルステーションの発達により、手書きの観測手簿(かんそくしゅぼ)も無くなり、電子平板とシステムの普及により手書きの平面図が無くなり、地形図が電子化されている。

写真測量における地形図作成では、従来の図化作業が無くなりデジタルデータによる処理が行われている。

このように、**平成20年（2008年）3月の「作業規程の準則」改正において「平板測量」および「写真測量の図化」という語句は除外**されている。

測量分野の内容は、アナログからデジタルへ変化しており、トータルステーション、GNSS測量機、電子平板が普及し、地形図、縦断面図、横断面図、用地図等は**SXF**形式（**S**cadec data e**X**change **F**ormat; 異なるCAD間でデータをやりとりする中間ファイル）で保存したCADデータ、座標データ等についてはシーマデータ（**SIMA**; **S**urveying **I**nstruments **M**anufacturers' **A**ssociation, 測量データ共通フォーマット）で作成され、成果品は電子納品が当然の時代である。

また、測量データの利活用については、地理情報システム（GIS）の解析処理等も行われており、単なる「測量」ではなく「情報処理」という新しい分野との融合が進んでいる。

測量技術の「測る」ことについては、航空レーザー計測、地上レーザー計測、モバイルマッピングシステムなど「測る」最新技術が実用化されており、測量分野の主要な一部となっている。また、現在では、携帯電話やスマートフォンに衛星測位システムが内蔵されており、測量精度との違いはあるが誰でも位置情報を取得することができ、写真データに位置情報を付与することも簡単にできる。

このように、測量分野で扱われる領域は、計測機器の進歩とパソコンの高性能・高機能化および情報通信インフラの整備・充実とともに広がり、従来の測量学の枠組みでは包含することが困難となってきている。

従来の測量分野の領域では、地図作成や土木的要素が強かった。現在では、「地理的かつ空間的に存在しているあらゆる物（地物（ちぶつ）という）を表す位置とその物（地物）に関連する様々な情報を組み合わせたデータ（地理空間情報という）を扱う領域」に移行されつつある。

基準点測量は、地理空間情報を取得する位置情報の基準となる非常に重要なものである。現地測量で作成される地形図は、きわめて詳細な現地状況が表現されており、詳細な空間分析を行うときには非常に有益な地理情報となる。このように、測量技術者が扱う技術は、地理空間情報を取得するための基礎的技術といえる。

従来の測量学という部門が扱っていた領域では、現在の測量技術が扱う領域を網羅できない状況であり、「測量学」という言葉は「空間情報工学」という言葉にかわりつつある。

表4－1　測量を取り巻く環境

新しい技術	・航空レーザ計測 ・地上レーザ計測 ・デジタル写真測量 ・GNSS 測量（ネットワーク型 RTK 法の活用） ・モービルマッピングシステム（MMS） ・モーター内蔵トータルステーション （自動視準、自動対回観測） ・電子平板 ・UAV（ドローン）
法律の整備	・地理空間情報活用推進基本法 ・地理空間情報活用推進基本計画 ・「作業規程の準則」 改正
測量成果	・電子納品（CAD データ等） ・メタデータの作成
情報通信システム	・携帯端末の普及 ・ソーシャルネットワークサービス（SNS）の普及
パソコン	・高機能化 ・高容量化 ・低価格化
GIS システム	・機能の充実 ・インターネットでの利活用の普及 ・無償 GIS の普及
地図	・インターネットでの普及 ・携帯端末での利活用の普及 ・デジタル地図利用の無償化 ・情報との連携 ・AR（拡張現実）の利活用

4-2　地理空間情報とは何か

地理空間情報（GSI；Geo-Spatial Information）について、地理空間情報活用推進基本法 第二条では下記のように定義されている。

「基本法」 抜粋４－１

第二条（定義）
　この法律において「地理空間情報」とは、第一号の情報又は同号及び第二号の情報からなる情報をいう
一　空間上の特定の地点又は区域の位置を示す情報（当該情報に係る時点に関する情報を含む。以下「位置情報」という。）
二　前号の情報に関連付けられた情報

地理空間情報には「位置」や「場所」の情報が添付されている。

地理空間情報のデータを地理空間データと呼ぶ。測量で作成された地形図は、空間上で視認できるもの（地物（ちぶつ））が表現されていて、視認できない「情報（○○会社、○○ビル、面積、階層・・・）」はない。つまり、どんなに詳細な地形図であっても、地理空間情報のごく一部を表しているに過ぎない。

4-2-1 「地物（ちぶつ）」とは

地理空間情報を扱うときに使用される「地物」とは、空間上にある全ての“もの”の概念のことである。

つまり、空間上の目に見える建物や道路などの“もの”と目に見えない境界線や行政界などの“もの”まで、ある定義に基づいて分類された一つ一つを地物という。たとえば、道路という定義でひとまとめにしたもの、橋梁という定義でひとまとめにしたもの、建物という定義でひとまとめにしたものが“地物”である。

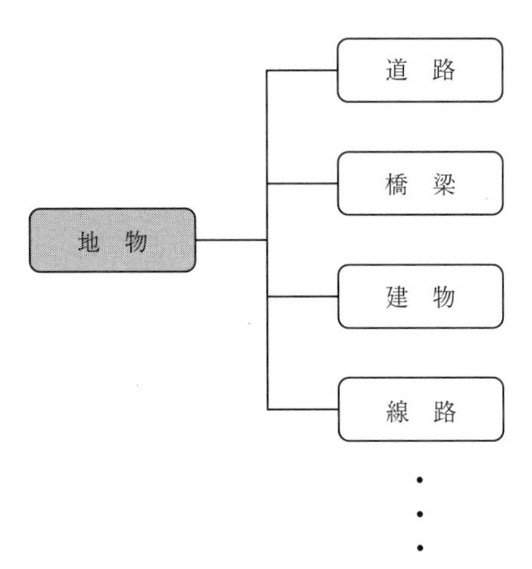

図４－１　地物

● 4-2-2　地理空間データの内容

地理空間情報の「地理空間データ」とはどのようなものか。

地理空間データは地物の集合体であり、その地物に関連付けられた情報のことを「属性」と呼ぶ。この属性には、「主題属性」、「空間属性」、「時間属性」の3つの種類がある。

例えば"道路"という地物がある場合、その「**主題属性**」は道路の名称や延長、起点終点の住所等である。「**空間属性**」は道路の形状（線、面）や位置（緯度経度、座標）である。「**時間属性**」は道路の供用開始時期や存続期間である。

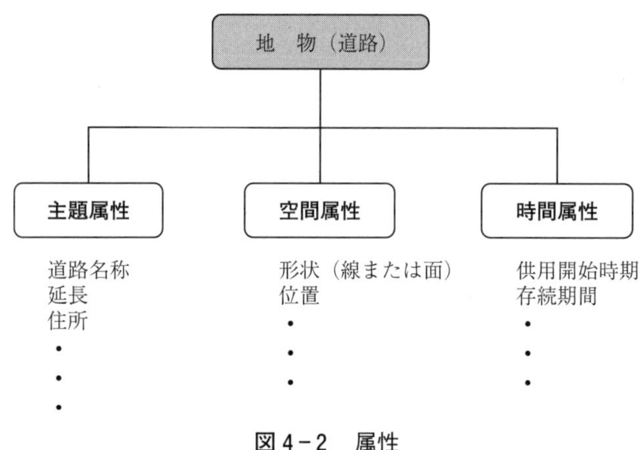

図4－2　属性

● 4-2-3　地形図データと地理空間データ

一般の測量で作成される地形図データと地理空間データとは何が違うのか。

地形図データは「道路、建物、河川など」を表しているが、それらは全て空間上の位置とその形状である。つまり、空間属性のデータである。

そこで、地形図データの地物に、各属性を付加することで地理空間データとなり、単なる見るだけの地形図データではなく、分析解析できるデータに変化する。

● 4-2-4　地理空間データの標準化

データを扱う上で「データの標準化」が重要となる。

作成された地理空間データのデータ・タイプの互換性が無くなると利便性が落ちる。そこで、日本国内における地理空間情報の標準として、「地理情報標準プロファイル（Japan Profile for Geographic Information Standard）；通称、**JPGIS**と呼ぶ」が整備されている。

「作業規程の準則」においても、JPGISに準拠することを定めている。

● 4-2-5　地理空間データを扱うには

地理空間データは、単なるCADデータではない。一般のCADソフトは扱えない。

地理空間データを扱うには、地理情報システム（GIS）ソフトが必要である。有償版あるいは無償版のGISソフトが利用できる。有償版ソフトは、機能面は充実しているが、高価であるため、試験的に使う程度では不経済である。現在、いくつかの無償版GISソフトが公開され、機能も充実してきているので、無償版GISソフトを利用する価値は十分にある。

4-3　国内での法整備

地理空間情報の取り組みや普及に合わせて法律も整備されている。

地理空間情報を扱うには地理情報システム（GIS）の整備が必要であることから、その普及が始まっている。法整備と公共測量を行う上で非常に重要な「作業規程の準則」の改訂を時系列でまとめると次のとおりになる。

表4－2　測量関連の法整備

年月	法整備および動き
1995年9月	地理情報システム（GIS）関係省庁連絡会議を設置
1996年12月	「国土空間データ基盤の整備及びGISの普及の促進に関する長期計画」決定
1999年3月	「国土空間データ基盤標準及び整備計画」決定
2000年10月	「今後の地理情報システム（GIS）の整備・普及施策の展開について」申し合せ
2001年6月	「測量法」一部改正（2002年4月施行）［世界測地系への移行］
2002年2月	「GISアクションプログラム2002-2005」決定
2002年3月	「公共測量作業規程」改正（2002年4月施行）［世界測地系への移行］
2007年3月	「GISアクションプログラム2010」決定
2007年5月	「地理空間情報活用推進基本法」公布
2008年3月	「測量法」一部改正（2008年4月施行）［地理情報標準への対応］
2008年3月	「作業規程の準則」全部改正（2008年4月施行）［新技術・地理情報標準への対応］
2008年4月	「地理空間情報活用推進基本計画」閣議決定（平成23年度まで）
2011年3月	「作業規程の準則」一部改正（2011年4月施行）
2012年3月	「地理空間情報活用推進基本計画」閣議決定（平成28年度まで）
2013年3月	「作業規程の準則」一部改正（2013年4月施行）
2016年3月	「作業規程の準則」一部改正（2016年4月施行）
2017年3月	「地理空間情報活用推進基本計画」閣議決定（平成33年度まで）

このように、日本国内では1990年代から地理情報に関しての取り組みが行われてきている。

4-3-1　「作業規程の準則」全面的改正のポイント

平成20年（2008年）3月の「作業規程の準則」改正において、全面的に内容が改正された。この改正におけるポイントは以下のとおりである。

（1）新技術等、多様な作業方法の規定化

①ネットワーク型 RTK-GPS による測量
② RTK-GPS による測量
③デジタルカメラによる空中写真測量
④写真地図作成（デジタルオルソ）
⑤航空レーザー測量（数値標高モデル作成）

（2）測量成果の電子化の推進

測量成果を電磁的記録媒体（CD または DVD）で納品する電子納品が条文化された。

（3）地理情報標準への対応

地理情報標準プロファイル（JPGIS）に準拠した「**製品仕様書**」を作成することとし、測量成果データは、この製品仕様書に基づき作成される。また、測量成果にはデータ品質手順に従い品質評価があり、測量成果の情報であるメタデータの作成が行われる。

（4）基盤地図情報整備の促進

公共測量の測量成果には、基盤地図情報に該当するものが多いため、基盤地図情報として要求すべき事項が明確化された。

基盤地図情報に該当するものは「**基準点測量、地形測量、写真測量、および応用測量で作成される成果**」である。基盤地図情報を定義した基本法第2条3項および省令にて基盤地図情報の項目は定められている。

トピックス／国土交通省令で定める基盤地図情報の項目

（平成19年（2007年）国土交通省令第78号）

○測量の基準点
○海岸線
○公共施設の境界線（道路区域界）
○公共施設の境界線（河川区域界）
○行政区画の境界線および代表点
○道路縁
○河川堤防の表法肩の法線
○軌道の中心線
○標高点
○水涯線
○建築物の外周線
○市町村の町もしくは字の境界線および代表点
○街区の境界線および代表点

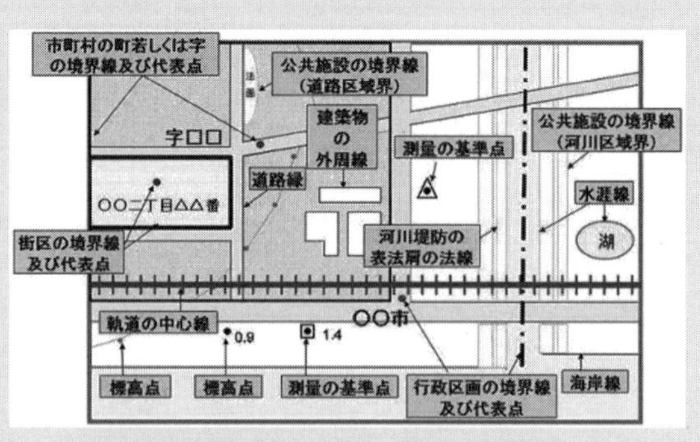

図4－3　基盤地図情報（国土地理院 HP）

● 4-3-2 「作業規程の準則」 主な改正事項

主な改正事項は以下のとおりである。

（1）測量機器の検定

測量機器の性能を確保するために、第三者機関による測量機器の検定が定められていたが、「**計画機関が作業機関の機器の検定体制を確認し、妥当と認めた場合には、作業機関は、JIS において定める検査方法に基づいて自ら検査を実施し、その結果を検定に代えることができる**」の文章が追加された。

（2）測量成果の検定

基盤地図情報に該当する測量成果または利用度の高い測量成果で計画機関が指定するものについて、第三者機関による検定を受けるものと定められている。

（3）新しい測量技術等への対応

機器等および作業方法に関する特例（第17条）の第1項において、「**計画機関は必要な精度の確保および作業能率の維持に支障がないと認められる場合には、この準則に定めのない機器または作業方法を用いることができる。**」とされている。

第2項で「**計画機関は、この準則に定めのない新しい測量技術を使用する場合は、使用する資料、機器、測量方法等により精度を確保できることを作業機関からの検証結果等に基づき確認するとともに、確認にあたっては、あらかじめ国土地理院の長の意見を求めるものとする。**」と規定されていることで、新技術を使用するための考え方が明確にされた。

（4）基準点測量に復旧測量を規定

基準点は工事等による移転や再設置が多いことから、基準点測量に基準点の復旧測量が新設された。

（5）地形測量編、数値地形測量編を統合し、名称を「地形測量及び写真測量編」に変更

現地測量および写真測量で作成される地形図は、デジタル成果が基本とされていることから、「地形測量及び写真測量」に統合された。

（6）測量標に IC タグ等情報体の設置

測量標にICタグを設置することができるように定められた。

（7）図式の変更

地形測量および写真測量において使用される図式は、「縮尺2 500分の1　国土基本図図式」を引用していたが、新たに「**拡張デジタルマッピング実装規約（案）の地図情報レベル500～5 000の図式**」が追加された（「公共測量標準図式」（準則付録7））。

なお、地図情報レベル10 000については、1万分の1地形図図式を用いる。

（8）主題図整備を新たに公共測量に位置づけて規定

主題図の作成が公共測量に位置づけられた。

（9）除外された技術

除外された技術は次のとおりである。

①**平板測量**

②**空中写真測量の図化、修正測量**

4-4　地理空間情報活用推進基本法

「地理空間情報活用推進基本法」（平成19年法律第63号）は、平成19年（2007年）5月23日に成立、同年5月30日に公布、同年8月29日に施行された。この基本法の目的は、第一条に定められている

「基本法」抜粋 4－2

（目的）

第一条　この法律は、現在及び将来の国民が安心して豊かな生活を営むことができる経済社会を実現する上で地理空間情報を高度に活用することを推進することが極めて重要であることにかんがみ、地理空間情報の活用の推進に関する施策に関し、基本理念を定め、並びに国及び地方公共団体の責務等を明らかにするとともに、地理空間情報の活用の推進に関する施策の基本となる事項を定めることにより、地理空間情報の活用の推進に関する施策を総合的かつ計画的に推進することを目的とする。

第二条においては地理空間情報が定義されている。

「基本法」抜粋 4－3

（定義）

第二条　この法律において「地理空間情報」とは、第一号の情報又は同号及び第二号の情報からなる情報をいう。

一　空間上の特定の地点又は区域の位置を示す情報（当該情報に係る時点に関する情報を含む。以下「位置情報」という。）

二　前号の情報に関連付けられた情報

2　この法律において「地理情報システム」とは、地理空間情報の地理的な把握又は分析を可能とするため、電磁的方式により記録された地理空間情報を電子計算機を使用して電子地図（電磁的方式により記録された地図をいう。以下同じ。）上

で一体的に処理する情報システムをいう。

3　この法律において「基盤地図情報」とは、地理空間情報のうち、電子地図上における地理空間情報の位置を定めるための基準となる測量の基準点、海岸線、公共施設の境界線、行政区画その他の国土交通省令で定めるものの位置情報（国土交通省令で定める基準に適合するものに限る。）であって電磁的方式により記録されたものをいう。

4　この法律において「衛星測位」とは、人工衛星から発射される信号を用いてする位置の決定及び当該位置に係る時刻に関する情報の取得並びにこれらに関連付けられた移動の経路等の情報の取得をいう。

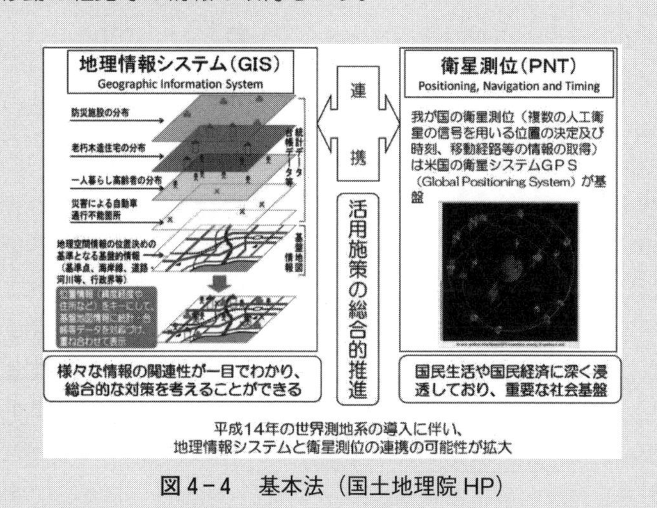

図４－４　基本法（国土地理院 HP）

基本法の基本理念は以下のとおりである。

「基本法」　抜粋４－４

（基本理念）

第三条　地理空間情報の活用の推進は、基盤地図情報、統計情報、測量に係る画像情報等の地理空間情報が国民生活の向上及び国民経済の健全な発展を図るための不可欠な基盤であることにかんがみ、これらの地理空間情報の電磁的方式による正確かつ適切な整備及びその提供、地理情報システム、衛星測位等の技術の利用の推進、人材の育成、国、地方公共団体等の関係機関の連携の強化等必要な体制の整備その他の施策を総合的かつ体系的に行うことを旨として行われなければならない。

2　地理空間情報の活用の推進に関する施策は、地理情報システムが衛星測位により得られる地理空間情報を活用する上での基盤的な地図を提供し、衛星測位が地理情報システムで用いられる地理空間情報を安定的に提供するという相互に寄与する関係にあること等にかんがみ、地理情報システムに係る施策、衛星測位に係る施策等が相まって地理空間情報を高度に活用することができる環境を整備することを旨として講ぜられなければならない。

3　地理空間情報の活用の推進に関する施策は、衛星測位が正確な位置、時刻、移動の経路等に関する情報の提供を通じて国民生活の向上及び国民経済の健全な発展の基盤となっている現状にかんがみ、信頼性の高い衛星測位によるサービスを安定的に享受できる環境を確保することを旨として講ぜられなければならない。

4　地理空間情報の活用の推進に関する施策は、国及び地方公共団体がその事務又は事業の遂行に当たり積極的に取り組んで実施することにより、効果的かつ効率的な公共施設の管理、防災対策の推進等が図られ、もって国土の利用、整備及び保全の推進並びに国民の生命、身体及び財産の保護に寄与するものでなければならない。

5　地理空間情報の活用の推進に関する施策は、行政の各分野において必要となる地理空間情報の共用等により、地図作成の重複の是正、施策の総合性、機動性及び透明性の向上等が図られ、もって行政の運営の効率化及びその機能の高度化に寄与するものでなければならない。

6　地理空間情報の活用の推進に関する施策は、地理空間情報を活用した多様なサービスの提供が実現されることを通じて、国民の利便性の向上に寄与するものでなければならない。

7　地理空間情報の活用の推進に関する施策は、地理空間情報を活用した多様な事業の創出及び健全な発展、事業活動の効率化及び高度化、環境との調和等が図られ、もって経済社会の活力の向上及び持続的な発展に寄与するものでなければならない。

8　地理空間情報の活用の推進に関する施策を講ずるに当たっては、民間事業者による地理空間情報の活用のための技術に関する提案及び創意工夫が活用されること等により民間事業者の能力が活用されるように配慮されなければならない。

9　地理空間情報の活用の推進に関する施策を講ずるに当たっては、地理空間情報の流通の拡大に伴い、個人の権利利益、国の安全等が害されることのないように配慮されなければならない。

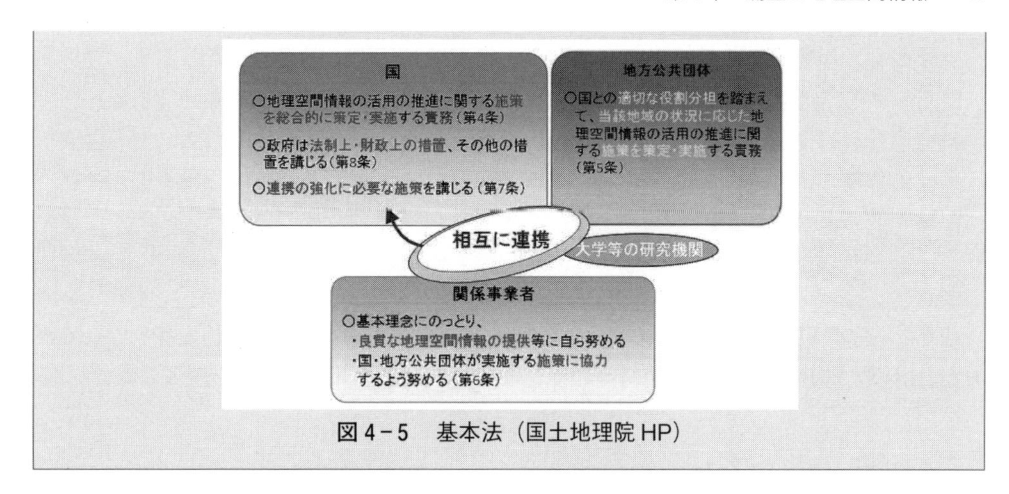

図4－5　基本法（国土地理院 HP）

4-5　地理空間情報活用推進基本計画

地理空間情報活用推進基本計画が平成20年（2008年）4月15日に閣議決定された。基本計画は5年間を計画期間とされており、基本計画における成果・達成状況や、地理空間情報を巡る社会情勢の変化を踏まえて、5年ごとに新たな基本計画が策定されている。

平成24年（2012年）3月27日に第2期、平成29年（2017年）3月24日に第3期が閣議決定され、「地理空間情報高度活用社会（G空間社会）」の実現を目指している状況である。

最新の基本計画の「前文」に述べられている一部を以下に抜粋する。

「基本計画」　抜粋4－1

前文

現在、情報技術の進展により、様々な情報がモノのインターネット化（Internet of Things = IoT）によって瞬時に大量にビッグデータとして収集・蓄積され、人工知能（AI）によって高度に処理・活用される第4次産業革命の波が訪れようとしている。こうした中、平成30年度には我が国の準天頂衛星4機体制が本格的に運用され、リアルタイムにセンチメータ級測位や双方向通信が可能となる。また、平成28年から稼働を開始したG空間情報センターが地理空間情報の流通や利活用の中核となり、ばくだいな情報の共有化・統合が可能となる。これら地理空間情報を活用する技術の飛躍的な進展に伴い、地理空間情報は第4次産業革命実現のための鍵となる。加えて、平成32年（2020年）の東京オリンピック・パラリンピック競技大会（東京2020大会）は、地理空間情報の高度な活用を対外的にアピールし、新たなビジネスチャンスの拡大、国際貢献を図る絶好の機会である。

第3期の基本計画では、今後5年間を計画期間として、地理空間情報活用技術を第4次産業革命のフロントランナーとし、一人一人が「成長」と「幸せ」を実感できる、新しい社会の実現を目指す。防災、交通・物流、生活環境、地方創生、海外展開といった幅広い分野での地理空間情報の高度な活用に重点的に取り組み、世界最高水準の「地理空間情報高度活用社会」（G空間社会）を実現するものである。これら地理空間情報の高度な活用を社会実装するために、産学官民の協調による共通基盤の構築、誰もが参加し、活用できる環境の整備を通じて、自由な競争による新たな成長の実現を図っていく。

基本計画は、現在の社会状況に合うように考えられ、将来を展望して作成されている。また、「地理空間情報を巡る社会情勢の変化と今後の可能性」についても述べられている。

「基本計画」 抜粋 4－2

（2）地理空間情報を巡る社会情勢の変化と今後の可能性

地理空間情報の活用を取り巻く社会の状況は、日々刻々と変化している。

スマートフォン等が急速に普及し、歩行者ナビゲーションや検索サービスが至る所で活用されている。今後、ウェアラブル端末をはじめとするモバイル端末はますます小型化・高度化され、普及していくものと見られる。さらに、IoT 技術の進展により様々なモノはインターネットとつながり、モノに関する情報が大量に収集されるとともに、SNS やモバイル端末からもヒトの行動に関するデータが大量に創出され、市場が生成するデータは加速度的に増大する。こうしたデータの多くが位置や時間にひも付けられた地理空間情報としての性質を持っており、それらが集積されたビッグデータは、AI に代表される高度解析手法により高度に活用される情報となるとともに、公開されたデータを様々な主体が利用・加工して更に公開していくことにより、様々な新しい価値が創造されていく。

一方で、我が国においては、世界にも類を見ないスピードでの少子高齢化の進展、人口減少とそれに伴う生産人口の減少、災害リスクの拡大、インフラの老朽化、環境問題の進展、グローバリゼーションに伴う国際競争の激化など、様々な社会課題を抱えている。地理空間情報を高度に活用することにより、生産性の向上を進めるとともに、新産業・新サービスを創出し、これらの課題に対応していくことが求められている。

高精度な測位情報や位置に関するビッグデータが利用者のニーズに合わせて効果的に解析・加工・提供されることにより、屋内外のシームレスな移動、ピンポイントでスピーディな物流システムの開発・運用、災害時の的確な避難の支援など、より安全で快適な社会が実現されるとともに、自動走行、小型無人機をはじめとする幅広い分野での革新的な産業の創出が期待される。また、地理空間情報の更なる流通の円滑化と高度な活用を推進するため、国の安全や個人情報に配慮した地理空間情報の整備・流通・利活用のための基準・ルール等の整備、データ流通における正確性・信頼性の担保、なりすましやデータ改ざんなどのセキュリティ対策をはじめとした環境整備が求められている。

実務の測量技術者としては、「地理空間情報活用推進基本法」および「地理空間情報活用推進基本計画」を理解し、現在の測量・計測技術の認識と将来における技術レベルの進む方向を認識することが重要であるといえよう。

4-6　公共測量と製品仕様書

前述のとおり、「作業規程の準則」（平成20年（2008年）3月）の全面的改正によって、地理情報標準への対応として、地理情報標準プロファイル（JPGIS）に準拠した「**製品仕様書**」を作成することが定められた。

この製品仕様書とは、製品である地理空間データの内容を詳細に記述した仕様書である。従来の測量作業では、「作業規程の準則」に準拠した手順と精度管理に基づいて測量データを作成するが、製品仕様書は作成手順ではなく、最終成果に期待される測量データの内容が示されている。

作成者は、製品仕様書にもとづき地理空間データを作成し、利用者は製品仕様書を見ることで地理空間データを知ることができる。製品仕様書の構成は、以下のとおりである。

①**概覧**	[空間データの概要情報]
②**適用範囲**	[仕様書が適用される範囲]
③**データ製品識別**	[他の空間データと識別するための情報]
④**データ内容および構造**	[空間データの設計図]
⑤**参照系**	[使用する座標および時間の基準]
⑥**データ品質**	[空間データの品質要求]
⑦**データ製品配布**	[空間データのフォーマット]
⑧**メタデータ**	[メタデータの仕様]
⑨**その他**	[追加情報]

製品仕様書の書き方や形式が標準化されていることで理解や情報共有が円滑に行われる。そのため、JPGIS（地理情報標準プロファイル）では書き方等が規定されている。国土地理院ホームページに製品仕様書等サンプルが紹介されている。

図4－6　製品仕様書

トピックス／メタデータとは

「メタデータ」とは、データ（測量成果）に関する情報のデータである

①データの要約
②作業名
③助言番号
④納品日
⑤データ範囲
⑥計画機関名
⑦電話番号

の７項目をメタデータとして入力する

※データは **XML** 形式（e**X**tensible **M**arkup **L**anguage）である

第5章
測量器械

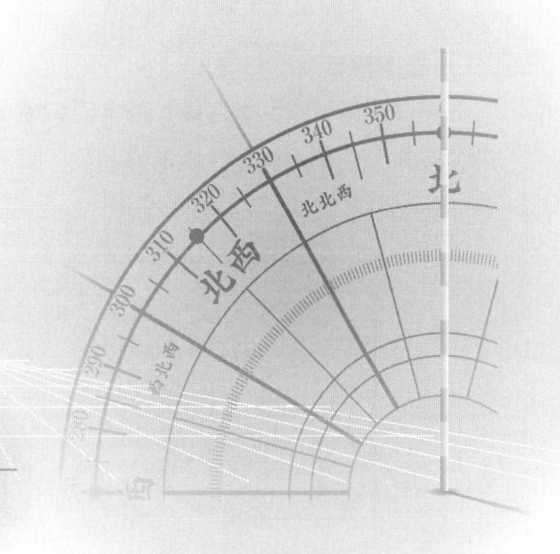

5-1　トータルステーション

トータルステーション（Total Station；TS と略称）は、1台の器械で「角度（水平角、鉛直角）と距離を同時に測定」できる電子式測距測角儀である。そして、

①測角望遠鏡の光軸（視準軸）と光波距離計の光軸が同軸になっている

②電子的に処理された測定データが外部機器に出力できる

の2点が特徴である。

1980年代半ばから販売され、測量分野のシステム化に伴って急速に普及した。TS の使用により、現地の測量作業が効率化されるだけでなく、様々な演算が内臓コンピュータで行うことができ、図面の作成まで自動化されている。

現在では、TS を使用しない業務はありえない。

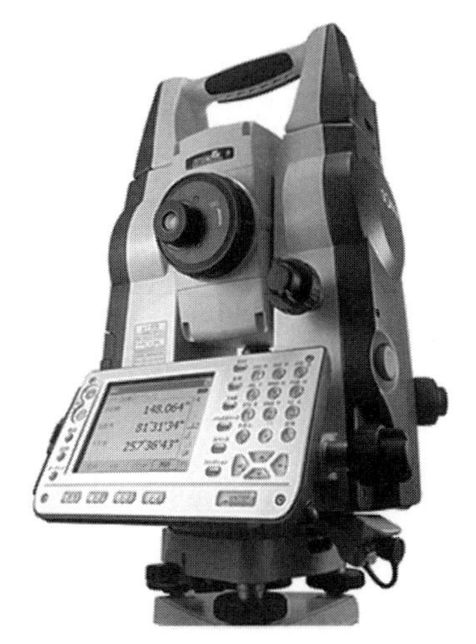

写真5-1　トータルステーション外観（(株)トプコンソキアポジショニングジャパン）

写真5-2　トータルステーション内部構造（(株)トプコンソキアポジショニングジャパン）

（1）基本構造

トータルステーションは、基本的に電子セオドライトと光波距離計を組み合わせた一体型であり、各部の名称は以下のとおりである。

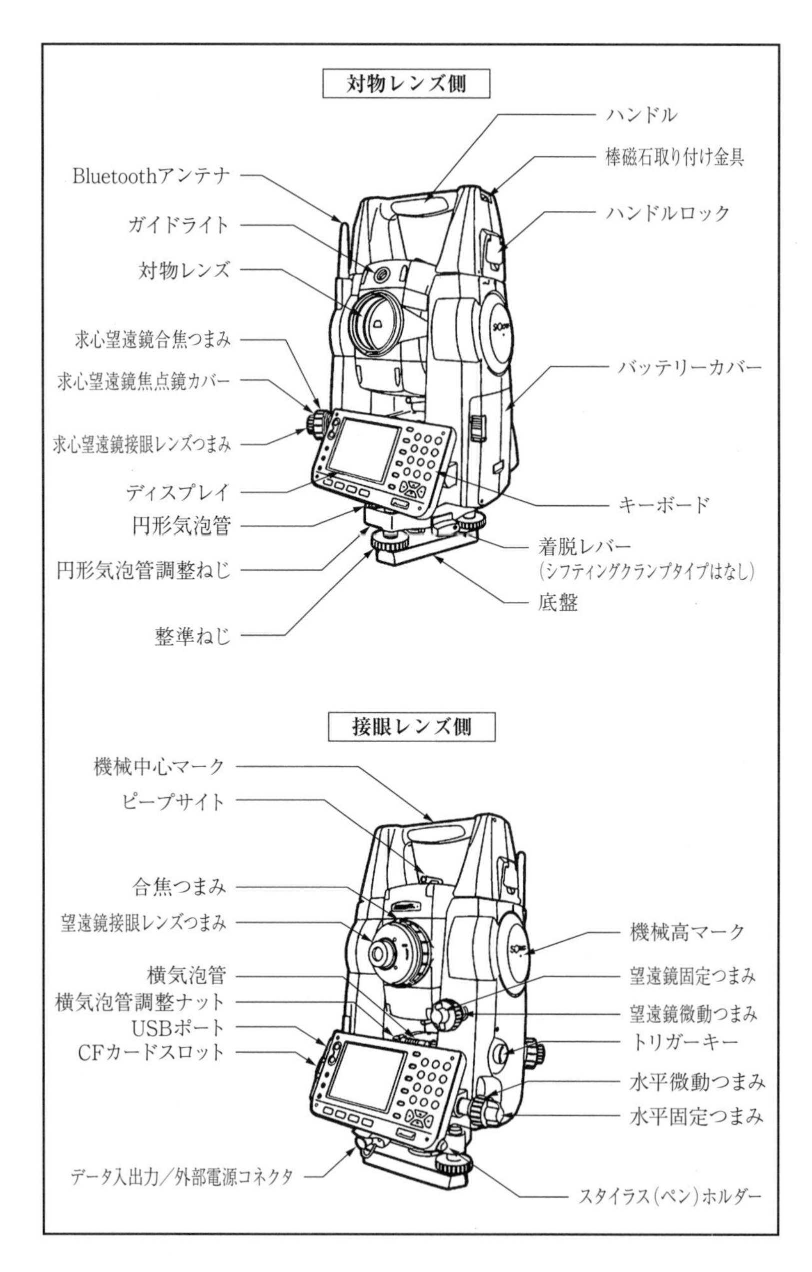

図5-1　トータルステーション各部の名称
（(株)トプコンソキアポジショニングジャパン）

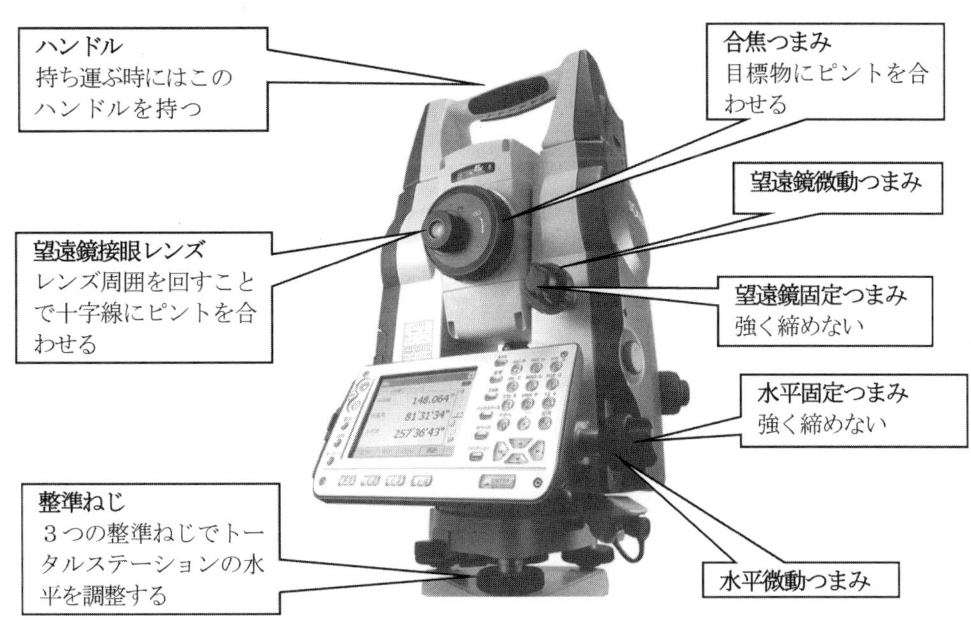

写真５－３　トータルステーション（各部の名称）

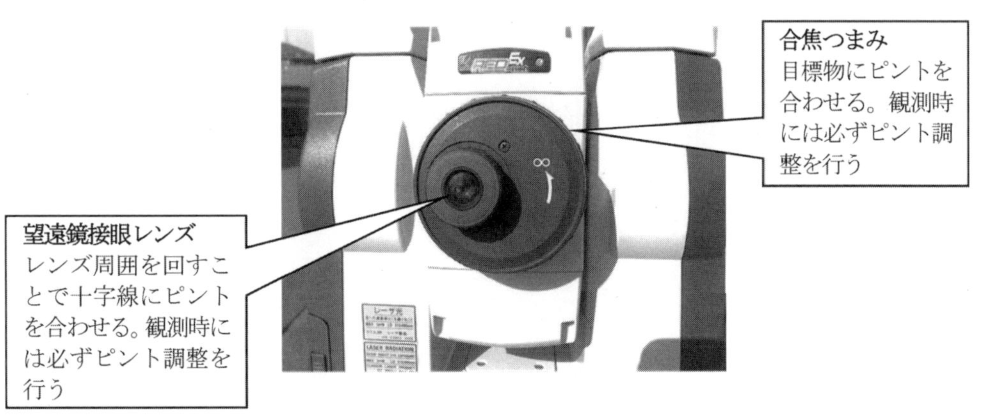

写真５－４　トータルステーション（接眼レンズ）

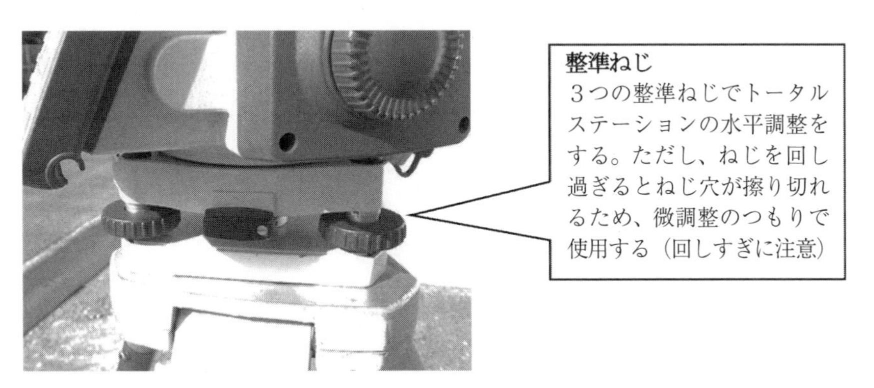

写真５－５　トータルステーション（整準ねじ）

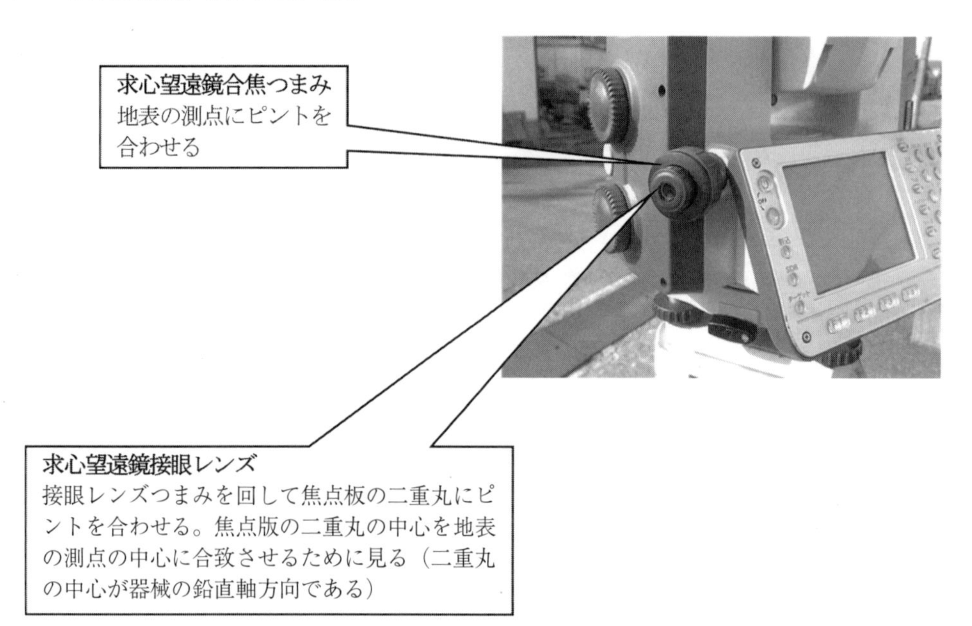

写真5－6　トータルステーション（求心望遠鏡）

写真5－7　三脚

（2）測角（角度の観測）

以前は、角度を観測する機器といえば、「**トランシット**（Transit）」と「**セオドライト**（Theodolite）」であった。当初、米国で使用されていたものをトランシット、欧州で使用されていたものをセオドライトと呼んでいたが、角度の読み取り方式の違いで使い分けることが多い。

現在では、実務現場においてトランシットまたはセオドライトを使用することはほとんど無いといってもよい。

表5－1　測角器械

	読み取り方式	精度
トランシット	バーニヤ読み	低い
セオドライト	光学拡大方式 電子的読み取り方式	高い

トータルステーションの測角機能は、電子セオドライトの原理・構造が使用されており、下記の2種類の方式がある。

①インクリメンタル・エンコーダ方式

電源を入れた後、望遠鏡と機械上部を回転させると、角度の原点を自動検出し、観測を開始することができる。

②アブソリュート・エンコーダ方式

角度の原点を検出する作業が不要であり、電源を入れるとすぐに観測を開始することができる。最近のトータルステーションでは、アブソリュート・エンコーダ方式を採用している機種が多い。

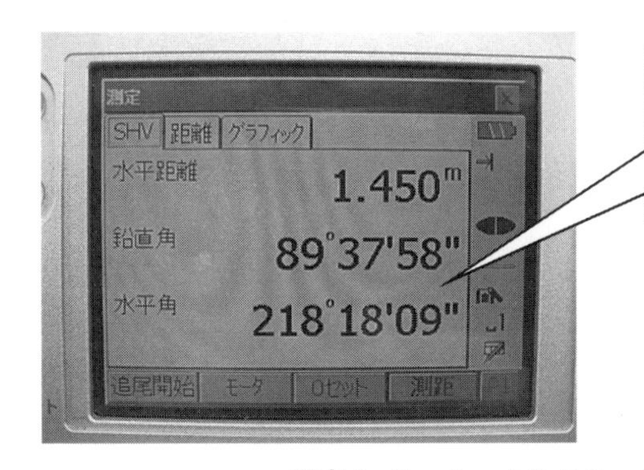

角度の観測（測角）
角度の観測では、水平角と鉛直角を同時に観測を行う。角度は、機種により1～10秒読みがあり、変更可能である

写真5－8　トータルステーション（表示画面の例）

（3）測距（距離の観測）

距離の観測には、トータルステーションに内臓された光波距離計を使用する。光波距離計は、目標点に光を投射し、光波距離計に反射して戻ってきた光を電子的に解析することで距離を瞬時に測ることができる機器である。

測定方法には、「**①反射プリズムの使用、②反射シートの使用、③ノンプリズム**」の3つの方法がある。

①反射プリズムの使用

反射プリズムは、完全に正対（測距光に対して反射プリズムの表面が垂直に向いている状態）していなくても光波距離計に測距光を戻せる機能を持っている。

使用する反射プリズムには、基準点測量等で使用する三脚に整置する**反射プリズム**と応用測量等のくい打ち等で使用する**ピンポール・プリズム**などがある。

・**反射プリズム**使用時

測定可能範囲：　1.3〜5 000 m

測定精度　　：　（2 + 2 ppm × D）mm

ただし、D: 距離（km）、ppm : part per million（10^{-6}）、以下同様。

写真5－9　反射プリズム

・**ピンポール・プリズム**使用時

測定可能範囲：　1.3〜500 m

測定精度　　：　（2 + 2 ppm × D）mm

②反射シートの使用

構造物等に添付でき、光波を当てることで光波距離計に測距光を反射させる。観測地点の目印にもなる。

・**反射シート**使用時

測定可能範囲：　1.3〜500 m

測定精度　　：　（3 + 2 ppm × D）mm

写真5－10　反射シート

③ノンプリズム

反射プリズム等のターゲットを必要とせず、光波の代わりにレーザー光を用いる。測定対象物にレーザー光を直接照射し、反射してきたレーザー光で距離を測定する。

測距精度は、3つの測定方法の中では落ちるが、立入困難な地形形状等の測定では問題はない（くい打ちや境界観測など、高精度を必要とする観測には使用できない）。

・**ノンプリズム**使用時

測定可能範囲：　0.3〜500 m

測定精度　　：　（3 + 2 ppm × D）mm　　（0.3〜200 m）

（5 + 10 ppm × D）mm　　（200〜350 m）

（10 + 10 ppm × D）mm　　（350〜500 m）

（4）反射プリズム

①プリズム定数

反射プリズムは、光波距離計を使用する場合に必ず用いられるもので、観測点に設置して光波距離計からの測距光を光波距離計に返すためのものである。この反射プリズムには、「**整準台タイプ、ピンポールタイプ**」がある。

写真5－11 反射プリズム（整準台タイプ）

写真5－12 反射プリズム（ピンポールタイプ）

光がガラス中を通過するときの速度は、空気中よりも屈折率分だけ遅くなる。光波距離計は、その分だけ実際の距離よりも長い距離を表示する。そのため、ガラスの屈折率と反射プリズムの大きさ（光路の長さ）から決まる定数を引く必要がある。また、反射プリズム全体の構造からプリズム頂点の位置と求点の位置がずれているのが普通である。

以上2つの補正を行うのがプリズム定数である。プリズム定数は、反射プリズムによって異なるため、使用する反射プリズムに合ったプリズム定数を予めトータルステーションに設定する必要がある。

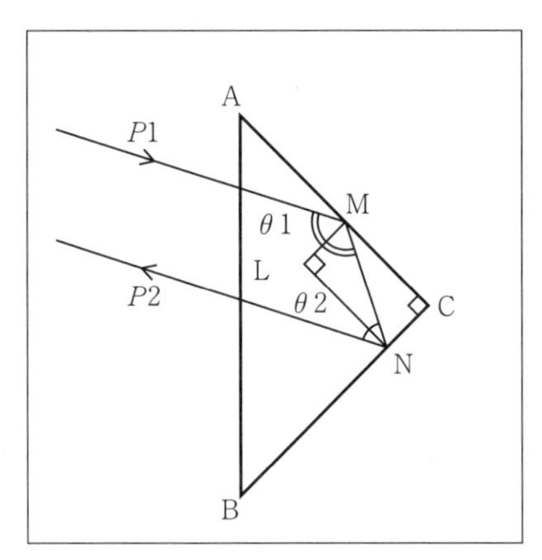

図5－2 プリズムの構造

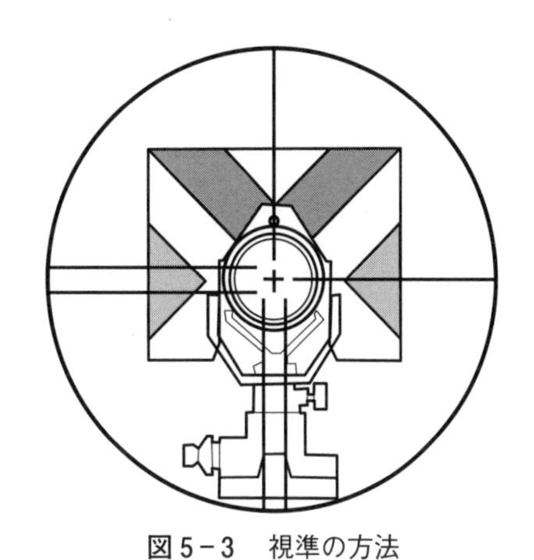

図5－3 視準の方法

②視準方法

a）十字線が明瞭に見えるように調整する
b）ピープサイトをターゲットに合わせる
c）水平と鉛直の固定ねじを締め、フォーカスを合わせる
d）水平と鉛直の微動ねじを使ってターゲットの中心を視準する

③距離測定の原理

トータルステーションによる距離測定の原理は、光を波に変え（光波）、発射された光波が目標物であるプリズムに反射し、トータルステーションまで戻ったときに生じる光波のずれ量（位相差という）を測定し、結果として距離を算出するまでの過程である。

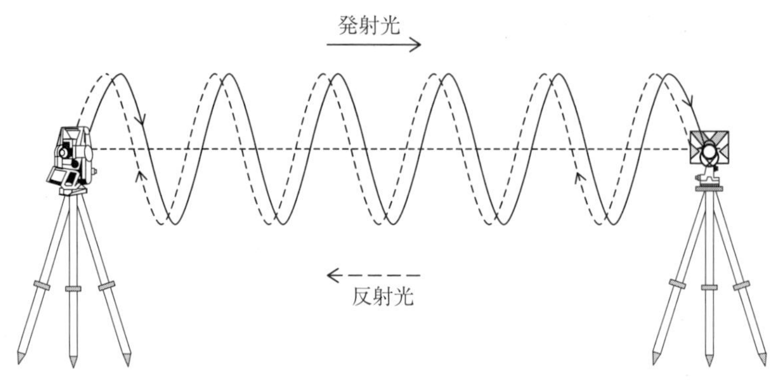

図５－４　距離測定

波長 λ の光波がトータルステーションから目標物である反射プリズムまでの間を往復したとき、発射光と反射光との波のずれ量である位相差が ϕ であったとき、距離 D との関係式は次式となる。

$$2D = \lambda \cdot n + \frac{\phi}{2\pi} \cdot \lambda$$

ただし、n：光波が繰り返す回数

この式は光波が往復しているための関係式である。実際の距離である D は両辺を２で割れば求められる。

$$D = \frac{1}{2}\left(\lambda \cdot n + \frac{\phi}{2\pi} \cdot \lambda\right)$$

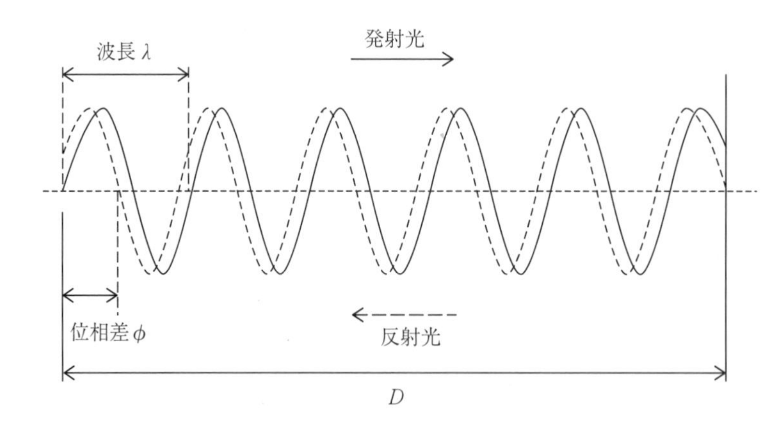

図５－５　距離測定の原理

トピックス／光波

トータルステーションの距離測定に使用される光波は、気象条件である「気温、気圧、湿度」の影響で光の速度が変化することによって誤差が発生する。したがって、観測前には気温、気圧を測定し、トータルステーションに入力しておくことにより自動的に気象補正された距離を求めることができる

また、光波を反射させる反射プリズムには、独自の誤差（プリズム定数という）があるため、この値も観測前にトータルステーションに入力しておくことで補正される（3級および4級基準点測量における気象補正では、気圧は標準大気圧を使用することが可能である）

（5）トータルステーションの便利な機能

①観測機能

光軸（視準軸）と測距光軸が完全に同軸であることで、距離と角度の同時観測が可能である。

望遠鏡は360°、自由に回転する

写真5－13　トータルステーション
（(株)トプコンソキアポジショニングジャパン）

②コントロールパネル操作

液晶表示によりキーボタンによる操作に加え、画面のタッチパネル操作も可能であり、操作性が向上する。

③インターフェースの充実

電子野帳やコンピュータに接続するインターフェースポートが配置されている。また、新しいトータルステーションにはUSBポートやBluetooth機能も備わっている。

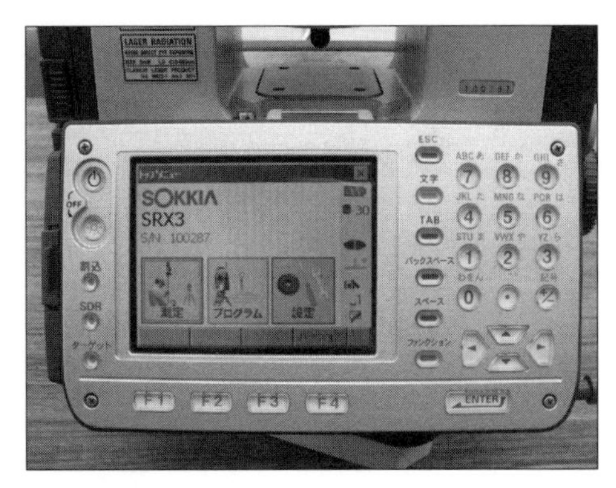

写真5－14　トータルステーション
（コントロールパネル）

写真5－15　トータルステーション
（インターフェース）

④メモリー機能

現在では、ほとんどのトータルステーション本体に測定データや座標データを記憶するメモリー機能を持っている。メモリー機能により計算作業のシステム化が可能となった。

⑤対辺測定機能

基準となる反射プリズムから他の反射プリズムまでの「**斜距離、水平距離、高低差、勾配**」について、器械を移動しないで連続して測定する機能。

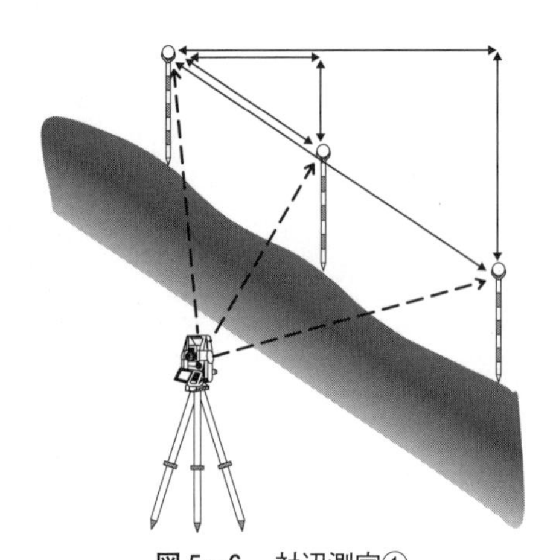

図5－6　対辺測定①

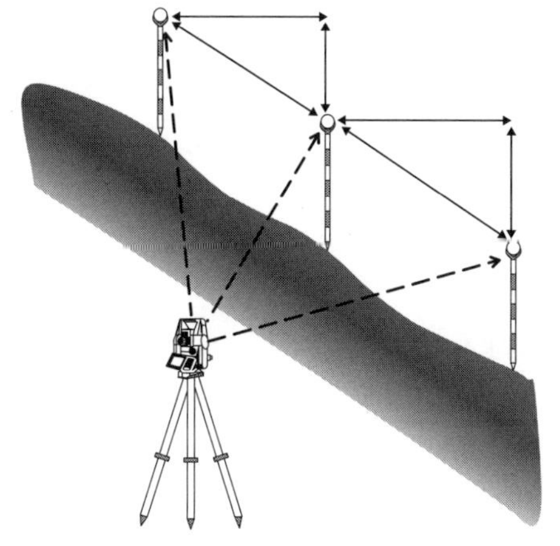

図5－7　対辺測定②

⑥ **REM**（**R**emote **E**levation **M**easurement）**測定機能（遠隔測高）**

送電線や橋桁などのように地表から離れていて反射プリズムが設置できない場所の高さをリアルタイムで測定することができる機能。

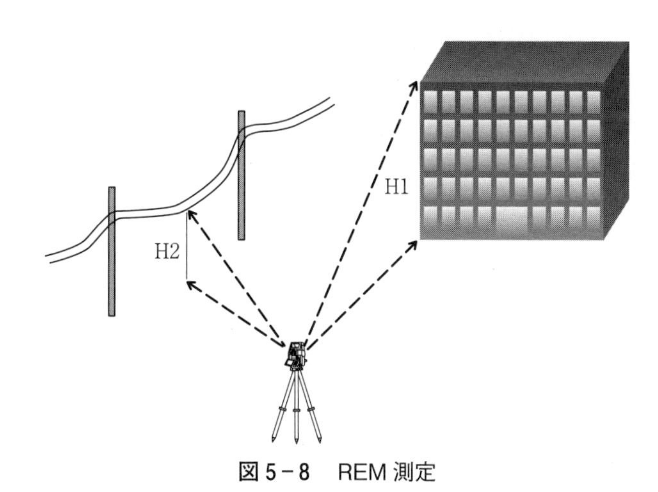

図5－8　REM測定

⑦座標計算

トータルステーションには**CPU**（制御・演算装置；**C**entral **P**rocessing **U**nit）が搭載されており、パーソナルコンピュータ（PC）を使用する感覚で測量計算プログラムを使用することが可能である。観測終了と同時に座標計算や精度確認ができる。

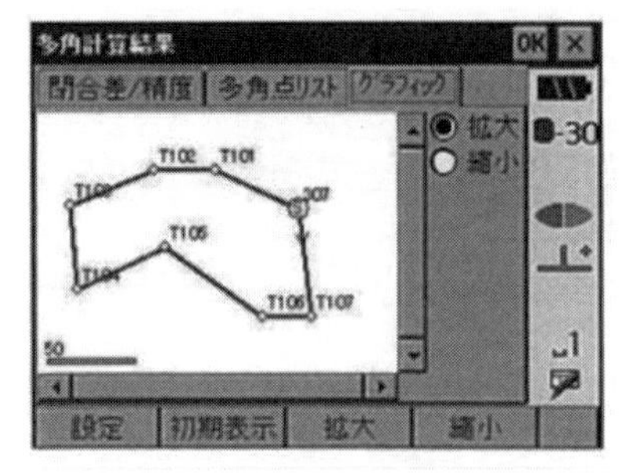

図5－9　トータルステーションシステム（(株)トプコンソキアポジショニングジャパン）

（6）水平角観測の誤差

水平角観測時に発生する誤差は、「**自然誤差、偶然誤差、器械誤差**」の３つに分類される。

①**自然誤差**：　外界条件による誤差。気象条件や振動などがある

②**偶然誤差**：　観測者による誤差。観測ミスなどがある

③**器械誤差**：　器械による誤差。器械構造上の誤差や未調整による誤差である。器械誤差は定誤差であり、観測方法や計算によって消去できる（**表5－2**）

表5－2　器械誤差

誤差の種類	原　　因	消去方法
視準軸誤差	視準軸と視準線が一致していないために、水平角に生じる誤差。誤差の大きさは高度角に比例する	望遠鏡の正・反観測の平均値を算出することで消去される
水平軸誤差	水平軸と鉛直軸が直交していないために、水平角に生じる誤差。誤差の大きさは高度角に比例する	望遠鏡の正・反観測の平均値を算出することで消去される
鉛直軸誤差	鉛直軸と鉛直線の方向が一致していないために、水平角に生じる誤差。誤差の大きさは高度角に比例する	無し
偏心誤差	目盛盤の中心と鉛直軸がずれているために、水平角に生じる誤差	望遠鏡の正・反観測の平均値を算出することで消去される
外心誤差	視準軸が回転軸の中心からずれているために、水平角に生じる誤差	望遠鏡の正・反観測の平均値を算出することで消去される
目盛誤差	目盛間隔が均等でないために、目盛盤の水平角に生じる誤差	目盛盤を均等な間隔で使用（2対回観測）することで、誤差を小さくすることはできるが、完全には消去できない

表5－2の「**視準軸誤差、水平軸誤差、鉛直軸誤差**」を「**トランシットの三軸誤差**」という。

（7）距離観測の誤差

距離の測定には、トータルステーションに内臓された光波測距儀が使用される。

光波測距儀が、光を一定の周波数で強弱を与えた“光の波”として器械から発射され、反射プリズムで反射して器械に戻ることで計算される。距離測定における主な誤差は、以下のとおりである。

①気象誤差（気温、気圧、湿度）

器械から発射される光波は、空気中を通過するため、「気温、気圧、湿度」により速度が変化し、誤差が生じる。そのため、観測時の気象測定および気象補正を行う必要がある。また、この誤差は距離に比例する誤差でもある。

②器械定数誤差

器械には独自の誤差があり、これを器械定数誤差という。観測時には使用する器械の器械定数を確認し、器械定数設定を行ってから使用する必要がある。

③反射プリズム誤差

反射プリズムは、器械から発射された光波を正しく器械に反射させる役割を持っている。この反射プリズムにも独自の器械誤差があり、プリズム定数と呼ばれる。観測時には使用するプリズム定数を確認し、設定を行う必要がある。

5-2　レベル

直接水準測量に用いられる機器には、レベル（水準儀）と標尺（スタッフ）があり、種類は以下のとおりである。

表５－３　水準測量の機器

レベル（水準儀）	気泡管（チルチング）レベル
	自動（オート）レベル
	電子レベル
標尺（スタッフ）	インバール標尺
	普通標尺
	バーコード標尺

その他の使用機器としてデータコレクター、標尺台などがある。各機器の説明は以下のとおりである。

（1）レベル（水準儀）

①気泡管（チルチングまたはティルティング）レベル；Tilting Level

気泡管レベルとは、チルチングレベルのことであり、視準線（軸）の水平調整を気泡管水準器（気泡管）を用いて行う。主な気泡管（チルチング）レベルでは、気泡合致式（俯仰ねじを回し、プリズムを利用することで気泡管両端の映像を合致させる）が用いられており、直読よりも2倍以上の精度で視準線（軸）を水平に調整することができる。

気泡管の不等膨張などによる視準線（軸）誤差を防止するために、傘などによって直射日光が当たらないように配慮する必要がある。

写真5－16　気泡管レベル　（(株) トプコンソキアポジショニングジャパン）

②自動（オート）レベル；Automatic Level

自動レベルには、望遠鏡の多少の傾きでも常に自動的に視準線を水平に保つ機能である自動補正装置機構（**コンペンセータ**；Compensator）が内蔵されている。気泡管レベルに比べ、取り扱いが簡単で作業も迅速に行うことが可能であり、現在、最も一般的に使用されているレベル（水準儀）である。

自動レベルの基本構造は、以下のとおりである。

a）鉛直軸のまわりに回転できる望遠鏡

b）望遠鏡と平行におかれた気泡管

c）鉛直軸を支え、本体の水平を出すための整準台

本体は鉛直軸を中心に水平面で360° 回転し、鉛直軸の回りには簡易な水平目盛盤が装備されているものもある。

また、各部の名称は次ページのとおりである。

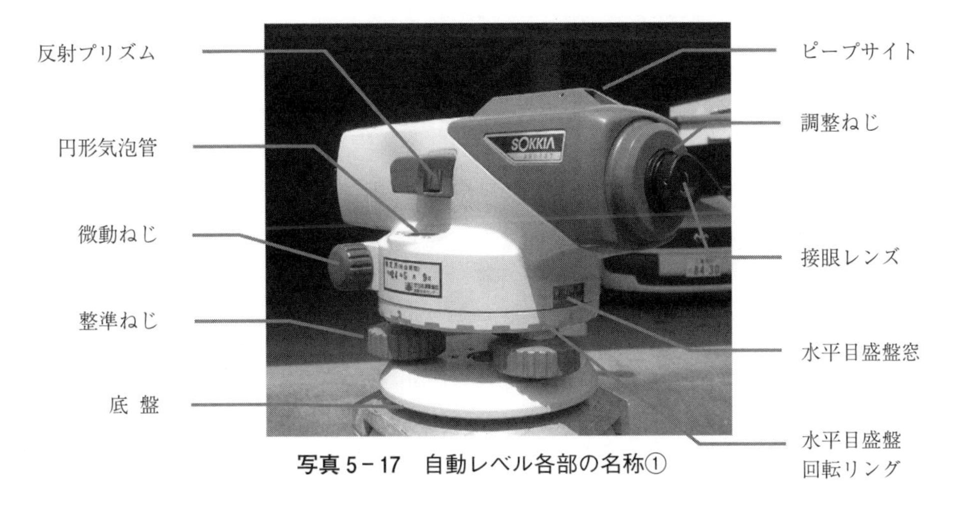

写真５－17　自動レベル各部の名称①

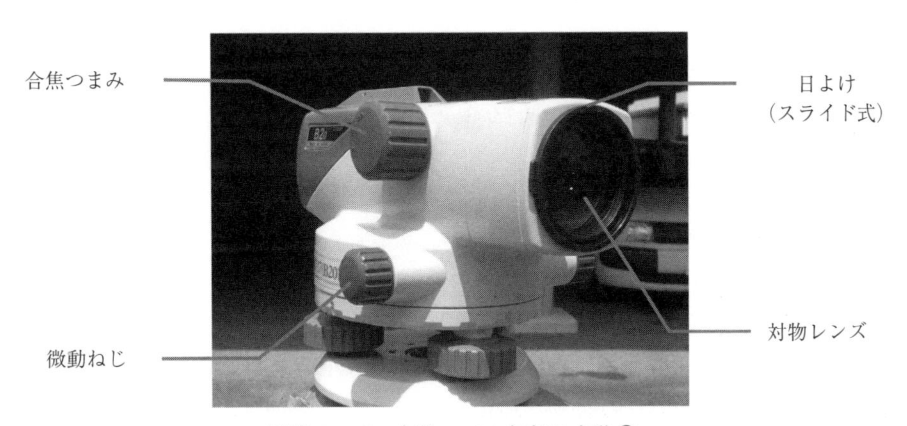

写真５－18　自動レベル各部の名称②

③電子レベル；Digital Level

電子レベルは、電子画像処理機能と自動補正装置機構（コンペンセータ）が内蔵されている。電子レベル専用のバーコード状に目盛が刻まれた標尺を電子画像処理して、高さと距離を自動的に読み取り、その観測データは本体や水準測量作業用電卓（データコレクター）に自動的に電子データとして記録される。

電子レベルに使用する標尺は、そのメーカー専用の標尺を使用しなければならない。観測データは自動的に電子データとして記録され、パソコンに接続することで自動処理することができるため、作業の効率化が可能である。

写真 5－19　電子レベル
（(株)トプコンソキアポジショニングジャパン）

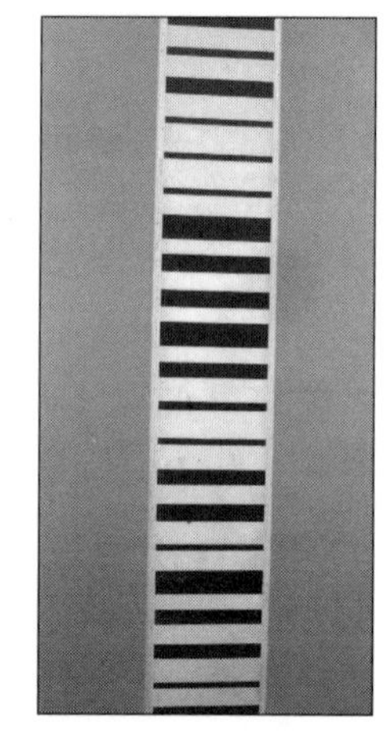

写真 5－20　電子レベル用標尺

（2）標尺（スタッフ（Stuff）、箱尺）；Leveling Rod

水準測量は野外で行うため、器械は気温の影響をまともに受ける。そのため、標尺の目盛部分は気温の影響を受けにくい材質が用いられている。また、標尺には鉛直に立てるのに必要な円形水準器が備え付けられている（固定式、着脱式）。

①インバール標尺

インバール製（熱膨張係数：1×10^{-6}/℃）で観測時に気温を測定して、温度補正および定数補正を行う。全長は3 m、目盛は左右にあり、0.1 mm まで読定可能。標尺は直尺であり、高精度が要求される1級および2級水準測量に使用される。

現在では、アルミ製外枠の膨張を利用してインバール製の目盛盤の熱膨張係数を抑さえる方法を採用したスーパーインバール標尺がある。この標尺の熱膨張係数は-0.04×10^{-6}/℃）程度とほとんど温度の影響を受けない。

②普通標尺

木製やグラスファイバー製が主流である。構造には、中折れ尺や直尺の型がある。全長は1～5 m で、目盛りは2～10 mm 単位であり、読み取りは1 mm 単位。3級および4級水準測量では、このタイプの標尺が使用される。

③バーコード標尺

電子レベル専用の標尺であり、インバール製の板に1 cm 目盛の代わりとして特異なパターン（バーコード目盛）を刻んだ標尺である。バーコード目盛のパターンは、メーカーごとに異なるため他メーカーとの互換性はない。したがって、電子レベルとバーコード標尺は、メーカーごとに一対一組として使用する。

トピックス／標尺

「水準測量用標尺」といえば、最も良く目にするのが、伸縮型のアルミニウム製標尺（箱尺またはスタッフと呼ばれるもの）である。伸縮型アルミニウム・スタッフは、２級標尺ではないため、公共測量においては、簡易水準測量や横断測量以外には使用できない（作業規程の準則　第62条）

精密基準標尺（国土地理院認定１級水準標尺登録第７号）

超低熱膨張合金「ニュースーパーインバール」を採用し、従来のインバール標尺より高い目盛精度と低熱膨張率を実現した国産唯一の１級水準標尺

精密木製標尺

普通標尺アルミ製標尺

写真５－21　レベル用の標尺（(株)トプコンソキアポジショニングジャパン）

（３）水準測量作業用電卓（データコレクター）

水準測量作業用電卓は電卓型のデータコレクターで、従来の手簿（しゅぼ）に換えて使用するものである。

従来の水準測量では、読み値を手で入力していたが、電子レベルの登場により、本体と接続することによって、観測ボタンを押すだけで観測値が水準測量作業用電卓に自動入力されるため、観測値の誤読、誤入力、計算の誤りを無くすことができる。

水準測量作業用電卓が備える主な性能は、次のとおりである。

①一定容量のデータが保存される
②一度入力された観測値は加工できない
③観測値のチェック計算機能がある
④耐久性に優れている

（４）標尺台

水準測量では、標尺を据えた位置の沈下または移動を防ぐために、持ち運びのできる鉄製の標尺台を使用する。この標尺台は、観測中に沈下または移動しないように作業者の体重で地面にしっかりと踏み込む必要がある。特に夏場は太陽光により標尺台が高温に熱せられ、標尺台の設置箇所がアスファルト上の場合、標尺台の重みと熱によりアスファルトに食い込んで沈下し、水準測量の誤差となって現れることがあるので注意が必要である。

3級および4級水準測量で使用される簡易な標尺台

写真5－22　標尺台

（5）自動補正装置機構（コンペンセータ）；Compensator

自動レベルまたは電子レベルの器械が傾いても、自動的に視準線を水平に保つ機能である。自動補正装置機構（コンペンセータ）の構造には、メーカーによりいくつかの方式がある。

各メーカーともに共通している機能は、器械が傾いた場合、①吊り線で吊られた補正鏡が器械の傾斜に応じて、実効的な視線を水平に保つ機能（傾いた光軸に沿う光ではなく、水平に入射する光を焦点板に投射する）と、②補正鏡の揺れを迅速に制動する機能の2つがある。

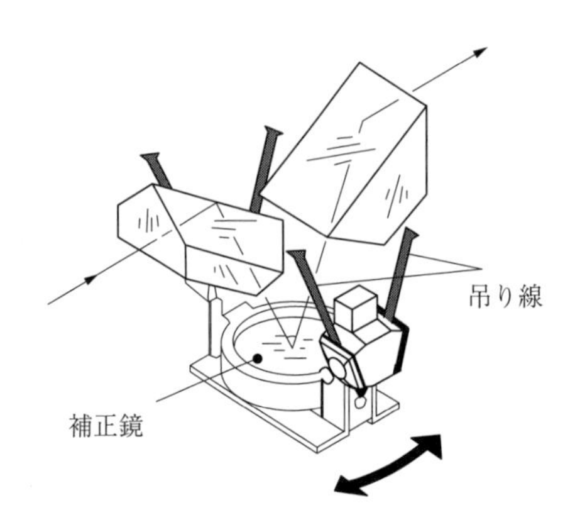

4本の細い金属の吊り線で吊り下げられ、器械の傾斜に応じてその傾斜を増倍して傾斜を起こす。吊り下げられた補正鏡と共に動く制動板が、器械本体に固定された永久磁石の磁場の中で起こる電磁誘導で制動される

図5－10　自動補正装置機構①
（(株)トプコンソキアポジショニングジャパン）

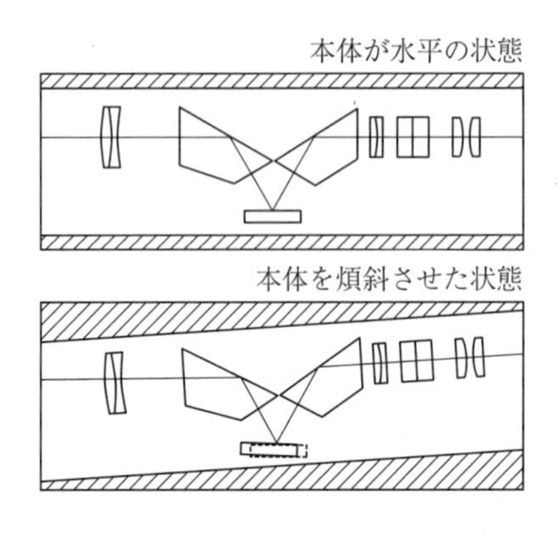

最も代表的な自動補正装置機構の簡略化した動作原理であり、器械が傾いた場合でも水平のときと同様に入射した光が焦点鏡十字線の中心に結像する

図5－11　自動補正装置機構②
（(株)トプコンソキアポジショニングジャパン）

（6）水準測量の誤差

水準測量における誤差は、「**自然誤差、偶然誤差、器械誤差**」の３つに分類される。

①自然誤差：　外界条件による誤差。気象条件や振動などがある

②偶然誤差：　観測者による誤差。観測ミスなどがある

③器械誤差：　器械による誤差には、レベルに関係する誤差と標尺に関係する誤差がある

表5－4　レベルに関係する誤差

誤差の種類	原　　因	消去方法
視準軸誤差	視準軸と気泡管軸が平行ではないために生じる誤差	後視・前視の視準距離を等しくすることで消去される
鉛直軸誤差	鉛直軸が傾いているために生じる誤差	レベルの望遠鏡と三脚の向きを一定の標尺に向けるように据え付けることで、誤差を小さくできる（完全には消去できない）
球　差	地球が球面体であるために生じる誤差	後視・前視の視準距離を等しくすることで消去される
気　差	気温変化による大気密度の変化により生じる誤差（光の屈折による誤差）	観測順序を後視→前視→前視→後視とすることで、誤差を小さくできる
視差差	望遠鏡の対物レンズと接眼レンズの焦点が合っていないために生じる誤差	接眼レンズを調整する
大気の屈折誤差（レフラクション）	地表面に近い場所の大気密度が大きくなるために生じる誤差（光の屈折による誤差）	標尺の下方を視準しない（地表に近い箇所を視準しない）
三脚の沈下による誤差	三脚の沈下による生じる誤差	地盤の堅固な場所に据える

表5－5　標尺に関係する誤差

誤差の種類	原　　因	消去方法
零（ゼロ）目盛誤差	標尺底面の摩耗等により、零目盛位置が変化したために生じる誤差	測定回数を偶数回にする
標尺の傾きによる誤差	標尺が鉛直に立てられていないために生じる誤差	鉛直気泡管を調整する。支持棒を使用して、標尺を鉛直に立てる
標尺の目盛誤差	標尺の目盛が正しくないために生じる誤差	所定の精度のある標尺を使用する（１級、２級標尺）
標尺の移動・沈下による誤差	観測中に標尺が移動または沈下することで生じる誤差	標尺台を使用する。標尺台をしっかりと地面に食い込ませる

5-3　測量機器の性能

公共測量で使用される測量機器は、一定の精度基準を満たす必要がある。年に一度、第三者機関による測量機器の検定を受けるか、JIS で定められている検査方法に基づいて自ら検査を実施し、一定の精度基準を確保する必要がある。

①公共測量 「作業規程の準則」（付録１ 測量機器検定基準、平成29年（2017年）３月31日 一部改正）

「作業規程の準則」 抜粋５－１

付録 1

測 量 機 器 検 定 基 準

1．**適用測量分野**
基準点測量（地形測量及び写真測量及び応用測量において、基準点測量に準ずる測量を含む）

2．**測量機器検定基準**

２－１ セオドライト

<table>
<tr><th>検 定 項 目</th><th>検　定　基　準</th></tr>
<tr><td>外　観</td><td><性能及び測定精度に影響を及ぼす下記の事項>
1)さび、腐食、割れ、きず、凹凸がないこと。
2)防食を必要とする部分にはメッキ、塗装その他の防食処理がなされていること。
3)メッキ、塗装が強固で容易にはがれないこと。
4)光学部品はバルサム切れ、曇り、かび、泡、脈理、きず、砂目、やけ、ごみ及び増透膜のきず、むらがないこと。</td></tr>
<tr><td>構　造</td><td>1)鉛直軸、水平軸、合焦機構等可動部分は、回転及び作動が円滑であること。
2)固定装置は確実であること。
3)微動装置は作動が良好であること。
4)光学系は実用上支障をきたすような歪み、色収差がないこと。
5)気泡管は気泡の移動が円滑で、緩みがないこと。
6)整準機構は正確で取り扱いが容易であること。
7)本体と三脚は堅固に固定できる機構であること。
8)十字線は、鮮明かつ正確であること。</td></tr>
<tr><td>性　能</td><td><コリメータ観測による>
1）水平角の精度基準（３方向を３対回２セット(0°,60°,120° 及び30°,90°,150°）観測による）
<table>
<tr><th>機 器 区 分</th><th>倍 角 差</th><th>観 測 差</th><th>セット間較差</th></tr>
<tr><td>１級ｾｵﾄﾞﾗｲﾄ</td><td>10″</td><td>5″</td><td>3″</td></tr>
<tr><td>２級ｾｵﾄﾞﾗｲﾄ</td><td>30″</td><td>20″</td><td>12″</td></tr>
<tr><td>３級ｾｵﾄﾞﾗｲﾄ</td><td>60″</td><td>40″</td><td>20″</td></tr>
</table>
2）鉛直角の精度基準（３方向(+30°,0°,−30°)を１対回観測による）
<table>
<tr><th>機 器 区 分</th><th>高度定数の較差</th><th>自動補償範囲限度の較差</th></tr>
<tr><td>１級ｾｵﾄﾞﾗｲﾄ</td><td>7″</td><td rowspan="3">視準方向に対して補償範囲限度迄傾けて、左記較差内</td></tr>
<tr><td>２級ｾｵﾄﾞﾗｲﾄ</td><td>30″</td></tr>
<tr><td>３級ｾｵﾄﾞﾗｲﾄ</td><td>60″</td></tr>
</table>
3）合焦による視準線の偏位（無限遠,10m,5mの３目標を１組とし、正・反各々５組の水平角観測による）
<table>
<tr><th>機 器 区 分</th><th>許 容 範 囲</th></tr>
<tr><td>１級ｾｵﾄﾞﾗｲﾄ</td><td>6″</td></tr>
<tr><td>２級ｾｵﾄﾞﾗｲﾄ</td><td>10″</td></tr>
<tr><td>３級ｾｵﾄﾞﾗｲﾄ</td><td>20″</td></tr>
</table>
</td></tr>
</table>

「作業規程の準則」 抜粋５－２

２－２　測距儀

検定項目	検定基準
外観及び構造	前項（セオドライト）の規定を準用するものとする。
性　能	

判定項目		許容範囲	備考
基線長との比較	１級	15mm	５測定（１セット）を２セット観測
	２級	15mm	
位相差（最大値と最小値の較差）		10mm	

基線長との比較に用いる比較基線場は、国土地理院の比較基線場又は国土地理院に登録した比較基線場とする。

２－３　トータルステーション（以下「ＴＳ」という。）

検定項目	検定基準
外観及び構造	前項（セオドライト）の規定を準用するものとする。
性　能	

判定項目	許容範囲		
	１級ＴＳ	２級ＴＳ	３級ＴＳ
測角部	１級セオドライトの性能に準ずる。	２級セオドライトの性能に準ずる。	３級セオドライトの性能に準ずる。
測距部	２級測距儀の性能に準ずる。	２級測距儀の性能に準ずる。	２級測距儀の性能に準ずる。

２－４　レベル

検定項目	検定基準
外観及び構造	前項（セオドライト）の規定を準用するものとする。
性　能	

判定項目	許容範囲		
	１級レベル	２級レベル	３級レベル
ｺﾝﾍﾟﾝｾｰﾀの機能する範囲	6′以上		
視準線の水平精度（標準偏差）	0.4″	1.0″	――
マイクロメータの精度	±0.02mm	±0.10mm	――
観測による較差	0.06mm	0.10mm	0.50mm

レベルの種類により、該当する項目とする。

２－５　水準標尺

検定項目	検定基準
外観及び構造	1)湾曲がなく、塗装が完全であること。 2)目盛線は、鮮明で正確であること。 3)折りたたみ標尺又はつなぎ標尺は、折りたたみ面又はつなぎ面が正確で安定していること。
性　能	

判定項目	許容範囲		
	１級標尺		２級標尺
	１級水準測量	２級水準測量	3･4級水準測量
標尺改正数（20°Ｃ）	50μm／m以下	100μm／m以下	200μm／m以下
目盛幅精度	公称値の±20μm		――

「作業規程の準則」 抜粋 5－3

2－6　ＧＮＳＳ測量機

検定項目	検定基準
外観及び構造 (受信機、アンテナ)	外観：２－１セオドライトの外観、１）から３）の規定を準用する。 構造： 1)固定装置は確実であること。 2)整準機構は正確であること。 3)防水構造であること。
性　　能	（下記）

性　　能

判定項目		級別性能基準	
		１級	２級
受信帯域数	GNSS受信機	２周波	１周波
	GNSSアンテナ	２周波	１周波

判定項目	観測方法別性能基準 スタティック法・短縮スタティック法・キネマティック法・RTK法・ネットワーク型RTK法
水平成分⊿N・⊿Eの差	15mm以内
高さ成分⊿Uの差	50mm以内

測定結果等との比較に用いる基準値は、国土地理院の比較基線場又は国土地理院に登録した比較基線場の成果値とする。
なお、比較基線場での観測時間等は次表を標準とする。

観測方法	距離	観測時間	使用衛星数		データ取得間隔
			GPS・準天頂衛星	GPS・準天頂衛星及びGLONASS衛星	
２周波スタティック法	10km	２時間	５衛星以上	６衛星以上	30 秒
１周波スタティック法	1km	１時間	４衛星以上	５衛星以上	30 秒
２周波 短縮スタティック法	200m	20 分	５衛星以上	６衛星以上	15 秒
１周波 短縮スタティック法	200m	20 分	５衛星以上	６衛星以上	15 秒
キネマティック法	200m 以内	10 秒以上	５衛星以上	６衛星以上	５秒以下
ＲＴＫ法	200m 以内	10 秒以上	５衛星以上	６衛星以上	１秒
ネットワーク型 RTK 法	200m 以内	10 秒以上	５衛星以上	－	１秒

①衛星の最低高度角は１５度とする
②ＧＰＳ衛星と準天頂衛星は、同等として扱うことできるものとする（以下「ＧＰＳ・準天頂衛星」という。）。ＧＰＳ・準天頂衛星及びＧＬＯＮＡＳＳ衛星を利用できるＧＮＳＳ測量機の場合は、ＧＰＳ・準天頂衛星及びＧＬＯＮＡＳＳ衛星の観測及び解析処理を行うものとする。
③ＧＰＳ・準天頂衛星及びＧＬＯＮＡＳＳ衛星を用いた観測では、それぞれの衛星を２衛星以上用いるものとする。
④キネマティック法、ＲＴＫ法、ネットワーク型ＲＴＫ法の観測時間は、ＦＩＸ解を得てから１０エポック以上のデータが取得できる時間とする。
⑤2周波スタティック法による測定結果と基準値との比較をすることにより、1周波スタティック法、１，２周波短縮スタティック法による測定を省略することができる。
⑥１周波スタティック法による測定結果と基準値との比較をすることにより、１周波短縮スタティック法による測定を省略することができる。

「作業規程の準則」 抜粋 5－4

2－7　鋼巻尺

検定項目	検定基準
外観及び構造	1)目盛が鮮明であること。 2)測定精度に影響を及ぼす、折れ、曲がり、さび等がないこと。
性　　能	（下記）

性　　能

判定項目	許容範囲
セット内較差(10測定)	1mm以内
セット間較差(2セット)	0.5mm以内
尺の定数	15mm／50m以内(20°C、張力98.1N(10kgf))

基線長との比較に用いる比較基線場は、国土地理院の比較基線場又は国土地理院に登録した比較基線場とする。

②公共測量　作業規程の準則（別表1　測量機器級別性能分類表、平成25年（2013年）3月29日　一部改正）

「作業規程の準則」　抜粋5-5

別表　1

測量機器級別性能分類表

1. セオドライトの級別性能分類

級別	望遠鏡	目盛盤			水平気泡管公称感度(秒／目盛)	高度気泡管公称感度(秒／目盛)
	最短視準距離(m)	最小目盛値		読取方法		
		水平(秒)	鉛直(秒)			
特	10以下	0.2以下	0.2以下	精密光学測微計又は電子的読取装置	10以下	10以下
1	2.5以下	1.0以下	1.0以下	同上	20以下	20以下
2	2.0以下	10以下	10以下	同上	30以下	30以下
3	2.0以下	20以下	20以下	同上	40以下	40以下

ただし、高度角自動補正装置が内蔵されている場合は、高度気泡管の公称感度は除く。

2. 測距儀の級別性能分類

級別	型区分	公称測定可能距離(km)	公称測定精度	最小読定値(mm)
特	長距離	30以上	$\pm(5\text{mm}+1\times10^{-6}\cdot D)$以下	1
	短距離	―――	$\pm(0.2\text{mm}+1\times10^{-6}\cdot D)$以下	0.1
1	長距離	10以上	$\pm(5\text{mm}+1\times10^{-6}\cdot D)$以下	1
	中距離	6以上	$\pm(5\text{mm}+2\times10^{-6}\cdot D)$以下	1
2	中距離	2以上	$\pm(5\text{mm}+5\times10^{-6}\cdot D)$以下	1
	短距離	1以上	$\pm(5\text{mm}+5\times10^{-6}\cdot D)$以下	1

ただし、Dは測定距離（km）とする。

3. トータルステーションの級別性能分類

トータルステーションの構成は、測角部、測距部の本体及びデータ記憶装置をいう。

級別	型区分	測角部の性能	測距部の性能	データ記憶装置
1	―	1級セオドライトに準ずる	2級中距離型測距儀に準ずる	データコレクタ、メモリカード又はこれに準ずるもの
2	A	2級セオドライトに準ずる	2級中距離型測距儀に準ずる	
	B		2級短距離型測距儀に準ずる	
3	―	3級セオドライトに準ずる	2級短距離型測距儀に準ずる	

「作業規程の準則」 抜粋５－６

4. レベルの級別性能分類

レベルは、必要に応じて水準測量作業用電卓を接続する。

1）〔気泡管レベル〕

級 別	最短視準距離(m)	最小目盛値(mm)	読 取 方 法	主気泡管公称感度(秒/目盛)	円形気泡管公称感度(分/目盛)	摘　　要
1	3.0 以下	0.1	精密読取機構等を有すること	10 以下	5以下	気泡合致方式であり、視準線微調整機構を有すること
2	2.5 以下	1	同　上	20 以下	10 以下	
3	2.5 以下	——	——	40 以下	10 以下	——

2)〔自動レベル〕

級 別	最短視準距離(m)	最小目盛値(mm)	読 取 方 法	自動補正装置公称設定精度（秒）	円形気泡管公称感度(分／目盛)	摘　　要
1	3.0 以下	0.1	精密読取機構等を有すること	0.4 以下	8以下	視準線微調整機構を有すること
2	2.5 以下	1	同　上	0.8 以下	10 以下	同　上
3	2.5 以下	——	——	1.6 以下	10 以下	——

3)〔電子レベル〕

級 別	最短視準距離(m)	最小読取値(mm)	読 取 方 法	自動補正装置公称設定精度（秒）	円形気泡管公称感度(分／目盛)	摘　　要
1	3.0 以下	0.01	電子画像処理方式による自動読取機構を有すること	0.4 以下	8以下	視準線微調整機構を有すること
2	2.5 以下	0.1	同　上	0.8 以下	10 以下	同　上

「作業規程の準則」 抜粋５－７

5. 水準標尺の級別性能分類

級	型区分	目盛			全長	附属気泡管の感度（分/目盛）	形状
		材質	目盛	目盛精度			
1	A	インバール	10mm又は5mm間隔 両側目盛又は バーコード目盛	50μm／m以下	3m以下	15 ～ 25	直
	B	インバール	10mm又は5mm間隔 両側目盛又は バーコード目盛	51μm／m ～ 100μm／m	3m以下	15 ～ 25	直
2		インバール等	10mm又は5mm間隔 又はバーコード目盛	200μm／m以下	4m以下	15 ～ 25	直 又はつなぎ

6. GNSS 測量機の級別性能分類

級別	受信帯域数	観測方法
1	2周波 （L1、L2）	スタティック法 短縮スタティック法 キネマティック法 ＲＴＫ法 ネットワーク型ＲＴＫ法
2	1周波 （L1）	スタティック法 短縮スタティック法 キネマティック法 ＲＴＫ法

上記観測方法の公称測定精度、公称測定距離及び最小解析値は、下表のとおりとする。

観測方法	公称測定精度	公称測定可能距離	最小解析値
2周波スタティック法	$\pm(5\text{mm}+1\times10^{-6}\cdot D)$以下	10km以上	1mm
1周波スタティック法	$\pm(10\text{mm}+2\times10^{-6}\cdot D)$以下	10km以下	1mm
2周波 短縮スタティック法	$\pm(10\text{mm}+2\times10^{-6}\cdot D)$以下	5km以下	1mm
1周波 短縮スタティック法	$\pm(10\text{mm}+2\times10^{-6}\cdot D)$以下	5km以下	1mm
キネマティック法	$\pm(20\text{mm}+2\times10^{-6}\cdot D)$以下	――	1mm
ＲＴＫ法	$\pm(20\text{mm}+2\times10^{-6}\cdot D)$以下	――	1mm
ネットワーク型ＲＴＫ法	$\pm(20\text{mm}+2\times10^{-6}\cdot D)$以下	――	1mm

ただし、Dは測定距離（km）とする。

トピックス／測量機器の検定

使用する測量機器の検定および点検調整は、精度管理において重要なものである

通常は、第三者機関による測量機器検定を受け、合格基準に達すれば検定証明書と検定記録書が発行される。それらの資料は実施計画書に添付する。証明書の有効期間は１年間である（標尺は３年間）

国土地理院に測量機器検定機関として登録されている機関は、以下のとおりである（平成25年現在）

・公益社団法人　日本測量協会

・一般社団法人　日本測量機器工業会

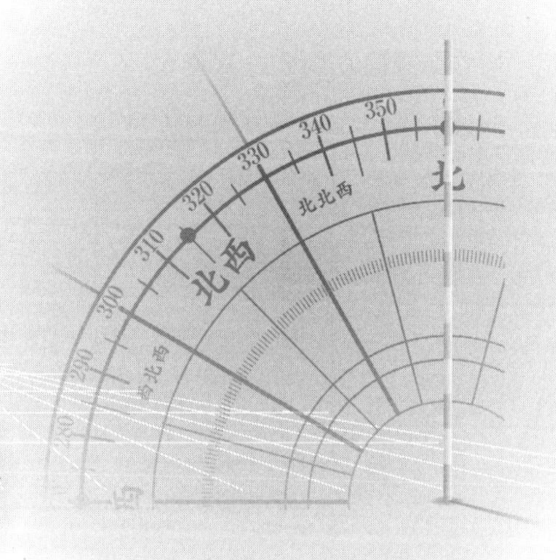

第6章
基準点測量

6-1　基準点測量とは

基準点測量とは、**既知点**（きちてん）**（平面位置または標高の定まった点）に基づいて、新設基準点の平面位置または標高を定める作業**である。

基準点測量は、トータルステーションやGNSS測量機を使用して平面位置を定める狭義の意味での“**基準点測量**”と、レベルを使用して標高を定める“**水準測量**”とに区分される。

基準点測量で使用される既知点のうち、“**基準点測量**”の場合は「国家三角点または近傍の公共基準点」、“**水準測量**”の場合は「国家水準点または近傍の公共水準点」である。

国家三角点および国家水準点は、国土地理院が実施する測量（基本測量）で設置観測され、その測量成果および測量記録はホームページ上で公開されており、国土地理院に申請することでそれらの謄本または抄本を入手することができる。国土地理院では、測量法第27条3項（測量成果の公表）および測量法第28条（測量成果の公開）の規定に基づいて、測量成果・測量記録の閲覧・謄抄本交付を行っている。ただし、謄抄本の交付には交付手数料が必要である。

「作業規程の準則」　抜粋6－1

第1節　要旨
（要旨）
第18条　本編は基準点測量の作業方法等を定めるものとする。
2　「基準点測量」とは、既知点に基づき、基準点の位置又は標高を定める作業をいう。
3　「基準点」とは、測量の基準とするために設置された測量標であって、位置に関する数値的な成果を有するものをいう。
4　「既知点」とは、既設の基準点（以下「既設点」という。）であって、基準点測量の実施に際してその成果が与件として用いられるものをいう。
5　「改測点」とは、基準点測量により改測される既設点であって、既知点以外のものをいう。

6 「新点」とは、基準点測量により新設される基準点（以下「新設点」という。）及び改測点をいう。
（基準点測量の区分）
第19条　基準点測量は、水準測量を除く狭義の基準点測量（以下「基準点測量」という。）と水準測量とに区分するものとする。
2 基準点は、基準点測量によって設置される狭義の基準点（以下「基準点」という。）と水準測量によって設置される水準点とに区分するものとする。

「**改測点**」とは、既知点であった既設点が地震等の地殻変動によって位置が移動し、位置座標がずれたために、再度、近傍の移動していない既知点を使用して観測計算が行われる既設点のことである（**位置座標値が変更された既設点**）。当然、改測作業による「**新点**」扱いとなる。

「作業規程の準則 第19条」に表記されているように、本書においても「基準点測量」とは水準測量を除く狭義の基準点測量を意味する。本章ではトータルステーションを使用する基準点測量を解説する。

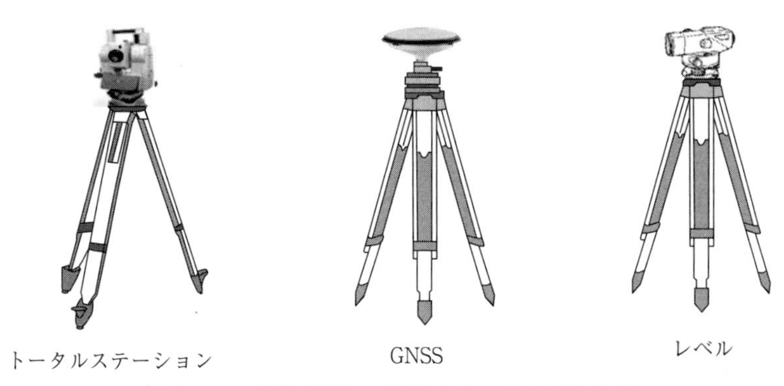

図6－1　基準点測量で使用される主な測量器械

「作業規程の準則」 抜粋6－2

第2節　製品仕様書の記載事項
（製品仕様書）
第20条　製品仕様書は当該基準点測量又は水準測量の概覧、適用範囲、データ製品識別、データ内容及び構造、参照系、データ品質、データ製品配布、メタデータ等について体系的に記載するものとする。

平成20年（2008年）4月から、測量作業の発注にあたって、測量計画機関が**JPGIS**（地理情報標準プロファイル；**J**apan **P**rofile for **G**eographic **I**nformation **S**tandards）に準拠した製品仕様書を提示することが定められている。

製品仕様書とは、

・どのような測量成果を作成するのか

・作成するデータの内容および構造はどのようなものか

・品質はどの程度のものか

等を定めた仕様書である。測量計画機関は製品仕様書を作成して発注し、測量実施機関は製品仕様書に基づいてデータ等を作成する。

作成にあたっては、国土地理院ホームページにて製品仕様書のサンプルが掲載されており、自由に利用できるようになっている。また、製品仕様書エディタ（地理空間データ製品仕様書作成支援ツール）も公開され、利用可能である。作成された測量成果データを説明するメタデータ（meta data）の作成についても、同じく国土地理院ホームページにメタデータエディタが公開され、利用可能である。製品仕様書の構成は以下の９項目である。

①概覧　[空間データの概要情報：目的、空間範囲、時間範囲など]
②適用範囲　[仕様書が適用される範囲：適用範囲識別、階層レベル]
③データ製品識別　[他の空間データと識別するための情報：製品の名称など]
④データ内容および構造　[空間データの設計図：UML クラス図]
⑤参照系　[使用する座標及び時間の基準：座標参照系など]
⑥データ品質　[空間データの品質要求：品質の基準]
⑦データ製品配布　[空間データのフォーマット：データフォーマットなど]
⑧メタデータ　[メタデータの使用：形式、作成単位など]
⑨その他　[追加情報：任意での記述項目]

トピックス／公共測量の種類

公共測量の種類は以下のとおりである

表６－１　公共測量の種類

基準点測量	基準点測量 水準測量 復旧測量
地形測量および写真測量	現地測量 空中写真測量 既成図数値化 修正測量 写真地図作成 航空レーザ測量 地図編集 基盤地図情報の作成
応用測量	路線測量 河川測量 用地測量 その他の応用測量

実施する測量種類ごとに製品仕様書を作成する

6-2 基準点測量の作業工程

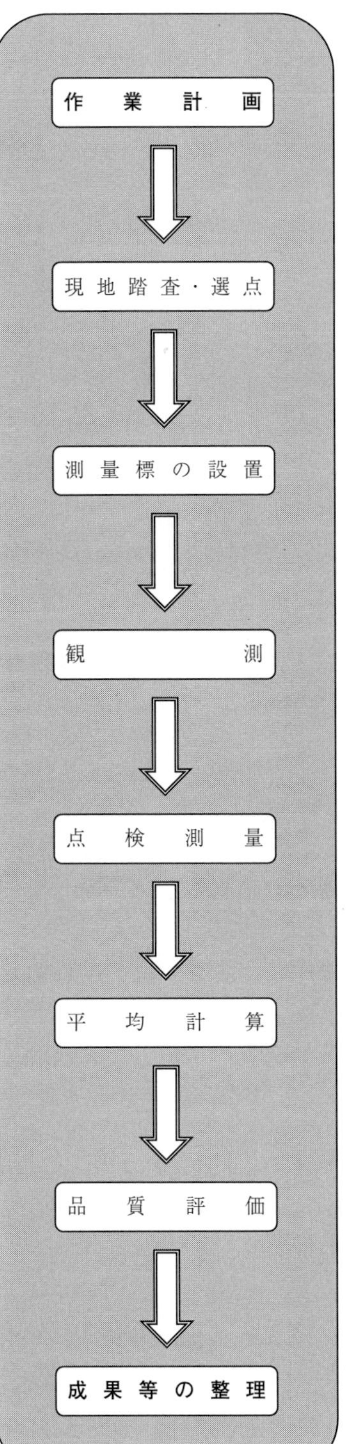

作業箇所の地形図や既知基準点の資料（成果表や点の記など）を収集する。また、地形図上に既知点と作業範囲をもとに新点の概略位置を決定した図面（平均計画図）を作成する

作業箇所の現地状況確認を行う

既知基準点の現況調査と平均計画図に基づいて、新点の選定を行い、平均図を作成する

新点位置には、原則として永久標識を設置し、点の記（てん(の)き）を作成する。埋設方法には、地上埋設、地下埋設、屋上埋設がある。ただし、３，４級基準点では標杭を使用できる

４級基準点は、工事等で亡失する場所に設置することが多いため、金属鋲やプラスチック杭を設置する

平均図に基づいて、トータルステーション（TS）を使用して、点間の斜距離、水平角および鉛直角を観測する

観測値については、基準点区分毎に定められている、倍角差、観測差、高度定数差、測定距離の較差の点検を行い、許容範囲を超えた場合には再測を行う

測量の正確さを確保するため、「作業規程の準則」に定められている点検測量率に従い点検測量を実施する。また、観測したデータの良否を判定するために点検路線の点検計算を実施し、閉合差等が定められた許容範囲内であるかを確認する。許容範囲を超えた場合には、その原因を解明し、再測等を実施する

平均計算は、厳密網平均計算により実施する。ただし、３，４級基準点測量においては、簡易網平均計算も可能である

計算結果をまとめ、精度等については精度管理表にまとめる

製品仕様書に定められた品質評価手順に従い、品質評価を実施し品質評価表を作成する

観測手簿や計算簿等を整理し、第三者機関による成果検定を受ける。また、製品仕様書に定められた内容について、メタデータを作成する

6-3　作業規程の準則（基準点測量）を読み解く

公共測量において、基準点測量で使用する既知点の種類や既知点間距離、新点間距離等は、「作業規程の準則」によって定められている。

つまり、基準点測量を実施するときには、現地の状況や作業範囲を良く把握したうえで、「作業規程の準則」に規定されている条件に合致するように、新設基準点の配点計画を作成する必要がある。

ここでは、作業の基本である「作業規程の準則」の説明を行い、理解を深める。

「作業規程の準則」　抜粋 6－3

第１節　要旨

（要旨）

第21条　「基準点測量」とは、既知点に基づき、新点である基準点の位置を定める作業をいう。

２　基準点測量は、既知点の種類、既知点間の距離及び新点間の距離に応じて、１級基準点測量、２級基準点測量、３級基準点測量及び４級基準点測量に区分するものとする。

３　１級基準点測量により設置される基準点を１級基準点、２級基準点測量により設置される基準点を２級基準点、３級基準点測量により設置される基準点を３級基準点及び４級基準点測量により設置される基準点を４級基準点という。

４　GNSSとは、人工衛星からの信号を用いて位置を決定する衛星測位システムの総称をいい、GPS、準天頂衛星システム、GLONASS、Galileo等の衛星測位システムがある。GNSS測量においては、GPS、準天頂衛星システム及びGLONASSを適用する。なお、準天頂衛星は、GPS衛星と同等の衛星として扱うことができるものとし、これらの衛星をGPS・準天頂衛星と表記する。

基準点測量は、１、２、３、４級基準点測量の４種類に区分される。それぞれの違いは、使用する既知点の種類、既知点間の距離、既知点から新点までの距離および新点間の距離による。

たとえば、測量範囲が小さく、４級基準点測量のみで作業ができると判断された場合でも、４級基準点測量の既知点となる点が付近にない場合、３級基準点測量または２級基準点測量が必要となる場合がある。作業地域の既設基準点の情報等を国土地理院から収集し、十分な作業計画を行う必要がある。

「作業規程の準則」 抜粋６－４

（既知点の種類等）

第22条　前条第２項に規定する基準点測量の各区分における既知点の種類、既知点間の距離及び新点間の距離は、次表を準標とする。

区分／項目	１級基準点測量	２級基準点測量	３級基準点測量	４級基準点測量
既知点の種類	電子基準点 一～四等三角点 １級基準点	電子基準点 一～四等三角点 １～２級基準点	電子基準点 一～四等三角点 １～２級基準点	電子基準点 一～四等三角点 １～３級基準点
既知点間距離（m）	4,000	2,000	1,500	500
新点間距離（m）	1,000	500	200	50

２　基本測量又は前項の区分によらない公共測量により設置した既設点を既知点として用いる場合は、当該既設点を設置した測量が前項のどの区分に相当するかを特定の上、前項の規定に従い使用することができる。

３　１級基準点測量及び２級基準点測量においては、既知点を電子基準点（付属標を除く。以下同じ。）のみとすることができる。この場合、既知点間の距離の制限は適用しない。ただし、既知点とする電子基準点は、作業地域近傍のものを使用するものとする。

４　３級基準点測量及び４級基準点測量における既知点は、厳密水平網平均計算及び厳密高低網平均計算又は三次元網平均計算により設置された同級の基準点を既知点とすることができる。ただし、この場合においては、使用する既知点数の２分の１以下とする。

各基準点の区分によって使用できる既知点の種類が決められている。１、２級基準点測量においては同級基準点を既知点として使用できるが、３、４級基準点測量では上位の基準点を既知点とする。

ただし、第４項にあるように、厳密水平網平均計算および厳密高低網平均計算、または三次元網平均計算（後述する）により設置された同級の基準点を使用する既知点の２分の１以下で使用することができる。

また、第３項に述べられているように、電子基準点のみを既知点として使用できるのは、１級基準点測量のみである。ただし、平成25年（2013年）４月26日から適用された、衛星測位を活用した測量業務の効率化の実現のためにスタートした「スマート・サーベイ・プロジェクト」により、２級基準点測量においても、電子基準点のみを既知点とし使用できるようになっている。これによって、１級基準点測量を省略できることとなり、作業時間と経費の効率化が可能となった。

使用する既知点間の距離と新点間の距離においても、基準点の区分により標準距離が定められている。

例えば4級基準点測量の場合、新点間の距離は約50 m を標準として設置される。また、使用する既知点間の距離は約500 m が標準とされており、この距離をもとに使用する既知点を決定する。

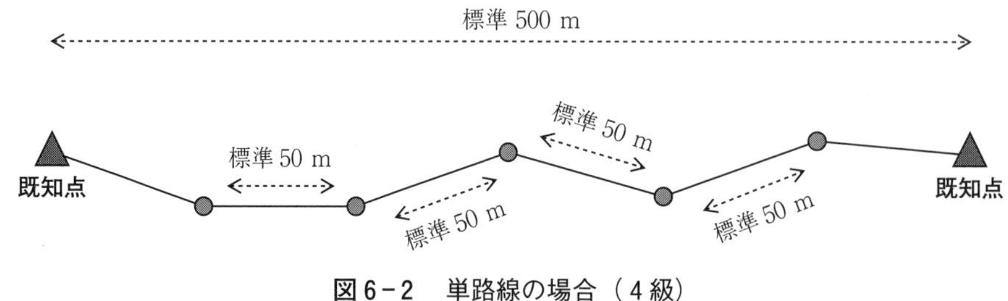

図6－2　単路線の場合（4級）

また、**図6－3**のような場合の3級基準点測量では、新点間の距離をおおむね200 m となるように設置し、使用する既知点間の距離はおおむね1 500 m となるようにする。

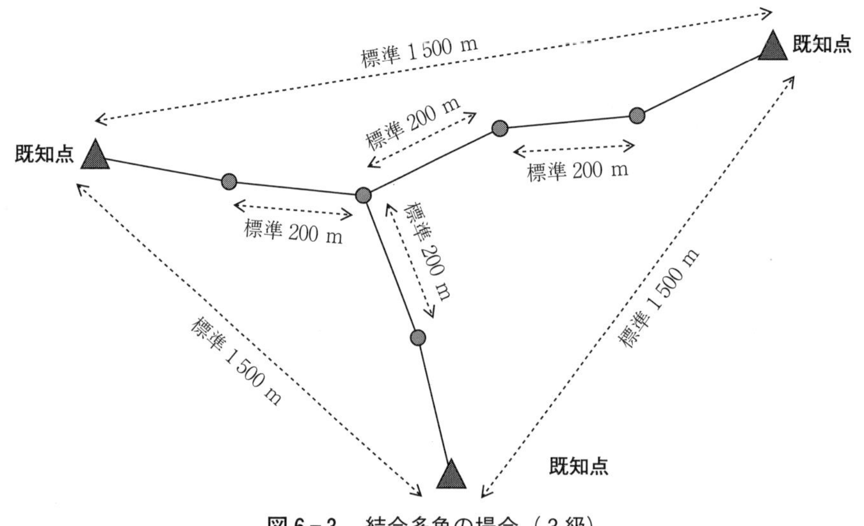

図6－3　結合多角の場合（3級）

このように、既知点間および新点間の標準とされる距離が定められているが、現地の状況によっては変更せざるを得ない状況もありえる。特に既知点間距離については、あくまでも標準と考えるべきである。

例えば、3級基準点の標準点間距離が200 m であるため、通常は約200 m 間隔で設置される。その3級基準点間に4級基準点を設置する場合、既知点間距離は200 m となる。

しかし、このような配点は理想的であり、既知点間の標準距離はあくまでも目安と判断できる。

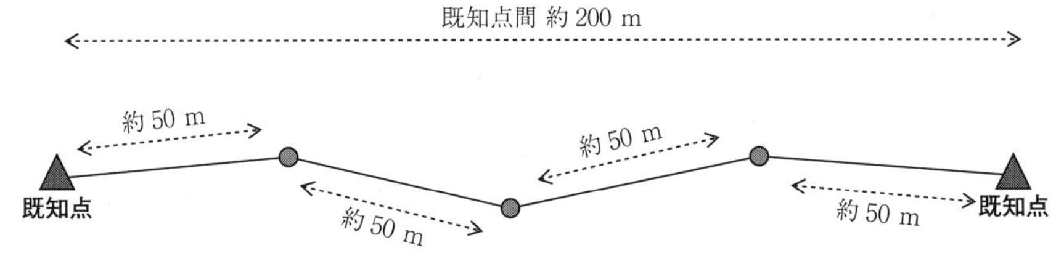

図6－4　既知点間の距離

ただし、標準距離等を現地の状況に合わせて変更せざる得ない場合には、技術者が独断で判断するのではなく、計画機関に状況説明をした上で協議による同意を得てから実施することが必要である。計画機関による判断が困難な場合には、国土地理院と相談することも可能である。

「作業規程の準則」　抜粋6－5

（基準点測量の方式）
第23条　基準点測量は、次の方式を標準とする。
一　１級基準点測量及び２級基準点測量は、原則として、結合多角方式により行うものとする。
二　３級基準点測量及び４級基準点測量は、結合多角方式又は単路線方式により行うものとする。

基準点測量の方式には、既知点と新点を結ぶ路線の形状により、結合多角方式と単路線方式の２種類に区分される。

トピックス／結合多角方式とは

結合多角方式とは、３点以上の既知点を使用して既知点と新点とを多角路線によって結合された多角網を形成する方式である

多角網の形状は、測量を行う場所の地形（市街地、山林等）や基準点の数によって様々である

結合多角方式は大きく２タイプに分別できる。それは、①任意で多角網を形成する方式、②定形な多角網を形成する方式、である

①任意多角網による結合多角方式

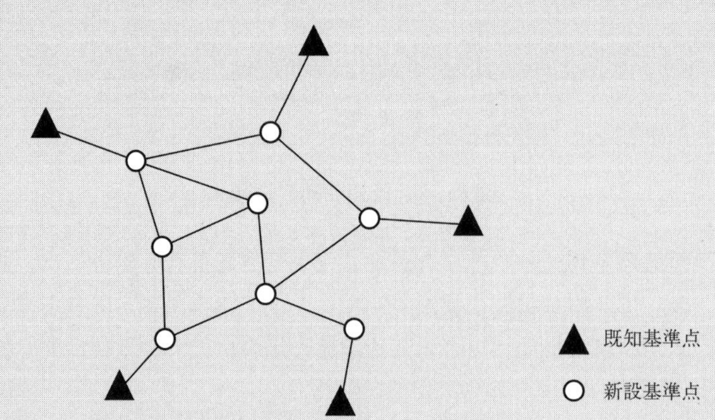

既知基準点と新設基準点とを見通しができる（視通が確保できる）基準点を任意な多角路線で結合させる方式であり、最も一般的な手法である。平均計算は一括で行う

図6－5　結合多角方式

②定形多角網による結合多角方式

既知点数が少ない場合、定形的な多角網を形成できるように多角路線を作成する。定型的な形状とは、下記に表記してある4種類（Y型、A型、X型、H型）が使用される

Y型

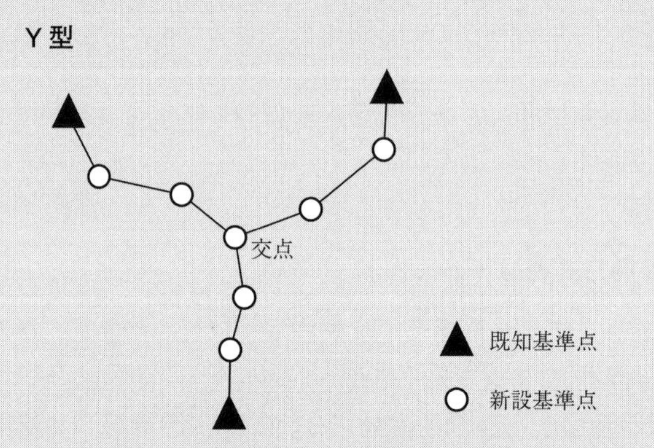

アルファベットのYの形状になるように多角網を形成する方式。
3つの路線を1つの交点で結合させる。

図6－6　結合多角方式（Y型）

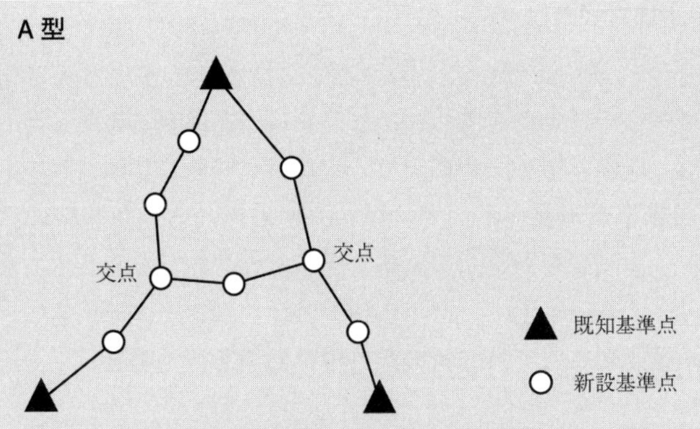

アルファベットのAの形状になるように多角網を形成する方式。
5つの路線を2つの交点で結合させる

図6−7　結合多角方式（A型）

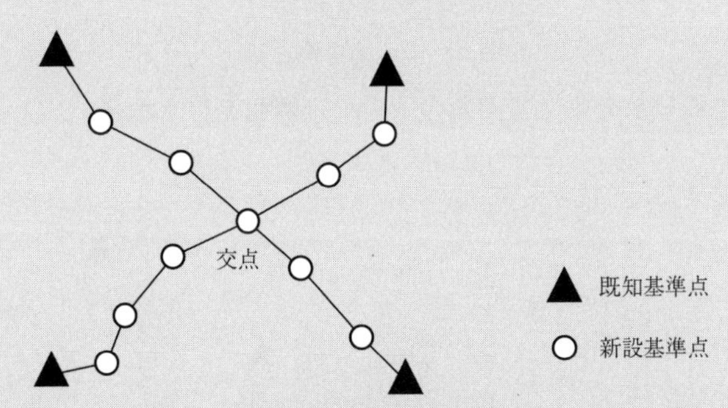

アルファベットのXの形状になるように多角網を形成する方式。
4つの路線を1つの交点で結合させる

図6−8　結合多角方式（X型）

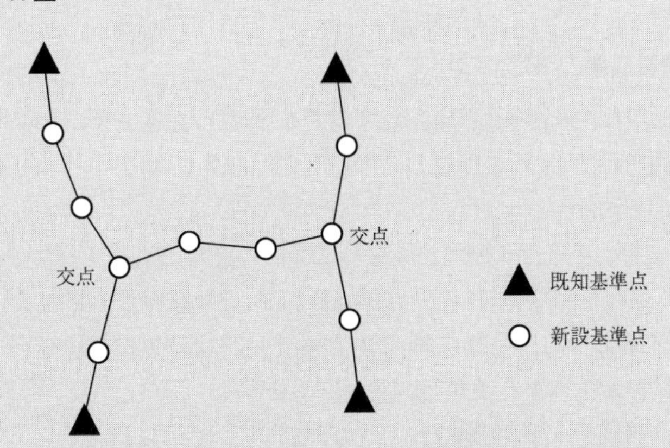

アルファベットのHの形状になるように多角網を形成する方式。
5つの路線を2つの交点で結合させる

図6−9　結合多角方式（H型）

トピックス／単路線方式とは

単路線方式とは、既知点間を１つの路線で結合させる多角方式である。両既知点またはどちらか１点で方向角の取り付け観測を行う必要がある

単路線方式は、原則として３級および４級基準点測量で採用される方式であるが、１級および２級基準点測量において、現地の状況等からやむを得ない場合には計画機関と協議を行い、同意を得た上で実施することが可能である

①路線方式（両端既知点にて方向角の取り付け観測を行う場合）

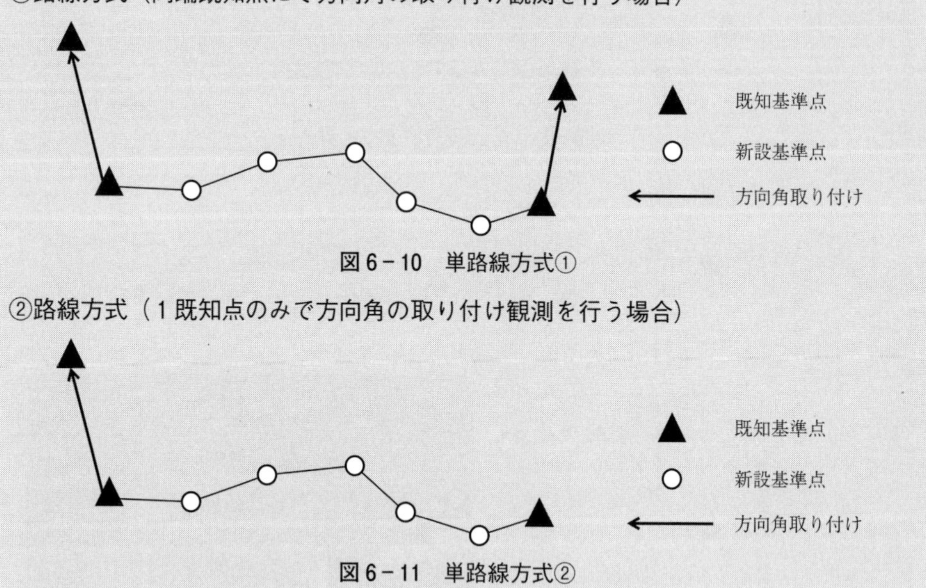

図６－10　単路線方式①

②路線方式（１既知点のみで方向角の取り付け観測を行う場合）

図６－11　単路線方式②

結合多角方式および単路線方式の作業方法等は、第23条第２項および３項に基準点の区分毎に路線の辺数や路線長等が定義されており、それらに合致するように計画を立て作業を実施する。

トピックス／測量成果の検定について

「作業規程の準則　第15条」では、“高精度を要する測量成果または利用度の高い測量成果で計画機関が指定するものについては、検定に関する技術を有する第三者機関による検定を受けなければならない”とされている

測量成果の検定は、第三者機関が成果品について詳細に点検を行うことで、その測量が作業規程、製品仕様書等に定められた品質であるかを評価・判定するものである。

検定は納品前に行われ、合格基準に達するまで数回のやり取りが行われる。合格基準に達すれば検定証明書と検定記録書が発行される

国土地理院に測量成果検定機関として登録されているのは以下のとおりである（平成25現在）

- 公益社団法人　日本測量協会
- 一般財団法人　日本地図センター
- 公益社団法人　全国国土調査協会
- 公益財団法人　日本測量調査技術協会
- 公益財団法人　岐阜県建設研究センター
- 一般社団法人　全国測量設計業協会連合会

「作業規程の準則」　抜粋6－6

（基準点測量の方式）　第23条

2　結合多角方式の作業方法は、次表を標準とする。

<table>
<tr><th colspan="2">区分
項目</th><th>1級基準点測量</th><th>2級基準点測量</th><th>3級基準点測量</th><th>4級基準点測量</th></tr>
<tr><td rowspan="11">結合多角方式</td><td rowspan="2">1個の多角網における既知点数</td><td colspan="2">$2+\frac{\text{新点数}}{5}$ 以上　（端数切上げ）</td><td colspan="2">3点以上</td></tr>
<tr><td colspan="2">電子基準点のみを既知点とする場合は2点以上とする。</td><td>—</td><td>—</td></tr>
<tr><td>単位多角形の辺数</td><td>10辺以下</td><td>12辺以下</td><td>—</td><td>—</td></tr>
<tr><td rowspan="2">路線の辺数</td><td>5辺以下</td><td>6辺以下</td><td rowspan="2">7辺以下</td><td rowspan="2">10辺以下
（15辺以下）</td></tr>
<tr><td colspan="2">伐採樹木及び地形の状況等によっては、計画機関の承認を得て辺数を増やすことができる。</td></tr>
<tr><td>節点間の距離</td><td>250 m以上</td><td>150 m以上</td><td>70 m以上</td><td>20 m以上</td></tr>
<tr><td rowspan="2">路線長</td><td>3 km以下</td><td>2 km以下</td><td rowspan="2">1 km以下</td><td rowspan="2">500 m以下
（700 m以下）</td></tr>
<tr><td colspan="2">GNSS測量機を使用する場合は5 km以下とする。ただし、電子基準点のみを既知点とする場合はこの限りでない。</td></tr>
<tr><td>偏心距離の制限</td><td colspan="4">$S/e \geqq 6$　S：測点間距離
e：偏心距離
電子基準点のみを既知点とする場合は、Sを新点間の距離とし、新点を1点設置する場合の偏心距離は、この式によらず100 m以内を標準とする。</td></tr>
<tr><td>路線図形</td><td colspan="2">多角網の外周路線に属する新点は、外周路線に属する隣接既知点を結ぶ直線から外側40°以下の地域内に選点するものとし、路線の中の夾角は、60°以上とする。ただし、地形の状況によりやむを得ないときは、この限りでない。</td><td colspan="2">同　左
50°以下

同　左
60°以上</td></tr>
<tr><td>平均次数</td><td>—</td><td>—</td><td colspan="2">簡易水平網平均計算を行う場合は平均次数を2次までとする。</td></tr>
<tr><td colspan="2">備考</td><td colspan="4">1．「路線」とは、既知点から他の既知点まで、既知点から交点まで又は交点から他の交点までをいう。
2．「単位多角形」とは、路線によって多角形が形成され、その内部に路線をもたない多角形をいう。
3．3～4級基準点測量において、条件式による簡易水平網平均計算を行う場合は、方向角の取付を行うものとする。
4．4級基準点測量のうち、電子基準点のみを既知点として設置した一～四等三角点、1級基準点、2級基準点や電子基準点を即知点とし、かつ、第35条第2項による機器を使用する場合は、路線の辺数及び路線長について（　）内を基準とすることができる。</td></tr>
</table>

（1） 1個の多角網における既知点数

観測する多角網内における既知点の数は、

1級および2級基準点測量：　2＋新点数／5以上（端数切上げ）

3級および4級基準点測量：　3点以上

である。

1級および2級基準点測量において新点を3点設置した場合、必要となる既知点数は、「2＋3／5＝2.6」であるので、端数を切上げて3点以上の既知点が必要となる。

ここで述べられている既知点数は必要最小限の数であるため、既知点の配点状態を考慮し、使用する既知点数を決定する。

（2） 単位多角形および路線の辺数

単位多角形とは、結合多角方式において形成される環路線のことであり、**図6－12**の場合には3つで構成されることになる。

①の辺数は3、②は5、③は4となり、1級基準点測量の10辺以下または2級基準点測量の12辺以下に適合しているといえる。

なお、3級および4級基準点測量における単位多角形の辺数の制限はない。

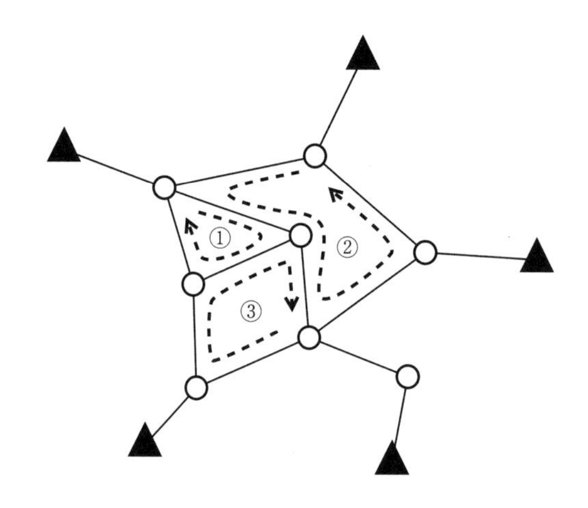

図6－12　単位多角形

路線とは、既知点から交点、交点から交点、交点から既知点をつなぐ線のことである。**図6－13**の場合、路線は7つ存在する。

各路線の辺数は、①は2、②は3、③は1、④は1、⑤は3、⑥は4、⑦は3である。

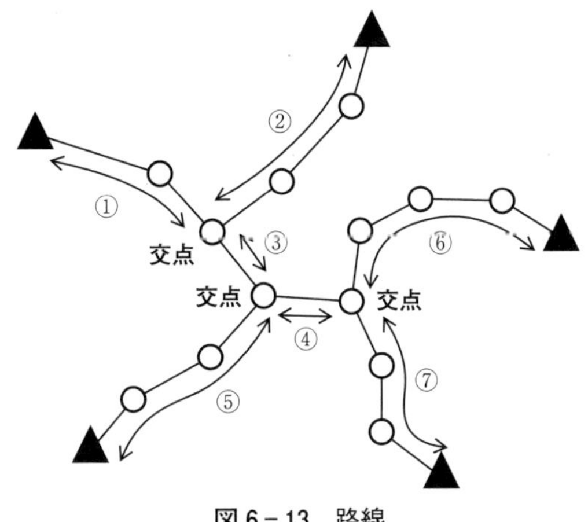

図６－13　路線

（３）節点間の距離

節点とは、隣接する基準点間が障害物等により視通が確保できないことにより観測が出来ない場合、その基準点間に仮に設けられる観測点のことである。

仮の点であるため、簡易的な標識が使用されることが多いが、観測および計算は基準点測量に準じて行われる。節点間の距離とは基準点と節点との距離のことである。

図６－14のような場合、基準点（２）から基準点（３）への視通が確保できないため、基準点（２）と（３）の間に節点を設け、観測および計算を行う。

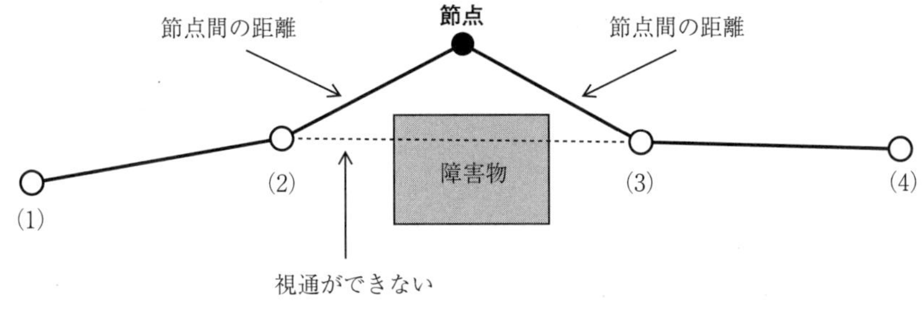

図６－14　節点

（４）路線長

路線長とは、各路線の辺長の合計距離である。

基準点測量の観測データは、角度と距離である。角度と距離観測における誤差は累積される（誤差伝搬の法則）ため、それら誤差の増大を避けるために、路線長に制限が設けられている。

（5）偏心距離の制限

偏心とは、障害物等により直接の視通の確保ができない場合、観測点をずらして観測を行うことで、そのずらした点を偏心点、偏心点での観測を偏心観測という。

節点間の距離ほど移動させる必要のない場合に実施される。**図6－15**の場合、基準点(1)と既知点の視通が確保できないため、偏心点を設けることで、偏心観測（偏心角ϕと偏心距離e）を行い、計算によって基準点(1)と既知点を直接観測したような観測値に戻す。

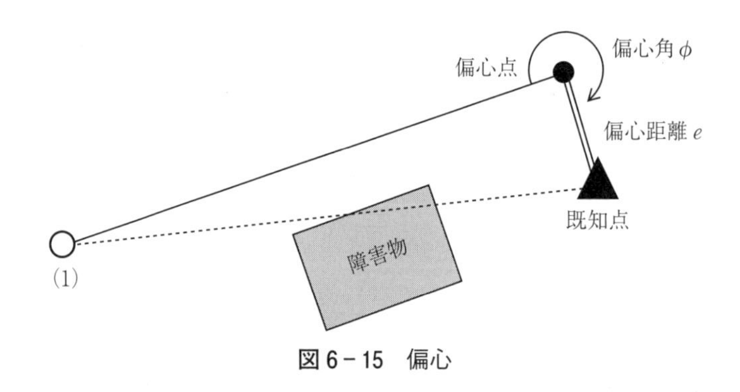

図6－15　偏心

偏心距離の制限は、「$S／e \geqq 6$（S：測点間距離、e：偏心距離）」と定められている。

4級基準点測量の場合、平均距離が50 mであることから偏心距離は、$e \leqq 50$ m／6＝8.3 mとなり、3級基準点測量の場合、平均距離が200 mであることから偏心距離は$e \leqq$ 200 m／6＝33.3 mとなる（測点間距離はあくまで標準距離であり、実際は現地にて観測された距離を使用する）。

（6）路線図形

外周の隣接既知点を結ぶラインから外側に設置される新点は、その既知点間を結ぶラインからの折れ曲がる角度に制限が設けられている。これは、観測路線をできるだけ折れ曲がりの少ない路線にすることで、角度観測における誤差を小さくするためである。

1、2級基準点測量においては、既知点間ラインから40°以下、夾角は60°以上、3、4級基準点測量においては、既知点間ラインから50°以下、夾角は60°以上とされている。

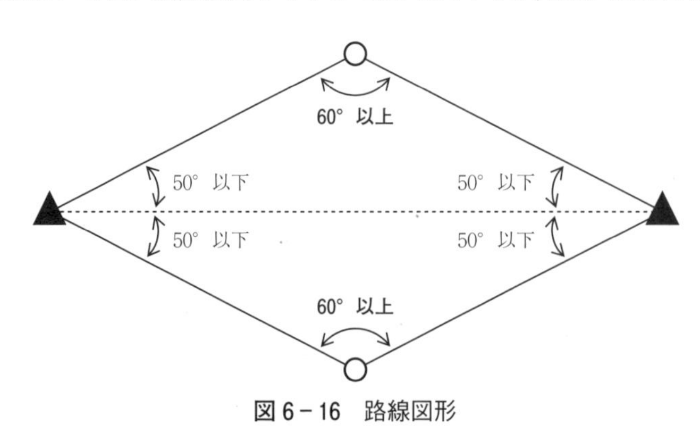

図6－16　路線図形

（７）平均次数

最初に計算した新点を１次点、観測路線を１次路線という。

１次点を既知点として観測を行った場合、その点は２次点となる。２次点を既知点とした場合、３次点となり、次数が上がっていく。

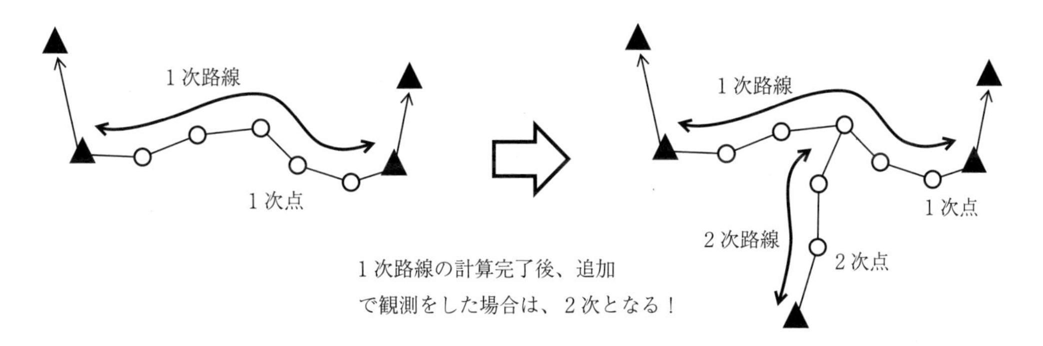

図６－17　次数（その１）

１次点を既知点とする場合、設置する基準点の区分が第22条第１項に定められている既知点の種類に合致する場合はそのまま使用できる。しかし、１次点のみを既知点として同級の基準点を設置することはできない。ただし、３、４級基準点測量においては、１次点が簡易水平網平均計算によって行われた場合に２次まで可能とされている。

トピックス／現地作業での注意点

既知点の測量標や測量成果を使用する場合、その既知点の管理者の使用承認を得る必要がある

既知点が設置されている土地に立ち入る際は、事前に土地所有者または管理者から土地に立ち入るための了解を得ることが必要である

田畑等の踏み荒らしに十分注意し、樹木等の伐採が必要な場合は土地所有者または管理者と協議のうえ承諾を得ることが必要である

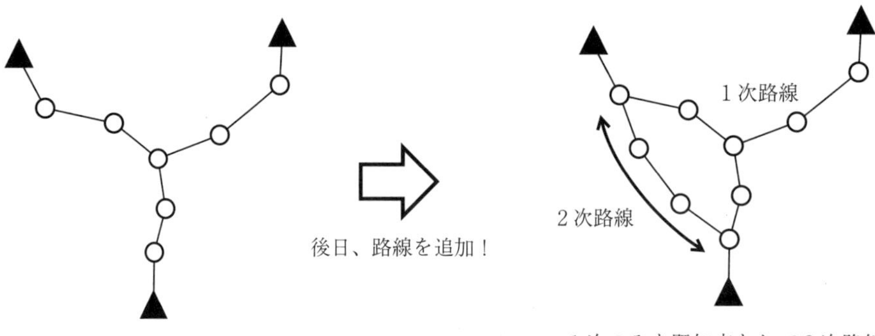

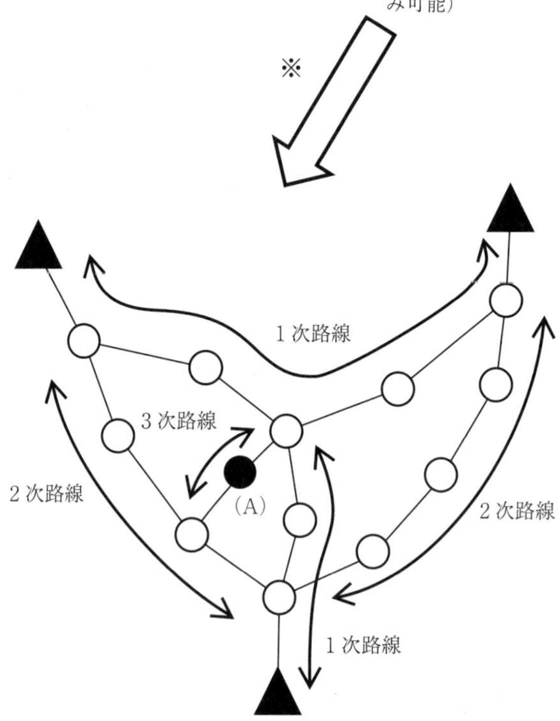

1次路線が簡易水平網平均計算を行っているため、新点が3，4級基準点測量の場合のみ、2次路線の新点も同級の基準点となる

※図の新点（A）の場合、その路線は3次路線となる。1次路線が4級基準点の場合、3次路線は認められていないため、新点（A）は不可となる。しかし、1次路線が3級基準点の場合、新点（A）は4級基準点として設置可能である

図6－18　次数（その2）

「作業規程の準則」　抜粋６－７

（基準点測量の方式）　第23条

3　単路線方式の作業方法は、次表を標準とする。

<table>
<tr><th colspan="2">区分
項目</th><th>１級基準点測量</th><th>２級基準点測量</th><th>３級基準点測量</th><th>４級基準点測量</th></tr>
<tr><td rowspan="7">単路線方式</td><td>方向角の取付</td><td colspan="4">既知点の１点以上において方向角の取付を行う。ただし、GNSS 測量機を使用する場合は、方向角の取付は省略する。</td></tr>
<tr><td>路線の辺数</td><td>７辺以下</td><td>８辺以下</td><td>10辺以下</td><td>15辺以下
（20辺以下）</td></tr>
<tr><td>新点の数</td><td>２点以下</td><td>３点以下</td><td>—</td><td>—</td></tr>
<tr><td rowspan="2">路線長</td><td>５km 以下</td><td>３km 以下</td><td rowspan="2">1.5km 以下</td><td rowspan="2">700m 以下
（１km 以下）</td></tr>
<tr><td colspan="2">電子基準点のみを既知点とする場合はこの限りでない。</td></tr>
<tr><td>路線図形</td><td colspan="2">新点は、両既知点を結ぶ直線から両側40°以下の地域内に選点するものとし、路線の中の夾角は、60°以上とする。ただし、地形の状況によりやむを得ないときは、この限りでない。</td><td colspan="2">同　左
50°以下

同　左
60°以上</td></tr>
<tr><td>準用規定</td><td colspan="4">節点間の距離、偏心距離の制限、平均次数、路線の辺数制限緩和及びGNSS 測量機を使用する場合の路線図形は、結合多角方式の各々の項目の規定を準用する。</td></tr>
<tr><td colspan="2">備　考</td><td colspan="4">1．１級基準点測量、２級基準点測量は、やむを得ない場合に限り単路線方式により行うことができる。
2．４級基準点測量のうち、電子基準点のみを既知点として設置した一～四等三角点、１級基準点、２級基準点や電子基準点を既知点とし、かつ、第35条第２項による機器を使用する場合は、路線の辺数及び路線長について（　）内を標準とすることができる。</td></tr>
</table>

単路線方式の場合、１級および２級基準点測量においては、新点数の制限が決められていることに注意が必要である。

また、「やむを得ず単路線方式を行う場合に限る」とあるように、地形や既知点の状況によってやむを得ず行う方式である。

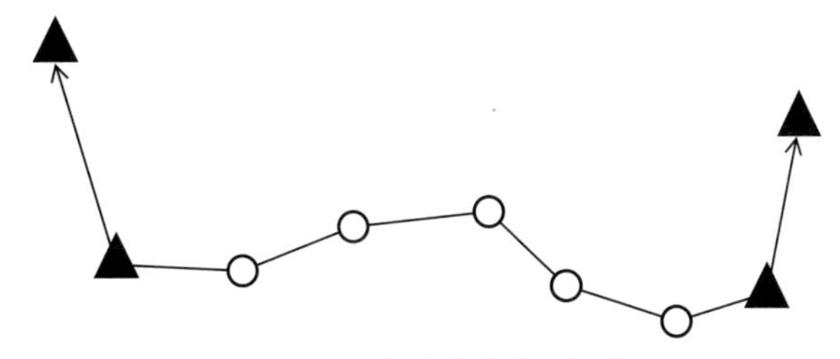

図６－19　単路線方式の標準

トピックス／公共測量では認められていない方式

よく間違われる基準点測量方式に、下記３種類の方式がある。これらの方式は、「作業規程の準則」では認められていない。

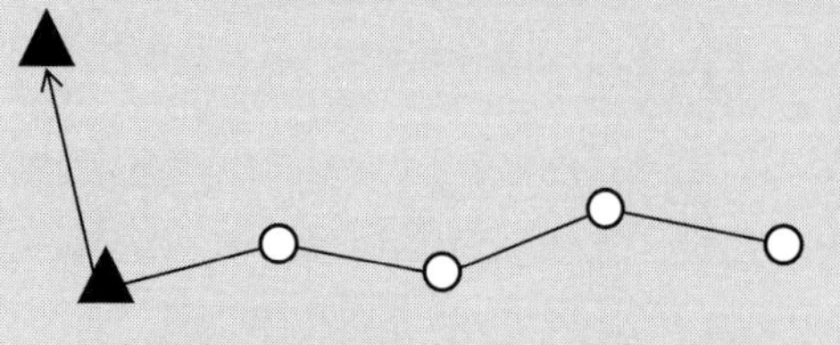

観測角と距離の誤差が分からず、精度検証ができないため、使用できない

図６－20　開放方式

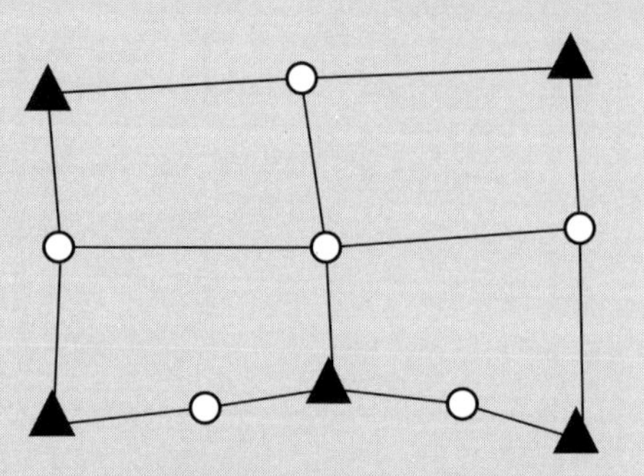

複数の閉合多角形によって形成された多角網である。作業量が多くなることや、観測距離の誤差検証が不十分となることから、使用できない

図６－21　閉合多角方式

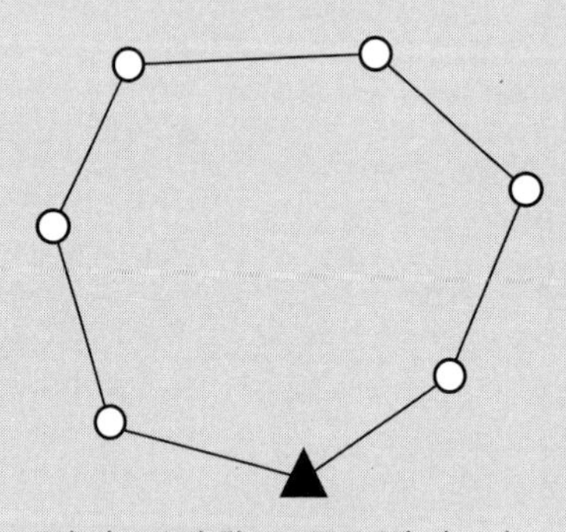

既知点から出発し、同じ既知点にもどる路線を作成する方式である。観測角と距離の精度検証が不十分となるため、使用できない

図６－22　環状閉合方式

基準点観測に使用する機器は、「作業規程の準則」に定められており、次ページにあげられているもの、または同等以上の機器を使用する。

「作業規程の準則」 抜粋6－8

第5節　観測

（要旨）

第34条　本章において「観測」とは、平均図等に基づき、トータルステーション（データコレクタを含む。以下「TS」という。）、セオドライト、測距儀等（以下「TS等」という。）を用いて、関係点間の水平角、鉛直角、距離等を観測する作業（以下「TS等観測」という。）及びGNSS測量機を用いて、GNSS衛星からの電波を受信し、位相データ等を記録する作業（以下「GNSS観測」という。）をいう。

2　観測は、TS等及びGNSS測量機を併用することができる。

3　観測に当たっては、必要に応じ、測標水準測量を行うものとする。

（機器）

第35条　観測に使用する機器は、次表に掲げるもの又はこれらと同等以上のものを標準とする。

機　器	性　能	摘　要
1級トータルステーション	別表1による	1～4級基準点測量
2級トータルステーション		2～4級基準点測量
3級トータルステーション		4級基準点測量
1級GNSS測量機		1～4級基準点測量
2級GNSS測量機		1～4級基準点測量
1級セオドライト		1～4級基準点測量
2級セオドライト		2～4級基準点測量
3級セオドライト		4級基準点測量
測距儀		1～4級基準点測量
3級レベル		測標水準測量
2級標尺		測標水準測量
鋼巻尺	JIS　1級	―

2　4級基準点測量において、第23条第2項の路線の辺数15辺以下、路線長700メートル以下又は同条第3項の路線の辺数20辺以下、路線長1キロメートル以下を適用する場合は、前項の規定によらず、次のいずれかの機器を使用して行うものとする。

一　2級以上の性能を有するトータルステーション

二　2級以上の性能を有するＧＮＳＳ測量機

三　2級以上の性能を有するセオドライト及び測距儀

3級トータルステーション（3級セオドライト）では、4級基準点測量にのみ使用可能である。3級となっているため、3級基準点測量でも使用可能と判断されがちであるが、間違いである。

また、1級GNSS測量機は2周波（L1周波数帯、L2周波数帯）の電波を同時に受信可能な機種で、2級GNSS測量機は1周波（L1周波数帯）の電波のみを受信する機種である。2級GNSS測量機でも1級基準点測量に使用できる。

「作業規程の準則」　抜粋6－9

（観測の実施）

第37条　観測に当たり、計画機関の承認を得た平均図に基づき、観測図を作成するものとする。

2　観測は、平均図等に基づき、次に定めるところにより行うものとする。

一　TS等観測の方法は、次表のとおりとする。ただし、水平角観測において、目盛変更が不可能な機器は、1対回の繰り返し観測を行うものとする。

項目＼区分		1級基準点測量	2級基準点測量		3級基準点測量	4級基準点測量
			1級トータルステーション、1級セオドライト	2級トータルステーション、2級セオドライト		
水平角観測	読定単位	1″	1″	10″	10″	20″
	対回数	2	2	3	2	2
	水平目盛位置	0°、90°	0°、90°	0°、60°、120°	0°、90°	0°、90°
鉛直角観測	設定単位	1″	1″	10″	10″	20″
	対回数	1	1	1	1	1
距離測定	設定単位	1 mm	1 mm	1 mm	1 mm	1 mm
	セット数	2	2	2	2	2

イ　器械高、反射鏡高及び目標高は、ミリメートル位まで測定するものとする。

ロ　TSを使用する場合は、水平角観測、鉛直角観測及び距離測定は、1視準で同時に行うことを原則とするものとする。

ハ　水平角観測は、1視準1読定、望遠鏡正及び反の観測を1対回とする。

ニ　鉛直角観測は、1視準1読定、望遠鏡正及び反の観測を1対回とする。

ホ　距離測定は、1視準2読定を1セットとする。

2対回（ついかい）観測とは、観測の進行方向に向かって右回りに水平角を0°輪郭の正・反と90°輪郭の正・反の計4回観測する方向観測法である。

器械高、反射鏡高および目標高は、コンベックス等で基準点標識頭頂部からの高さをミリメートル位まで測定する（以前は、センチメートル位までの測定であった）。

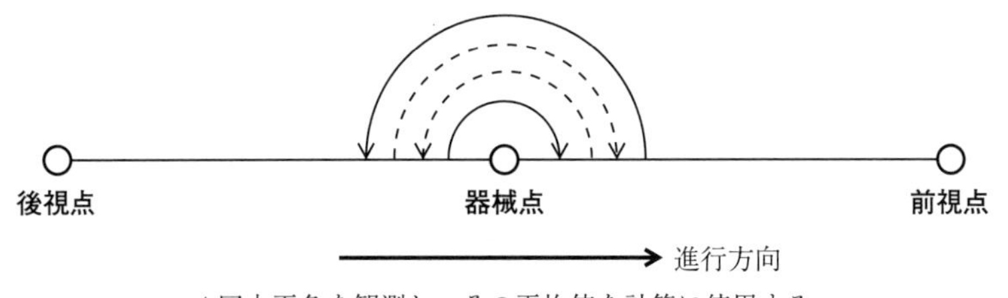

図6－23　2対回(ついかい)観測

「作業規程の準則」 抜粋6－10

（観測の実施）　第37条

へ　距離測定に伴う気温及び気圧（本章において「気象」という。）の測定は、次のとおり行うものとする。

（1）TS又は測距儀を整置した測点（以下「観測点」という。）で行うものとする。ただし、3級基準点測量及び4級基準点測量においては、気圧の測定を行わず、標準大気圧を用いて気象補正を行うことができる。

（2）気象の測定は、距離測定の開始直前又は終了直後に行うものとする。

（3）観測点と反射鏡を整置した測点（以下「反射点」という。）の標高差が400メートル以上のときは、観測点及び反射点の気象を測定するものとする。ただし、反射点の気象は、計算により求めることができる。

ト　水平角観測において、対回内の観測方向数は、5方向以下とする。

チ　観測値の記録は、データコレクタを用いるものとする。ただし、データコレクタを用いない場合は、観測手簿に記載するものとする。

リ　TSを使用した場合で、水平角観測の必要対回数に合せ、取得された鉛直角観測値及び距離測定値は、すべて採用し、その平均値を用いることができる。

現在の距離測定では、トータルステーションに内臓された光波測距機を使用することが大半である。光波は大気の屈折率の影響を受ける。

大気の屈折率は、**気温・気圧・湿度**に依存するため、基準点観測においては、観測時に気温と気圧を観測点にて測定し、データコレクタに入力する（湿度の測定は不要）。ただし、3級および4級基準点測量においては、気圧の測定を行わず、標準大気圧（1013.25 hPa）を使用することが可能である。

1観測点において、対回内の観測方向数は、5方向以下と制限されている。これは、観測方向数が多くなると観測時間も長くなり、その結果、観測機器の変動や気象条件の変化が大きくなることが予想され、観測精度の低下が考えられるためである。

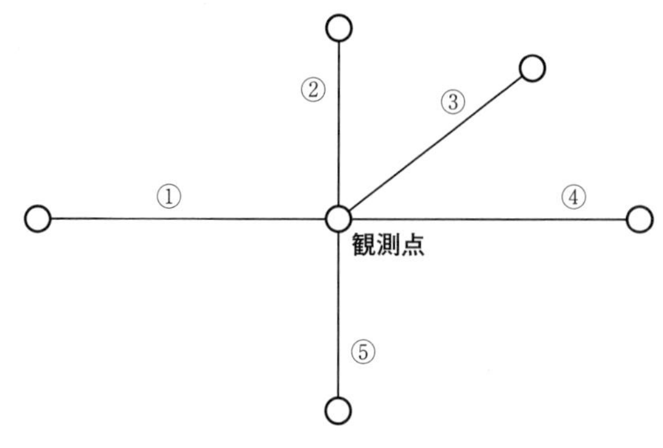

基準点測量において、各観測点での 1 観測における観測方向数は、5 方向以下にする。ただし、応用測量等の場合には、このような制限はない

図 6－24　観測方向数

「作業規程の準則」　抜粋 6－11

（観測値の点検及び再測）

第38条　観測値について点検を行い、許容範囲を超えた場合は、再測するものとする。

一　TS 等による許容範囲は、次表を標準とする。

項目＼区分		1 級基準点測量	2 級基準点測量		3 級基準点測量	4 級基準点測量
			1 級トータルステーション、1 級セオドライト	2 級トータルステーション、2 級セオドライト		
水平角観測	倍角差	15″	20″	30″	30″	60″
	観測差	8″	10″	20″	20″	40″
鉛直角観測	高度定数の較差	10″	15″	30″	30″	60″
距離測定	1 セット内の測定値の較差	20 mm	20 mm	20 mm	20 mm	20 mm
	各セットの平均値の較差	20 mm	20 mm	20 mm	20 mm	20 mm
測標水準	往復観測値の較差	20 mm $\sqrt{S}$	20 mm $\sqrt{S}$	20 mm $\sqrt{S}$	20 mm $\sqrt{S}$	20 mm $\sqrt{S}$
		S は観測距離（片道、km 単位）とする。				

１観測終了後、直ちに観測の良否を判断するため、「水平角観測の倍角差・観測差、鉛直角観測の高度定数の較差、距離測定の測定値の較差・平均値の較差」を点検する。

許容範囲を超えた場合には、再測を行う。

「**測標水準**」とは、新点の標高を付近の水準点から求める作業で、レベルを使用した直接水準測量による方法とトータルステーションを使用した間接水準測量による方法がある。

実際には、新点の標高は既知点（三角点等）の標高を基準として計算するため、測標水準を行うことは稀である。

「作業規程の準則」　抜粋６－12

第６節　計算

（要旨）

第40条　本章において「計算」とは、新点の水平位置及び標高を求めるため、次の各号により行うものとする。

一　TS 等による基準面上の距離の計算は、楕円体高を用いる。なお、楕円体高は、標高とジオイド高から求めるものとする。

二　ジオイド高は、次の方法により求めた値とする。

イ　国土地理院が提供するジオイド・モデルから求める。

ロ　イのジオイド・モデルが構築されていない地域においては、GNSS 観測と水準測量等で求めた局所ジオイド・モデルから求める。

三　３級基準点測量及び４級基準点測量は、基準面上の距離の計算は楕円体高に代えて標高を用いることができる。この場合において経緯度計算を省略することができる。

基準面上の距離の計算は、ジオイドモデルを使用して楕円体高を求めて行う。

楕円体高、標高およびジオイド高の関係は、以下のとおりである。

・測量で使用する**距離および面積は、回転楕円体の表面上の値で表示**する（法第十一条）することになっており、**日本で使用する回転楕円体は、GRS80楕円体**である。

・ジオイド高については、国土地理院ホームページからジオイドモデルファイルをダウンロードして使用することが可能である。また、３級および４級基準点測量においては、標高を用いることが可能であり、その場合は経緯度計算は不要である。

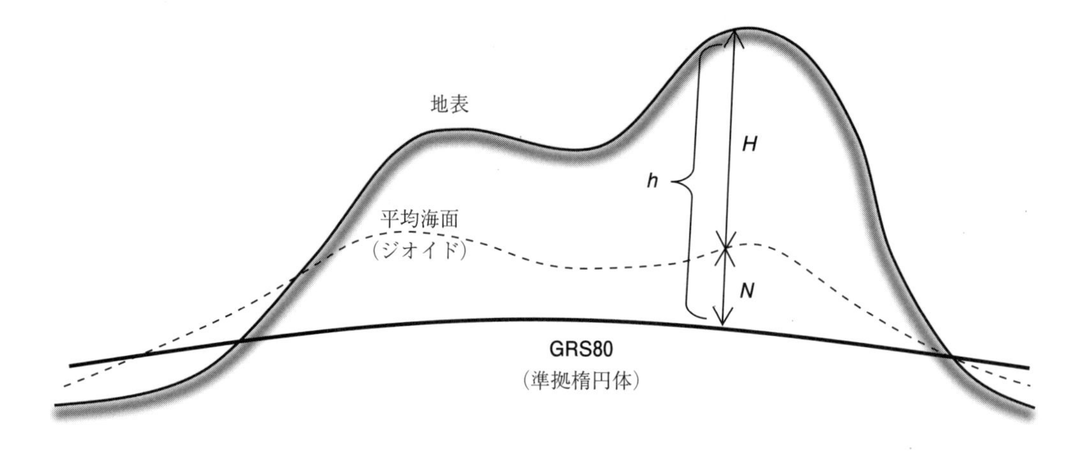

$H = h - N$

H：標高
h：楕円体高
N：ジオイド高

図 6 − 25　高さの関係

「作業規程の準則」 抜粋 6 − 13

（計算の方法等）

第41条　計算は、付録６の計算式、又はこれと同精度若しくはこれを上回る精度を有することが確認できる場合は、当該計算式を使用することができるものとする。

2　計算結果の表示単位等は、次表のとおりとする。

区分／項目	直角座標※	経緯度	標　高	ジオイド高	角　度	辺　長
単　位	m	秒	m	m	秒	m
位	0.001	0.0001	0.001	0.001	1	0.001
備　考	※　平面直角座標系に規定する世界測地系に従う直角座標					

3　TS 等で観測を行った標高の計算は、0.01メートル位までとすることができる。

測量結果である X、Y 座標値については0.001 m 位まで計算し、標高値も0.001 m まで計算する。ただし、トータルステーションを使用した基準点測量の場合には、標高の計算は0.01m まで、とすることができる。

世界測地系（測地成果2011）
調製 平成24年 ■月 ■日

基準点成果表

(area = 6)

3級基準点　基3-1

	° ′ ″		m
B	34 42 48.3739	X	−142634.304
L	136 26 57.4054	Y	41152.388
N	−0 15 21.08	H	9.885
		ジオイド高	38.486
		柱石長	0.070

視準点の名称	平均方向角	距離 縮尺係数 0.999921 真数	備考
	° ′ ″	m	
基3-2	98 20 8.1	453.739	
節-1	203 57 2.0	347.012	

埋標型式	地上	地下	屋上	標識番号	金属標	001

GNSS測量による
「この測量成果は、国土地理院長の承認を得て同院所管の測量成果を使用して得たものである。　（承認番号）平24部公第■■号」

図６−26　基準点成果表の例（３級基準点）

「作業規程の準則」　抜粋６−14

（点検計算及び再測）
第42条　点検計算は、観測終了後、次の各号により行うものとする。点検計算の結果、許容範囲を超えた場合は、再測を行う等適切な措置を講ずるものとする。
一　TS 等観測
イ　すべての単位多角形及び次の条件により選定されたすべての点検路線について、水平位置及び標高の閉合差を計算し、観測値の良否を判定するものとする。
（１）点検路線は、既知点と既知点を結合させるものとする。
（２）点検路線は、なるべく短いものとする。
（３）すべての既知点は、１つ以上の点検路線で結合させるものとする。
（４）すべての単位多角形は、路線の１つ以上を点検路線と重複させるものとする。
ロ　TS 等による点検計算の許容範囲は、次表を標準とする。

項目		1級基準点測量	2級基準点測量	3級基準点測量	4級基準点測量
結合多角・単路線	水平位置の閉合差	$100\,\mathrm{mm}+20\,\mathrm{mm}\sqrt{N}\Sigma S$	$100\,\mathrm{mm}+30\,\mathrm{mm}\sqrt{N}\Sigma S$	$150\,\mathrm{mm}+50\,\mathrm{mm}\sqrt{N}\Sigma S$	$150\,\mathrm{mm}+100\,\mathrm{mm}\sqrt{N}\Sigma S$
	標高の閉合差	$200\,\mathrm{mm}+50\,\mathrm{mm}\Sigma S/\sqrt{N}$	$200\,\mathrm{mm}+100\,\mathrm{mm}\Sigma S/\sqrt{N}$	$200\,\mathrm{mm}+150\,\mathrm{mm}\Sigma S/\sqrt{N}$	$200\,\mathrm{mm}+300\,\mathrm{mm}\Sigma S/\sqrt{N}$
単位多角形	水平位置の閉合差	$10\,\mathrm{mm}\sqrt{N}\Sigma S$	$15\,\mathrm{mm}\sqrt{N}\Sigma S$	$25\,\mathrm{mm}\sqrt{N}\Sigma S$	$50\,\mathrm{mm}\sqrt{N}\Sigma S$
	標高の閉合差	$50\,\mathrm{mm}\Sigma S/\sqrt{N}$	$100\,\mathrm{mm}\Sigma S/\sqrt{N}$	$150\,\mathrm{mm}\Sigma S/\sqrt{N}$	$300\,\mathrm{mm}\Sigma S/\sqrt{N}$
標高差の正反較差		300 mm	200 mm	150 mm	100 mm
備考		Nは辺数、ΣSは路線長（km単位）とする。			

点検計算とは、「水平位置（X, Y座標）の閉合差、標高（Z値）の閉合差および標高差（比高）の正反較差」を計算し、観測値の良否を判定することである。

①結合多角網の場合

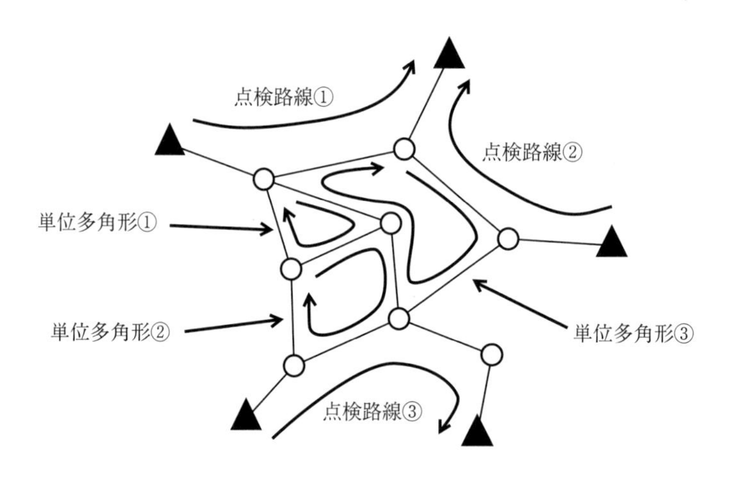

図6－27　点検計算（その1）

②Ｙ型、Ｘ型の場合

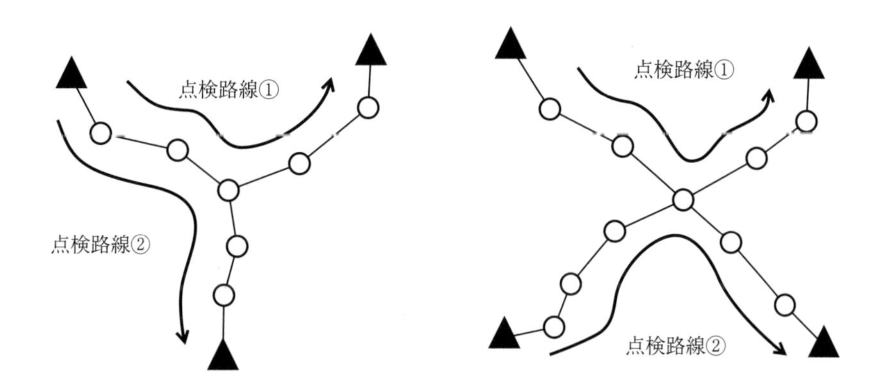

図６－28　点検計算（その２）

点検計算の結果が許容範囲を超えた場合には、その原因を解明し必要箇所の再測を行う必要がある。

「作業規程の準則」　抜粋６－15

（平均計算）

第43条　平均計算は、次により行うものとする。

３　既知点２点以上を固定する厳密水平網平均計算、厳密高低網平均計算、簡易水平網平均計算、簡易高低網平均計算及び三次元網平均計算は、平均図に基づき行うものとし、平均計算は次の各号により行うものとする。

一　TS 等観測

イ　厳密水平網平均計算の重量（P）には、次表の数値を用いるものとする。

区分＼重量	m_s	γ	m_t
１級基準点測量	10mm	5×10^{-6}	1.8″
２級基準点測量			3.5″
３級基準点測量			4.5″
４級基準点測量			13.5″

「作業規程の準則」 抜粋 6－15

ロ　簡易水平網平均計算及び簡易高低網平均計算を行う場合、方向角については各路線の観測点数の逆数、水平位置及び標高については、各路線の距離の総和（0.01キロメートル位までとする。）の逆数を重量（P）とする

ハ　厳密水平網平均計算及び厳密高低網平均計算による各項目の許容範囲は、次表を標準とする。

区分／項目	1級基準点測量	2級基準点測量	3級基準点測量	4級基準点測量
一方向の残差	12″	15″	—	—
距離の残差	80 mm	100 mm	—	—
水平角の単位重量当たりの標準偏差	10″	12″	15″	20″
新点位置の標準偏差	100 mm	100 mm	100 mm	100 mm
高低角の残差	15″	20″	—	—
高低角の単位重量当たりの標準偏差	12″	15″	20″	30″
新点標高の標準偏差	200 mm	200 mm	200 mm	200 mm

ニ　簡易水平網平均計算及び簡易高低網平均計算による各項目の許容範囲は、次表を標準とする。

区分／項目	3級基準点測量	4級基準点測量
路線方向角の残差	50″	120″
路線座標差の残差	300 mm	300 mm
路線高低差の残差	300 mm	300 mm

厳密水平網平均計算および厳密高低網平均計算は、観測方程式により最確値を求める手法であり、簡易水平網平均計算および簡易高低網平均計算は、条件方程式により最確値を求める手法である。

三次元網平均計算は、GNSS測量の計算に用いられる。

6-4　観測方法

現在の測量では、角度と距離を計測する器械として**トータルステーション**が使用される。

測量では角度を測ることを「**測角**」、距離を測ることを「**測距**」という。

現在の測量では、測角は方向観測法による。基準点測量では2対回観測（2級トータルステーションを使用して2級基準点測量を行う場合は3対回観測）である。

応用測量では、1回のみ観測する放射観測が行われる。

方向観測法とは、連続して水平角を観測する方法である。対回観測における観測誤差（観測値のばらつき）を点検する方法として倍角差と観測差が用いられている。観測値のばらつきが制限内であれば、4つの観測値を平均した観測角を計算に使用する。もし、許容範囲を超えた場合には、再測を行う。

放射観測では、観測誤差を検証する方法として、観測した点を再度観測するか、観測点間の距離を計測することで、観測で得た結果との較差を求める。

トピックス／観測方法について

「倍角観測法」や「単測法」などが書籍に登場することがあるが、公共測量ではそれらを行うことは無い。現在では、トータルステーションに代表される測量器械の進歩により、精度よく観測ができるようになっている

倍角観測法等は、セオドライトやバーニヤが使用されていた時代の方法である

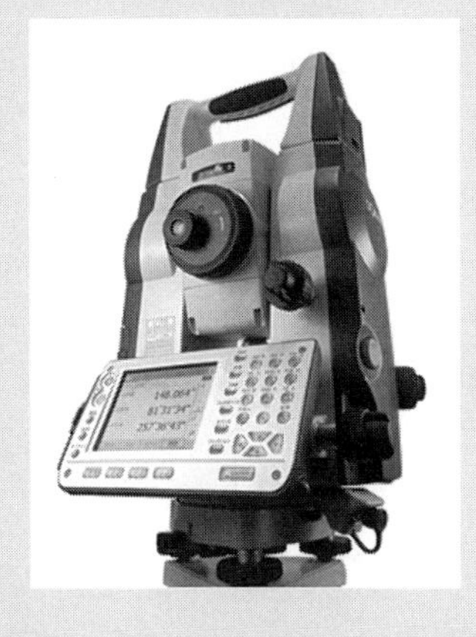

写真6－1　トータルステーション

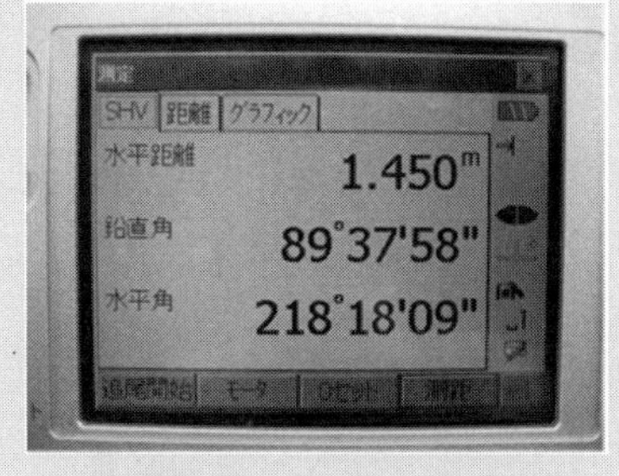

写真6－2　観測画面

● 6-4-1　放射観測

放射観測とは、既知点に器械を据え、基準となる他の既知点からの角度と距離を観測する方法である。地物の観測や復元測量等で行われる。

①地物の観測

地形測量では、あらかじめ設置された基準点をもとに、既知基準点からの建物等の形状変化点への角度と距離を1回観測（1視準につき1読定）し、その点の座標値を計算する。

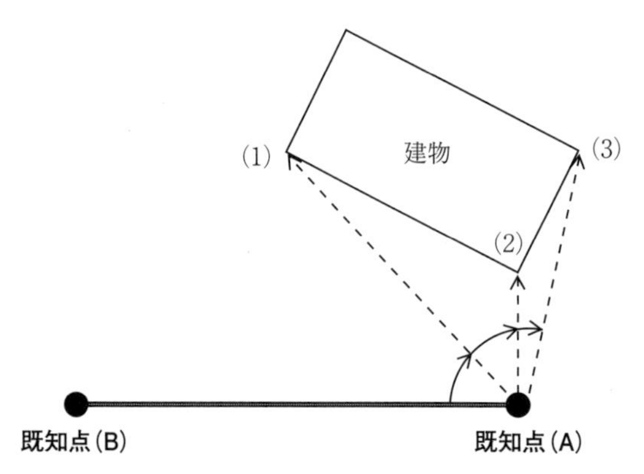

〈観測方法〉
- 既知点（A）にトータルステーションを据える
- 既知点（B）を視準し、水平角を0°0′0″に合わせる
- (1)を視準し、水平角と距離を観測し保存する
- 順次、(2)、(3)と水平角と距離を観測し保存する
- 観測終了

図6－29　放射観測（その1）

②復元測量

あらかじめ座標値が計算された点（中心点等）を既知点から現地に設置する作業を**復元測量**という（杭打ち、ステークアウトともいう）。

トータルステーションを使用すれば、器械点と後視点を入力し復元する点を指定すれば、角度と距離が表示される。

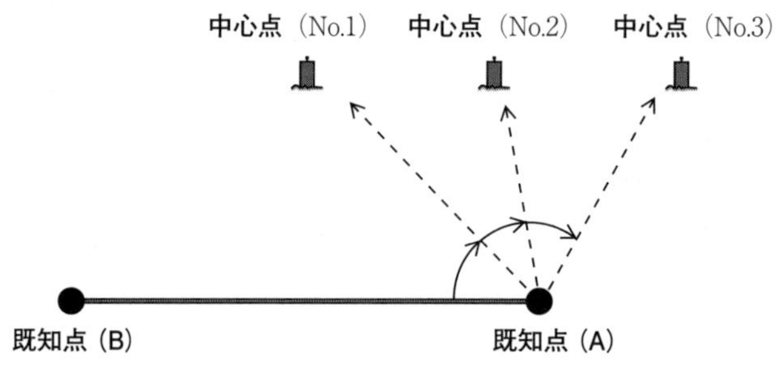

〈観測方法〉
- 既知点（A）にトータルステーションを据える
- 既知点（B）を視準し、水平角を0°0′0″に合わせる
- トータルステーションの機能を使用し、既知点（A）と（B）を入力する
- 復元する点（No.1、No.2、No.3）を入力し、画面上で指定された角度と距離の位置に杭を設置する
- 観測終了

図6－30　放射観測（その2）

● 6-4-2　2対回（ついかい）観測

(1) 方向観測法とは

トータルステーションの望遠鏡は、水平軸のまわりに自由に回転する。望遠鏡が通常の状態を**正位**（**R**）、望遠鏡を水平軸の回りに鉛直方向に180°回転させた状態を**反位**（**L**）という。

この望遠鏡正・反観測により、「**視準軸誤差、水平軸誤差、目盛盤の偏心誤差**」などによる影響が除かれる。したがって、正確さを要求される基準点測量においては、正・反観測を行うのが原則である。

正・反1回の観測を1対回（ついかい）観測（正と反の2回を観測している状態）という。

基準点測量では、水平角を0°とした場合（0°輪郭という）の正・反観測と水平角を90°とした場合（90°輪郭という）の正・反観測を行う2対回観測（正と反の4回を観測している状態）を行う。

図6－31　2対回（ついかい）観測

(2) 水平角の測定方法

①望遠鏡の位置（正位・反位）

基準点測量では望遠鏡を反転させ、望遠鏡正位・反位の両位置における観測を行う。

望遠鏡正位：　鉛直角の読み取り値が0°から180°の範囲に入る場合で、望遠鏡固定つまみ（望遠鏡微動つまみ）が望遠鏡接眼レンズの右側にあるため、この**正位の状態をR**（**right**）で表す。

望遠鏡反位：　正位の状態から本体を180°回転、望遠鏡を反転させて、同一目標を視準する状態をいう。鉛直角読み取り値は180°から360°の範囲に入る。この場合、望遠鏡固定つまみ（望遠鏡微動つまみ）が望遠鏡接眼レンズの左側（正確には左側の裏側となる）にあるため、この**反位の状態をL**（**left**）で表す。

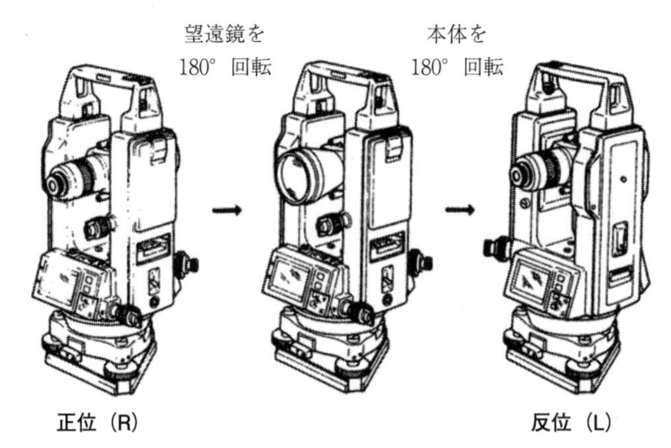

図 6－32　望遠鏡の正位・反位
（(株)トプコンソキアポジショニングジャパン）

②望遠鏡による視準

望遠鏡内の十字線を目標物に合わせる作業を「**視準**（しじゅん）」という。正しく合わせないと、誤差が発生する。

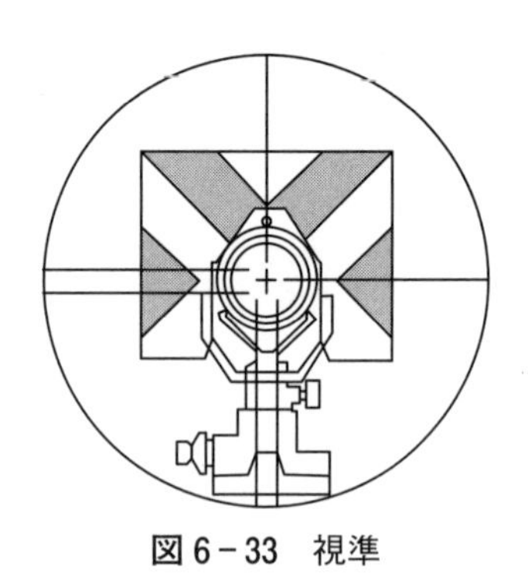

図 6－33　視準

（3）正・反観測（対回観測）による誤差消去

測量機器の機械誤差を消去するために用いられる観測方法で、望遠鏡が正の位置と反の位置で同一目標物を観測し、その正・反の平均角度を求める。これを、1 対回の観測（角度を 2 回観測）という。基準点測量では、2 対回の観測（角度を 4 回観測）を行う。

対回観測で消去できる誤差には次の 5 種がある。

①**視準軸誤差**：　視準線が水平軸（横軸）に直交していないために生ずる誤差。

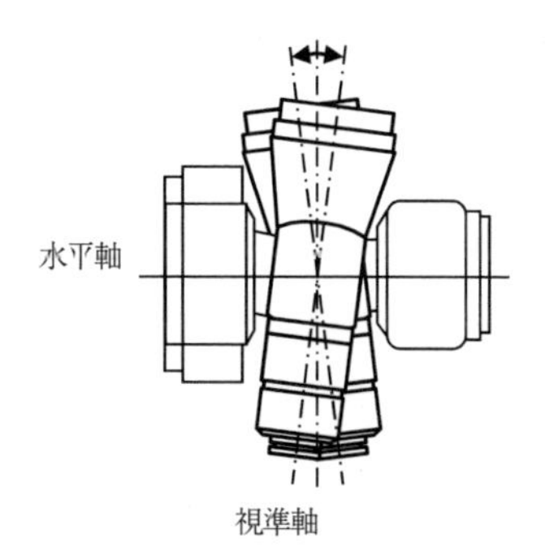

図６－34　視準軸誤差

②**水平軸誤差**：　鉛直軸に対して水平軸が垂直になっていないために生ずる誤差。

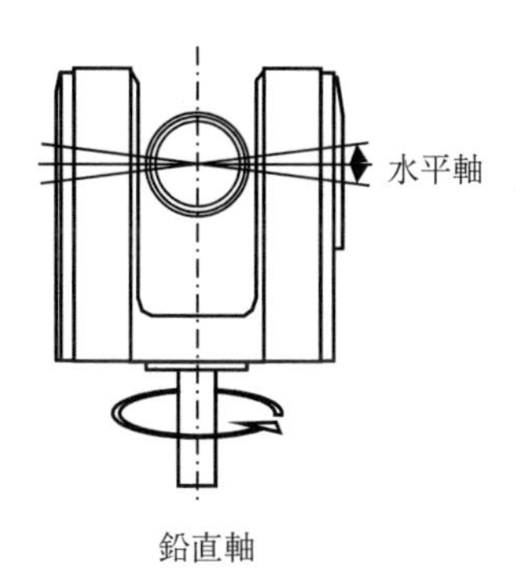

図６－35　水平軸誤差

③**外心軸誤差**：　視準線が水平目盛盤の中心（鉛直軸の中心）を通らないために生ずる誤差。

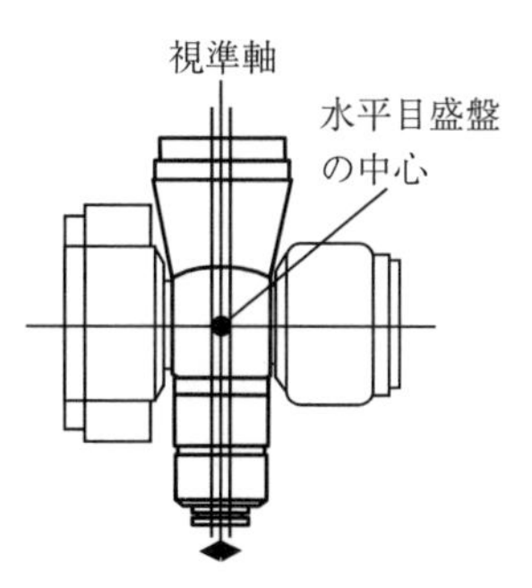

図６－36　外心軸誤差

④偏 心 誤 差：　目盛盤（エンコーダ）の中心と鉛直軸の中心がずれているために生ずる誤差。望遠鏡正・反の観測の平均をとることで消去できる。

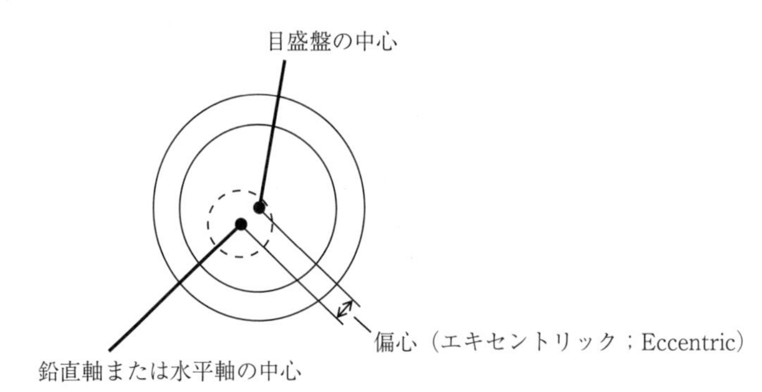

図 6－37　偏心誤差

⑤目盛盤誤差：　目盛盤（エンコーダ）上の目盛ピッチが均等でないために起こる誤差。目盛盤を回転させ、目盛盤を均一に使うことで誤差を小さくすることができる。しかし、完全には消去できない。

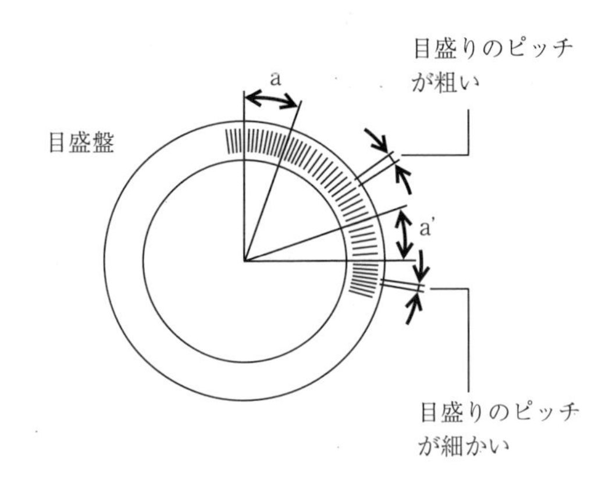

同じ２点間の角度を測定しても、使用する目盛りの位置で a と a' の値には差がでる

図 6－38　目盛盤誤差

（４）望遠鏡の正・反について

望遠鏡の正および反の角度イメージは以下のとおりである。

①望遠鏡を正位の状態で対象物を視準し、水平角を０°０′０″にした状態。

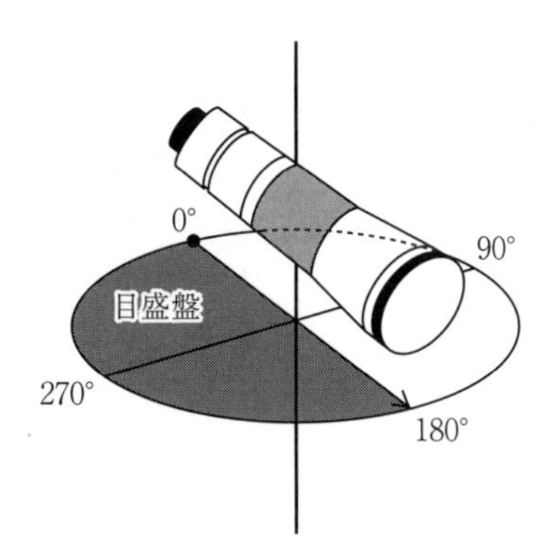

測量で観測（使用）する水平角は、右回りの角度である。トータルステーションでは、設定することで、望遠鏡を左に回しても常に右回りでの角度が表示されるようになる

図６－39　望遠鏡の正位

②望遠鏡を反転（鉛直方向に半回転）させる。

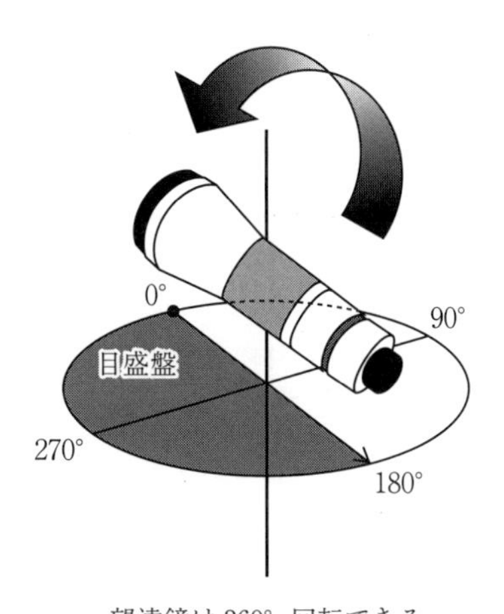

望遠鏡は360°回転できる

図６－40　望遠鏡の反転

③水平角を回転させ、同じ対象物を視準した状態で水平角目盛は＋180°となる。

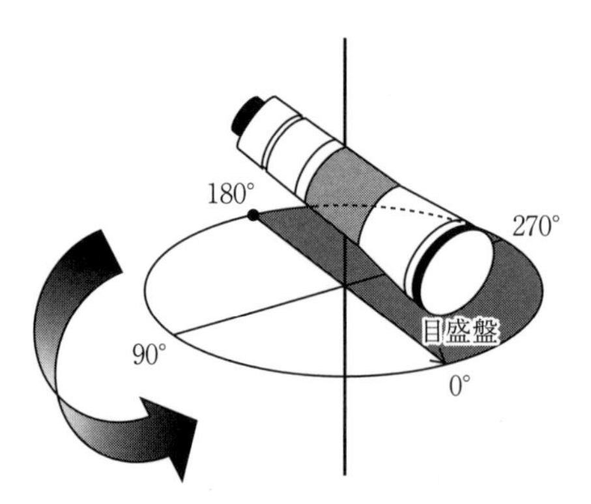

図６－41　望遠鏡の反位

（５）２対回観測の観測イメージ

２対回観測は、０°輪郭の正位・反位の観測（１対回観測）と90°輪郭の正位・反位の計４回の観測を行うことである。０°と90°輪郭での観測を行うことで、角度を均等に使用することができる。

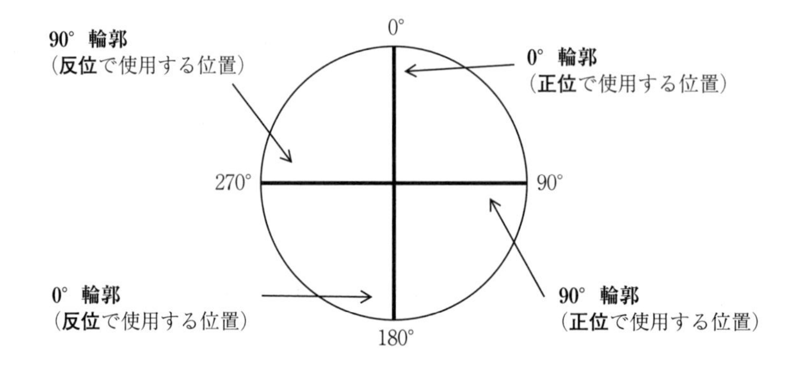

図６－42　２対回観測に使用する角度の位置

2対回観測では、進行方向に対して右回りの水平角観測が計4回行われる。観測水平角のイメージは以下のとおりである。

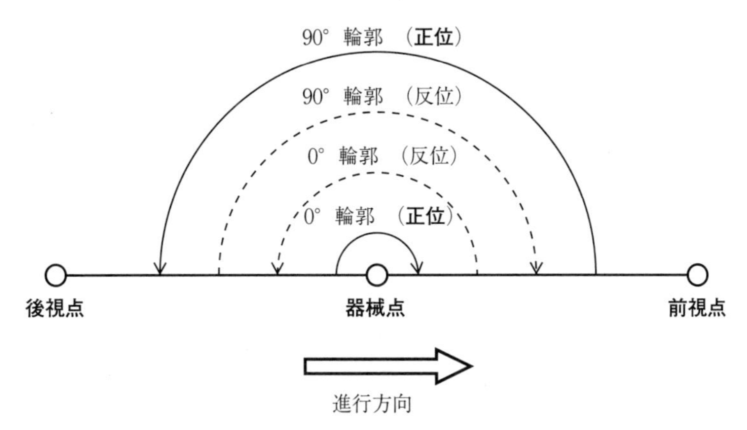

図6－43　2対回観測に使用する観測角度

また、目盛盤（エンコーダ）による観測水平角のイメージは以下のとおりである。ただし、通常の観測では観測誤差、器械誤差、偶然誤差が存在するため、正・反観測の値は、誤差が必ず生じる。この例題では、それらの誤差は無いものとし、あくまでも理論的数値を用いて説明をする。

①後視点の視準をして、角度を0°0′0″とする。その後、前視点を視準する。そのときの角度が145°20′30″であったとする（**0°輪郭、正位の状態**）。

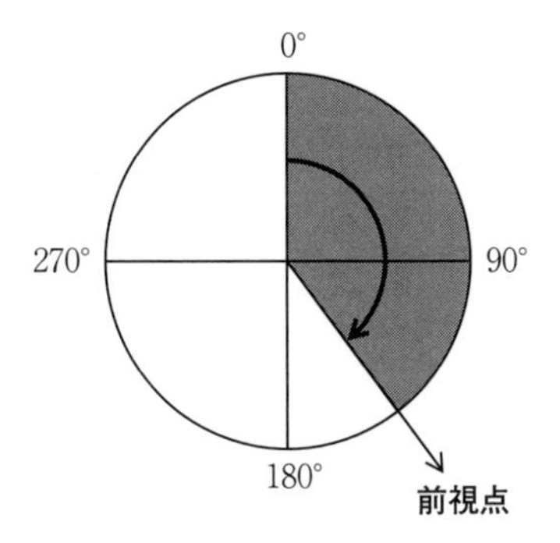

図6－44　観測角度；正位

②望遠鏡を180°回転させ、再度、前視点を視準する。そのときの理論上の角度は、325°20′30″となる。そのあと、後視点を視準する。そのときの理論上の角度は、180°20′30″となる（**0°輪郭、反位の状態**）。

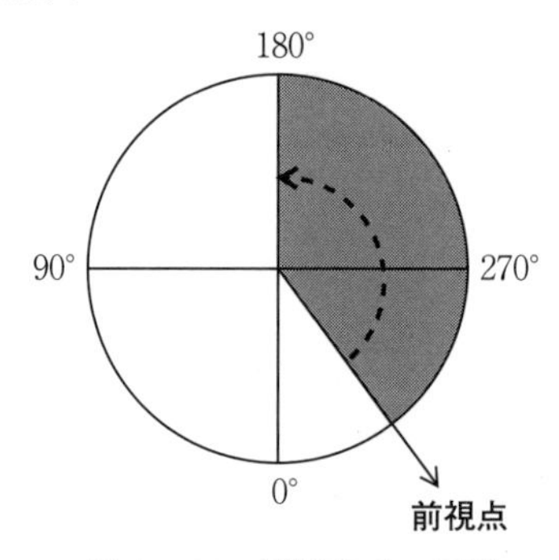

図6－45　観測角度；反位

③反位の状態で、角度を270° 0′ 0″とする。その後、前視点を視準する。そのときの角度は55°20′30″となる（**90°輪郭、反位の状態**）。

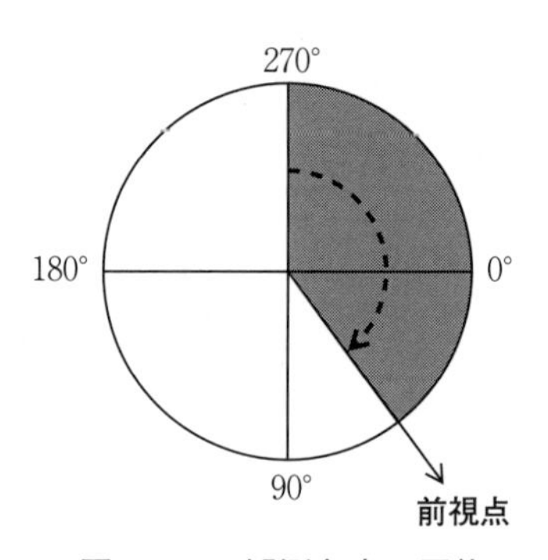

図6－46　観測角度；反位

④望遠鏡を180°回転させ、再度、前視点を視準する。そのときの理論上の角度は、235°20′30″となる。そのあと、後視点を視準する。そのときの理論上の角度は、90°20′30″となる（**90°輪郭、正位の状態**）。

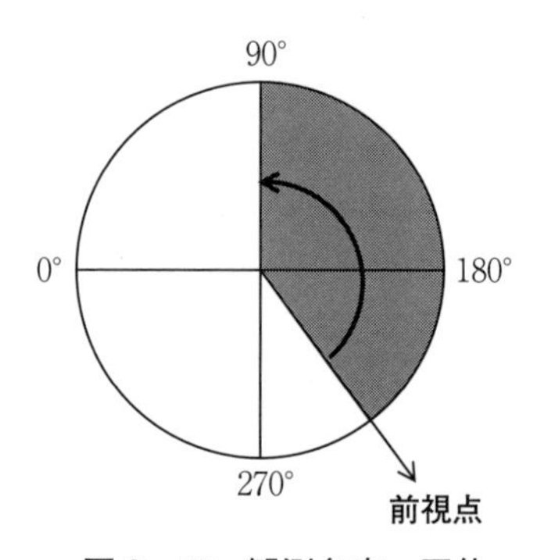

図6－47　観測角度；正位

注意

トータルステーションを使用する基準点測量では、「水平角観測、鉛直角観測、距離測定」の３つの要素を同時に観測する

２対回観測のイメージとして、２対回観測の水平角観測方法をマスターし、かつ、正しく目標物を視準できれば、鉛直角観測と距離測定は機能操作で自動的に観測データがトータルステーション内部に取り込まれる

（６）観測方法

実際の観測イメージを説明する。通常の基準点観測では、後視点および前視点には、反射プリズムを据え付け、そのプリズム中心を視準して観測を行う。

図の矢印（→）は、視準方向を表しており、白抜き四角（□）は器械が正位の状態、黒色四角（■）は器械が反位の状態を表している。

①Ｂ点に器械を据え付け、望遠鏡は正（R）の状態でＡ点の方向を視準し、固定ねじを締める。微動ねじを使って正確に反射プリズムの中心を視準する。

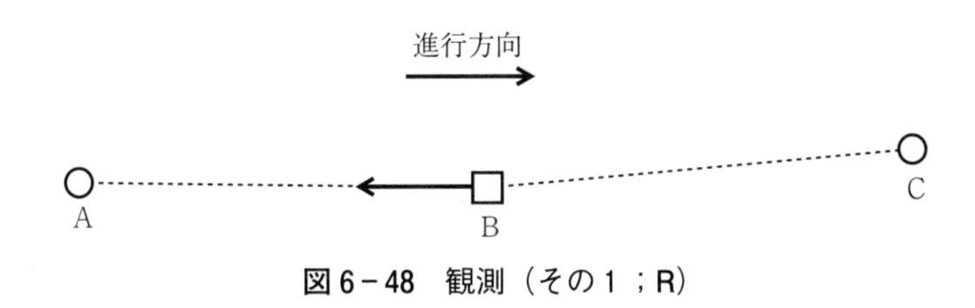

図６－48　観測（その１；R）

②任意角度入力で0°より少し多目の0°1′10″と入力する。

③入力後、トータルステーションが少し動いた可能性があるため、再度、Ａ点を視準する。

④コントロールパネルの測角ボタンを押す（角度のみを観測）。

⑤固定ねじを緩めＣ点を視準し、固定ねじを締める。微動ねじを使って正確に反射プリズムの中心を視準する。

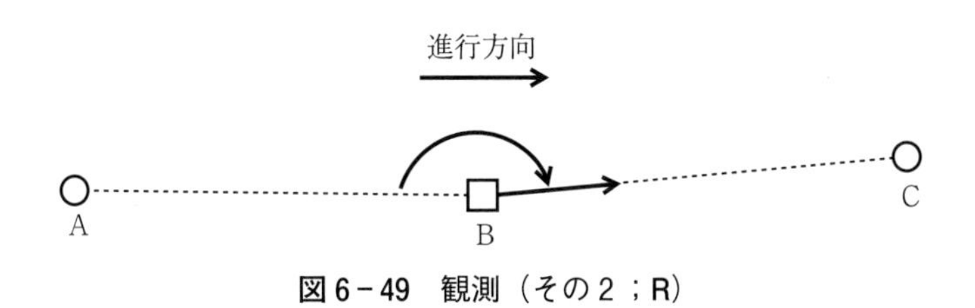

図６－49　観測（その２；R）

⑥コントロールパネルの測距ボタンを押す（角度と距離を同時観測）。

⑦固定ねじを緩めて望遠鏡を反転（R→L）した後、再度Ｃ点を視準し、固定ねじを締め

る。微動ねじを使って正確に反射プリズムの中心を視準する。

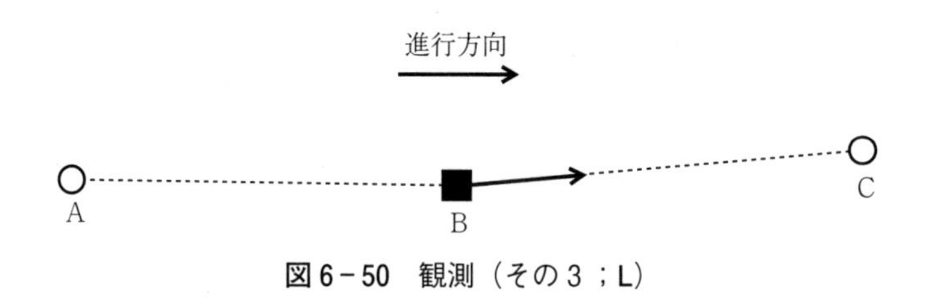

図6－50　観測（その3；L）

⑧コントロールパネルの測距ボタンを押す（角度と距離を同時観測）。
⑨固定ねじを緩めA点を視準し、固定ねじを締める。微動ねじを使って正確に反射プリズムの中心を視準する。

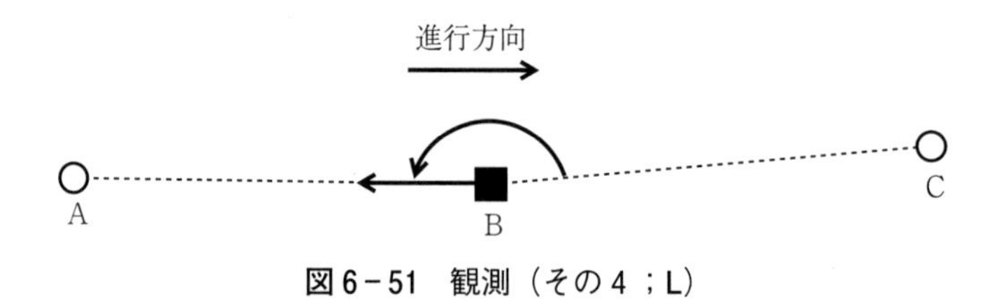

図6－51　観測（その4；L）

⑩コントロールパネルの測角ボタンを押す（角度のみを観測）。
⑪任意角度入力で270°（望遠鏡が反（L）の状態であるので90°+180°）より少し多目の270° 1′10″と入力する。
⑫入力後、トータルステーションが少し動いた可能性があるため、再度、A点を視準する。
⑬コントロールパネルの測角ボタンを押す（角度のみを観測）。
⑭固定ねじを緩めC点を視準し、固定ねじを締める。微動ねじを使って正確に視準する。

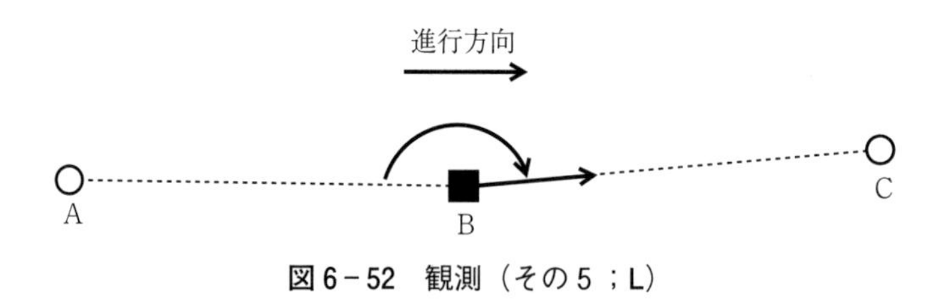

図6－52　観測（その5；L）

⑮コントロールパネルの測距ボタンを押す（角度と距離を同時観測）。
⑯固定ねじを緩めて望遠鏡を反転（L→R）した後、再度C点を視準し、固定ねじを締める。微動ねじを使って正確に視準する。

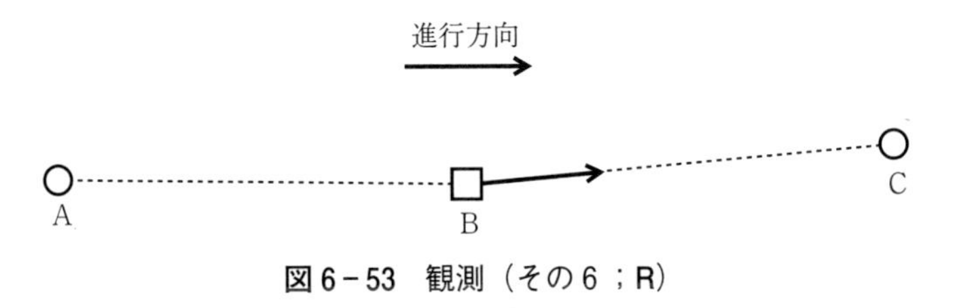

図6－53　観測（その6；R）

⑰コントロールパネルの測距ボタンを押す（角度と距離を同時観測）。

⑱固定ねじを緩めA点を視準し、固定ねじを締める。微動ねじを使って正確に視準する。

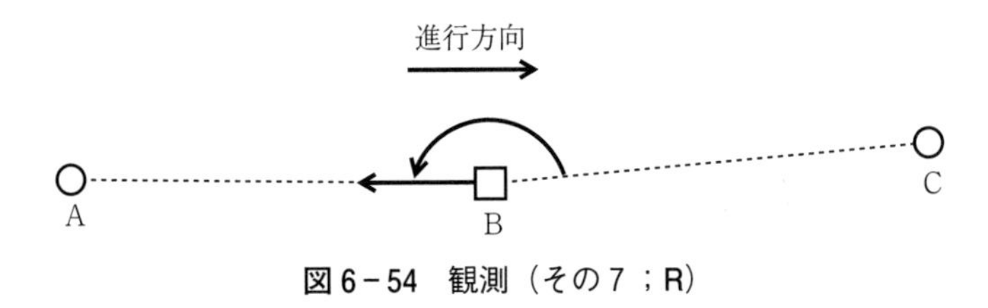

図6－54　観測（その7；R）

⑲コントロールパネルの測角ボタンを押す（角度のみを観測）。

⑳観測終了。観測の良否を判断するため、トータルステーションの機能を使用して倍角差、観測差等の確認を行う。許容範囲（「作業規定の準則 第38条」（抜粋6－11））を超えた場合には、再測を行う。

（7）倍角差・観測差・高度定数差

方向観測法によって得られた結果は、もし誤差がなければ2対回の4個の水平角は一致するはずである。しかし、実際の観測ではトータルステーションの器械誤差、観測誤差および偶然誤差を含むために一致しないのが通常である。

水平角観測の点検は倍角差と観測差、鉛直角観測の点検は高度定数の較差、距離測定の点検は1セット内の較差および各セット平均値の較差により行う。

これらの点検は、1観測終了後に行い、許容範囲内（「作業規定の準則 第38条」（抜粋6－11））であれば、次に観測点に移動し、許容範囲を超えた場合には直ちに再測を行う。

①水平角観測の点検

まず、倍角と較差を求め、倍角差と観測差を計算する。

倍　角：同じ視準点に対する1対回（望遠鏡の正・反観測）の結果の秒数和。分（'）が異なる場合、同じ分（'）に合わせる（正＋反）。

較　差：同じ視準点に対する1対回（望遠鏡の正・反観測）の結果の秒数差。分（'）が異なる場合、同じ分（'）に合わせる（正－反）。

倍角差：複数対回による同じ視準点の倍角の最大値と最小値の差（最大値－最小値）。

観測差：複数対回による同じ視準点の較差の最大値と最小値の差（最大値－最小値）。

②鉛直角観測の点検

高度定数の較差は、各方向の鉛直角結果の差（最小と最大の差）である。

③距離測定の点検

１セット内の較差の点検と各セット平均値の較差の点検を行う。

計算例は次ページの**図６－55**を参照のこと。

トピックス／基準点測量の成果項目

基準点測量の成果項目は、以下を標準とする

表６－２　成果項目

項　目	内　容
観測手簿（しゅぼ）	各観測データの記録資料
観測記簿	観測データが整理された資料
計算簿	水平位置および高低差等の計算書
平均図	既知点や新点の位置を記した図
成果表	基準点の最終結果の記録
点の記（てんのき）	１点毎の測量標設置場所等の記録
建標承諾書	永久標識を設置するための承諾書
測量標設置位置通知書	永久標識の設置通知書
基準点網図	基準点の位置と視通線を記入した図
精度管理表	測量データの精度をまとめた表
品質評価表	製品仕様書に定義されている成果の評価
測量標の地上写真	新点の設置写真
基準点現況調査報告書	既知基準点の現況調査結果
成果数値データ	テキストデータ
点検測量簿	点検測量の観測手簿、計算簿等
メタデータ	KML 形式
その他の資料	検定証明書等

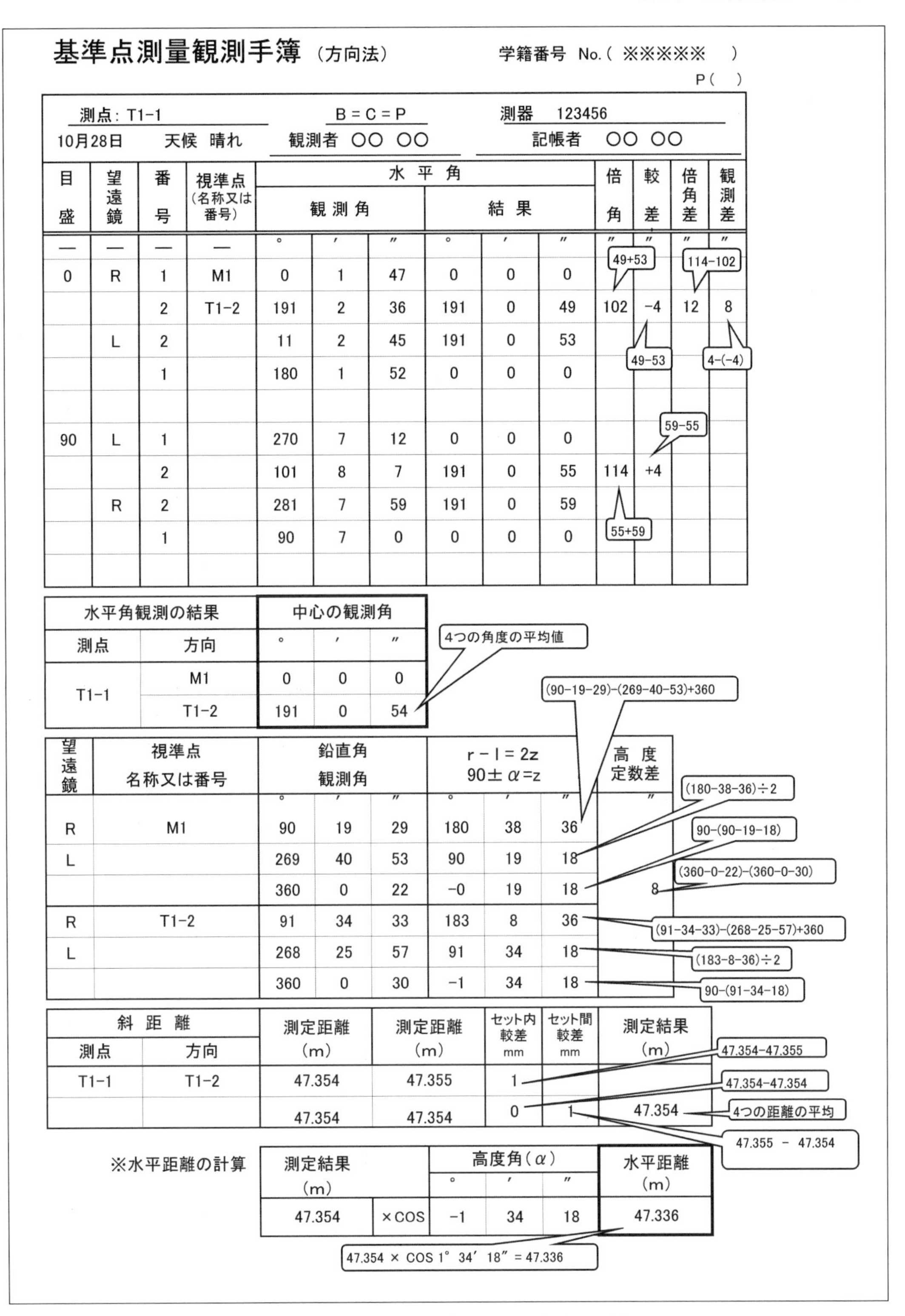

基準点測量観測手簿（方向法）

学籍番号 No.（ ※※※※※ ）

P（ ）

測点：T1-1　B = C = P　測器　123456

10月28日　天候　晴れ　観測者　○○ ○○　記帳者　○○ ○○

目盛	望遠鏡	番号	視準点（名称又は番号）	水平角 観測角 °	′	″	結果 °	′	″	倍角	較差	倍角差	観測差
—	—	—	—	°	′	″	°	′	″	″	″	″	″
0	R	1	M1	0	1	47	0	0	0				
		2	T1-2	191	2	36	191	0	49	102	−4	12	8
	L	2		11	2	45	191	0	53				
		1		180	1	52	0	0	0				
90	L	1		270	7	12	0	0	0				
		2		101	8	7	191	0	55	114	+4		
	R	2		281	7	59	191	0	59				
		1		90	7	0	0	0	0				

水平角観測の結果		中心の観測角		
測点	方向	°	′	″
T1-1	M1	0	0	0
	T1-2	191	0	54

望遠鏡	視準点 名称又は番号	鉛直角 観測角 °	′	″	r − l = 2z 90± α =z °	′	″	高度定数差 ″
R	M1	90	19	29	180	38	36	
L		269	40	53	90	19	18	
		360	0	22	−0	19	18	8
R	T1-2	91	34	33	183	8	36	
L		268	25	57	91	34	18	
		360	0	30	−1	34	18	

斜距離 測点	方向	測定距離（m）	測定距離（m）	セット内較差 mm	セット間較差 mm	測定結果（m）
T1-1	T1-2	47.354	47.355	1		
		47.354	47.354	0	1	47.354

※水平距離の計算

測定結果（m）		高度角（α） °	′	″	水平距離（m）
47.354	×COS	−1	34	18	47.336

図6－55　基準点測量観測の精度確認の例

6-5　観測手簿の点検箇所

図6-56の観測手簿は、4級基準点測量の例である。丸囲みの点検箇所の数値が許容範囲を超えていないかどうか確認することが重要である。

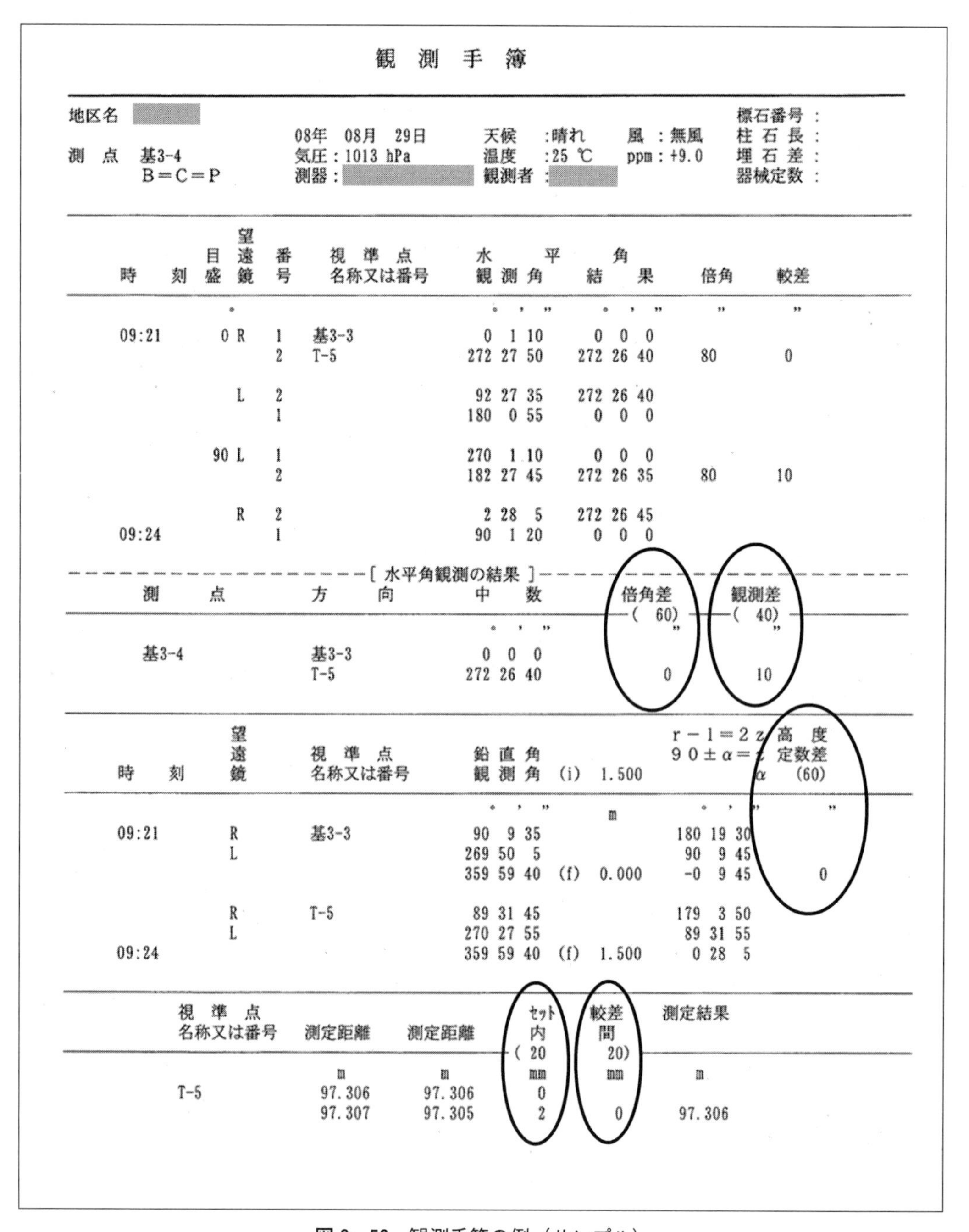

観 測 手 簿

地区名 　　　　　　　　　　　　　　　　　　　　　　　　　　　　標石番号 ：
08年　08月　29日　天候　:晴れ　風 ：無風　柱 石 長 ：
測 点　基3-4　気圧：1013 hPa　温度　:25 ℃　ppm：+9.0　埋 石 差 ：
B＝C＝P　測器：　観測者 ：　器械定数 ：

時刻	目盛	望遠鏡	番号	視準点 名称又は番号	水平角 観測角	結果	倍角	較差
	°				° ′ ″	° ′ ″	″	″
09:21	0	R	1	基3-3	0 1 10	0 0 0		
			2	T-5	272 27 50	272 26 40	80	0
		L	2		92 27 35	272 26 40		
			1		180 0 55	0 0 0		
	90	L	1		270 1 10	0 0 0		
			2		182 27 45	272 26 35	80	10
		R	2		2 28 5	272 26 45		
09:24			1		90 1 20	0 0 0		

[水平角観測の結果]

測点	方向	中数	倍角差（60）	観測差（40）
		° ′ ″	″	″
基3-4	基3-3	0 0 0		
	T-5	272 26 40	0	10

時刻	望遠鏡	視準点 名称又は番号	鉛直角 観測角	(i) 1.500	r－l＝2z 90±α＝z α	高度定数差 (60)
			° ′ ″	m	° ′ ″	″
09:21	R	基3-3	90 9 35		180 19 30	
	L		269 50 5		90 9 45	
			359 59 40	(f) 0.000	-0 9 45	0
	R	T-5	89 31 45		179 3 50	
	L		270 27 55		89 31 55	
09:24			359 59 40	(f) 1.500	0 28 5	

視準点 名称又は番号	測定距離	測定距離	較差 セット内（20）	較差 セット間 20）	測定結果
	m	m	mm	mm	m
T-5	97.306	97.306	0		
	97.307	97.305	2	0	97.306

図6－56　観測手簿の例（サンプル）

第7章
GNSS測量

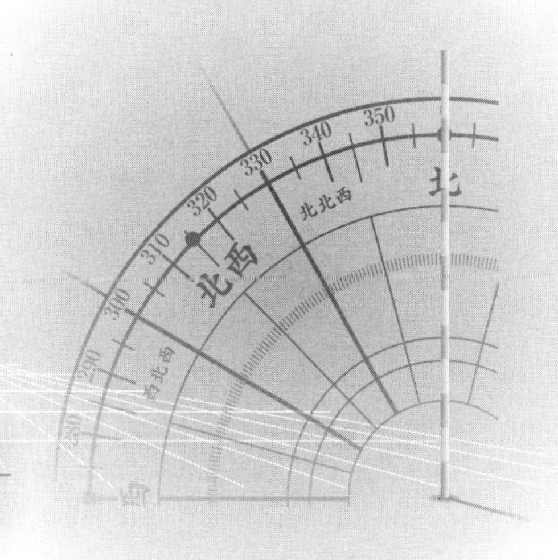

7-1　GNSS測量とは

GNSS（Global Navigation Satellite System；全地球航法衛星システム）について、「作業規程の準則」では以下のように説明されている。

「作業規程の準則」　抜粋7－1

第1節　要旨
（要旨）
第21条
4　GNSSとは、人工衛星からの信号を用いて位置を決定する衛星測位システムの総称をいい、GPS、準天頂衛星システム、GLONASS、Galileo等の衛星測位システムがある。GNSS測量においては、GPS、準天頂衛星システム及びGLONASSを適用する。なお、準天頂衛星は、GPS衛星と同等の衛星として扱うことができるものとし、これらの衛星をGPS・準天頂衛星と表記する。

衛星測位システムで利用できる衛星が増えてきており、国土地理院では平成25年（2013年）5月10日から、全国の電子基準点で観測したGPS衛星データに加え、準天頂衛星システム（日本）とGLONASS（ロシア）のデータ提供を開始した。

これにより、ネットワーク型RTK法での利用が可能となり、利用できる範囲の拡大と測位の安定性が向上するため、測量作業の効率化が可能となった。

トピックス／GNSS ← GPS

地球上すべての地域をカバーしているGPS衛星は、米国が運用しているものである。平成8年（1996年）に「GPSを直接課金することなく全世界に開放する」と発表したため、日本はこれまでGPS衛星の電波を利用してきている

しかし、GPS衛星の軌道は日本に特化したものではないため、測位に必要な数の衛星からの電波が障害物等により受信できない場合が発生していた。そこで、GPS衛星を補完・補強する目的で日本の準天頂衛星システムの開発が始まった

GNSS 測量を分類すると、以下のようになる。

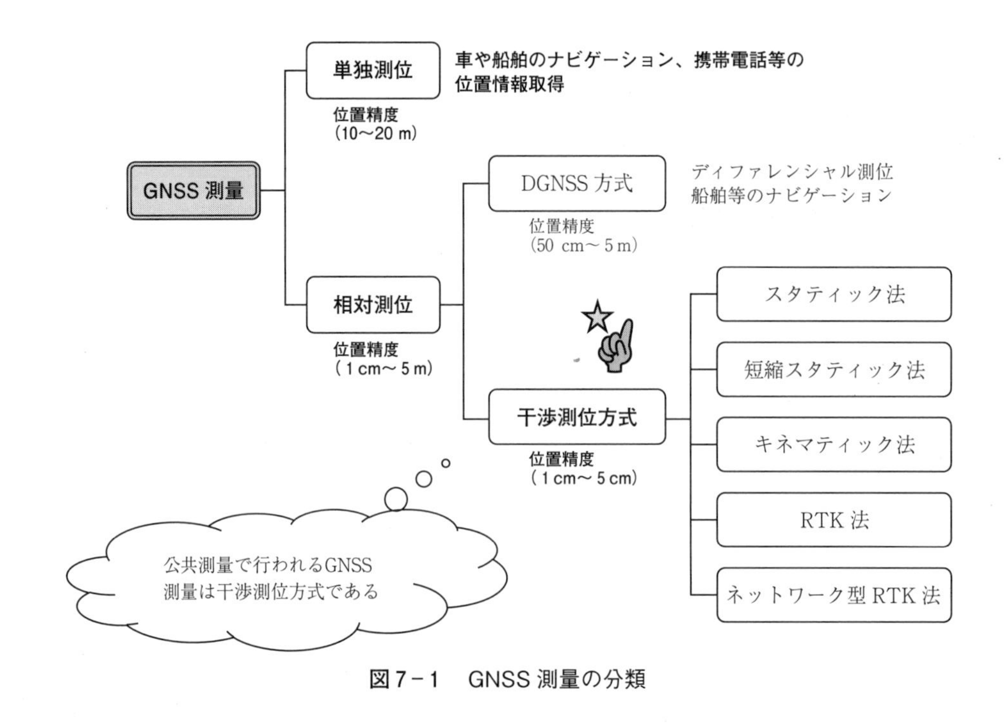

図 7－1　GNSS 測量の分類

7-2　GNSS の原理

GNSS とは、人工衛星から発信される電波信号を地上あるいは空間で受信することによって、その**位置情報（緯度、経度、高さ）**を**測位（位置を測ること）**するシステムのことである。

平成29年（2017年）の公共測量では、GPS 衛星、準天頂衛星および GLONASS 衛星の 3 衛星を利用する測位システムが示されている。以下では、なじみのある GPS 衛星の原理について説明する。

7-2-1　GPS 衛星

GPS 衛星の軌道は、赤道面を横切る軌道面を60°ごとにずらした 6 つの軌道面からなり、各軌道面には 4 つの衛星が配置され、6 軌道面24衛星によって地球上のいずれの位置からも最低 4 衛星以上の衛星電波を同時に受信できるようになっている。

GPS 衛星は地上の追跡センターから常に監視されており、非常に良い位置精度で宇宙空間内での三次元位置が求められる。そのデータ（航法データ）を追跡センターから GPS 衛星に送り、今度は地上の計測地点で受信する。GPS 衛星の位置が既知となっていることから、電波を受信すれば**後方交会法**の原理により、計測地点の位置座標を決定することができる。

GPS 衛星の緒元は**表 7－1**のとおりである。

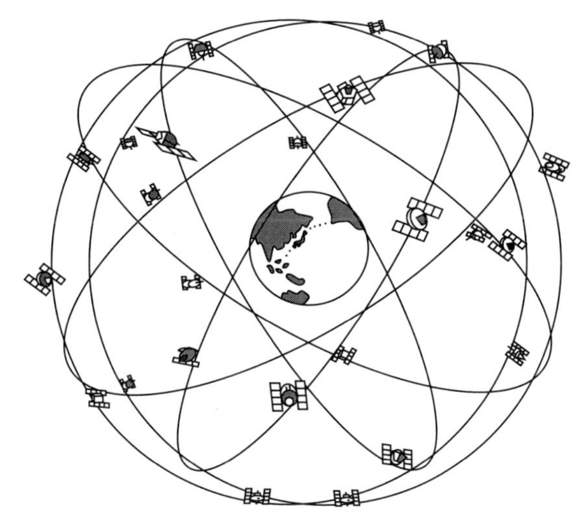

図7－2　GPS 衛星の軌道イメージ

表7－1　GPS 衛星の諸元

項　目	諸　元
サービス提供範囲	全世界
衛星数	24機体制（6軌道面×4機；予備機を含めると32機前後）
打上開始年	1978年（民間利用は1980年から）
軌道面	6軌道面
軌道高度	約20 000 km（参考：静止衛星は35 786km）
軌道形状	円軌道
軌道傾斜角	55度
周回周期	約11時間58分（0.5恒星日）
衛星寿命	平均7.3年
基準発振器	10.23 MHz（セシウム原子時計2台、ルビジウム原子時計2台）
目的	軍事用、民間一般用
運用主体	米国国防総省

GPS 衛星から発信される電波は、L1帯（L1 band）とL2帯（L2 band）の2種類の異なる周波数が使用されている。

発信されているのは単なる電波ではなく、デジタル符号化された信号コードが与えられている。この信号コードを送る電波を搬送波（career）という。

L1帯には、C/A コードとPコードの二種類があり、C/A コードには全衛星の航法メッセージが乗せられている。

表7－2　GPS 衛星の電波

搬送波（全衛星同一）	信号コード	情報	備考
L 1 帯 1 575.42 MHz ＝154×10.23 MHz	C/A コード P コード（Y コード）	航法メッセージ	一般に開放
L 2 帯 1 227.6 MHz ＝120×10.23 MHz	P コード（Y コード）	なし	原則軍事利用 （GPS 測量では使用可）

● 7-2-2　単独測位

単独測位は、1 台の GPS 受信機を用いて位置を求める方法で、C/A コードを利用して、1 秒ほどの観測時間で10～20 m ほどの位置精度で測位できる。フィールドワークやカー・ナビゲーションなどに広く利用されている。

単独測位の原理は、位置座標が既知である GPS 衛星から観測地点までの距離を用いて観測地点の位置座標を求める、いわゆる**後方交会法**である。

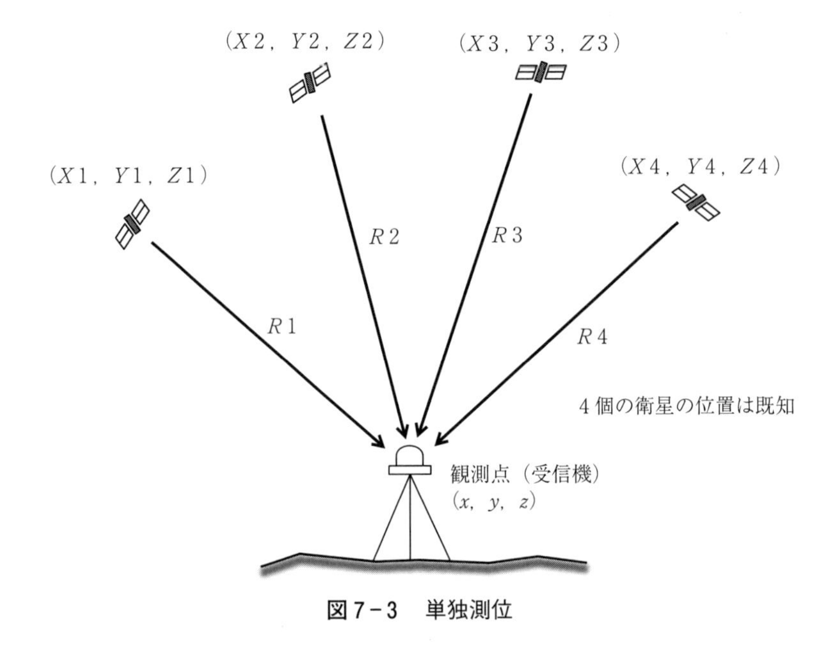

図7－3　単独測位

各 GPS 衛星の位置は既知であるから、$(X1,\ Y1,\ Z1)$、…$(X4,\ Y4,\ Z4)$ で表し、各 GPS 衛星から観測点（受信機）までの距離を $R1 \cdots R4$ とし、観測点 $(x,\ y,\ z)$ を求めると、

$$(X1-x)^2+(Y1-y)^2+(Z1-z)^2=(R1+C\Delta t)^2$$
$$(X2-x)^2+(Y2-y)^2+(Z2-z)^2=(R2+C\Delta t)^2$$

$$(X3-x)^2+(Y3-y)^2+(Z3-z)^2=(R3+C\Delta t)^2$$
$$(X4-x)^2+(Y4-y)^2+(Z4-z)^2=(R4+C\Delta t)^2$$

となる。ここで、C：光速度、Δt：受信機の時計誤差である。

未知数は「x, y, z, Δt」の4つとなることから、観測点の位置を求めるには、4つ以上の方程式が必要となる。つまり、4つ以上のGPS衛星電波が観測点で受信できなければいけないということである。

トピックス／GPSの時計

1．GPS衛星には、高精度の原子時計が搭載されているが、受信機にはそのような高精度の時計が搭載されていないため、時間の誤差が生じる
2．5つ以上の衛星電波を受信した場合、方程式を最小二乗法によって解く

● 7-2-3　干渉測位

干渉測位は、2台以上のGPS受信機を用いて位置を求める方法で、L1帯のC/AコードおよびPコードを利用する。長距離観測やRTK法等では、L1帯とL2帯を利用し、数cmほどの位置精度で測位できる。

干渉測位では、コード情報だけでなく、2台以上で同時受信する電波の位相差も利用している。同一衛星から送信される搬送波を既知点と未知点において同時観測し、光（電波）行路差を位相測定値から求めることで、2点間の基線ベクトルを求める。この解析原理は非常に複雑であるため本書ではこれらの原理は省略する。**図7－4**が基線ベクトルのイメージである。

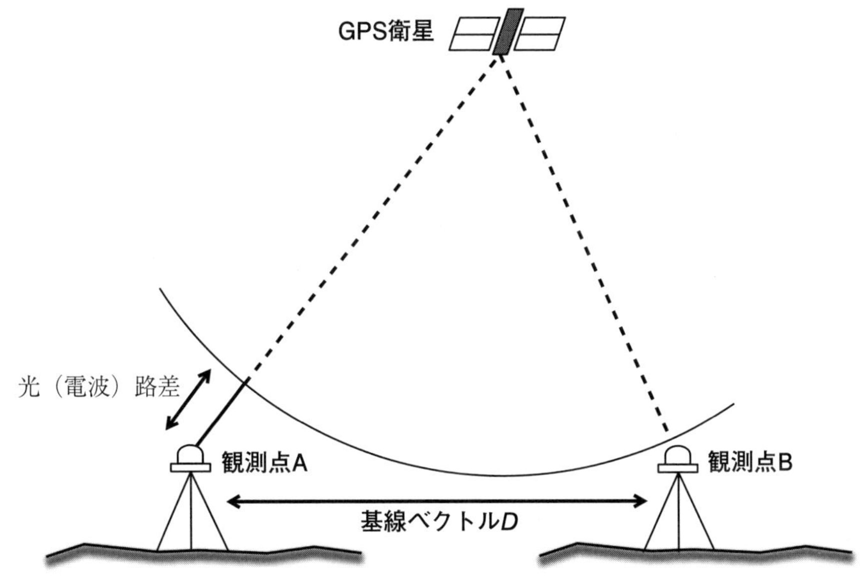

図7－4　干渉測位

2地点で観測した場合、既知点から未知点への基線ベクトルを求める。3地点で観測した場合、既知点から未知点1、既知点から未知点2、未知点1から未知点2と3つの基線ベクトルを求める。このようにして未知点の座標値を計算する。

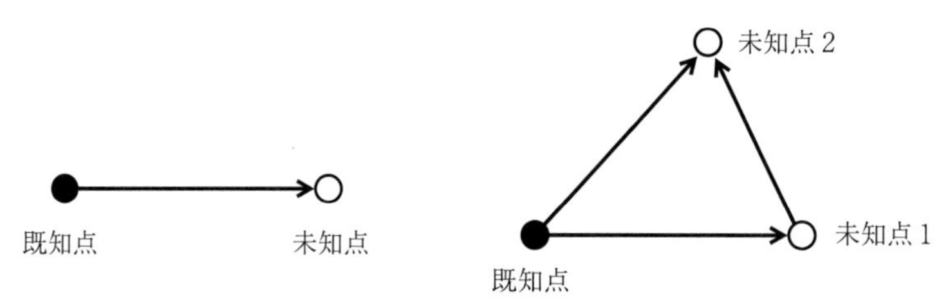

図7－5　基線ベクトル

トピックス／日本の準天頂衛星システムQZSS

日本の国産衛星である準天頂衛星システム（**QZSS**：Quasi-Zenith Satellite System）は、2010年9月にみちびき（QZS-1）が初号機として打ち上げられた

2017年度に3機の衛星が打ち上げられ、最終的には4機体制のシステム運用が決定している。QZSSの諸元は以下の通りである

表7－3　QZSSの諸元

項　目	諸　元
サービス提供範囲	日本を含むアジア・オセアニア
衛星数	2018年に4機体制、2023年に7機体制の予定
打上開始年	2010年
軌道	準天頂軌道（アジア・オセアニア上空）
軌道高度	約33 000 km～39 000 km
軌道周期	約23時間56分
衛星寿命	約10年
運用主体	内閣府

準天頂衛星システムの役割は、単独での利活用ではなく、「GPS衛星の補完」および「GPS衛星の補強」が目的である。「作業規程の準則　第21条第4項」では、準天頂衛星システムはGPSと同等のものとして扱うことができるとされている。

要点1

GPS衛星の**補完**：　利用可能衛星数が増えることによる利用可能エリアおよび時間の拡大
GPS衛星の**補強**：　測位精度の向上および測位信頼性の向上

要点2

GLONASSは、24機で運用されている（予備機を含めると28機）

7-3　GNSS測量の概要

GNSS測量の基準点測量方式については、第6章の基準点測量で説明した内容と一部を除いて同じであるので、第6章を参照されたい。

GNSS測量は、衛星電波を受信できないと観測ができない。また、約20 000 km上空の衛星から送られてくる電波を受信して数cmの誤差で位置を確定する技術であり、非常に高度な技術と理論によって確立された計測技術であることを理解する必要がある。また、一定の精度を確保しなければいけない公共測量では、「作業規程の準則」に規定されている条件と方法をよく理解することが必要である。

「作業規程の準則」において、基準点測量で用いられるGNSS測量の観測方法は、以下の5種類である。

（1）スタティック法
（2）短縮スタティック法
（3）キネマティック法
（4）RTK法
（5）ネットワーク型RTK法

（1）スタティック法

スタティック法とは、静的干渉測位法とも呼ばれ、複数の観測点にGNSS測量機を据え、同時に4機以上の同じGNSS衛星の電波をデータ取得間隔30秒以下、60分以上連続受信し、各観測点間の基線ベクトルを求める方法である。

この方法は、マルチパス（反射、屈折）や大気中の雑音電波等の影響を受ける観測データを長時間観測することで平均化され、高精度な観測結果を得ることが可能である。

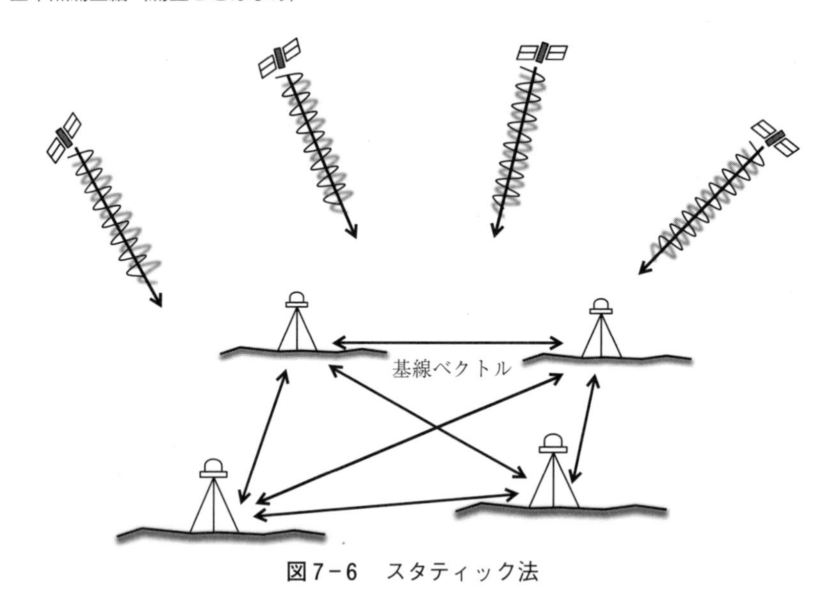

図7－6　スタティック法

（2）短縮スタティック法

短縮スタティック法は、スタティック法と同じ観測方法であるが、同時に受信する衛星数が5機以上およびデータ取得間隔15秒以下での観測を20分以上とする方法である。

（3）キネマティック法

キネマティック法とは、1台のGNSS測量機を固定局である既知点に据え、他の1台を移動用（移動局）として、複数の観測点に次々と移動しながら観測することで、固定局と移動局の基線ベクトルを求める方法である。5機以上の衛星のデータ取得間隔5秒以下で同時観測する。

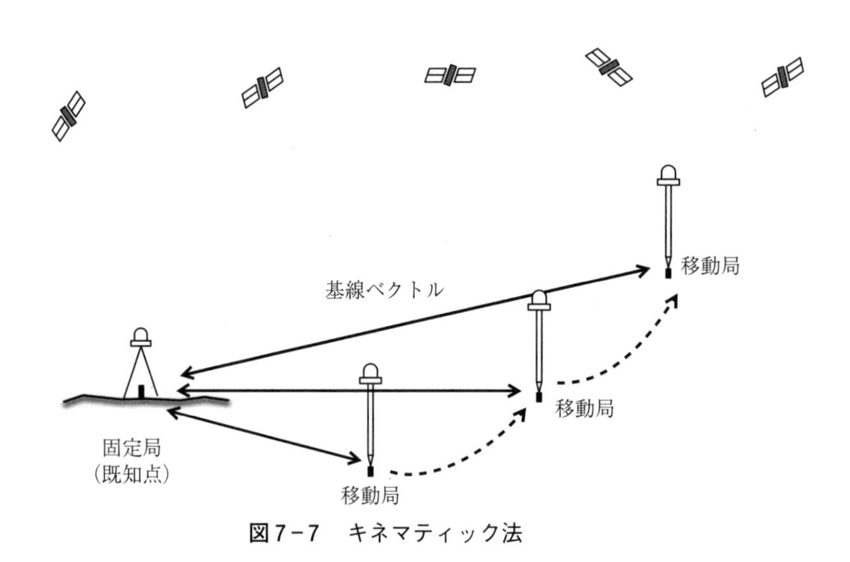

図7－7　キネマティック法

（4）RTK 法

RTK 法とは、「リアルタイム・キネマティック；Real Time Kinematic」の略称で、キネマティック法の測位計算をリアルタイム（実時間）で行う方法である。

１台の GNSS 測量機を固定局である既知点に据え、固定局の観測データを無線や携帯電話等によって移動用の GNSS 測量機（移動局）側に送信し、移動局側での観測データと合わせることで、２点間の基線ベクトルを同時に求め、移動局の座標値を求める。

５機以上の衛星の同時観測を行い、１観測のデータ取得間隔１秒で10秒間の観測時間で終了する。RTK 法による観測方法には以下の直接観測法と間接観測法とがある。

①　直接観測法

固定局１台、移動局１台の計２台の GNSS 測量機で観測を行う。最初の既知点である固定局での観測終了後、固定局を他の既知点に移動させ、再度、移動局での観測を行う。

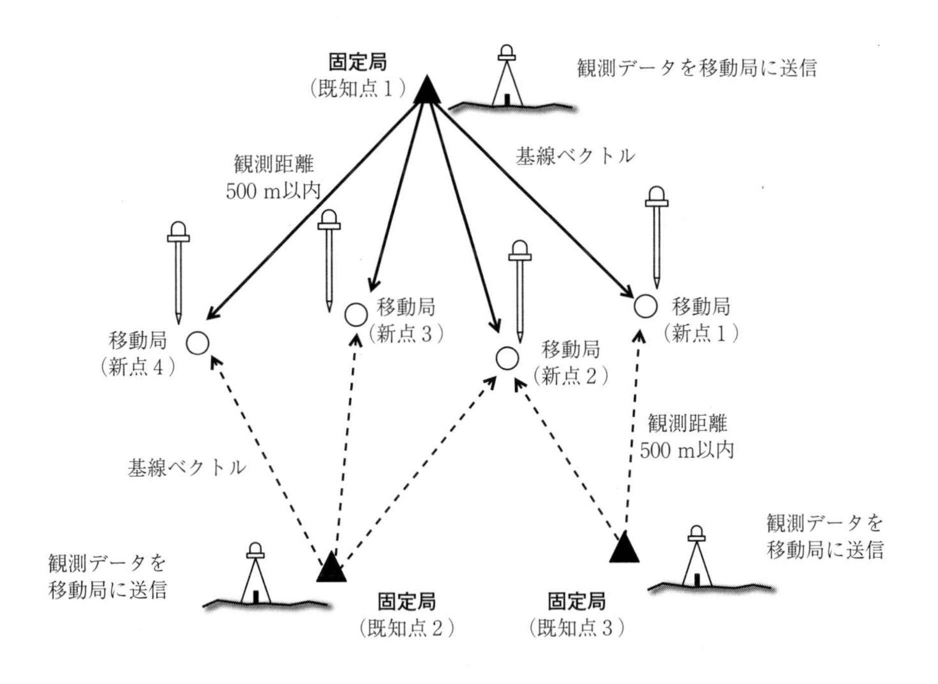

図７－８　RTK 法（直接観測法）

②　間接観測法

固定局と２箇所の移動局にて同時観測を行い、得られる２つの基線ベクトル（固定局と移動局１の基線ベクトルおよび固定局と移動局２の基線ベクトル）から移動局間の基線ベクトルを間接的に求める方法である。なお、固定局には電子基準点を使用できる。

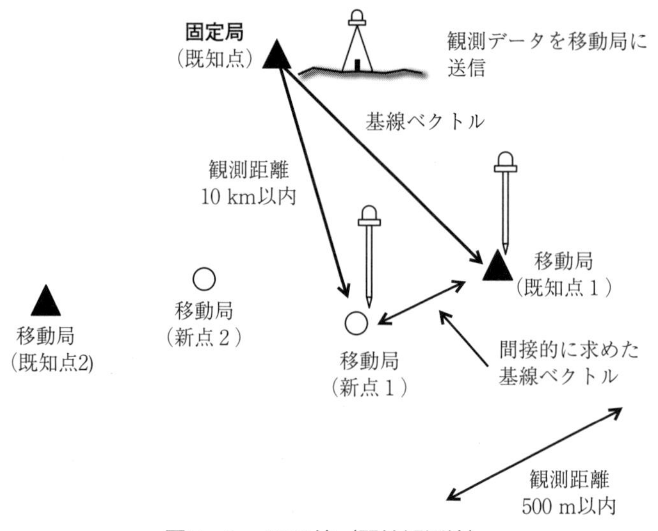

図７−９　RTK 法（間接観測法）

（５）ネットワーク型 RTK 法

ネットワーク型 RTK 法とは、移動局で観測したデータを携帯電話等の通信装置を使用して配信事業者に送信し、配信事業者にてその観測データと観測点近傍の３点以上の電子基準点をもとに、補正データまたは面補正パラメータを算出し、移動局に送信する方法である。移動局側において瞬時に基線解析を行い、位置座標を求めることができる。ネットワーク型 RTK 法には、VRS 方式と FKP 方式がある。

①　VRS 方式

VRS とは、“**V**irtual **R**eference **S**tation”（仮想基準点）の略称である。配信事業者が移動局側から送られてきた観測データと観測点近傍の電子基準点観測データをもとに、移動局付近に仮想基準点（位置座標を持った仮想の点）を作成する。移動局側でこの仮想基準点の観測データと補正情報を受け取り、観測点での観測データとで基線解析を行い、瞬時に観測点の位置座標を算出する方法である。

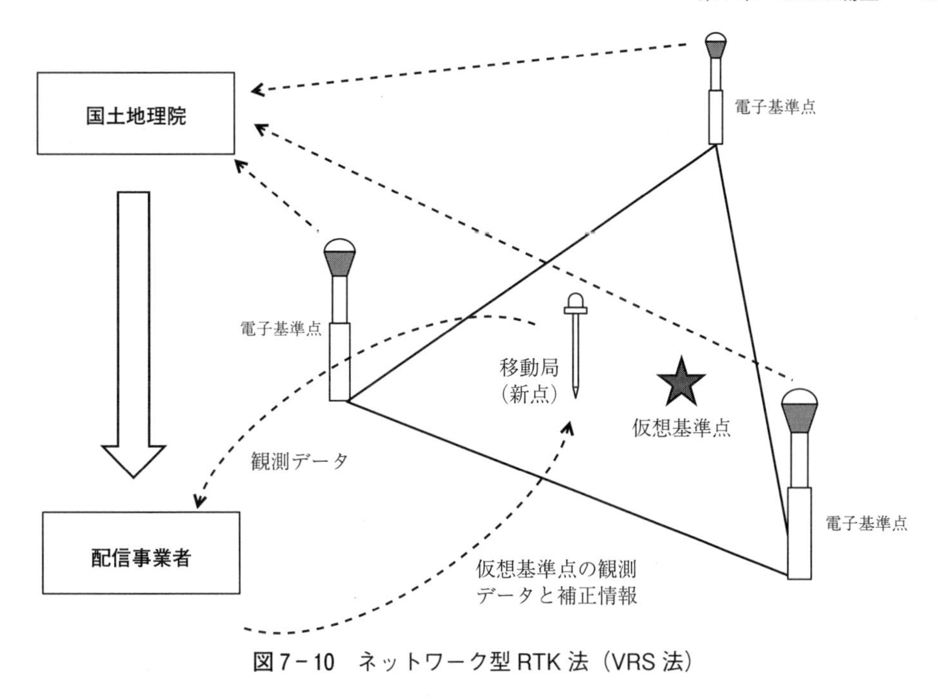

図7－10　ネットワーク型 RTK 法（VRS 法）

②　FKP 方式

FKP とは、“**F**lachen **K**orrektur **P**arameter”（面補正パラメータ）の略称である。配信事業者が移動局側から送られてきた観測データと観測点近傍の電子基準点観測データをもとに、移動局周辺の面補正パラメータを作成する。移動局側でこの面補正パラメータを受け取り、観測点での観測データとで瞬時に観測点での誤差補正量を求め、観測点の誤差量を補正することで位置座標を算出する方法である。

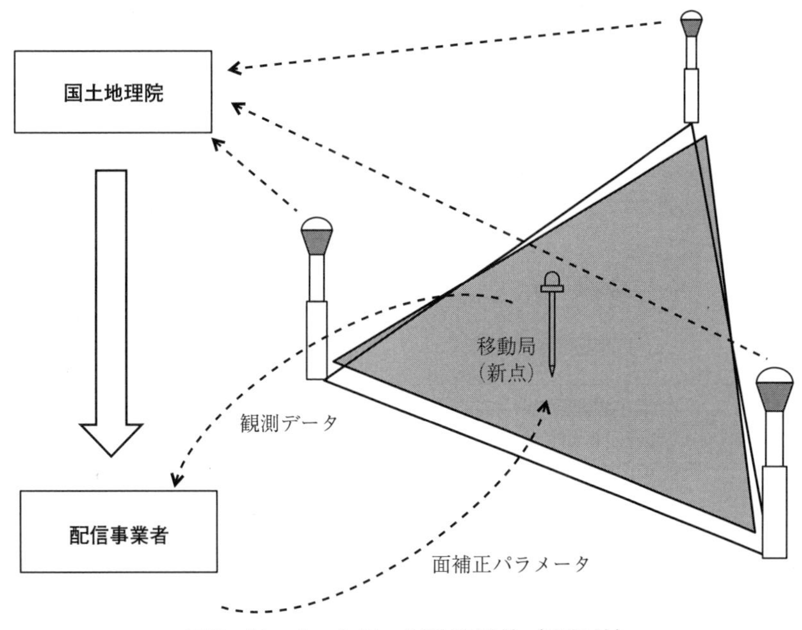

図7－11　ネットワーク型 RTK 法（FKP 法）

ネットワーク型 RTK 法は、GNSS 測量機１台に携帯電話等の通信装置を取り付けるだけで単独作業が可能であり、データ取得間隔１秒、10秒間観測によって数 cm の精度で測位ができる。作業効率が非常に高く、様々な応用分野への利用も可能である。今後、ネットワーク型 RTK 法の利活用は拡大するものと思われる。

トピックス／電子基準点

電子基準点とは、全国約1,300ヶ所に設置された GNSS 連続観測点のことである。365日24時間 GNSS 衛星電波を１秒間隔で受信している

全国の電子基準点の観測データは、常時電話回線を通じて国土地理院（茨城県つくば市）に集められており、地殻変動の監視や各種測量の基準点として利用されている

観測データは、国土地理院のホームページから入手することが可能であり、また、リアルタイムデータは、電子基準点データ配信業者から利用可能である

当初の電子基準点配信データは、GPS 衛星電波のみであったが、平成25年（2013年）から準天頂衛星システム（日本）および GLONASS 衛星（ロシア）のデータが利用可能となり、平成27年（2015年）に「**電子基準点のみを既知点とした基準点測量マニュアル**」が整備されたことにより、Galileo 衛星（EU）のデータも利用可能となった

トピックス

平成17年（2005年）6月　国土交通省国土地理院より出された「ネットワーク型RTK-GPS を利用する公共測量作業マニュアル（案）」の参考資料として、「ネットワーク型 RTK-GPS 測量の概要」が載っている。そこに“VRS 方式と FKP 方式の概念と観測及び計算の流れ”の図が掲載されており、参考として以下に掲載する

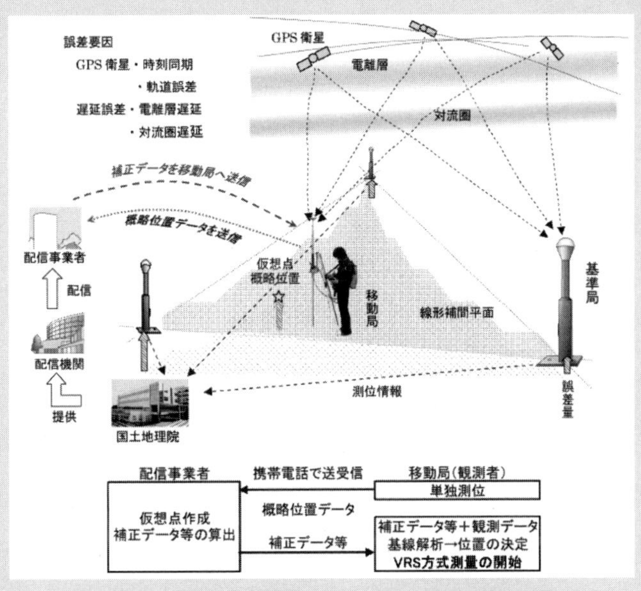

図7－12　公共測量作業マニュアル（案）（VRS 法）

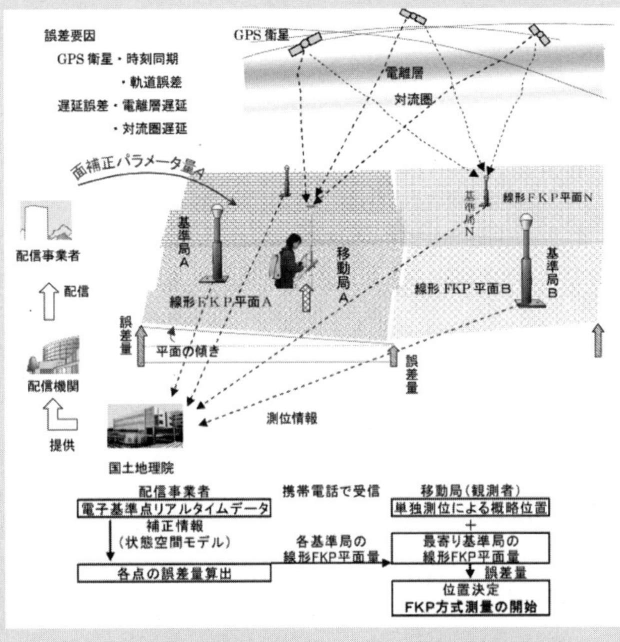

図7－13　公共測量作業マニュアル（案）（FKP 法）

7-4　作業規程の準則を読み解く

ここでは、作業の基本である「作業規程の準則」の説明を行い、理解を深める。

「作業規程の準則」　抜粋 7－2

（観測の実施）　第37条

二　GNSS 観測は、次により行うものとする。

イ　観測距離が10キロメートル以上の観測は、1級 GNSS 測量機により2周波で行う。ただし、2級 GNSS 測量機を使用する場合には、観測距離を10キロメートル未満になるよう節点を設け行うことができる。

ロ　観測距離が10キロメートル未満の観測は、2級以上の性能を有する GNSS 測量機により1周波で行う。ただし、1級 GNSS 測量機による場合は2周波で行うことができる。

ハ　GNSS 観測の方法は、次表を標準とする。

観測方法	観測時間	データ取得間隔	摘要
スタティック法	120分以上	30秒以下	1～2級基準点測量（10 km 以上）
	60分以上	30秒以下	1～2級基準点測量（10 km 未満） 3～4級基準点測量
短縮スタティック法	20分以上	15秒以下	3～4級基準点測量
キネマティック法	10秒以上※1	5秒以下	3～4級基準点測量
RTK法	10秒以上※2	1秒	3～4級基準点測量
ネットワーク型RTK法※3	10秒以上※2	1秒	3～4級基準点測量
備考	※1　10エポック以上のデータが取得できる時間とする。 ※2　FIX 解を得てから10エポック以上のデータが取得できる時間とする。 ※3　後処理で解析を行う場合も含めるものとする。		

ニ　観測方法による使用衛星数は、次表を標準とする。

観測方法 ＼ GNSS 衛星の組合せ	スタティック法	短縮スタティック法 キネマティック法 RTK 法 ネットワーク型 RTK 法
GPS・準天頂衛星	4衛星以上	5衛星以上
GPS・準天頂衛星 及び GLONASS 衛星	5衛星以上	6衛星以上
摘要	①GLONASS 衛星を用いて観測する場合は、GPS・準天頂衛星及び GLONASS 衛星を、それぞれ2衛星以上を用いること。 ②スタティック法による10 km 以上の観測では、GPS・準天頂衛星を用いて観測する場合は5衛星以上とし、GPS・準天頂衛星及び GLONASS 衛星を用いて観測する場合は6衛星以上とする。	

(1) 観測距離が10 kmを超える場合

平成25年（2013年）4月26日から適用された、衛星測位を活用した測量業務の効率化の実現のための「スマート・サーベイ・プロジェクト」がある。2級基準点測量においても、電子基準点のみを既知点とし使用できるようになった。そのため、観測距離が10 kmを超える可能性のある基準点区分は、電子基準点のみを既知点として使用できる1級および2級基準点測量となった。

観測距離が10 kmを超える場合、2周波受信機である1級GNSS測量機を使用して、データ取得間隔30秒以内、120分以上の観測を行う必要がある。10 km以上離れた点間で同時観測を行った場合、上空の電離層や対流圏の状況が異なるため、GNSS衛星から発信されている電波信号の伝播遅延差が大きくなり、通常の観測（1周波受信機で60分以上）では誤差が大きくなる。

この誤差を最小限に抑えるため、2周波受信機による120分以上の観測を行う必要がある。観測距離を10 km以内に収める方法として、点間に節点を設け、観測距離を10 km未満とすることで、通常の観測（1周波受信機で60分以上）を行うことが可能である。

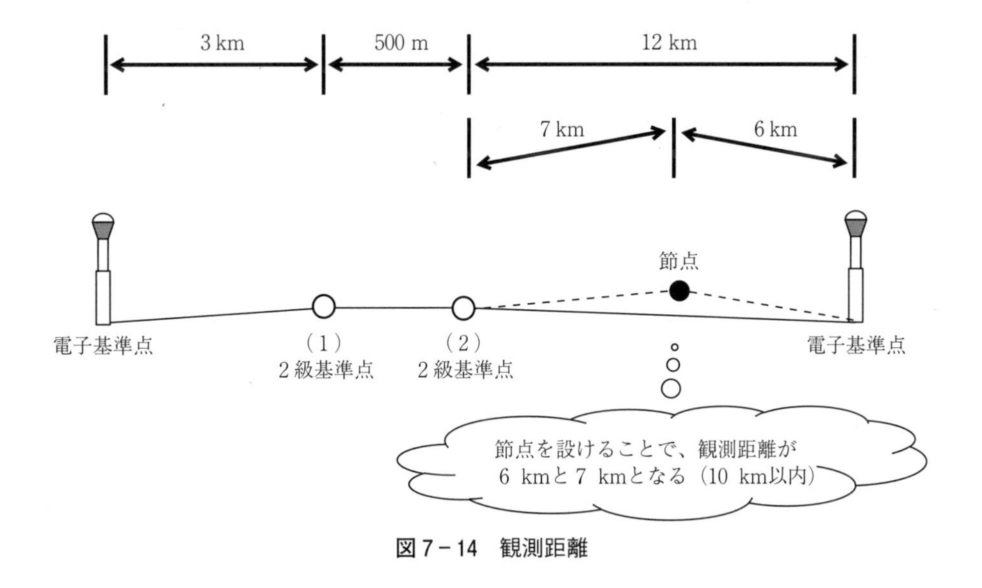

図7－14　観測距離

(2) エポック

エポックとは、干渉測位で衛星電波を受信することである。衛星からの電波を1回受信することを1エポックとしている。3、4級基準点測量でのネットワーク型RTK法では、データ取得間隔が1秒であるから、10エポックは10秒となる。

(3) 使用するGNSS衛星数

GPS衛星と他の衛星を組み合わせて観測を行うときには、組み合わせに注意する必要がある。ただし、準天頂衛星は、GPS衛星として利用することができる。電子基準点で観測した準天頂衛星およびGLONASSのデータ提供は、平成25年（2013年）5月10日から開始された。

「作業規程の準則」 抜粋７－３

（観測の実施）　第37条

ホ　アンテナ高は、ミリメートル位まで測定するものとする。

ヘ　標高の取付観測において、距離が500メートル以下の場合は、楕円体高の差を高低差として使用できる。

ト　GNSS 衛星の作動状態、飛来情報等を考慮し、片寄った配置の使用は避けるものとする。

チ　GNSS 衛星の最低高度角は15度を標準とする。

リ　スタティック法及び短縮スタティック法については、次のとおり行うものとする。

（１）スタティック法は、複数の観測点に GNSS 測量機を整置して、同時に GNSS 衛星からの信号を受信し、それに基づく基線解析により、観測点間の基線ベクトルを求める観測方法である。

（２）短縮スタティック法は、複数の観測点に GNSS 測量機を整置して、同時に GNSS 衛星からの信号を受信し、観測時間を短縮するため、基線解析において衛星の組合せを多数作るなどの処理を行い、観測点間の基線ベクトルを求める観測方法である。

（３）観測図の作成は、同時に複数の GNSS 測量機を用いて行う観測（以下「セッション」という。）計画を記入するものとする。

（４）電子基準点のみを既知点とする場合以外の観測は、既知点及び新点を結合する多角路線が閉じた多角形となるように形成させ、次のいずれかにより行うものとする。

（ｉ）異なるセッションの組み合わせによる点検のための多角形を形成し、観測を行う。

（ii）異なるセッションによる点検のため、１辺以上の重複観測を行う。

（５）電子基準点のみを既知点とする場合の観測は、使用する全ての電子基準点で他の１つ以上の電子基準点と結合する路線を形成させ、行うものとする。電子基準点間の結合の点検路線に含まれないセッションについては（4）の（ｉ）又は（ii）によるものとする。

（６）スタティック法及び短縮スタティック法におけるアンテナ高の測定は、GNSS アンテナ底面までとする。なお、アンテナ高は標識上面から GNSS アンテナ底面までの距離を垂直に測定することを標準とする。

（４）アンテナ高

アンテナ高の測定は、アンテナ底面高とする。アンテナ底面高は、各メーカーの GNSS 測量機アンテナ高測定位置から各機種によって定められているアンテナ定数で補正することで求められる。測定値はミリメートルである。

(5) 最低高度角

GNSS 衛星の最低高度角は15度以上を標準としている。これは、アンテナの中心から高度角15度以下の衛星電波は使用しないということを意味している。低高度角の衛星電波を受信すると、大気遅延やマルチパス（障害物等による電波の乱反射）による影響が大きいため、測位精度が落ちる場合がある。なお、最低高度角は GNSS 測量機またはシステムで設定できる。

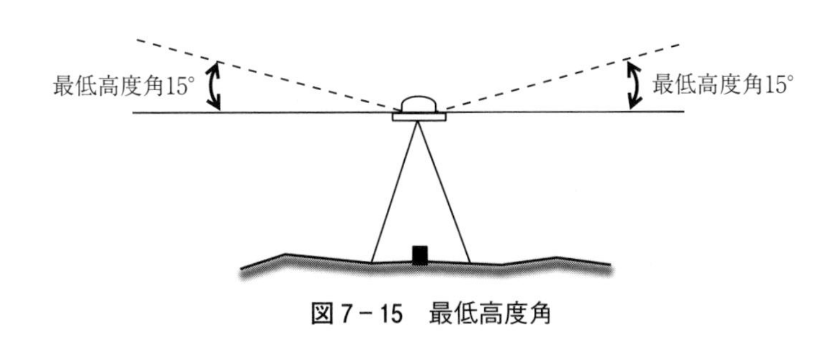

図7－15　最低高度角

(6) 多角路線の点検

多角路線の点検は、下記のいずれかで行うことになっている。

①異なるセッションの組み合わせによる点検のための多角形を形成する。

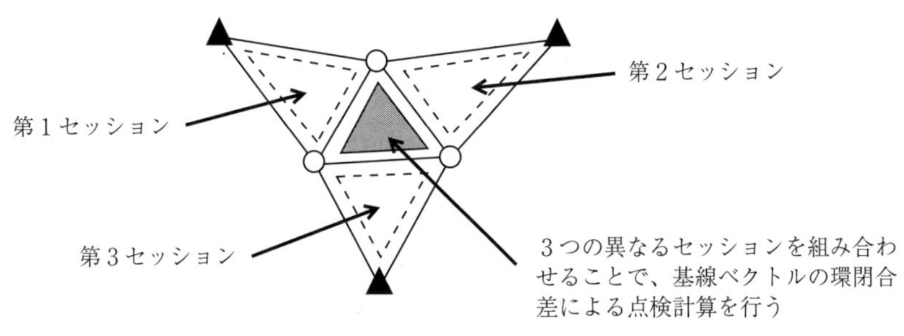

図7－16　環閉合差による点検

②異なるセッションによる点検のため、１辺以上の重複観測を行う。

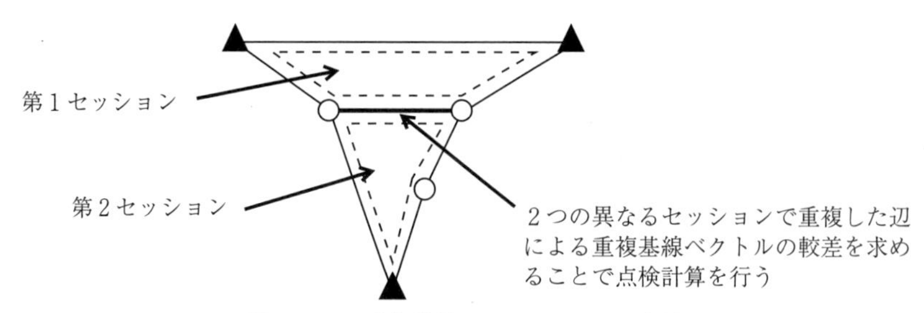

図７－17　重複基線ベクトルによる点検

「作業規程の準則」　抜粋７－４

（観測の実施）　第37条

ヌ　キネマティック法は、基準となるGNSS測量機を整置する観測点（以下「固定局」という。）及び移動する観測点（以下「移動局」という。）で、同時にGNSS衛星からの信号を受信して初期化（整数値バイアスの決定）などに必要な観測を行う。その後、移動局を複数の観測点に次々と移動して観測を行い、それに基づき固定局と移動局の間の基線ベクトルを求める観測方法である。なお、初期化及び基線解析は、観測終了後に行う。

ル　RTK法は、固定局及び移動局で同時にGNSS衛星からの信号を受信し、固定局で取得した信号を、無線装置等を用いて移動局に転送し、移動局側において即時に基線解析を行うことで、固定局と移動局の間の基線ベクトルを求める。その後、移動局を複数の観測点に次々と移動して、固定局と移動局の間の基線ベクトルを即時に求める観測方法である。なお、基線ベクトルを求める方法は、直接観測法又は間接観測法による。

（１）直接観測法は、固定局及び移動局で同時にGNSS衛星からの信号を受信し、基線解析により固定局と移動局の間の基線ベクトルを求める観測方法である。直接観測法による観測距離は、500メートル以内を標準とする。

（２）間接観測法は、固定局及び２か所以上の移動局で同時にGNSS衛星からの信号を受信し、基線解析により得られた２つの基線ベクトルの差を用いて移動局間の基線ベクトルを求める観測方法である。間接観測法による固定局と移動局の間の距離は10キロメートル以内とし、間接的に求める移動局間の距離は500メートル以内を標準とする。

キネマティック法は、固定局と移動局で同時にGNSS衛星の電波を受信し、アンテナ・スワッピング法や既知点法により、初期化（整数値バイアスの決定）を行う必要がある。

十分なデータ（短縮スタティックができる状態）を受信してから、移動局を順次移動させながら観測し、基線解析は観測終了後に行う。必要なGNSS衛星は５衛星以上である。

キネマティック法の欠点として、
①観測開始時の初期化に時間が掛かること、リアルタイムの結果が分からないこと
② GNSS衛星数が5未満となった時や障害物等による受信障害が発生したときには再度初期化を行う必要があること
などがある。

これらの欠点を補うのがRTK法である。RTK法は、固定局から無線や携帯電話等により補正観測データを移動局に送信し、移動局側ではそのデータと観測データとで2点間の基線ベクトルの計算処理を行い、リアルタイムに観測点の座標値を計算する方法である。リアルタイムで観測結果が分かり、初期化も必要時にその場所で行うことが可能で、作業効率が非常に良くなる。

キネマティック法、RTK法とも固定局を移動させて、新点2セットの観測を行う。

「作業規程の準則」　抜粋7－5

（観測の実施）　第37条

ヲ　ネットワーク型RTK法は、配信事業者（国土地理院の電子基準点網の観測データ配信を受けている者、又は3点以上の電子基準点を基に、測量に利用できる形式でデータを配信している者をいう。以下同じ。）で算出された補正データ等又は面補正パラメータを、携帯電話等の通信回線を介して移動局で受信すると同時に、移動局でGNSS衛星からの信号を受信し、移動局側において即時に解析処理を行って位置を求める。その後、複数の観測点に次々と移動して移動局の位置を即時に求める観測方法である。

観測終了後に配信事業者から補正データ等又は面補正パラメータを取得することで、後処理により解析処理を行うことができるものとする。なお、基線ベクトルを求める方法は、直接観測法又は間接観測法による。

（1）直接観測法は、配信事業者で算出された移動局近傍の任意地点の補正データ等と移動局の観測データを用いて、基線解析により基線ベクトルを求める観測方法である。

（2）間接観測法は、次の方式により基線ベクトルを求める観測方法である。

（i）2台同時観測方式による間接観測法は、2か所の移動局で同時観測を行い、得られたそれぞれの三次元直交座標の差から移動局間の基線ベクトルを求める。

（ii）1台準同時観測方式による間接観測法は、移動局で得られた三次元直交座標とその後、速やかに移動局を他の観測点に移動して観測を行い、得られたそれぞれの三次元直交座標の差から移動局間の基線ベクトルを求める。なお、観測は、速やかに行うとともに、必ず往復観測（同方向の観測も可）を行い、重複による基線ベクトルの点検を実施する。

ネットワーク型RTK法の最大の魅力は、1台のGNSS測量機で作業が可能であるということである。配信事業者との契約と携帯電話等の通信装置の準備が必要ではあるが、一

人で基準点測量を行えることから、作業効率の向上が可能である。

ネットワーク型RTK法は、10秒間の観測で瞬時に観測点の座標を得ることが可能であるが、既知点の数と路線図形が「作業規程の準則　第23条」（抜粋６－６）に合致するように計画する必要がある。

トピックス

既知点数：　結合多角方式の場合は３点以上、単路線方式の場合は２点

路線図形：　隣接既知点を結ぶ直線から外側50°以下、路線の中の角度は60°以上とする（ただし、地形の状況によりやむをえないときは、この限りではない）

「作業規程の準則」　抜粋７－６

（観測の実施）　第37条

三　測標水準測量は、次のいずれかの方式により行うものとする。

イ　直接水準測量は、４級水準測量に準じて行うものとする。

ロ　間接水準測量は、次のとおり行うものとする。

（１）器械高、反射鏡高及び目標高は、ミリメートル位まで測定するものとする。

（２）間接水準測量区間の一端に２つの固定点を設け、鉛直角観測及び距離測定を行うものとする。

（３）間接水準測量における環の閉合差の許容範囲は、３センチメートルに観測距離（キロメートル単位とする。）を乗じたものとする。ただし、観測距離が１キロメートル未満における許容範囲は３センチメートルとする。

（４）鉛直角観測及び距離測定は、距離が500メートル以上のときは１級基準点測量、距離が500メートル未満のときは２級基準点測量に準じて行うものとする。ただし、鉛直角観測は３対回とし、できるだけ正方向及び反方向の同時観測を行うものとする。

（５）間接水準測量区間の距離は、２キロメートル以下とする。

「**測標水準測量**」（Leveling from a BM to triangulation point with unknown elevation）は、本来、新設の三角点の標高を周囲の水準点から直接水準測量によって求める測量である。

「作業規程の準則」においては、新点の標高を付近の水準点から求める作業であり、レベルを使用した直接水準測量による方法とトータルステーションを使用した間接水準測量による方法がある。

平地に設置された基準点には直接水準測量、山地や屋上等に設置された基準点には間接水準測量が行われる。水準測量は、トータルステーションによる基準点測量とGNSS測量機による基準点測量の両方とも方法および較差許容範囲は同じである。

実際は、新点の標高は既知点（三角点等）の標高を基準として計算するため、測標水準測量を行うことはほとんどない。

「作業規程の準則」　抜粋7－7

（計算の方法等）　第41条

4　GNSS観測における基線解析では、次の各号により実施することを標準とする。

一　計算結果の表示単位等は、次表のとおりとする。

区分 / 項目	基線ベクトル成分
単　位	m
位	0.001

二　GNSS衛星の軌道情報は、放送暦を標準とする。

三　スタティック法及び短縮スタティック法による基線解析では、原則としてPCV補正を行うものとする。

四　気象要素の補正は、基線解析ソフトウェアで採用している標準大気によるものとする。

五　基線解析は、基線長が10キロメートル以上の場合は2周波で行うものとし、基線長が10キロメートル未満の場合は1周波又は2周波で行うものとする。

六　基線解析の固定点の経度と緯度は、成果表の値（以下「元期座標」という。）又は国土地理院が提供する地殻変動補正パラメータを使用してセミ・ダイナミック補正を行った値（以下「今期座標」という。）とする。なお、セミ・ダイナミック補正に使用する地殻変動補正パラメータは、測量の実施時期に対応したものを使用するものとする。以後の基線解析は、固定点の経度と緯度を用いて求められた経度と緯度を順次入力するものとする。

七　基線解析の固定点の楕円体高は、成果表の標高とジオイド高から求めた値とし、元期座標又は今期座標とする。ただし、固定点が電子基準点の場合は、成果表の楕円体高（元期座標）又は今期座標とする。以後の基線解析は、固定点の楕円体高を用いて求められた楕円体高を順次入力するものとする。

八　基線解析に使用するGNSS測量機の高度角は、観測時に設定した受信高度角とする。

（7）放送歴

放送歴とは、GNSS測量の測位計算において必要となるGNSS衛星の位置を表す軌道情報のことである。

軌道情報には、「放送歴、概略歴、精密歴」がある。放送歴は2時間ごとに更新されており、軌道精度は1～2mである。概略歴の軌道精度は数kmである。精密歴の軌道精度は5～20cmと高精度であるが、後処理で作成されるため、観測時に使用できない。

（８）PCV 補正

PCV（**P**hase **C**enter **V**ariation；位相中心変動）とは、衛星電波の GNSS 測量機アンテナへの電波入射角によって、アンテナの受信位置が変化することである。

異なる GNSS 測量機を組み合わせて観測を行った場合、位相中心の違いによる誤差が発生する。そこで、高度角５度ごとに位相中心のずれ量を補正することが PCV 補正である。各 GNSS 測量機で PCV 補正量が決められているので、PCV 補正量を用いて基線解析を行うことによって誤差を消去できる。PCV 補正を行うにはアンテナ底面高を使用する。

（９）気象補正

GNSS 衛星からの電波は、「温度、湿度、気圧」による影響を受けて電波の速度が変化するが、解析計算の過程においてこの影響が相殺されるため、実際の作業では気象観測は不要である。システム上で標準的な気象状態の値を用いて気象補正が行われている。

(10) 基線長

「作業規程の準則」では、10 km を超える観測は電子基準点を既知点として使用した観測のみが示されている。10 km を超える観測では、１級 GNSS 測量機（２周波）を使用し、120分以上の観測を行う。ただし、節点を設けることで基線長を10 km 以内としたときは、２級 GNSS 測量機（１周波）を使用し、60分以上の観測でよい。

(11) 使用する高さ

GNSS 測量で得る、または使用する高さは、楕円体高である。そのため、固定点である既知点には、「緯度、経度、楕円体高」を使用する。ただし、使用するシステムによっては、標高を入力すればジオイドモデルから楕円体高に自動変換されるものがある。

(12) 受信高度角

「作業規程の準則　第37条」（抜粋７－３）に述べられているように、最低高度角は15°を標準としている。

「作業規程の準則」　抜粋７－８

（点検計算及び再測）　第42条

二　GNSS 観測

イ　電子基準点のみを既知点とする場合以外の観測

（１）観測値の点検は、全てのセッションについて、次のいずれかの方法により行うものとする。

（ｉ）異なるセッションの組み合わせによる最少辺数の多角形を選定し、基線ベクトルの環閉合差を計算する。

（ii）異なるセッションで重複する基線ベクトルの較差を比較点検する。

（2）点検計算の許容範囲は、次表を標準とする。

環閉合差及び重複する基線ベクトルの較差の許容範囲

区分		許容範囲	備考
基線ベクトルの環閉合差	水平（Δ*N*、Δ*E*）	$20\,mm\sqrt{N}$	N：辺数 Δ*N*：水平面の南北成分の閉合差又は較差 Δ*E*：水平面の東西成分の閉合差又は較差 Δ*U*：高さ成分の閉合差又は較差
	高さ（Δ*U*）	$30\,mm\sqrt{N}$	
重複する基線ベクトルの較差	水平（Δ*N*、Δ*E*）	20 mm	
	高さ（Δ*U*）	30 mm	

ロ　電子基準点のみを既知点とする場合の観測

（1）点検計算に使用する既知点の経度と緯度及び楕円体高は、今期座標とする。

（2）観測値の点検は、次の方法により行うものとする。

（i）電子基準点間の結合の計算は、最少辺数の路線について行う。ただし、辺数が同じ場合は路線長が最短のものについて行う。

（ii）全ての電子基準点は、1つ以上の点検路線で結合させるものとする。

（iii）結合の計算に含まれないセッションについては、イ（1）の（i）又は（ii）によるものとする。

（3）点検計算の許容範囲は、次表を標準とする。

（i）電子基準点間の閉合差の許容範囲

区分		許容範囲	備考
結合多角又は単路線	水平（Δ*N*、Δ*E*）	$60\,mm+20\,mm\sqrt{N}$	N：辺数 Δ*N*：水平面の南北成分の閉合差 Δ*E*：水平面の東西成分の閉合差 Δ*U*：高さ成分の閉合差
	高さ（Δ*U*）	$150\,mm+30\,mm\sqrt{N}$	

（ii）環閉合差及び重複する基線ベクトルの較差の許容範囲は、イ（2）の規定を準用する。

観測値の点検は必ず行い、観測値の良否を判断する必要がある。許容範囲を超えた場合には、必ず再測を行う。

異なるセッションによる環閉合や重複する基線ベクトルについては、**図7-16**および**図7-17**を参照されたい。

「作業規程の準則」　抜粋7－9

（平均計算）

第43条　平均計算は、次により行うものとする。

2　既知点1点を固定するGNSS測量機による場合の仮定三次元網平均計算は、閉じた多角形を形成させ、次の各号により行うものとする。ただし、電子基準点のみを既知点とする場合は除く。

一　仮定三次元網平均計算において、使用する既知点の経度と緯度は元期座標とし、楕円体高は成果表の標高とジオイド高から求めた値とする。ただし、電子基準点の楕円体高は、成果表の楕円体高とする。

二　仮定三次元網平均計算の重量（P）は、次のいずれかの分散・共分散行列の逆行列を用いるものとする。

イ　基線解析により求められた分散・共分散の値

ただし、すべての基線の解析手法、解析時間が同じ場合に限る。

ロ　水平及び高さの分散の固定値

ただし、分散の固定値は、$dN = (0.004m)^2$ $dE = (0.004m)^2$ $dU = (0.007m)^2$ とする。

三　仮定三次元網平均計算による許容範囲は、次のいずれかによるものとする。

イ 基線ベクトルの各成分による許容範囲は、次表を標準とする。

項目＼区分	1級基準点測量	2級基準点測量	3級基準点測量	4級基準点測量
基線ベクトルの各成分の残差	20 mm	20 mm	20 mm	20 mm
水平位置の閉合差	$\Delta s = 100\,mm + 40\,mm\sqrt{N}$ Δs：既知点の成果値と仮定三次元網平均計算結果から求めた距離 N：既知点までの最少辺数（辺数が同じ場合は路線長の最短のもの）			
標高の閉合差	$250\,mm + 45\,mm\sqrt{N}$ を標準とする　　N：辺数			

ロ　方位角、斜距離、楕円体比高による場合の許容範囲は、次表を標準とする。

項目＼区分	1級基準点測量	2級基準点測量	3級基準点測量	4級基準点測量
方位角の残差	5秒	10秒	20秒	80秒
斜距離の残差	$20\,mm + 4 \times 10^{-6} D$　　D：測定距離			
楕円体比高の残差	$30\,mm + 4 \times 10^{-6} D$　　D：測定距離			
水平位置の閉合差	$\Delta s = 100\,mm + 40\,mm\sqrt{N}$ Δs：既知点の成果値と仮定三次元網平均計算結果から求めた距離 N：既知点までの最少辺数（辺数が同じ場合は路線長の最短のもの）			
標高の閉合差	$250\,mm + 45\,mm\sqrt{N}$ を標準とする　　N：辺数			

既知点1点を固定する仮定三次元網の平均計算を行い、観測値全体の精度と既知点の異常の有無についての点検を行う。

「作業規程の準則」　抜粋7－10

（平均計算）　第43条

3　既知点2点以上を固定する厳密水平網平均計算、厳密高低網平均計算、簡易水平網平均計算、簡易高低網平均計算及び三次元網平均計算は、平均図に基づき行うものとし、平均計算は次の各号により行うものとする。

二　GNSS 観測

イ　電子基準点のみを既知点とする場合以外の観測

（1）三次元網平均計算において、使用する既知点の経度と緯度は元期座標とし、楕円体高は成果表の標高とジオイド高から求めた値とする。ただし、電子基準点の楕円体高は、成果表の楕円体高とする。

（2）新点の標高は、次のいずれかの方法により求めた値とする。

（i）国土地理院が提供するジオイド・モデルにより求めたジオイド高を用いて、楕円体高を補正する。

（ii）（i）のジオイド・モデルが構築されていない地域においては、GNSS 観測と水準測量等により、局所ジオイド・モデルを構築し、求めたジオイド高を用いて、楕円体高を補正する。

（3）三次元網平均計算の重量（P）は、前項第二号の規定を準用する。

（4）三次元網平均計算による各項目の許容範囲は、次表を標準とする。

区分 / 項目	1級基準点測量	2級基準点測量	3級基準点測量	4級基準点測量
斜距離の残差	80 mm	100 mm	—	—
新点水平位置の標準偏差	100 mm	100 mm	100 mm	100 mm
新点標高の標準偏差	200 mm	200 mm	200 mm	200 mm

ロ　電子基準点のみを既知点とする場合の観測

（1）三次元網平均計算において、使用する既知点の経度と緯度及び楕円体高は今期座標とする。

（2）新点の経度、緯度、楕円体高は、三次元網平均計算により求めた経度、緯度、楕円体高にセミ・ダイナミック補正を行った元期座標とする。

（3）新点の標高決定は、イ（2）の規定を準用する。

（4）三次元網平均計算の重量（P）は、前項第二号の規定を準用する。

（5）三次元網平均計算による各項目の許容範囲は、イ（4）の規定を準用する。

4　平均計算に使用した概算値と平均計算結果値の座標差が1メートルを超えた観

測点については、平均計算結果の値を概算値として平均計算を繰り返す反復計算を行うものとする。
5　平均計算に使用するプログラムは、計算結果が正しいと確認されたものを使用するものとする。
6　平均計算の結果は、精度管理表にとりまとめるものとする。

仮定三次元網平均計算による点検後、すべての既知点を固定する三次元網平均計算を行う。

なお、3級および4級基準点測量においては、斜距離の残差を評価する必要がないため、計算結果として計算書に明示されるが、精度管理表にまとめる際には記入する必要はない。

7-5　GNSS観測と点検

GNSS測量において、よく行われるスタティック法とネットワーク型RTK法の観測セッションならびに点検箇所の代表例を説明する。

7-5-1　スタティック法

スタティック法の観測（セッション）は、GNSS測量機を多数使用可能であり、一度にすべての観測点で観測が可能であっても、点検のために複数回のセッションを組み合わせて観測を行う必要がある。

（1）単路線方式

2回観測（2セッション）による例

GNSS測量の単路線方式の場合、方向角の取り付けを省略することができるため、使用する既知点は2点でよい。この例の場合、①異なるセッションを組み合わせた環閉合差の点検、②2つの異なるセッションにおける重複辺の点検のどちらかでよい。

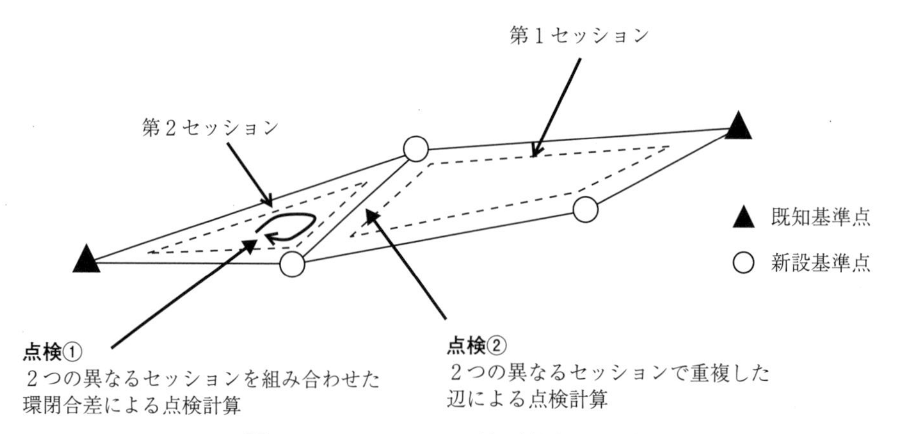

図7－18　スタティック法（単路線方式）

この例の場合、5台の GNSS 測量機を使用すれば一度ですべての観測が終了するが、点検ができないため不可である。ただし、電子基準点のみを使用した GNSS 測量（1、2級基準点測量）では、一度の観測が可能である。

（2）結合多角方式

3回観測（3セッション）による例（1）

この例の場合、①異なるセッションを組み合わせた環閉合差の点検、②2つの異なるセッションの重複辺の点検、のどちらかでよい。

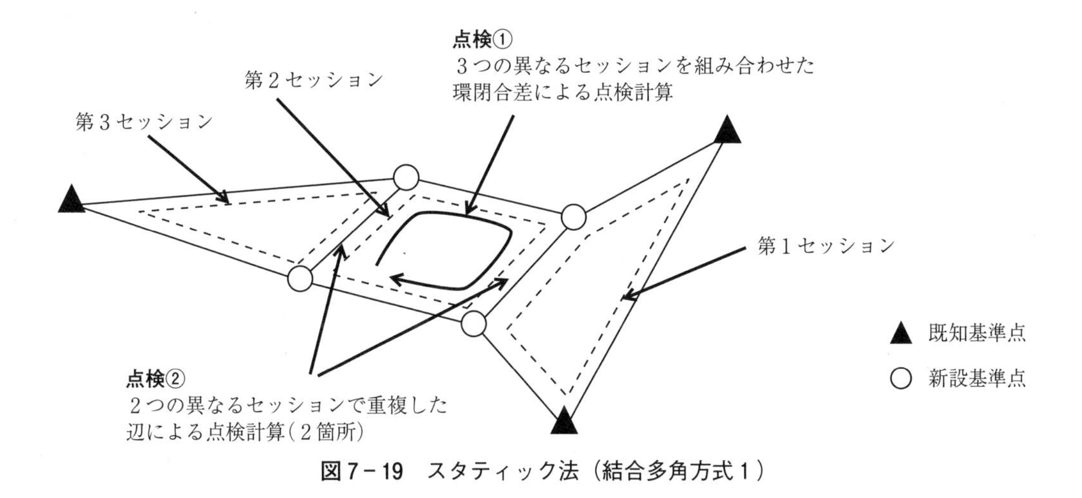

図7－19　スタティック法（結合多角方式1）

3回観測（3セッション）による例（2）

この例の場合、異なるセッションの重複辺がないため、3つの異なるセッションを組み合わせた環閉合差の点検を行う。

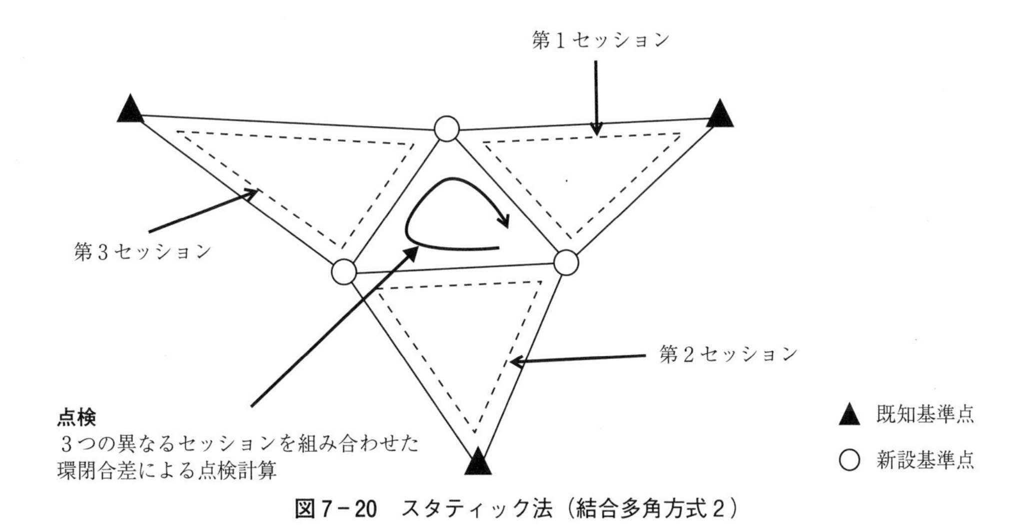

図7－20　スタティック法（結合多角方式2）

● 7-5-2 ネットワーク型RTK法

ネットワーク型RTK法でよく利用されているVRS方式の直接観測法による観測と点検箇所の例を説明する。

（1）単路線方式

GNSS測量の単路線方式の場合、方向角の取り付けを省略することができるため、使用する既知点は2点でよい。既知点と新点は異なった仮想点から2セットの観測を行うことで、環閉合を作成できるようにする。この例の場合、2つの異なるセッションを組み合わせた3つの環閉合差の点検を行う。

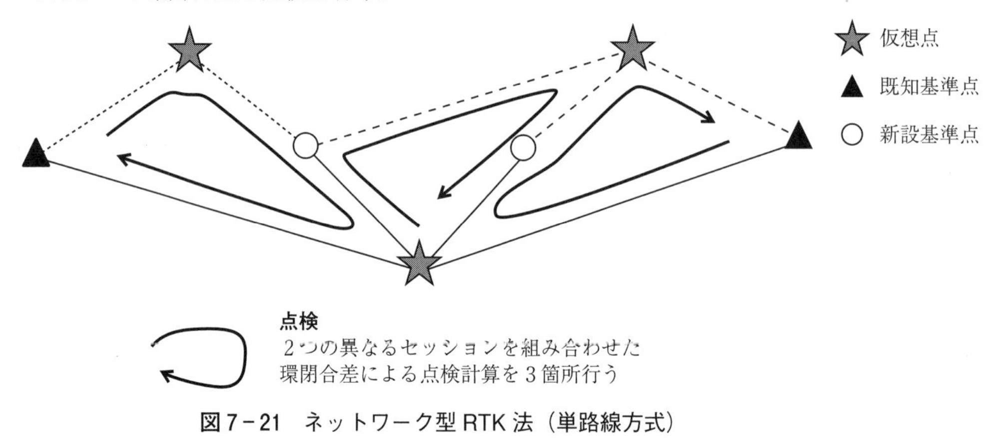

図7－21　ネットワーク型RTK法（単路線方式）

（2）結合多角方式

3点の既知点を使用した例

環閉合差による点検は、辺が1回以上の点検に含まれればよいため、Aの環閉合は点検する必要はない。

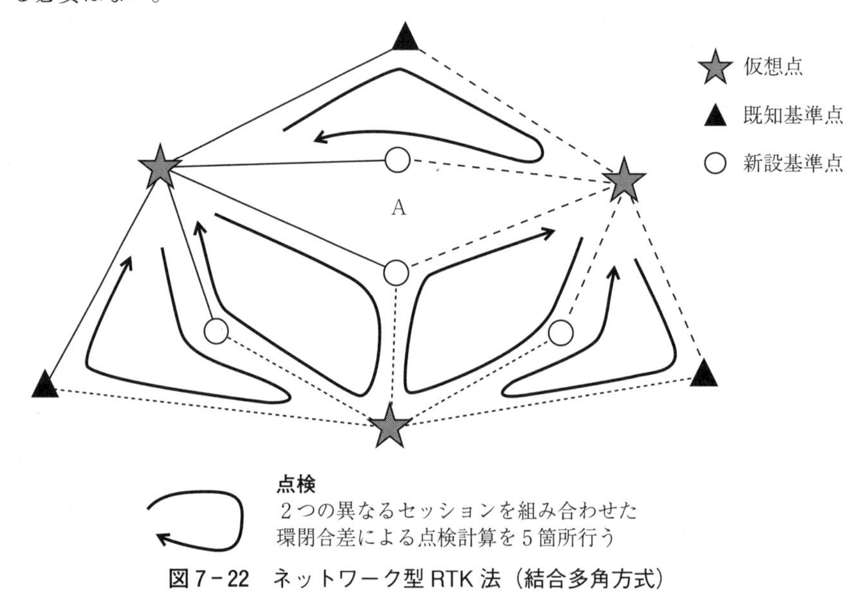

図7－22　ネットワーク型RTK法（結合多角方式）

7-6　観測手簿（しゅぼ）等の読み方

GNSS 測量の計算理論は非常に難解であり、システムへの依存性が大きいため、観測結果の良否を判断するには、計算簿等の理解が重要となる。観測手簿から計算簿のサンプルを使用して、ポイントを説明する。

①観測手簿（しゅぼ）

観測時の衛星電波の受信状況が分かるのが観測手簿である。

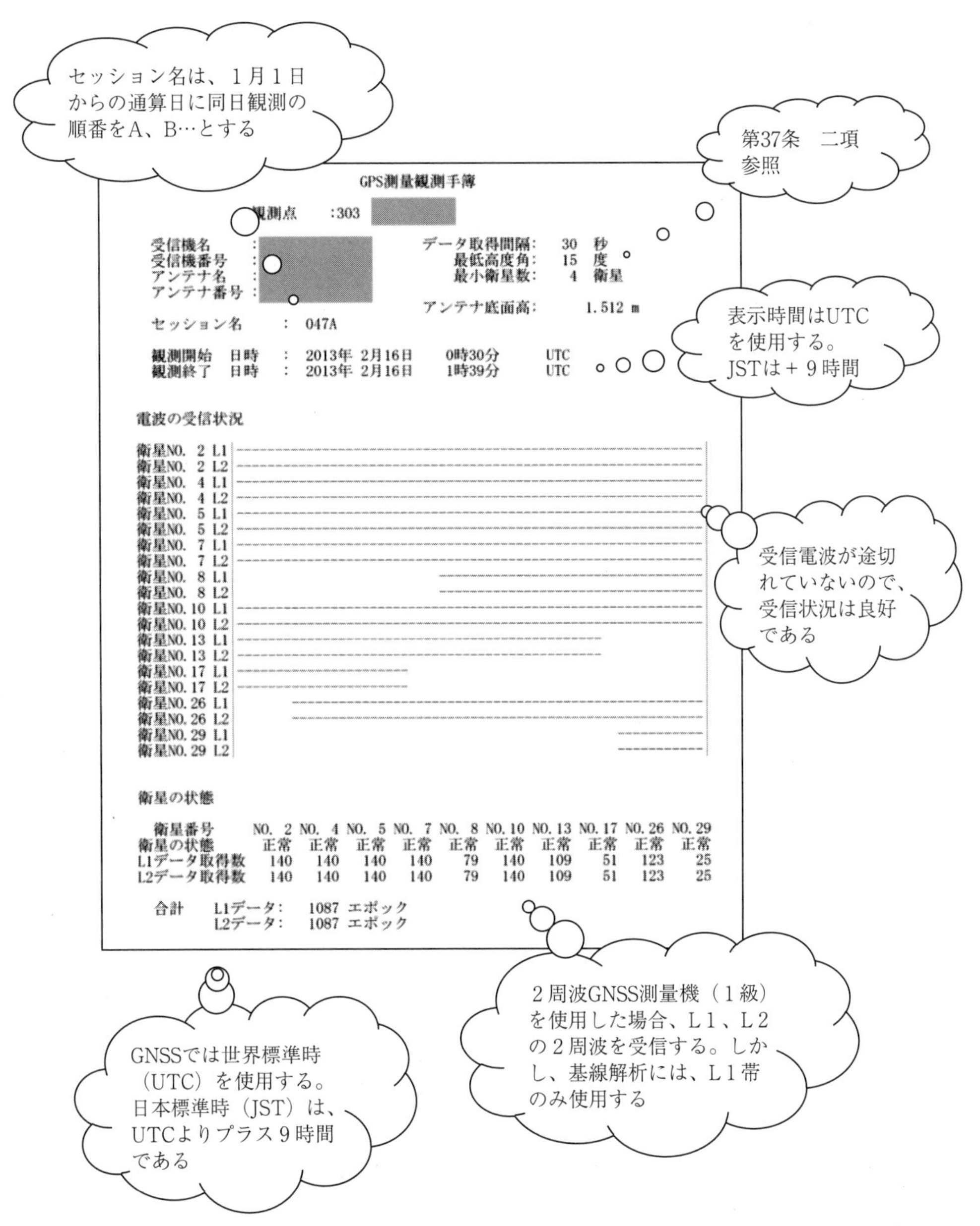

GPS測量観測手簿

観測点　:303

受信機名　:
受信機番号　:
アンテナ名　:
アンテナ番号　:

データ取得間隔:　30　秒
最低高度角:　15　度
最小衛星数:　4　衛星

アンテナ底面高:　1.512 m

セッション名　:　047A

観測開始　日時　:　2013年 2月16日　0時30分　UTC
観測終了　日時　:　2013年 2月16日　1時39分　UTC

電波の受信状況

衛星NO. 2 L1
衛星NO. 2 L2
衛星NO. 4 L1
衛星NO. 4 L2
衛星NO. 5 L1
衛星NO. 5 L2
衛星NO. 7 L1
衛星NO. 7 L2
衛星NO. 8 L1
衛星NO. 8 L2
衛星NO. 10 L1
衛星NO. 10 L2
衛星NO. 13 L1
衛星NO. 13 L2
衛星NO. 17 L1
衛星NO. 17 L2
衛星NO. 26 L1
衛星NO. 26 L2
衛星NO. 29 L1
衛星NO. 29 L2

衛星の状態

衛星番号	NO. 2	NO. 4	NO. 5	NO. 7	NO. 8	NO. 10	NO. 13	NO. 17	NO. 26	NO. 29
衛星の状態	正常	正常	正常	正常	正常	正常	正常	正常	正常	正常
L1データ取得数	140	140	140	140	79	140	109	51	123	25
L2データ取得数	140	140	140	140	79	140	109	51	123	25

合計　L1データ:　1087 エポック
　　　L2データ:　1087 エポック

図７－23　観測手簿の例

②観測記簿

観測記簿は、基線解析を行った結果である。基線解析の結果は、FIX 解（一定条件を満足した結果）である必要がある。

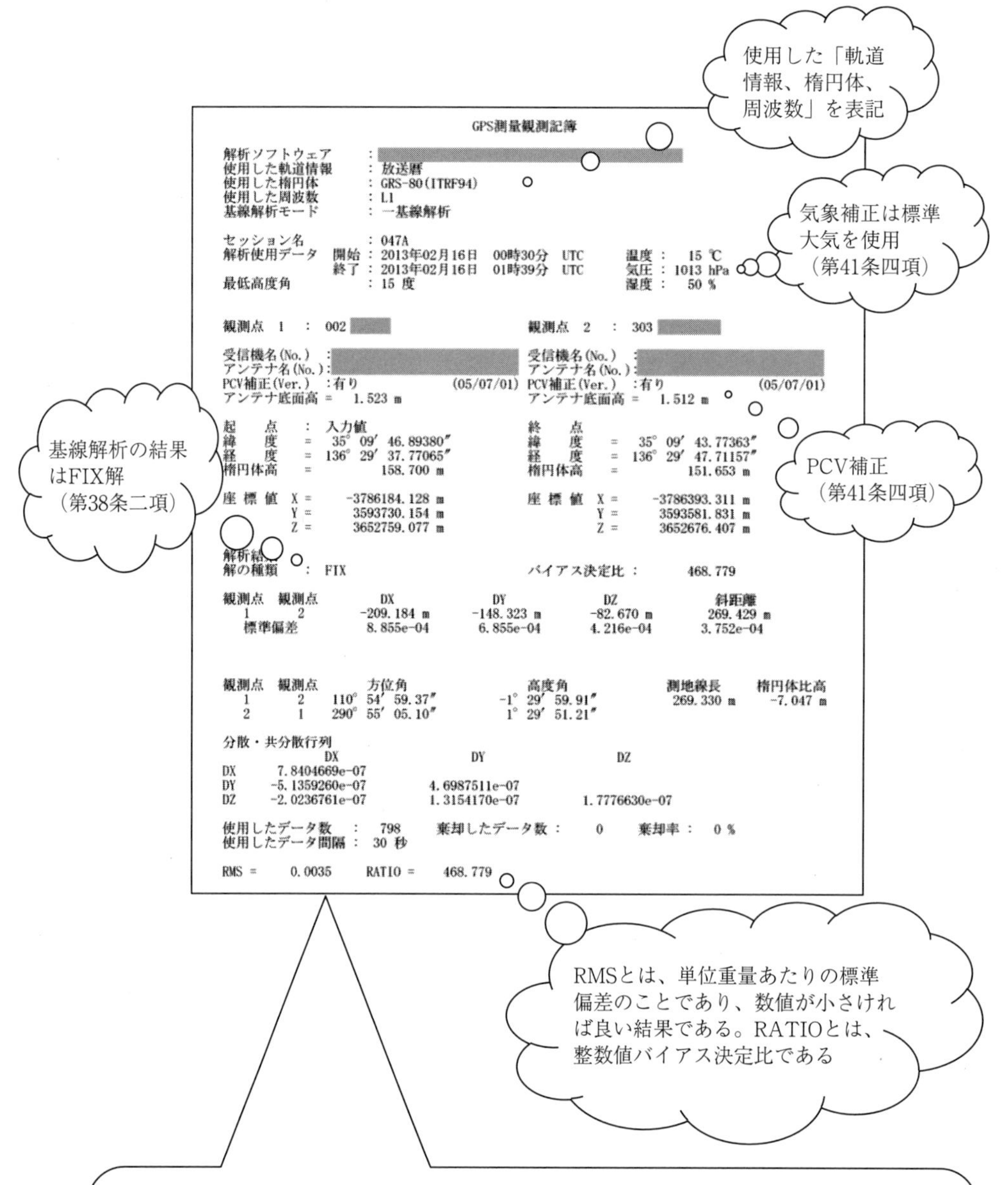

GPS測量観測記簿

解析ソフトウェア　：
使用した軌道情報　：放送暦
使用した楕円体　：GRS-80(ITRF94)
使用した周波数　：L1
基線解析モード　：一基線解析

セッション名　：047A
解析使用データ　開始：2013年02月16日　00時30分　UTC　温度：15 ℃
　　　　　　　　終了：2013年02月16日　01時39分　UTC　気圧：1013 hPa
最低高度角　：15 度　湿度：50 %

観測点 1 : 002　　観測点 2 : 303

受信機名(No.) :　　受信機名(No.) :
アンテナ名(No.) :　　アンテナ名(No.) :
PCV補正(Ver.) :有り (05/07/01)　　PCV補正(Ver.) :有り (05/07/01)
アンテナ底面高 = 1.523 m　　アンテナ底面高 = 1.512 m

起　点 : 入力値　　終　点
緯　度 = 35° 09′ 46.89380″　　緯　度 = 35° 09′ 43.77363″
経　度 = 136° 29′ 37.77065″　　経　度 = 136° 29′ 47.71157″
楕円体高 = 158.700 m　　楕円体高 = 151.653 m

座標値 X = -3786184.128 m　　座標値 X = -3786393.311 m
　　　 Y = 3593730.154 m　　　　 Y = 3593581.831 m
　　　 Z = 3652759.077 m　　　　 Z = 3652676.407 m

解析結
解の種類 : FIX　　バイアス決定比 : 468.779

観測点	観測点	DX	DY	DZ	斜距離
1	2	-209.184 m	-148.323 m	-82.670 m	269.429 m
標準偏差		8.855e-04	6.855e-04	4.216e-04	3.752e-04

観測点	観測点	方位角	高度角	測地線長	楕円体比高
1	2	110° 54′ 59.37″	-1° 29′ 59.91″	269.330 m	-7.047 m
2	1	290° 55′ 05.10″	1° 29′ 51.21″		

分散・共分散行列

	DX	DY	DZ
DX	7.8404669e-07		
DY	-5.1359260e-07	4.6987511e-07	
DZ	-2.0236761e-07	1.3154170e-07	1.7776630e-07

使用したデータ数 : 798　棄却したデータ数 : 0　棄却率 : 0 %
使用したデータ間隔 : 30 秒

RMS = 0.0035　RATIO = 468.779

図７－24　観測記簿の例

③重複基線ベクトルの較差

観測値の点検である。重複する基線ベクトルの較差を比較点検する。

三次元ベクトルの重複の計算

既知点(　)　緯度= 35° 10′ 22.59500″　経度= 136° 29′ 13.38700″（世界測地系）

測　点	測　点	D	DX	DY	DZ	セッション
		269.430	-209.185	-148.324	-82.671	047D
		269.429	-209.184	-148.323	-82.670	047A
	較差 DX, DY, DZ	0.001	-0.001	-0.001	-0.001	
	較差 dN, dE, dU		-0.001	0.001	-0.001	
	許容範囲 dN, dE, dU		0.020	0.020	0.030	

必ず、異なるセッションの組み合わせによる基線ベクトルか環閉合差による観測データの良否を点検する必要がある

区　分		許容範囲	備　考
基線ベクトルの環閉合差	水平（ΔN、ΔE）	20mm $\sqrt{N}$	N：辺数 ΔN：水平面の南北方向の閉合差又は較差 ΔE：水平面の東西方向の閉合差又は較差 ΔU：高さ方向の閉合差又は較差
	高さ（ΔU）	30mm $\sqrt{N}$	
重複する基線ベクトルの較差	水平（ΔN、ΔE）	20mm	
	高さ（ΔU）	30mm	

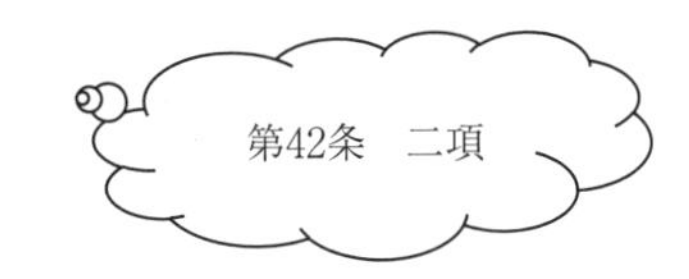

三次元ベクトルの重複の計算

既知点(　)　緯度= 35° 10′ 22.59500″　経度= 136° 29′ 13.38700″（世界測地系）

測　点	測　点	D	DX	DY	DZ	セッション
		269.430	-209.185	-148.324	-82.671	047D
		269.429	-209.184	-148.323	-82.670	047A
	較差 DX, DY, DZ	0.001	-0.001	-0.001	-0.001	
	較差 dN, dE, dU		-0.001	0.001	-0.001	
	許容範囲 dN, dE, dU		0.020	0.020	0.030	

図7－25　観測値の点検の例

④環閉合の較差

観測値の点検である異なるセッションの組み合わせによる最小辺数の多角形の環閉合差を点検する。

⑤仮定三次元網平均計算（表紙）

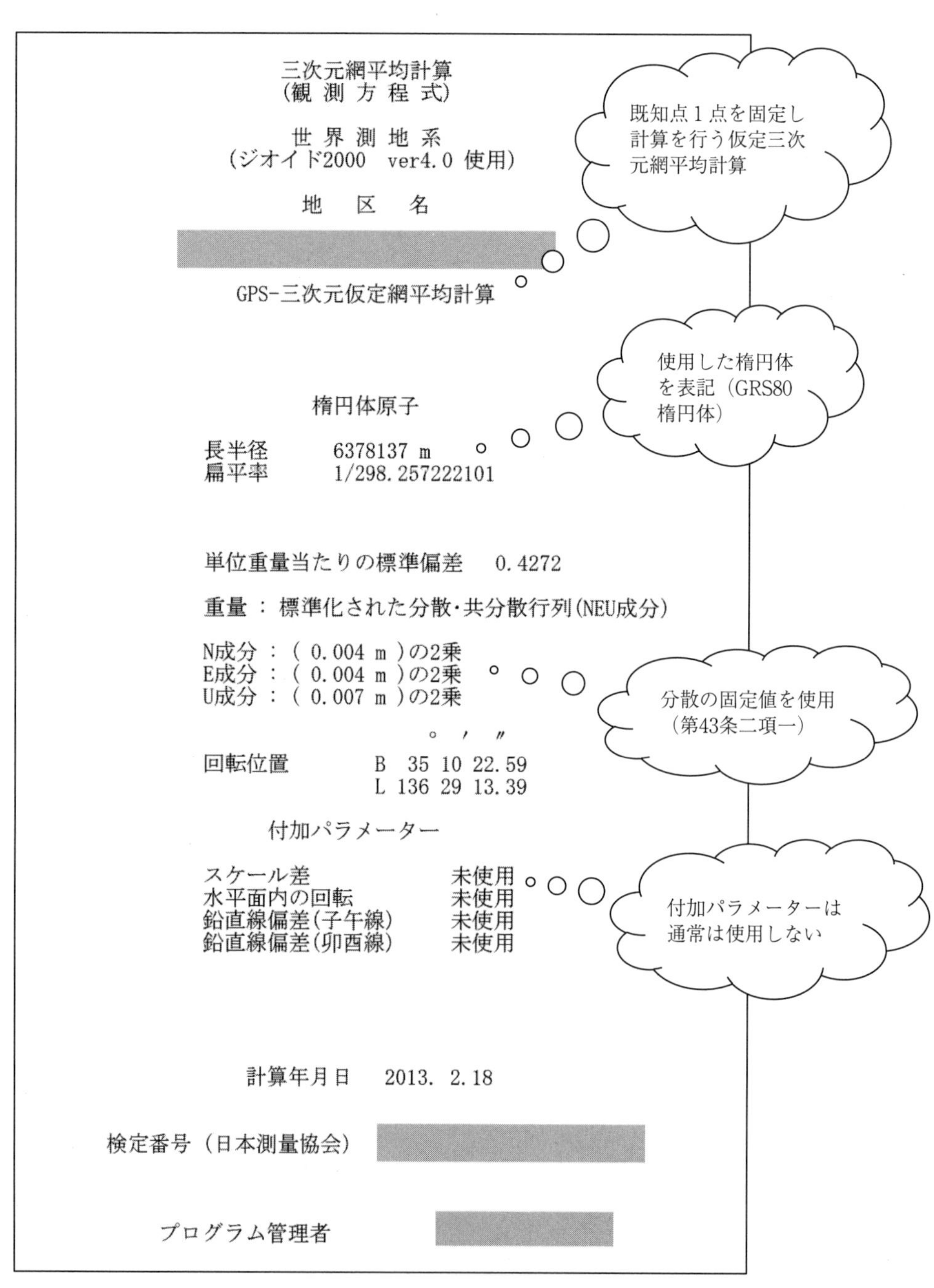
三次元網平均計算
（観 測 方 程 式）

世 界 測 地 系
（ジオイド2000　ver4.0 使用）

地　区　名

GPS-三次元仮定網平均計算

楕円体原子

長半径　6378137 m
扁平率　1/298.257222101

単位重量当たりの標準偏差　0.4272

重量 ： 標準化された分散・共分散行列(NEU成分)

N成分 ： (0.004 m)の2乗
E成分 ： (0.004 m)の2乗
U成分 ： (0.007 m)の2乗

		°	′	″
回転位置	B	35	10	22.59
	L	136	29	13.39

付加パラメーター

スケール差	未使用
水平面内の回転	未使用
鉛直線偏差(子午線)	未使用
鉛直線偏差(卯酉線)	未使用

計算年月日　2013. 2.18

検定番号（日本測量協会）

プログラム管理者

図７－26　仮定三次元網平均計算の例（表紙）

⑥厳密三次元網平均計算（表紙）

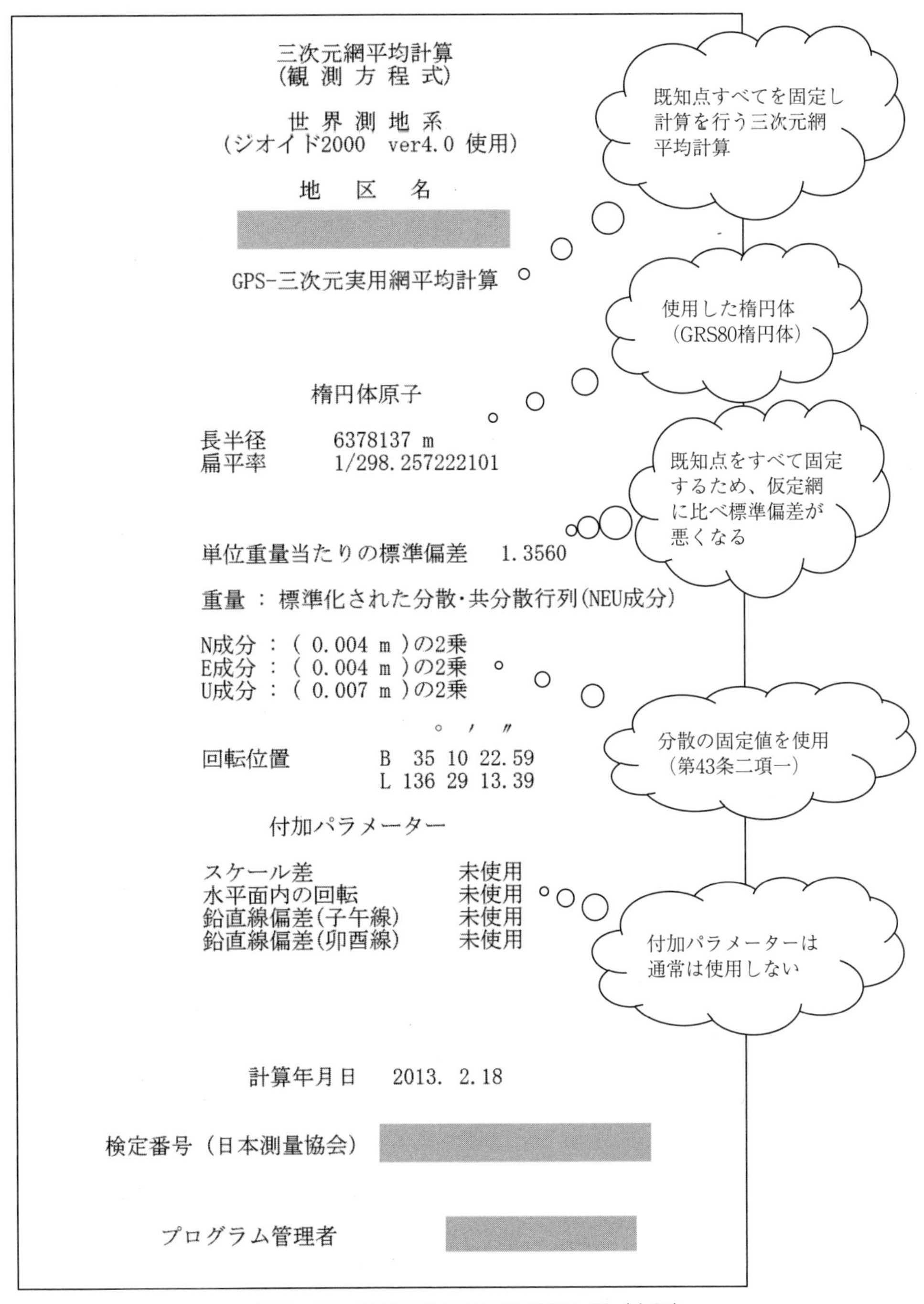

三次元網平均計算
（観 測 方 程 式）

世 界 測 地 系
（ジオイド2000　ver4.0 使用）

地　区　名

GPS-三次元実用網平均計算

楕円体原子

長半径　　6378137 m
扁平率　　1/298.257222101

単位重量当たりの標準偏差　1.3560

重量 ： 標準化された分散・共分散行列(NEU成分)

N成分 ： (0.004 m)の2乗
E成分 ： (0.004 m)の2乗
U成分 ： (0.007 m)の2乗

°　′　″
回転位置　　B　35 10 22.59
　　　　　　L 136 29 13.39

付加パラメーター

スケール差　　　　　未使用
水平面内の回転　　　未使用
鉛直線偏差(子午線)　未使用
鉛直線偏差(卯酉線)　未使用

計算年月日　2013. 2.18

検定番号（日本測量協会）

プログラム管理者

図7－27　厳密三次元網平均計算の例（表紙）

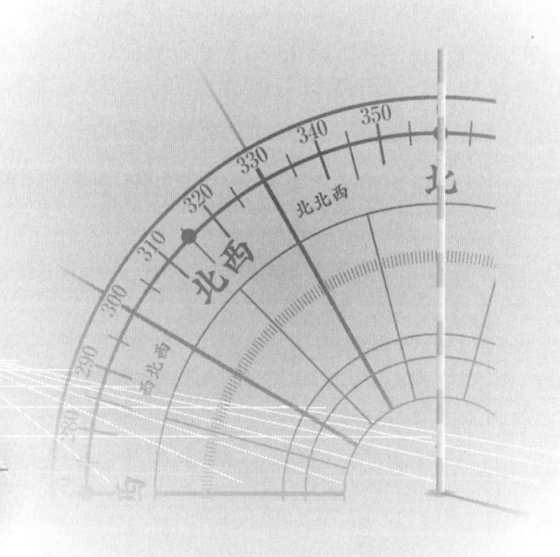

第8章 水準測量

8-1　水準測量とは

水準測量とは、ある地点の高さを求めるために行う測量のことをいう。

ある地点の高さとは、その点を通る鉛直線が基準となる面に至るまでの距離のことで、陸地の測量では基準となる面として**ジオイド**が使用されている。

２点Ａ、Ｂ間の高さの差を**比高**（ひこう）といい、水準測量で直接得られる結果はすべてこの比高となる。

水準測量を行って水準点の比高が逐次求められるが、この比高を統一的に表すために特定点の高さを基準として、各点の高さを定めている。

日本では、東京都千代田区にある「日本水準原点」を基準にすることが測量法で定められており、「**日本水準原点は、東京湾平均海面の上24.390 0 m**」のところにあるとされている。つまり、**水準原点の下24.390 0 m をジオイドが通る**ことになっている。

水準測量の原理は、２つの標尺の中央付近にレベルを据え付け、水平に整置されたレベルの視準線によって標尺の目盛 a、b を読定し、その差（$a-b$）が高低差（比高差）となる。

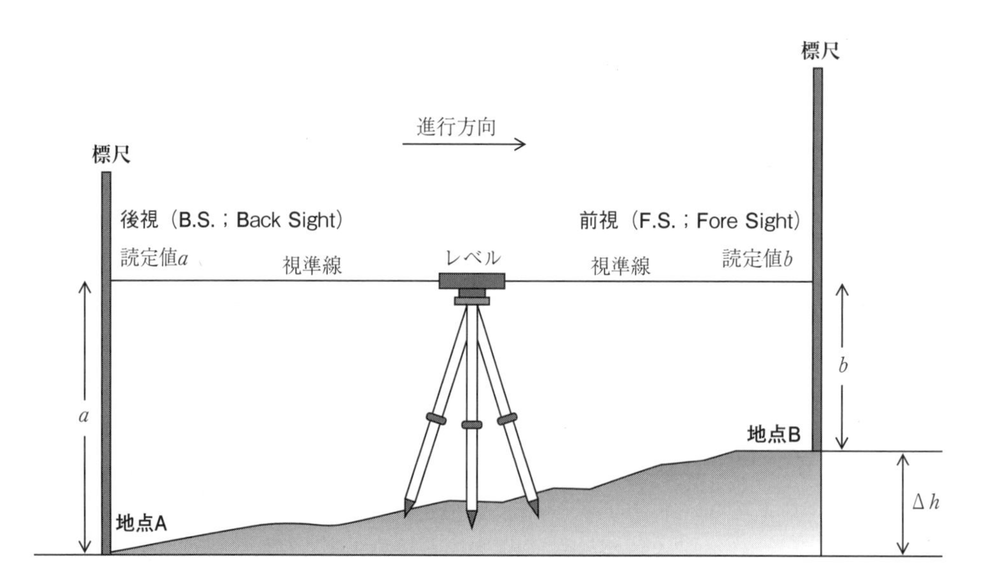

地点AとBの高低差（Δh）＝後視（B.S.読定値a）－前視（F.S.読定値b）

図８－１　水準測量の観測

「作業規程の準則　第２編 基準点測量　第２章 第１節 要旨」において、水準測量は下記のように定義されている。

「作業規程の準則」 抜粋8－1

第1節　要旨
（要旨）
第47条 「水準測量」とは、既知点に基づき、新点である水準点の標高を定める作業をいう。
2　水準測量は、既知点の種類、既知点間の路線長、観測の精度等に応じて、１級水準測量、２級水準測量、３級水準測量、４級水準測量及び簡易水準測量に区分するものとする。
3　１級水準測量により設置される水準点を１級水準点、２級水準測量により設置される水準点を２級水準点、３級水準測量により設置される水準点を３級水準点、４級水準測量により設置される水準点を４級水準点及び簡易水準測量により設置される水準点を簡易水準点という。

公共測量における水準測量は、１級、２級、３級、４級、簡易水準測量に区分されている。各区分の測量目的は以下のとおりである。

①１級水準測量

地盤変動調査、トンネルの施工、ダムの施工等の測量で、特に高精度を必要とする場合に実施される水準測量である。

②２級水準測量

比較的変動量の大きい地盤変動調査、河川測量における水準基標測量等の場合に実施される水準測量である。

③３級水準測量

路線測量における平地部での仮BM（Bench Mark；標高が既知の水準点）設置測量、河川測量における平地部での定期縦断測量等の場合に実施される水準測量である。

④４級水準測量

路線測量における山地部での仮BM設置測量と平地部での縦断測量、河川測量における山地部の定期縦断測量等の場合に実施される水準測量である。

⑤簡易水準測量

路線測量における山地部の縦断測量、空中写真測量における標定点測量や等高線または標高点を補備する地形補備測量等の場合に実施される測量である。

多くの技術者が行う水準測量は、３級、４級、簡易水準測量である。

本書では、これら３つの水準測量を中心に説明を行う。

8-2　作業規程の準則（水準測量）を読み解く

公共測量において、「**水準測量で使用する既知点の種類や既知点間の路線長、往復観測値の較差等**」は「作業規程の準則」によって定められている。つまり、水準測量を実施するときには、目的を良く把握したうえで、「作業規程の準則」に規定されている水準測量の区分条件に合致するように作業を行う必要がある。

「作業規程の準則」　抜粋 8－2

（既知点の種類等）

第48条　既知点の種類及び既知点間の路線長は、次表を標準とする。

区分 項目	1 級水準測量	2 級水準測量	3 級水準測量	4 級水準測量	簡易水準測量
既知点の種類	一等水準点 1 級水準点	一～二等水準点 1～2 級水準点	一～三等水準点 1～3 級水準点	一～三等水準点 1～4 級水準点	一～三等水準点 1～4 級水準点
既知点間の路線長	150 km 以下	150 km 以下	50 km 以下	50 km 以下	50 km 以下

使用できる既知点は基準点測量とは異なり、簡易水準測量を除いて、同級の水準点を既知点として使用することが可能である。また、既知点間の路線長も 1 級および 2 級水準測量では150 km 以下、 3 級、 4 級および簡易水準測量では50 km 以下と長距離である。

水準測量は、 2 点以上の既知点を結合する結合方式か環閉合方式によって実施する。また、水準測量方式は、下記の 2 つに分類されている。

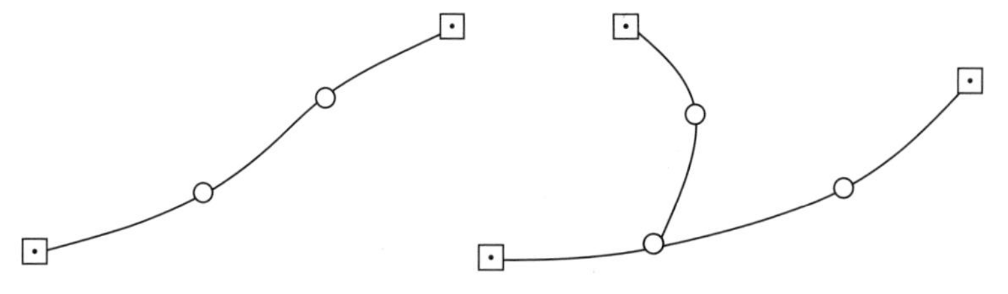

図 8－2　結合路線方式

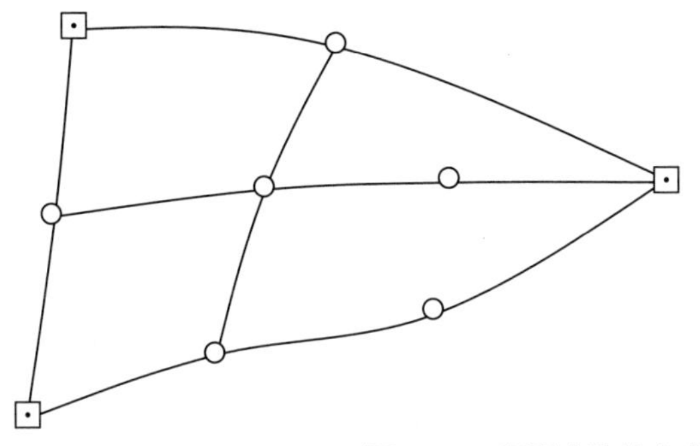

図8－3　環閉合路線方式

「作業規程の準則」　抜粋8－3

（水準路線）

第49条　「水準路線」とは、２点以上の既知点を結合する路線をいう。直接に水準測量で結ぶことができない水準路線は、渡海（河）水準測量により連結するものとする。

（水準測量の方式）

第50条　水準測量は、次の方式を標準とする。

一　直接水準測量方式

二　渡海（河）水準測量方式

測量方法は、観測距離に応じて、次表により行うものとする。

測量方法	観測距離
交互法	１級水準測量は約300m以下とする。２～４級水準測量は約450m以下とする。
経緯儀法	１～４級水準測量は約１km以下とする。
俯仰ねじ法	１～４級水準測量は約２km以下とする。

（1）直接水準測量方式

直接水準測量方式とは、レベル（水準儀）と２本の標尺を用いて直接高低差を求めていく方法である。

（2）渡海（河）水準測量方式

直接水準測量でできない場所（海や河川を挟んだ地点）で行う水準測量である。直接水準測量と比べて精度は劣るが、直接水準測量が不可能な場所では有効な手法である。

測量方法には下記の３種類がある。

①交互法　　：レベルと目標版を取り付けた標尺を用いる方法

②経緯儀法　：トータルステーションやトランシットと反射鏡を用いる方法

③俯仰（ふぎょう）ねじ法　：チルチングネジ（ティルティングネジ、俯仰（ふぎょう）ねじ）を用いる方法

現在では、俯仰ねじ法での渡海（河）水準測量を行うことはほとんどなく、交互法か経緯儀法による作業が一般的である。

「作業規程の準則」　抜粋 8－4

第４節　測量標の設置

（永久標識の設置）

第59条　新設点の位置には、原則として、永久標識を設置し、測量標設置位置通知書を作成するものとする。

2　永久標識の規格及び設置方法は、付録５によるものとする。

3　設置した永久標識については、写真等により記録するものとする。

4　永久標識には、必要に応じ固有番号等を記録した IC タグを取り付けることができる。

5　４級水準点及び簡易水準点には、標杭を用いることができる。

6　永久標識を設置した水準点については、第37条に規定する観測方法又は単点観測法により座標を求め、成果数値データファイルに記載するものとする。また、既知点の座標を求めた場合、当該点の管理者にその取り扱いを確認することができる。

一　「単点観測法」は、第37条に規定するネットワーク型 RTK 法を用いて単独で測点の座標を求める。

二　単点観測法により水準点の座標を求める観測及び較差の許容範囲等は、次のとおりとする。

イ　観測は、２セット行うものとする。１セット目の観測値を採用値とし、観測終了後、点検のための再初期化を行い２セット目の観測を行うものとする。ただし、２セット目の観測結果は点検値とする。

ロ　観測回数及び較差の許容範囲等は、次表を標準とする。

使用衛星数	観測回数	データ取得間隔	許容範囲		備　　考
５衛星以上	FIX 解を得てから10エポック以上を２セット	１秒	ΔN ΔE	100 mm	ΔN：水平面の南北成分のセット間較差 ΔE：水平面の東西成分のセット間較差 ただし、平面直角座標で比較することができる。

三　成果数値データファイルには0.1メートル位まで記入するものとする。

四　水準点で直接に観測ができない場合は、偏心点を設け、TS 等により偏心要素を測定するものとする。

水準点は、施工時においても高さの基準として使用されるなど、長期間にわたり高さの基準となる重要な点である。そのため、移動や沈下等がおこらないよう堅固な場所に設置する必要がある。

また、永久標識を設置した水準点については、高度利用のために座標値を求め、成果数値データファイルに記載する。

座標値の求め方は、ネットワーク型RTK法による単点観測法による方法が可能である。高い位置精度が必要となる基準点測量では単点観測法は認められていないが、水準点の位置座標は0.1m程度までの記入であり、高い位置精度を要求されるものではないため、単点観測法による観測が認められている。

「作業規程の準則」　抜粋8－5

第5節　観測

（機器）

第62条　観測に使用する機器は、次表に掲げるもの又はこれらと同等以上のものを標準とする。

機器	性能	摘要
1級レベル	別表1による	1～4級水準測量
2級レベル		2～4級水準測量
3級レベル		3～4級水準測量 簡易水準測量
1級標尺		1～4級水準測量
2級標尺		3～4級水準測量
1級セオドライト		1～4級水準測量（渡海）
1級トータルステーション		1～4級水準測量（渡海）
測距儀		1～4級水準測量（渡海）
水準測量作業用電卓	—	—
箱尺		簡易水準測量

一　1級水準測量では、気温20度における標尺改正数が50μm／m以下、かつ、Ⅰ号標尺とⅡ号標尺の標尺改正数の較差が30μm／m以下の1級標尺を用いるものとする。

二　渡海（河）水準測量でレベルを使用する場合は、気泡管レベル又は自動レベルとする。ただし、自動レベルは交互法のみとする。

2　水準測量作業用電卓は、動作の結果が正しいと確認されたものを使用するものとする。

水準測量で使用する器材は、測量区分によりレベルと標尺の組み合わせに注意する必要がある。測量区分による使用可能な器材は、以下のとおりである。

①１級水準測量　：１級レベルおよび１級標尺のみ使用可能である
②２級水準測量　：１級または２級レベル、あるいは１級標尺の使用が可能である。２級標尺の使用は不可
③３級水準測量　：１級、２級または３級レベル、あるいは１級または２級標尺の使用が可能である。箱尺（スタッフ）の使用は不可
④４級水準測量　：１級、２級または２級レベル、あるいいは１級または２級標尺の使用が可能である。箱尺（スタッフ）の使用は不可（３級水準測量と同じ）
⑤簡易水準測量　：１級、２級または２級レベル、あるいは１級または２級標尺、箱尺（スタッフ）の使用が可能である
⑥水準測量作業用の電卓は、すべての測量区分において使用可能

「作業規程の準則」　抜粋８－６

（機器の点検及び調整）
第63条　観測に使用する機器は、適宜、点検及び調整を行うものとする。なお、観測による視準線誤差の点検調整における読定単位及び許容範囲は、次表を標準とする。

区分 / 項目	１級レベル	２級レベル	３級レベル
読　定　単　位	0.01 mm	0.1 mm	1 mm
許　容　範　囲	0.3 mm	0.3 mm	3 mm

２　点検調整は、観測着手前に次の項目について行い、水準測量作業用電卓又は観測手簿に記録する。ただし、１級水準測量及び２級水準測量では、観測期間中おおむね10日ごと行うものとする。
一　気泡管レベルは、円形水準器及び主水準器軸と視準線との平行性の点検調整を行うものとする。
二　自動レベル、電子レベルは、円形水準器及び視準線の点検調整並びにコンペンセータの点検を行うものとする。
三　標尺付属水準器の点検を行うものとする。

使用器材の点検および調整を行うことが必要である。各点検調整は以下のとおりである。

（1）レベル

①機能点検　　　　　　：レベル本体の回転の円滑性や調整ねじ等の点検を行う
②円形水準器の点検と調整：レベル本体の鉛直軸を鉛直に保つための調整
③観測による点検　　　：視準線の点検調整とコンペンセータの点検を行う

（2）標尺（スタッフ；Stuff）

①機能点検　　　　　　：標尺本体に異常が無いか、点検を行う
②円形水準器の点検と調整：標尺を鉛直に保つための点検を行う

（3）三脚

①機能点検：三脚にねじの緩み等が無いかの点検を行う

（4）標尺台

①機能点検：標尺台にふらつき等が無いかの点検を行う

（5）視準線（軸）の点検調整

視準線（軸）の点検は、下記の不等距離法（杭打ち法ともいう）により実施する。

①平坦な場所において、約30 m 隔てた場所に標尺 A、B を正しく鉛直に立て、その中央にレベルを整置する（**図8－4**）。両標尺間の高低差（$b_1 - a_1$）を観測し、手簿に記録する。

②脚を180° 反転（脚を180° 反転するとは、2本の脚の向きを逆向きにするということである）させて同様の観測を行い、両標尺間の高低差（$b_1 - a_1$）を手簿に記録し、（$b_1 - a_1$）の平均値を求める。

③レベルを標尺Aの後方約3mの位置に移動し、再度、両標尺間の高低差（$b_2 - a_2$）を観測し手簿に記録する。

④脚を180° 反転させて同様の観測を行い、両標尺間の高低差（$b_2 - a_2$）を手簿に記録し、（$b_2 - a_2$）の平均値を求める。

⑤これら2つの平均値の差が許容範囲内（絶対値 $|(b_1 - a_1) - (b_2 - a_2)|$ を使用する）にあるかを点検する。もし、許容範囲外にあるときは調整を行う。

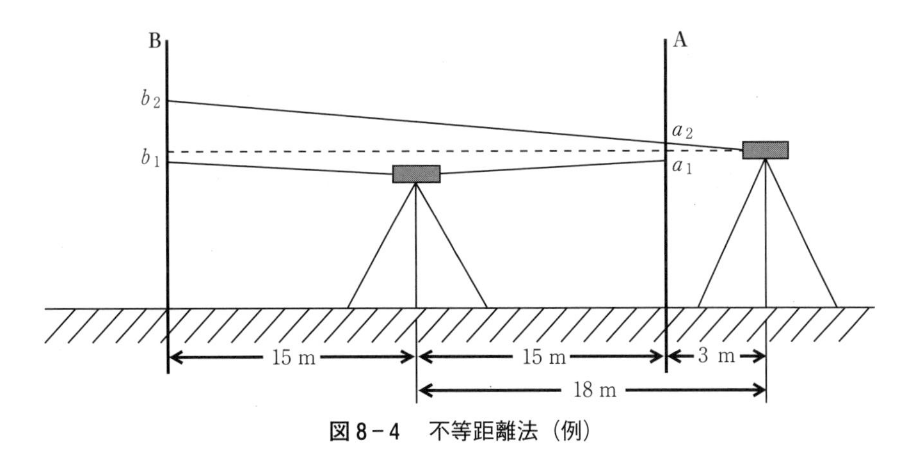

図8－4　不等距離法（例）

「作業規程の準則」　抜粋 8－7

（観測の実施）
第64条　観測は、水準路線図に基づき、次に定めるところにより行うものとする。
2　直接水準測量
一　観測は、標尺目盛及びレベルと後視又は前視標尺との距離（以下「視準距離」という。）を読定するものとする。
イ　視準距離及び標尺目盛の読定単位は、次表を標準とする。なお、視準距離はメートル単位で読定するものとする。

項目＼区分	1級水準測量	2級水準測量	3級水準測量	4級水準測量	簡易水準測量
視準距離	最大50 m	最大60 m	最大70 m	最大70 m	最大80 m
読定単位	0.1mm	1 mm	1 mm	1 mm	1 mm

各測量区分により、最大視準距離と読定単位が定められている。なお、視準距離は、自動レベルの場合はスタジア測量により読定する。電子レベルの場合は、本体に内蔵されている距離測定機能により測定できる。

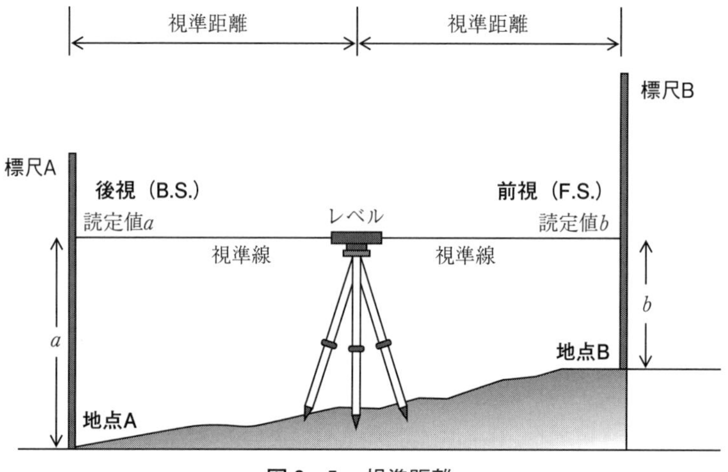

図 8－5　視準距離

なお、視準距離とは、レベルから前視（F.S.）または後視（B.S.）の標尺までの距離のことであり、後視・前視までの視準距離をほぼ同じ距離で観測することで、視準軸誤差と球差誤差を消去できる。

「作業規程の準則」　抜粋8－8

（観測の実施）　第64条

第64条　観測は、１視準１読定とし、標尺の読定方法は、次表を標準とする。

区分／観測順序	１級水準測量		２級水準測量		３～４級水準測量 簡易水準測量
	気泡管レベル 自動レベル	電子レベル	気泡管レベル 自動レベル	電子レベル	気泡管レベル 自動レベル 電子レベル
1	後視小目盛	後　視	後視小目盛	後　視	後　視
2	前視小目盛	前　視	後視大目盛	後　視	前　視
3	前視大目盛	前　視	前視小目盛	前　視	―
4	後視大目盛	後　視	前視大目盛	前　視	―

二　観測は、簡易水準測量を除き、往復観測とする。

三　標尺は、２本１組とし、往路と復路との観測において標尺を交換するものとし、測点数は偶数とする。

四　１級水準測量においては、観測の開始時、終了時及び固定点到着時ごとに、気温を１度単位で測定するものとする。

五　視準距離は等しく、かつ、レベルはできる限り両標尺を結ぶ直線上に設置するものとする。

六　往復観測を行う水準測量において、水準点間の測点数が多い場合は、適宜固定点を設け、往路及び復路の観測に共通して使用するものとする。

七　１級水準測量においては、標尺の下方20センチメートル以下を読定しないものとする。

八　１日の観測は、水準点で終わることを原則とする。なお、やむを得ず固定点で終わる場合は、観測の再開時に固定点の異常の有無を点検できるような方法で行うものとする。

（6）１視準１読定

１回の視準で１回目盛を読み取る、１視準１読定で観測を行う。ただし、各測量区分により視準読定の方法が少し違う。

１級水準測量においては「後視→前視→前視→後視」の順に読定をし、２級水準測量においては「後視→後視→前視→前視」の順に読定をし、１測点において４回の観測（後視２回、前視２回）を行う。３級、４級および簡易水準測量においては「後視→前視」の順に読定を行う。

（7）測点数

既知点から BM 点（または固定点；**B**ench **M**ark, B.M.）、および BM 点から BM 点等の測点数は、**往路・復路とも偶数回とする**ことで、零目盛誤差を消去できる。また、使用する標尺は２本１組とし、復路では往路と標尺を交換することで、目盛誤差による系統的誤差を消去する。

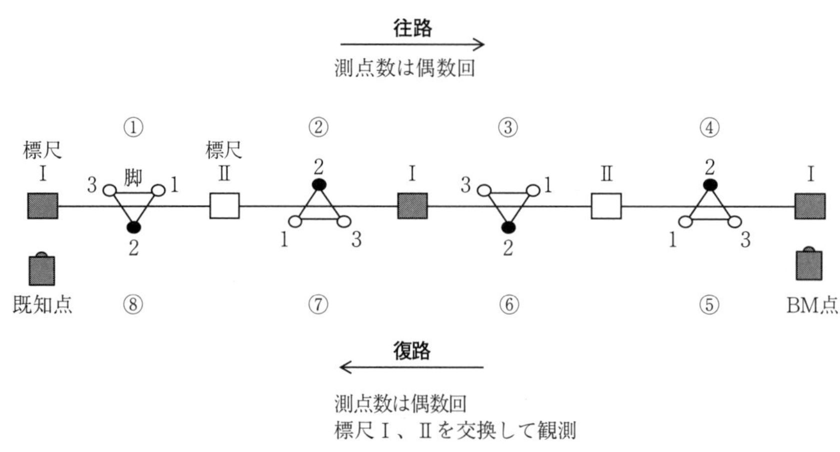

図８－６　測点数と三脚の向き

（８）標尺の下方読定

１級水準測量において、標尺の下方20 cm 以下は読定しない。これは、大気の屈折誤差（レフラクション）を防ぐためである。１級水準測量以外の**通常の水準測量においても、やむを得ない場合を除き、標尺下方の読定は避けるべき**である。

「作業規程の準則」　抜粋８－９

（再測）

第65条　１級水準測量、２級水準測量、３級水準測量及び４級水準測量の観測において、水準点及び固定点によって区分された区間の往復観測値の較差が、許容範囲を超えた場合は、再測するものとする。

一　往復観測値の較差の許容範囲は、次表を標準とする。

区分 / 項目	１級水準測量	２級水準測量	３級水準測量	４級水準測量
往復観測値の較差	2.5 mm $\sqrt{S}$	5 mm $\sqrt{S}$	10 mm $\sqrt{S}$	20 mm $\sqrt{S}$
備　考	Sは観測距離（片道、km 単位）とする。			

二　１級水準測量及び２級水準測量の再測は、同方向の観測値を採用しないものとする。

観測終了後、直ちに区間の往復観測値の較差を計算し、許容範囲を超えた場合には、再測を実施する必要がある。較差計算のＳは、観測を行う各区間の km 単位での距離である。

往復観測値の較差とは、各区間（既知点～水準点、水準点～固定点　など）と水準路線の出発点から終着点（既知点～既知点　など）の較差のことである。

例として、下図のような路線測量の仮BM設置のための3級水準測量を行った場合、往復観測の較差の点検を行う区間は4つである。

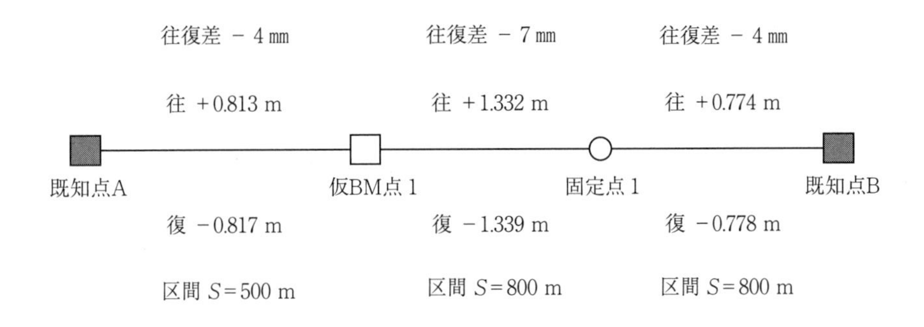

図8－7　往復観測値の較差（例）

①既知点Aから仮BM点1

許容範囲は、$10\,\text{mm}\sqrt{0.5}$＝7 mm であり、観測の往復差は－4 mm であるので許容範囲内である（注：許容範囲は、切り捨てで計算を行う）。

②仮BM点1から固定点1

許容範囲は、$10\,\text{mm}\sqrt{0.8}$＝8 mm であり、観測の往復差は－7 mm であるので許容範囲内である。

③固定点1から既知点B

許容範囲は、$10\,\text{mm}\sqrt{0.8}$＝8 mm であり、観測の往復差は－4 mm であるので許容範囲内である。

④既知点Aから既知点B

許容範囲は、$10\,\text{mm}\sqrt{2.1}$＝14 mm であり、観測の往復差は－15 mm であるので許容範囲を超えている（注：観測距離は、500 m ＋800 m ＋800 m ＝2 100 m　である）。

このような場合、個別の区間での往復観測値の較差はすべて許容範囲内であるが、全体の往復観測値の較差は許容範囲を超えているため、再測が必要となる。

再測は、すべてを行う必要はなく、往復差の大きい仮BM 1～固定点1の区間の往路または復路を再測し、許容範囲内に収まるか検証を行う。ただし、1級および2級水準測量においては、系統的誤差を避けるため、往路または復路の同方向だけの観測値を採用してはいけない。

「作業規程の準則」　抜粋 8－10

第６節　計算

（要旨）

第67条　本章において「計算」とは、新点の標高を求めるため、次に定めるところにより行うものとする。

一　標尺補正の計算及び正規正標高補正計算（楕円補正）は、１級水準測量及び２級水準測量について行う。ただし、１級水準測量においては、正規正標高補正計算に代えて正標高補正計算（実測の重力値による補正）を用いることができる。また、２級水準測量における標尺補正の計算は、水準点間の高低差が70メートル以上の場合に行うものとし、標尺補正量は、気温20度における標尺改正数を用いて計算するものとする。

二　変動補正計算は、地盤沈下調査を目的とする水準測量について、基準日を設けて行うものとする。

三　計算は、第64条第２項第一号イの表の読定単位まで算出するものとする。

水準測量において、新点の標高を求めるためには下記の補正計算が必要である。

・正規正標高補正計算（楕円補正）または正標高補正計算（実測の重力値による補正）

・標尺補正量の計算

ただし、これらの補正計算が必要なのは１級および２級水準測量であり、３級、４級および簡易水準測量においては不要である。

また、地盤沈下調査を目的とする水準測量においては、基準日を設けて変動量補正計算を行う。

トピックス／計算方法（昇降式と器高式）

水準測量の観測手簿の記入方法および計算方法には、**昇降式**と**器高式**の２種類がある

後視と前視の繰り返し観測（中間の標高を必要としない）の場合には、後視と前視の比高差を積み重ねていく昇降式による

一方、応用測量の縦断測量のように、中間点の標高を必要とする場合には器械高と前視の比高を使用する器高式が用いられる

「作業規程の準則」 抜粋 8－11

（点検計算及び再測）

第69条　点検計算は、観測終了後に行うものとする。点検計算の結果、許容範囲を超えた場合は、再測を行う等適切な措置を講ずるものとする。

一　すべての単位水準環（新設水準路線によって形成された水準環で、その内部に水準路線のないものをいう。以下同じ。）及び次の条件により選定されたすべての点検路線について、環閉合差及び既知点から既知点までの閉合差を計算し、観測値の良否を判定するものとする。

イ　点検路線は、既知点と既知点を結合させるものとする。

ロ　すべての既知点は、１つ以上の点検路線で結合させるものとする。

ハ　すべての単位水準環は、路線の一部を点検路線と重複させるものとする。

二　点検計算の許容範囲は、次表を標準とする。

区分 項目	1級水準測量	2級水準測量	3級水準測量	4級水準測量	簡易水準測量
環閉合差	2 mm $\sqrt{S}$	5 mm $\sqrt{S}$	10 mm $\sqrt{S}$	20 mm $\sqrt{S}$	40 mm $\sqrt{S}$
既知点から既知点までの閉合差	15 mm $\sqrt{S}$	15 mm $\sqrt{S}$	15 mm $\sqrt{S}$	25 mm $\sqrt{S}$	50 mm $\sqrt{S}$
備考	Sは観測距離（片道、km単位）とする。				

2　点検計算の結果は、精度管理表にとりまとめるものとする。

観測終了後に点検計算を行い、観測の良否を判断し、許容範囲を超えた場合には再測を行う。

「**環閉合差**（かんへいごうさ）」とは、最小単位で１周する一つの閉合路線であり、出発点から最終点までの観測値での比高差である。出発点と最終点が同一であるから、誤差がなければ環閉合差は０となる。

既知点から既知点までの閉合差とは、既知点から既知点までの路線において、既知点間での観測値の比高差と成果標高値での標高差との差である。

環閉合差および既知点から既知点までの閉合差については、**図8－8**を参照されたい。

環閉合とは、Ⅰ、Ⅱ、Ⅲの路線であり、既知点から既知点までの閉合とは、①、②、③の路線のことである。

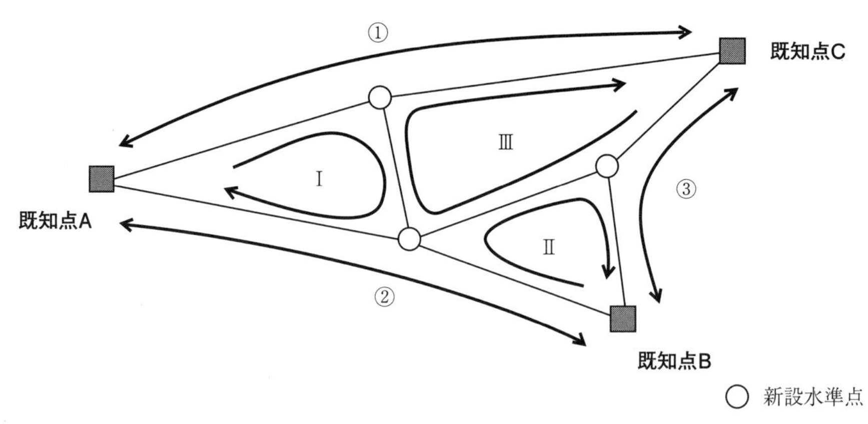

図８－８　点検計算の例

「作業規程の準則」　抜粋８－12

（平均計算）

第70条　平均計算は、次により行うものとする。

一　直接水準測量の平均計算は、距離の逆数を重量とし、観測方程式又は条件方程式を用いて行うものとする。

二　直接水準測量と渡海（河）水準測量が混合する路線の平均計算は、標準偏差の二乗の逆数を重量とし、観測方程式又は条件方程式により行うものとする。

三　平均計算による許容範囲は、次表を標準とする。

区分／項目	１級水準測量	２級水準測量	３級水準測量	４級水準測量	簡易水準測量
単位重量当たりの観測の標準偏差	2 mm	5 mm	10 mm	20 mm	40 mm

２　平均計算に使用するプログラムは、計算結果が正しいと確認されたものを使用するものとする。

３　平均計算の結果は、精度管理表にとりまとめるものとする。

水準測量においては、観測する路線長が長くなるほど観測回数が増加することによって誤差が累積され、結果として、観測データの誤差が大きくなる。

路線長が短いとその観測データの信用度は高く、路線長が長いと観測データの信用度は低いということができる。この信用度を重量（P）といい、重量（P）は路線長（S）に反比例する。重量を使用して新点の最確値である標高を求める方法を「重量平均」という。

なお、平均計算は、正規正標高補正計算、変動量補正計算、標尺補正計算を行った後の高低差を使用する。

トピックス／重み

重量（P）は“重み”ともいわれ、観測データ（測定値）の信頼性の度合を表すものであり、重量（重み）が大きいほど観測データ（測定値）の信頼性が高いということができる。つまり、路線長の短い観測データには大きな重量を与え、路線長の長い観測データには小さな重量を与えることによって最確値を求める。

重量（P）は路線長（S）に反比例することから、$P = 1 / S$ の関係が成立する。また、観測距離が S_1 と S_2 の観測データがある場合、2つの観測データにおける重量の関係は、

$$P_1 : P_2 = \frac{1}{S_1} : \frac{1}{S_2}$$

で表される。

図8－9のように、新点である仮BM点（1）を設置し、既知水準点（A、B）を使用して観測を行った場合の重量平均の例は、以下のとおりである。

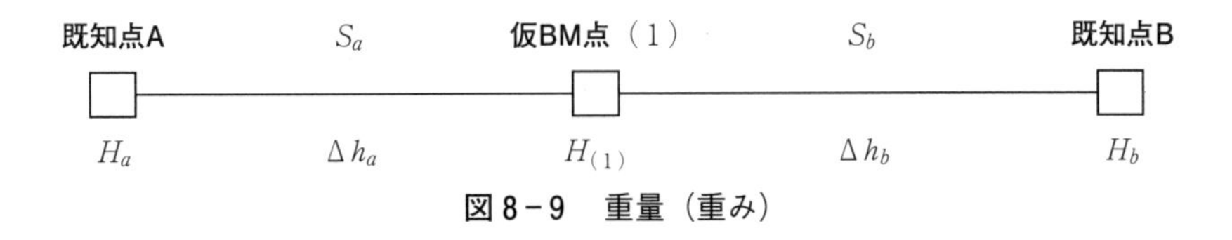

図8－9　重量（重み）

ただし、

$H_{(1)}$　　　：仮BM点（1）の標高の最確値（平均値）

H_a、H_b　　：既知点AおよびBの標高

Δh_a、Δh_b：既知点Aと（1）および既知点Bと（1）の観測高低差

S_a、S_b　　：既知点Aと（1）および既知点Bと（1）の観測路線長

$H'_a = H_a + \Delta h_a$　（既知点Aからの仮BM点（1）への観測高低差で計算した標高）

$H'_b = H_b + \Delta h_b$　（既知点Bから仮BM点（1）への観測高低差で計算した標高）

であった場合、仮BM点（1）の重量平均による標高（$H_{(1)}$）は、

$$H_{(1)} = \frac{H'_a \dfrac{1}{S_a} + H'_b \dfrac{1}{S_b}}{\dfrac{1}{S_a} + \dfrac{1}{S_b}}$$

で表される。

単位重量当たりの観測の標準偏差は、次式により求める。

$$m_0 = \sqrt{\frac{1}{4} \times \Sigma \frac{U_i^2}{S_i} \times \frac{1}{n}}$$

ただし、

m_0：1 km 当たりの観測の標準偏差（mm 単位）

U_i：各鎖部の往復差（mm 単位）

S_i：各鎖部の距離（mm 単位）

n：鎖部数

8-3　観測

レベルを用いて行われる直接水準測量は、2つの標尺の値を読む作業の繰り返しであり、その観測値によって高低差を求めるものである。

観測方法は非常に単純であるが、水準測量で発生する誤差を良く理解し、その原因と消去方法を考慮した作業を実施しないと、誤差の大きな結果を得ることになり再測が発生する。そのため、水準測量で発生する誤差である「器械誤差」や「気象誤差」の対策を理解する必要がある。

8-3-1　誤差と消去法

1．器械誤差

（1）レベルによる誤差

レベルに起因する誤差は以下のとおりである。

①視準軸誤差

望遠鏡の視準軸と本体の気泡管軸（水準器軸）が並行でないために生じる誤差である。この誤差は、後視と前視の視準距離が異なるときに発生する（不等距離により発生する誤差）。

この誤差は、レベルの位置からみた後視・前視の距離（視準距離）を等しくすることで消去できる。

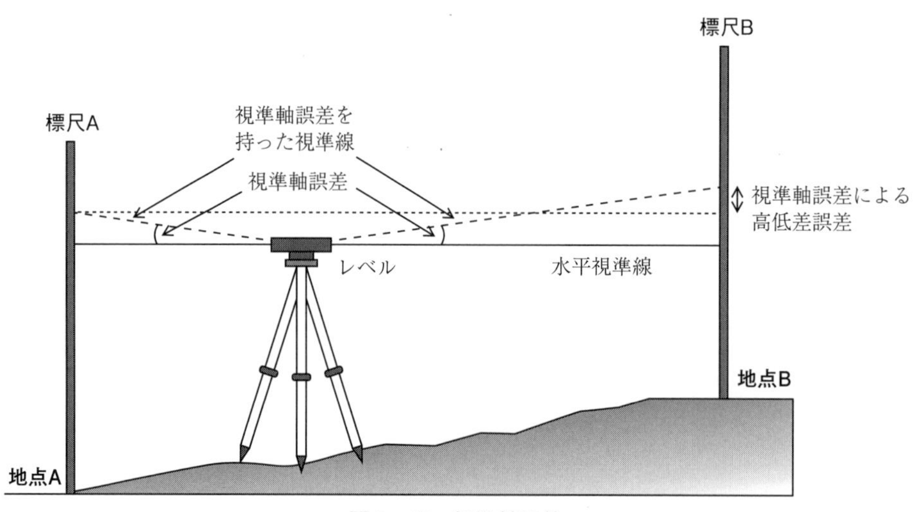

図 8－10　視準軸誤差

②鉛直軸誤差

レベルの円形水準器が未調整の場合や、軸の磨耗などにより鉛直軸が傾いていることによって生じる誤差である。

鉛直軸誤差は、レベルの望遠鏡と三脚の向きを特定の標尺に向けるように据え付けることで小さくできる。ただし、完全に消去することは不可能である。

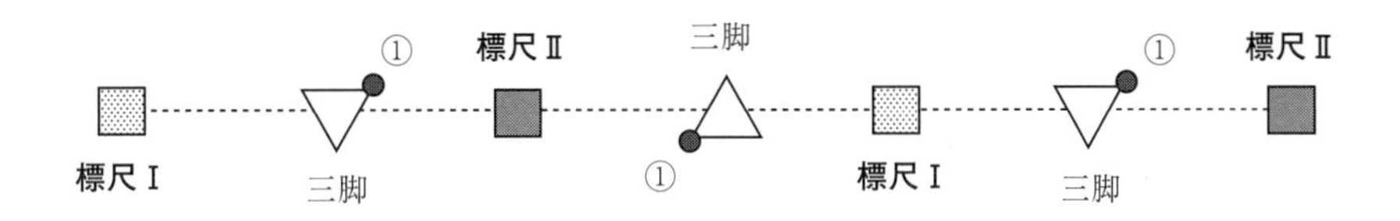

①の脚を常に標尺Ⅱの方向に設置する。

図8－11　鉛直軸誤差

③視差による読取誤差

望遠鏡の接眼レンズと対物レンズの焦点が合っていないことにより生じる誤差である。接眼レンズの視度を調整し、十字線が明瞭に見える状態で観測を行うことで、誤差を小さくすることが可能である。

④三脚の沈下による誤差

地盤の弱い箇所に三脚を据えたことにより、観測中に三脚が沈下することにより生じる誤差である。地面が堅固な場所に標尺台を設置することで、誤差を小さくすることが可能である。

（2）自動レベルの構造誤差

自動レベルには、補正可能な範囲内であれば視準線の傾きを自動的に水平に保つコンペンセータ機構（自動補正機構）がある。この構造に発生する誤差は以下のとおりである。

①コンペンセータの吊り方特性による誤差

自動レベルの水平な視準線は、コンペンセータを鉛直にすることで得られる。

コンペンセータを鉛直にするには、通常、円形水準器の気泡を中央に導き、コンペンセータ機能の作動有効範囲内に整準すればよい。しかし、コンペンセータの吊り方の特性として、鉛直軸が完全に鉛直でない限り、コンペンセータの鉛直性は確保されない。そのため、レベルの水平な視準線は得られず、誤差が生じることがある。円形水準器を常に正しく調整し、かつ、整準するときに望遠鏡を常に同じ標尺に向け、円形水準器の気泡を正確に中央に導くことで、誤差を小さくすることができる。

②ヒステリシス誤差

自動レベルを整準したときや回転させたときに、遠心力によってコンペンセータは有効範囲内において揺れるが、すぐに鉛直方向に戻り静止する。このときに、コンペンセータが鉛直方向に戻りきらないことによって生じる誤差をヒステリシス誤差という。

この誤差は、整準するときに望遠鏡を常に同じ標尺に向け、さらに望遠鏡の対物レンズ側を意図的に高くした状態にしてから水平になるように正確に整準することで小さくすることができる。また、整準した状態で、レベル本体を指で軽く数回たたくことで、コンペンセータが鉛直方向に戻ることがある（初心者は行うべきではない）。

（3）標尺に関する誤差

標尺に起因する誤差は以下のとおりである。

①標尺の傾きによる誤差

標尺が鉛直に立てられないことによって生じる誤差である。標尺を鉛直に立てるための円形水準器の未調整によって発生する。観測の測点数を偶数回（出発点に立てた標尺を終点に立てる）にするのと、往路と復路で標尺を入れ替える（出発点で異なる標尺を立てる）ことにより誤差を小さくすることが可能である（完全には消去できない）。

また、風が強いときには標尺が傾く可能性がある。対策としては、標尺を支えるための支持棒を用いることで鉛直に保つことが可能である。

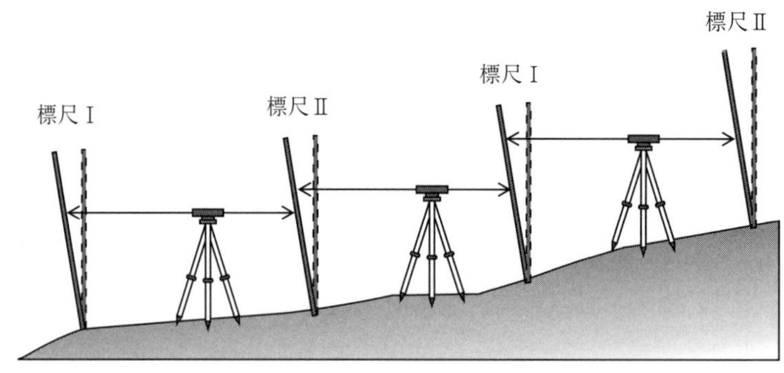

図8－12　標尺の傾き誤差

②標尺の零点誤差（零目盛誤差）

標尺の底面が摩耗等により、零目盛の位置が正しくない状態になることによって生じる誤差である。観測の測点数を偶数回にすることで消去できる。

③標尺の目盛誤差

標尺の目盛が正しくないために生じる誤差である。往路と復路で標尺を入れ替えることにより誤差を小さくすることが可能である。

④標尺の沈下・移動による誤差

観測中の標尺が、沈下または移動することにより生じる誤差である。標尺台をしっかり踏みつけることや地面が堅固な場所に標尺台を設置することで、誤差を小さくすることが可能である。

２．気象誤差

気象条件が原因で発生する誤差は以下のとおりである。

（１）大気の屈折誤差（レフラクション）

光は、大気密度の大きいほうに向かって屈折する性質がある。太陽熱によって地表面の温度が上昇することにより、地表面付近の大気密度が小さくなることで、光は上方へと屈折する。このため、標尺の読定値が大きくなる誤差が発生する。また、陽射しが強い場合には、かげろう（陽炎）が発生しやすくなり、陽炎の影響で光が不規則に屈折するために標尺の読定ができないときもある。

地表面付近の視準を避けることにより、誤差を小さくすることが可能である。１級水準測量では標尺の下方20 cm 以下を読定しないものとされている（「作業規程の準則　第64条」（抜粋８－８））が、他の水準測量区分においても、気温の高い日の観測では、できるだけ標尺下方の読定は避けるようにするべきである。また、陽炎により視準が大きく揺らぐときには、視準距離をできるだけ短くすることで、その影響を少なくすることが可能である。

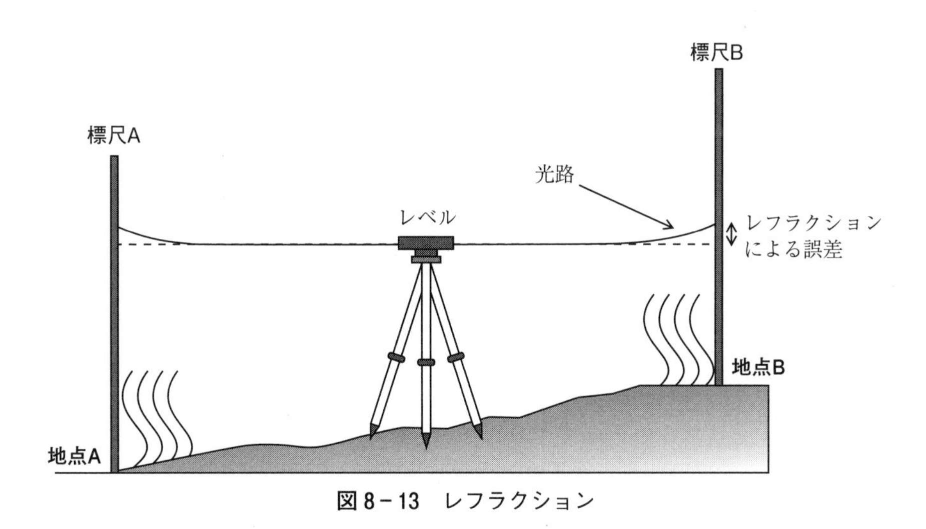

図８－13　レフラクション

（２）気差の変化による誤差（気差による誤差）

太陽の上昇とともに起きる気温変化により大気密度の変化が発生することで気差が変化することに伴う、光の屈折による誤差である。迅速な観測を行うこと、また、視準距離を短くすることで誤差を小さくすることが可能である。

１級水準測量では、観測順序を「後視→前視→前視→後視」とすることで、この誤差の影響が小さくなるようにしている。

● 8-3-2　標尺の読み方

（1）標尺の読み方（高さ）

標尺には、中央に2、3、5、7、8、10 mm 単位で判別できる黒白目盛がある。その左には0.1 m 単位の数字、右には cm 単位の数字が表示されている。読定値は mm 単位。

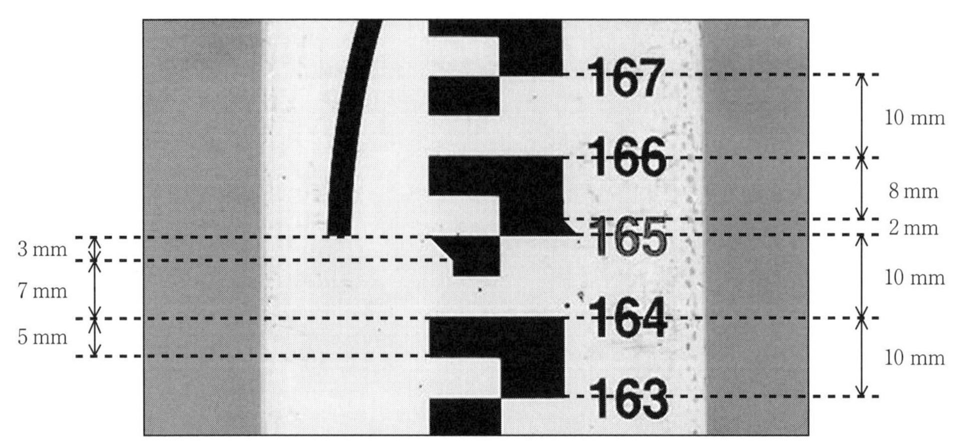

図8－14　標尺の目盛（例）

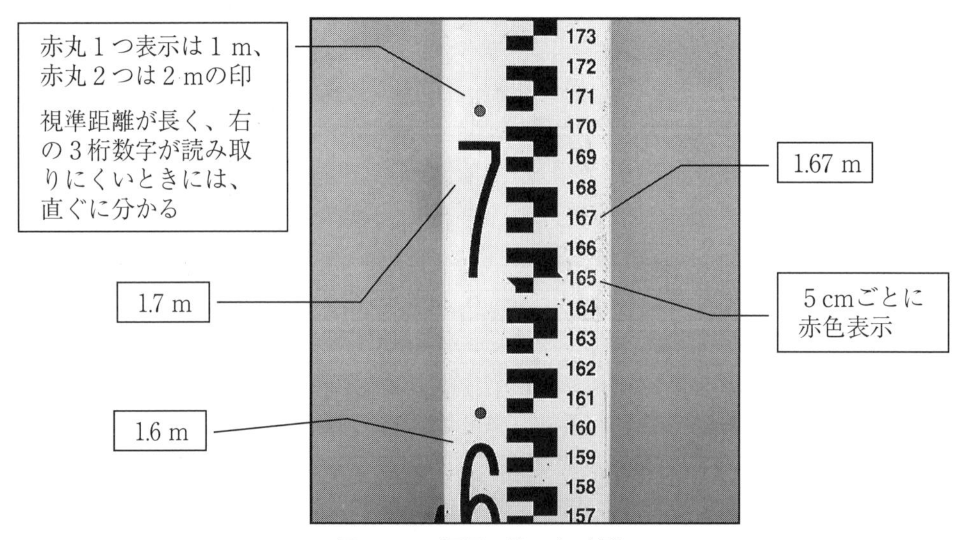

図8－15　標尺の読み方（例）

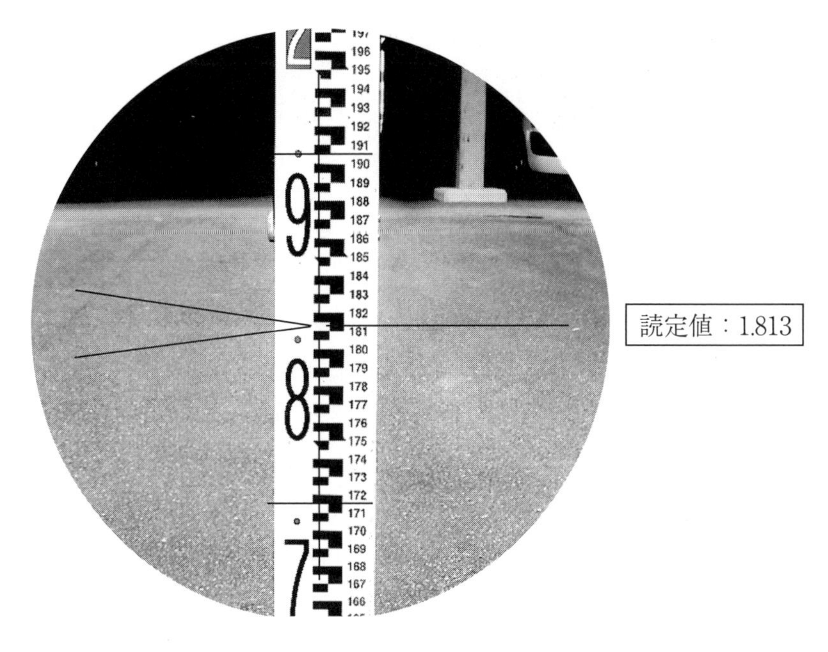

図８－16　高さの読み方（例）

トピックス／標尺のウェービングについて

観測時、標尺（箱尺、スタッフ）が鉛直に立っている状態で観測する必要があるため、標尺を前後にゆっくりと振り（ウェービング）、最も小さい値を読み取る必要がある（鉛直時の数値が最も小さい値となるため）

しかし、１、２級水準測量で使用できる標尺は１級標尺、３、４級水準測量で使用できる標尺は１、２級標尺である。通常の標尺には円形水準器が付属されており、水準器の気泡を中心に合わせることで標尺を鉛直に立てることができるため、ウェービングは行わない

ウェービングを行うのは、円形水準器のついていない標尺を使用するときである。この標尺が使用できる水準測量は、山地部の縦断測量などの簡易水準測量時のみである

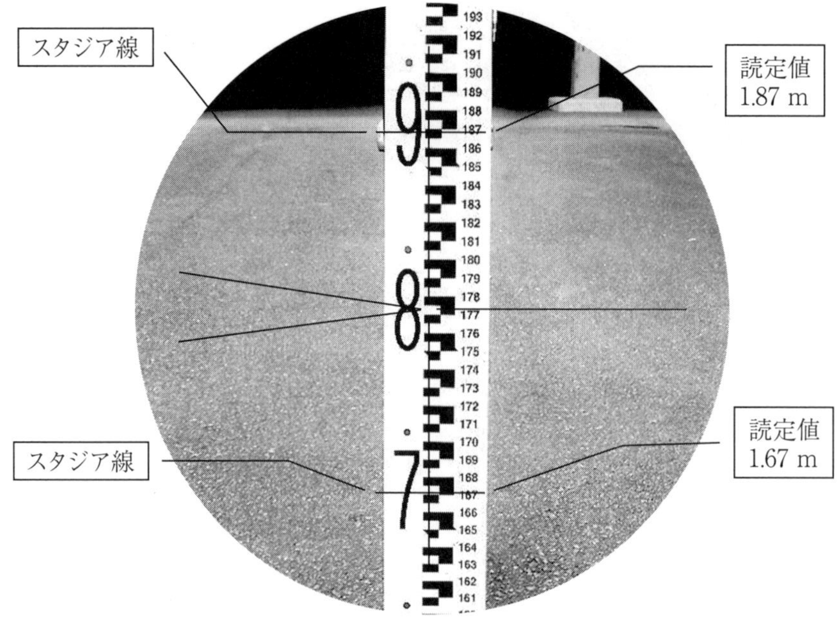

図 8－17　スタジア測量

（2）標尺の読み方（距離測量、スタジア測量）

望遠鏡の焦点板の縦十字線に短い2本の横線（スタジア線）があり、このスタジア線によって、器械点から標尺までのおおよそ距離を測ることができる。この距離測定は、前視と後視を等距離にすることや、測量結果の誤差配分をするために利用される。ただし、電子レベルの場合は、距離測定が可能である。

＜測定方法＞

・標尺を視準し、2本のスタジア線で挟まれた長さ（cm の桁で十分）を測る。

・多くのレベルは、スタジア乗数が100、スタジア加数が0であり、測定した cm の値をそのまま m に読み替えると標尺までの距離となる（注：距離測定は m までしか測定しないため、mm まで読む必要はない）。

スタジア測量計算の例

1.87 m －1.67 m ＝0.20 m

スタジア乗数100であるので、

0.20 m ×100＝20 m

したがって、レベルと標尺の距離は20 m となる。

トピックス／スタジア測量の精度

スタジア測量の精度は、S/100～ S/500（S：観測距離）である。読定はセンチ単位で十分である（目的によっては、十センチ単位でよい）

8-4　観測手簿

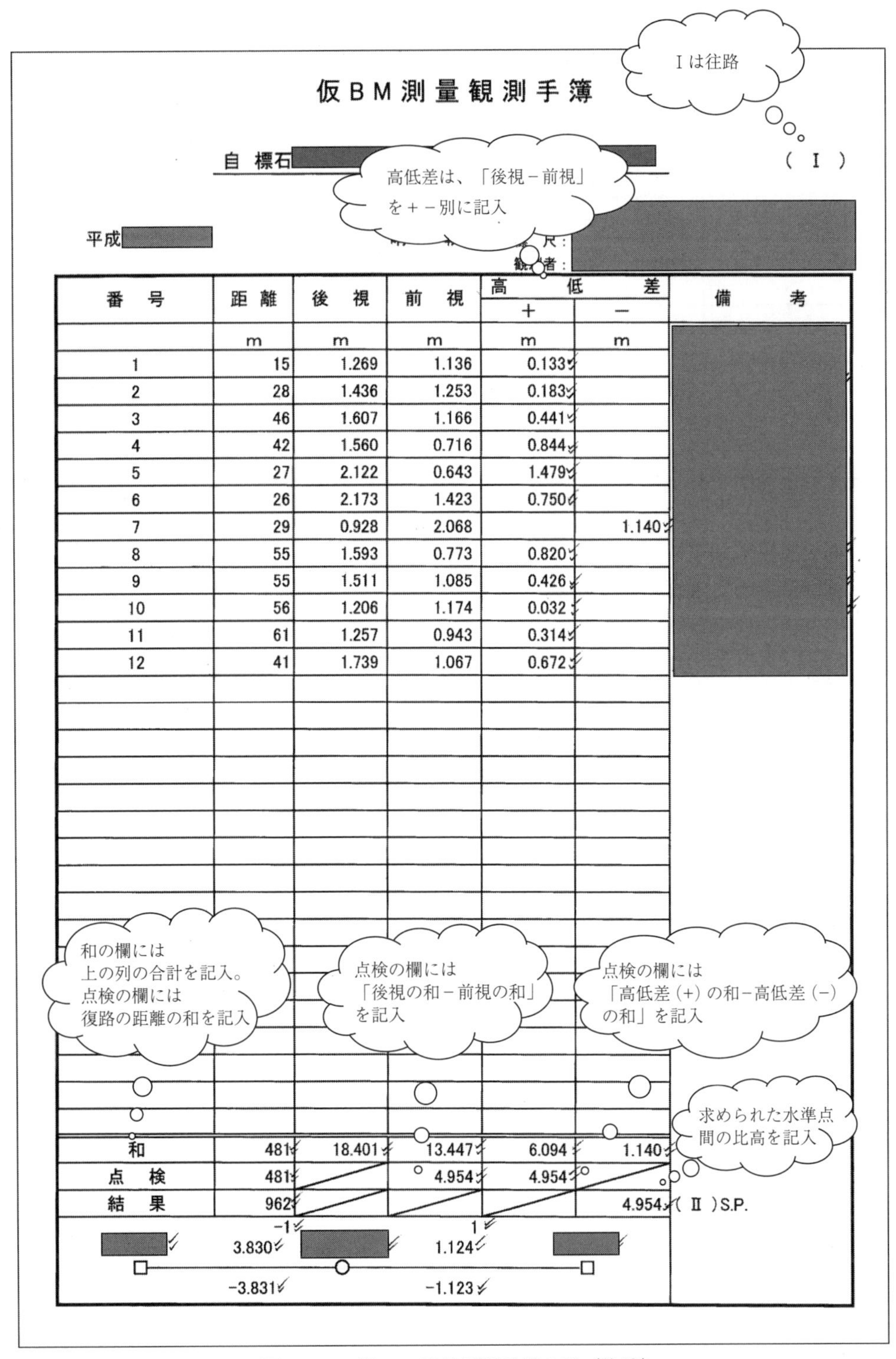

仮BM測量観測手簿

(Ⅰ)

自　標石

平成

番　号	距　離	後　視	前　視	高低差 +	高低差 −	備　考
	m	m	m	m	m	
1	15	1.269	1.136	0.133		
2	28	1.436	1.253	0.183		
3	46	1.607	1.166	0.441		
4	42	1.560	0.716	0.844		
5	27	2.122	0.643	1.479		
6	26	2.173	1.423	0.750		
7	29	0.928	2.068		1.140	
8	55	1.593	0.773	0.820		
9	55	1.511	1.085	0.426		
10	56	1.206	1.174	0.032		
11	61	1.257	0.943	0.314		
12	41	1.739	1.067	0.672		
和	481	18.401	13.447	6.094	1.140	
点　検	481		4.954	4.954		
結　果	962				4.954 (Ⅱ) S.P.	

−1　3.830　−3.831

1　1.124　−1.123

図8－18　仮BM測量観測手簿の例（往路）

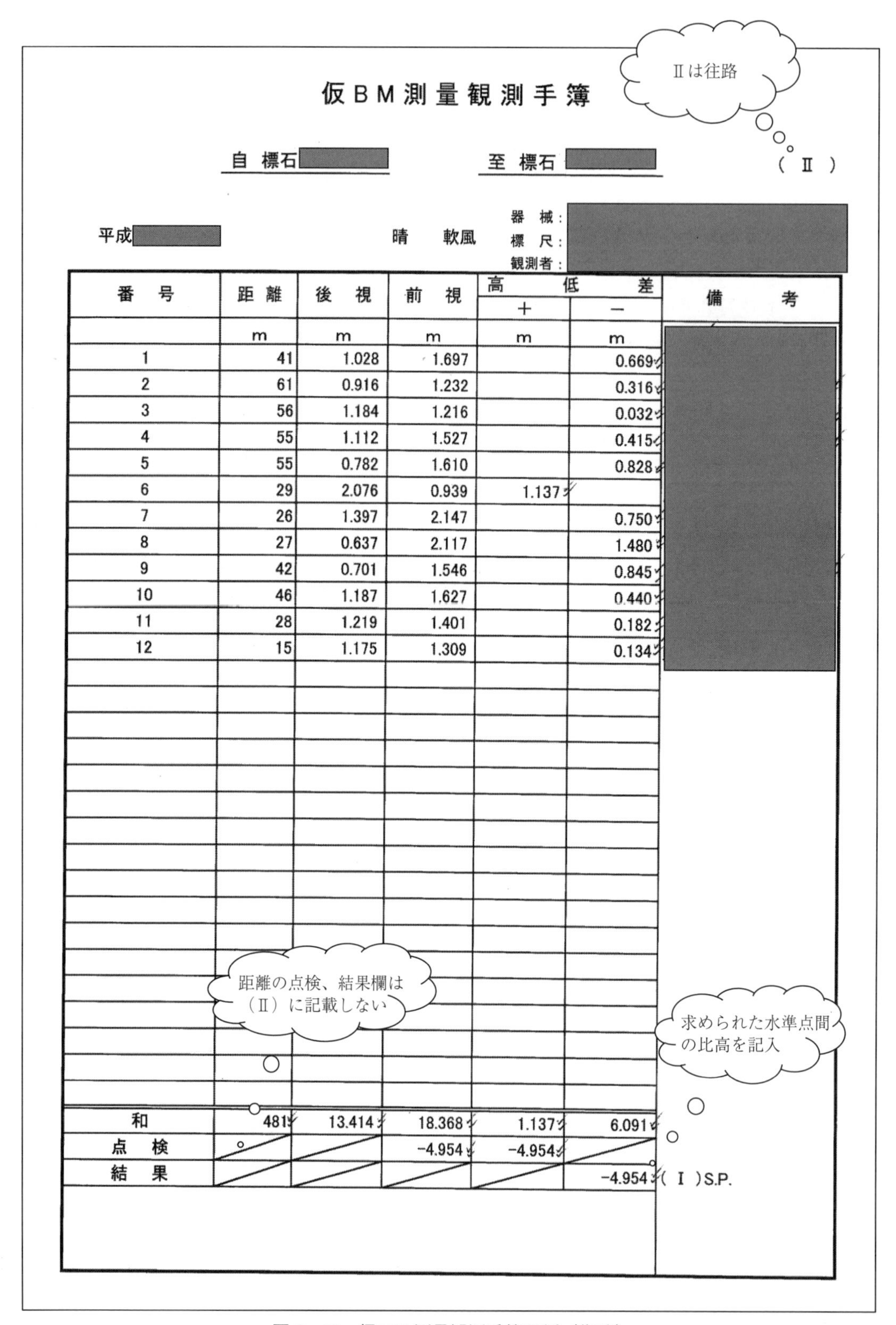

仮BM測量観測手簿

（Ⅱ）

自 標石　　　　至 標石

平成　　　　晴　　軟風　　器　械：　標　尺：　観測者：

番　号	距離	後　視	前　視	高低差 +	高低差 −	備　考
	m	m	m	m	m	
1	41	1.028	1.697		0.669	
2	61	0.916	1.232		0.316	
3	56	1.184	1.216		0.032	
4	55	1.112	1.527		0.415	
5	55	0.782	1.610		0.828	
6	29	2.076	0.939	1.137		
7	26	1.397	2.147		0.750	
8	27	0.637	2.117		1.480	
9	42	0.701	1.546		0.845	
10	46	1.187	1.627		0.440	
11	28	1.219	1.401		0.182	
12	15	1.175	1.309		0.134	
和	481	13.414	18.368	1.137	6.091	
点　検			−4.954	−4.954		
結　果					−4.954	（Ⅰ）S.P.

図8－19　仮BM測量観測手簿の例（復路）

UAV 編

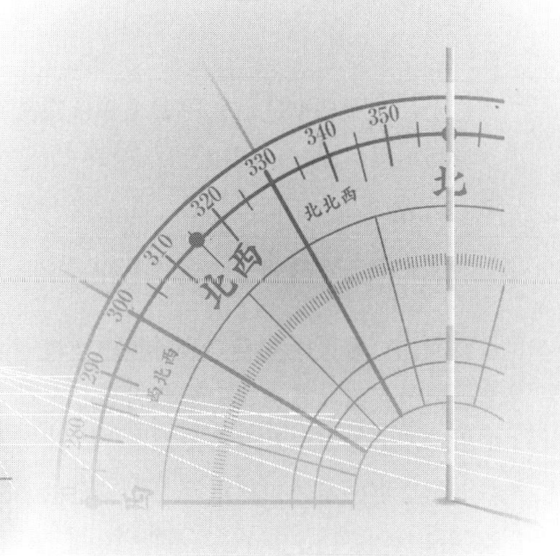

第1章　UAVとは

UAVとは無人航空機（UAV：Unmanned Aerial Vehicle）のことである。UAVの通称名である**ドローン**（Drone）は、当初、複数枚のプロペラを利用したマルチコプター（回転翼機）がホビー用ドローンとして一般に普及した。現在ではコンピュータ制御の導入、特殊カメラセンサーの搭載、機体の特殊化等により産業用ドローンとして急速に発展普及している。後述するが、無人航空機は航空機の一種であることから、航空法の適用を受ける。

一般的なUAV（ドローン）は、誰でも容易に購入することができ、基本的理論や法律を理解することなく飛行させることが可能であることから、知識不足や経験不足による事故等が危惧される（人為的要因による事故である）。

幅広い分野においてUAV（ドローン）の利活用が進んでいることから、利用者は事前に最低限理解しておかないといけない「**UAV（ドローン）の基礎的知識、飛行原理および関連する法律**」を解説し、土木利用で必要となる「**UAVを用いた測量方法**」を説明する。

基本項目を十分に理解した上でUAV（ドローン）を利用し、トラブルや危険を回避することが第一優先である。

写真U1－1　ドローン

写真U1－2　トイドローン
（Ryze Technology Tello）

1-1　ドローンの現状

2015年は「ドローン元年」といわれている。現在、ドローンを利用した産業が多方面に拡大成長しており、「空の産業革命」ともいわれ、経済市場を賑わしている。ドローンは、ラジコンヘリに比べて、機体が安価で、操作性に優れていることから、急速に広まった。

しかし、2015年にドローンの墜落事故等が相次いだことから、ドローンに対する法整備が進められ、同年12月10日にドローン等無人航空機に関する条文が追加された**「改正航空法」**が施行されることになった。無人航空機に関係する改正航空法による内容は、大きく下記の2点である。

- ○　**無人航空機の飛行禁止空域**
- ○　**無人航空機の飛行方法**

上記2点のルールに違反した場合は、**50万円以下の罰金**を科すこととなっている（詳細内容については、9-6-1　航空法　を参照）。

改正航空法は、無人航空機の飛行に関して、“**航空機の航行や地上の人・物の安全を確保するため、無人航空機の飛行の禁止空域および無人航空機の飛行の方法等**”の基本的ルールを定めたものである。

建設分野においても、ドローンの利活用が生産性向上に期待されている。測量分野においては、「**UAVを用いた公共測量マニュアル（案）**」および「**公共測量におけるUAVの使用に関する安全基準（案）**」が国土地理院で作成され、平成28年（2016年）3月30日に公表（平成29（2017年）3月31日改正）されている。このマニュアル（案）および安全基準（案）は、公共測量だけでなく、国土交通省が進める“**i-Construction**”に関連する測量作業においても適用することを前提に作成されている。そして、測量業者が円滑かつ安全にUAVによる測量を実施できる環境が整備され、建設現場における生産性の向上が期待されている。

● 1-2　無人航空機（UAV）とは

日本における航空機については、**航空法　第一章　総則　第二条**　において、下記のように定義されている。

「航空法」　抜粋9－1

> 第一章　総則
> （定義）
> 第二条　この法律において「航空機」とは、人が乗つて航空の用に供することができる飛行機、回転翼航空機、滑空機、飛行船その他政令で定める機器をいう。

また、日本における無人航空機とは、**航空法　第一章　総則　第二条　第22項**　において、下記のように定義されている。

「航空法」 抜粋９－２

第一章　総則
（定義）
第二条
22　この法律において「無人航空機」とは、航空の用に供することができる飛行機、回転翼航空機、滑空機、飛行船その他政令で定める機器であつて構造上人が乗ることができないもののうち、遠隔操作又は自動操縦（プログラムにより自動的に操縦を行うことをいう。）により飛行させることができるもの（その重量その他の事由を勘案してその飛行により航空機の航行の安全並びに地上及び水上の人及び物件の安全が損なわれるおそれがないものとして国土交通省令で定めるものを除く。）をいう。

航空法における無人航空機とは、一般的に広まっている“マルチコプター（回転翼機）”のほか、飛行機、滑空機、飛行船その他政令で定める機器も含まれる。ただし、省令により、**機体重量が200ｇ未満**（飛行に必要なバッテリーを含めた重量）に関しては**無人航空機から除外**されており、模型飛行機に分類される。

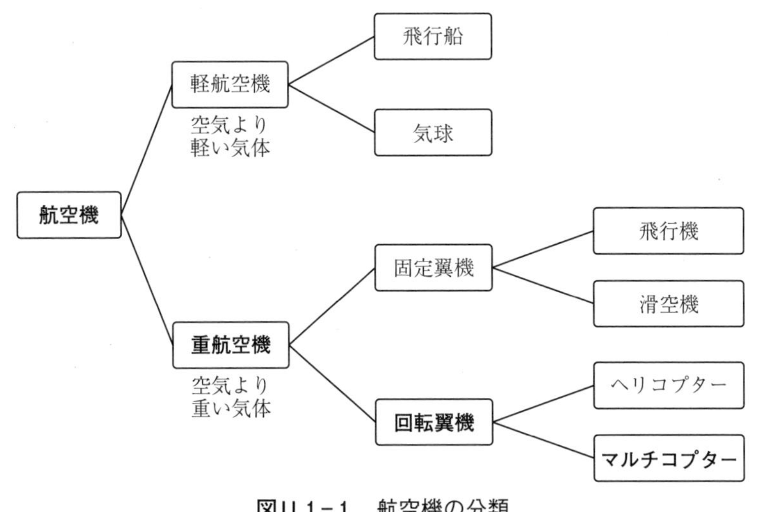

図Ｕ１－１　航空機の分類

航空機に関する分類のすべてにおいて、**構造上、人が乗ることができず、遠隔操作または自動操縦（プログラムにより自動的に操縦を行うこと）により飛行させることができる**もので、**機体重量が200ｇ未満の機体以外、すべて無人航空機に分類されている。**

第２章　基礎知識

ドローンには様々な種類があり、また、部位の名称や機体の動きにも航空機特有の名称がある。

● 2-1　ドローンの種類

一般的なドローンの多くは、「固定翼機」と「回転翼機」である。ここでは、回転翼機のマルチコプターの種類について説明する。

“マルチコプター”とは、ヘリコプターのような回転翼を用いて飛行する機体を指し、3つ以上のブレード（プロペラ）を持つものをマルチコプターと呼ぶ。マルチコプターには、ブレード（プロペラ）の数により、**図U 2－1**のような種類に分類される。

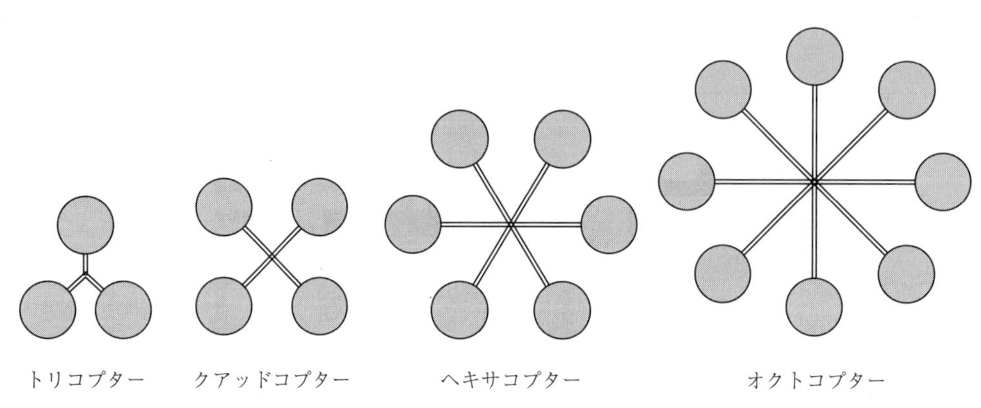

図U 2－1　マルチコプターの分類

● 2-2　機体の名称

ドローン本体の名称として、本書ではDJI社の“Phantom 3 Professional (Pro)”を事例として説明する。

現在のドローンには、多様なセンサーと高性能カメラが備えられており、さながら「飛ぶ精密機器」である。

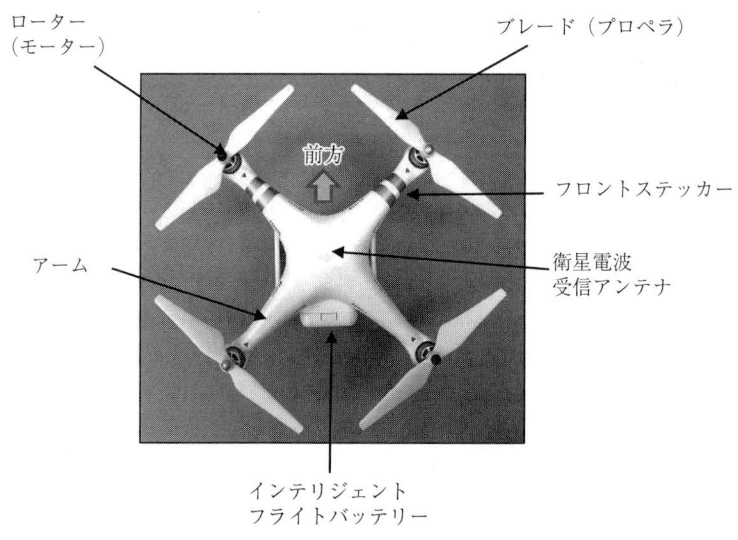

写真U 2－1　ドローン（上面）

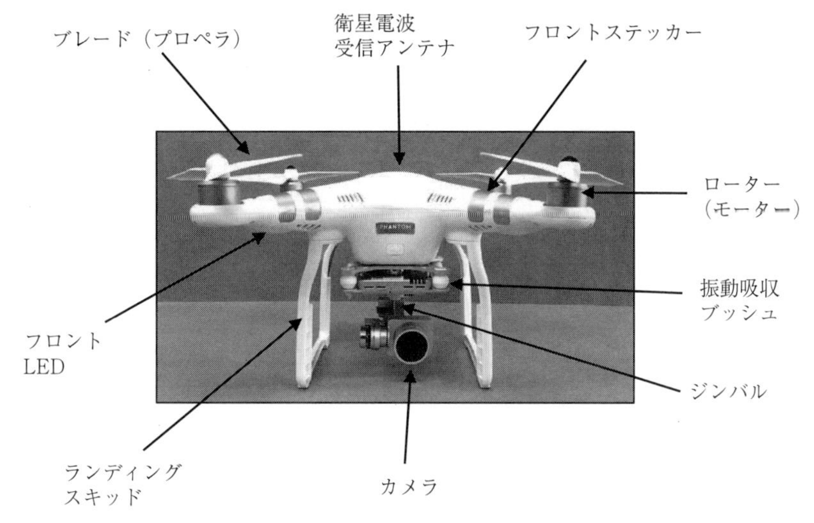

写真Ｕ２−２　ドローン（正面）

2-2-1　ブレード（プロペラ）

ローターの回転により、ブレードが回転し機体を持ち上げる揚力を発生させる。隣り合うローターは逆方向に回転するため、ブレードも同じように隣り合うブレードは逆方向に回転する。マルチコプターの場合、ブレードの回転数を変えることで揚力を変化させる。回転速度は、時速100 km を超える。

2-2-2　ローター（モーター）

マルチコプターで最も重要なパーツである。ヘリコプターの場合、エンジンをローターにしているが、マルチコプターの場合は電気モーターであるブラシレス DC モーターを採用し、高い応答性を実現している。

2-2-3　衛星電波受信アンテナ

マルチコプターの高い安定性を実現した機能の一つが衛星測位システムである。衛星電波受信センサーであるアンテナは、機体上部に内蔵されており、“Phantom 3 Pro” の場合は、GPS 衛星と GLONASS 衛星の電波を受信して機体の正確な位置座標を計算している。当然のことであるが、屋内では衛星電波の受信はできない。

2-2-4　フロントステッカー

機体のフロント方向が判別できるように、フロント方向の２つのアームに貼られている。

2-2-5　アーム

ローターと本体を接続している。内部には、基盤からローターへのケーブル等が収まっている。

2-2-6　インテリジェントフライトバッテリー

無人航空機の動力源として使用されているのは、リチウムポリマー・バッテリー（リポバッテリー）である。リポバッテリーは過充電、過放電等に弱いため、それらの弱点を補うために過充電保護、過放電保護、温度検知機能を備えた高性能なバッテリーである。

リチウムポリマー・バッテリー（リポバッテリー）は、発火や爆発の危険性があるため取り扱いに注意が必要である。

2-2-7　フロントLED

飛行中に機体フロントの方向が判別できるように点灯する。ただし、遠く離れるとLEDの明かりが判別できなくなるため、注意が必要である。

2-2-8　カメラ

動画、静止画の撮影を行う。“Phantom 3 Pro”には、毎秒30フレームで4Kの超高解像度ビデオ撮影および1 200万画素（12メガピクセル）の写真撮影が可能である。撮影設定により、マルチショットや連続撮影等ができる。なお、“Phantomシリーズ”のカメラは非着脱式である。

2-2-9　ジンバル

ジンバルとは、センサーで機体の振動を感知して小型モーターで傾きを補正する装置のことである。“Phantomシリーズ”では、3軸ジンバルが採用されている。

2-2-10　振動吸収ブッシュ

ブッシュ（ゴムの部品）で機体の振動を吸収することによって、振動からカメラを保護する。

2-2-11　ランディングスキッド

地面で機体を支える脚。スキッドの内部には、送信機（プロポ）と電波の受送信を行うアンテナがある。

参考

UAV（ドローン）の部品点数は約3 000点といわれており、この点数は、ノートパソコンの部品点数とほぼ同数である。また、数種類の精密センサーも内臓されており、空飛ぶ精密機器といわれることも納得できる

● 2-3　送信機（プロポ）の名称

ドローンの操縦には、コントローラーである「プロポ」（プロポーショナル・システムの略称）と呼ばれる送信機を使用する。操作は2本のスティックと呼ばれる舵で行う。ドローンの空中での動きを操作するため、送信機（プロポ）の機能を熟知しておく必要がある。

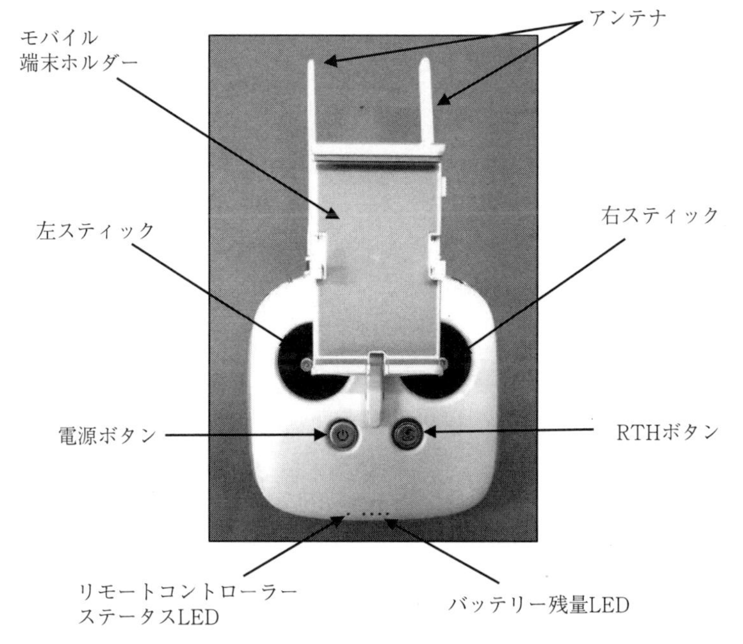

写真U 2－3　送信機（正面）

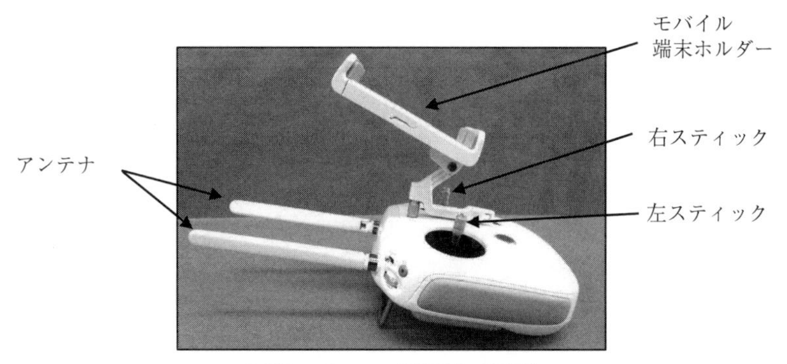

写真U 2－4　送信機（側面）

2-3-1　アンテナ

機体からの映像電波の受信及び機体コントロールの電波発信を行う。Phantom シリーズでは、2.4 GHz 帯の電波を使用し、伝送距離は 2 km 範囲をカバーできる。

2-3-2　モバイル端末ホルダー

“Phantom シリーズ” などマルチコプターの機体とプロポは専用アプリを使って制御するため、専用アプリをインストールした「スマートフォン」や「iPad」などのモバイル端末が必要である。機体の制御および映像確認を行うためのモバイル端末を固定するホルダーである。

2-3-3　右スティック

機体を動かす舵。プロポの設定が「モード１」の場合、右スティックは上下移動と左右移動の動作を行う。

2-3-4　左スティック

機体を動かす舵。プロポの設定が「モード１」の場合、左スティックは前後移動と左右旋回の動作を行う。

2-3-5　RTH ボタン

“Phantom シリーズ”には、離陸した地点をホームポイントとして自動帰還させることができる機能が備わっている。飛行中に RTH（Return To Home）ボタンを押すと、機体は離陸した地点に自動で帰還する。ただし、ホームポイントを認識するには、衛星電波が安定して受信できていることが条件となる。また、電波干渉等により機体とプロポの接続が切れ制御不能になった状態（ノーコン）などの非常時には、自動で RTH 機能が作動する。ただし、あくまで緊急時のサポート機能であり、過信は禁物である。

2-3-6　電源ボタン

送信機（プロポ）の電源ボタン。“Phantom シリーズ”の場合、２度押しでオンになる。

2-3-7　バッテリー残量 LED

送信機「プロポ」のバッテリー残量を表示する LED。４つの LED で残量を表示する。

2-3-8　リモートトコントローラー・ステータス LED

３色（赤、緑、黄）の点灯 / 点滅で送信機（プロポ）の状況を表示する。

● 2-4　操縦方法

送信機（プロポ）の左右スティックで機体の操縦を行うが、設定によって２本のスティックに対する舵の割り当てが異なる。

その舵の割り当てを「モード」という。モードは、モード１からモード４まであるが、市販されているドローンは「モード１」か「モード２」がほとんどである。海外では「モード２」が主流であるが、日本国内では「モード１」を使用する操縦士が多い。

本書では、「モード１」による操縦方法を説明する。

トピックス／モードについて

海外製品のドローンを購入する際、モード設定の確認をする必要がある。時々、モード変更ができず、「モード２」固定のドローンが存在する。日本国内では「モード１」が主流となっているため、書籍や各種講習会では「モード１」での説明および実技が行われていることが多い。「モード１」と「モード２」の両方の操縦ができるようになるのは非常に難しく、また、事故等のトラブルの原因にもなる

ドローンの動作には、航空機の操縦で使用される呼称を用いる。各種の操縦呼称は、**表Ｕ２−１**のとおりである。

表Ｕ２−１　動作とその呼称

機体の動作	操縦呼称
前後の動き	エレベーター
上下の動き	スロットル
左右の動き	エルロン
左右の旋回	ラダー
左右の傾き	ロール
左右傾き角度	バンク角
回転	ヨー（ヨーイング）
機首の方角	ヘディング
上昇	クライム
下降	ディセンド
機首変更	ターン
離陸	テイクオフ
着陸	ランディング

「モード１」のスティック操作による機体の動作は、**写真Ｕ２−５**のとおりである。

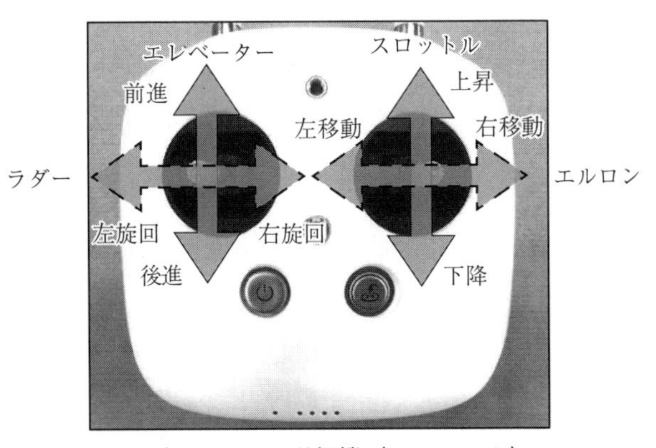

写真Ｕ２−５　送信機（スティック）

各スティックの操作と機体の動作は、以下のとおりである。実際の飛行では、２つのスティックを使って４つの動作を同時に行うため、十分な練習が必要である。

（１）スロットル（右スティック：機体の上昇、下降）

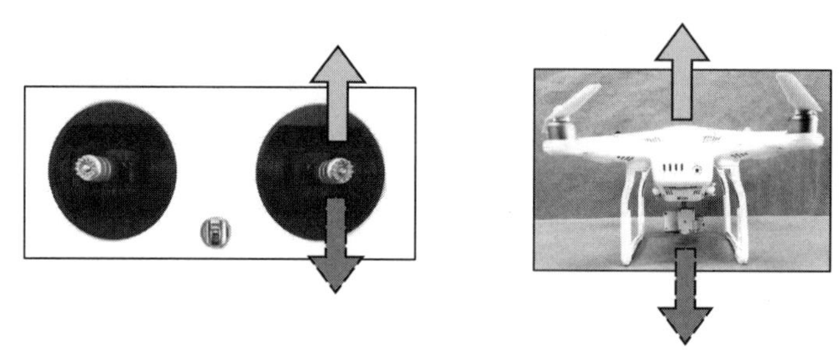

写真Ｕ２−６　スティックと機体の動き①

（２）エルロン（右スティック：機体の右移動、左移動）

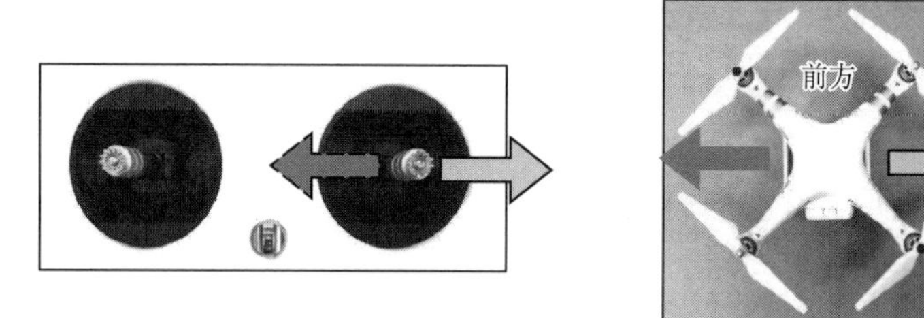

写真Ｕ２−７　スティックと機体の動き②

（３）エレベーター（左スティック：機体の前進、後進）

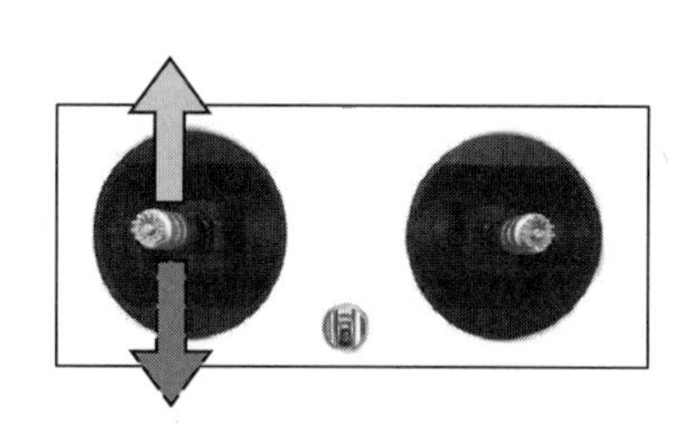

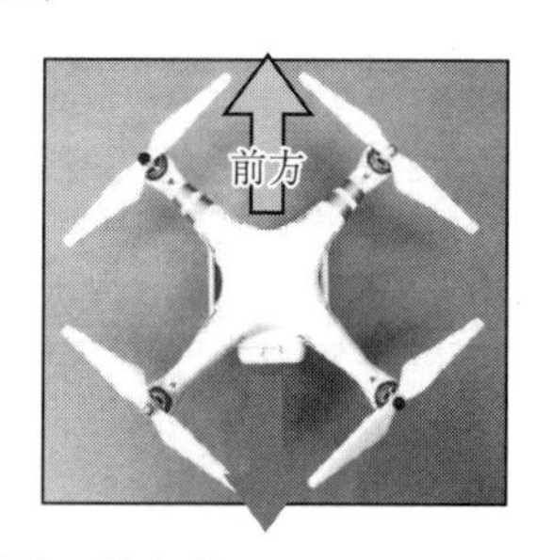

写真Ｕ２−８　スティックと機体の動き③

④　ラダー（左スティック：機体の右旋回、左旋回）

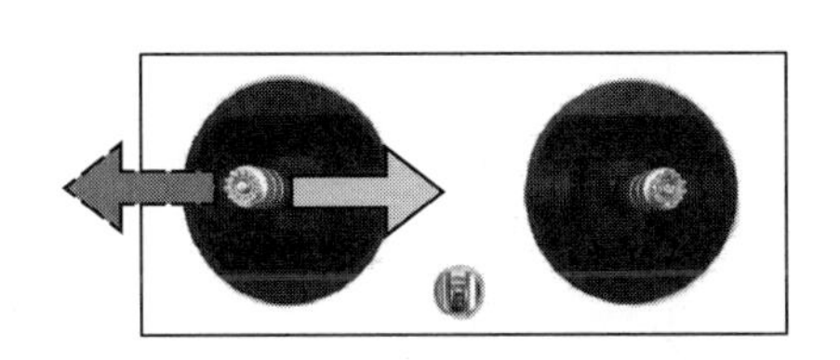

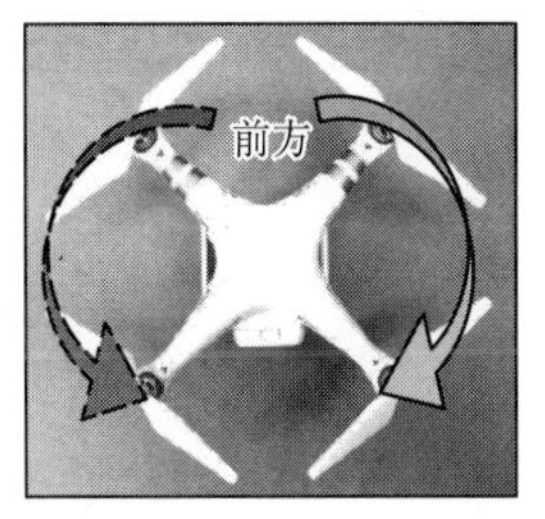

写真Ｕ２－９　スティックと機体の動き④

第３章　飛行原理

機体が空中に浮き上がるには、重力以上の力を得る必要があり、空中を移動するには抵抗力以上の力が必要である。

3-1　機体の動き

ドローンが安定して飛行できるのは、複数のローターの回転にある。ヘリコプターはローターが１つしかない（シングルローター）ため、ローターが回転するとその反作用の力が働き、機体がローターと逆方向に回ろうとする力（反トルク）が発生し、機体が回転する。そのため、反作用の力を打ち消す力を発生させ、尾翼にテールローターと呼ばれるローターを搭載することで、機体の回転を防いでいる。マルチコプターの場合、隣り合うローターが逆回転させることで、この反作用の力を打ち消している。

ブレードの回転は、時計回りを「**クロックワイズ（C.W）**」、反時計回りを「**カウンタークロックワイズ（C.C.W）**」と表現する。

クロックワイズ

カウンタークロックワイズ

図Ｕ３－１　ブレードの回転

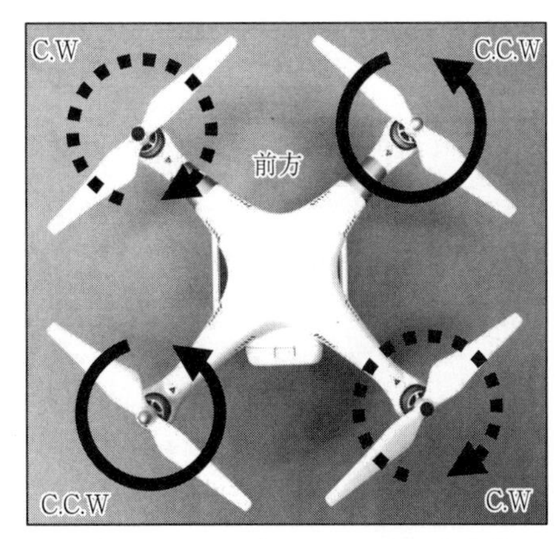

写真Ｕ３－１　ブレードの回転方向①

マルチコプターの場合、それぞれのローターの回転速度を制御することで機体の複雑な動作が可能となっている。各ローターの回転速度と機体動作の関係は、**写真U 3－2** および**表U 3－1**のようになる（写真と表にある1～4は対応している）。

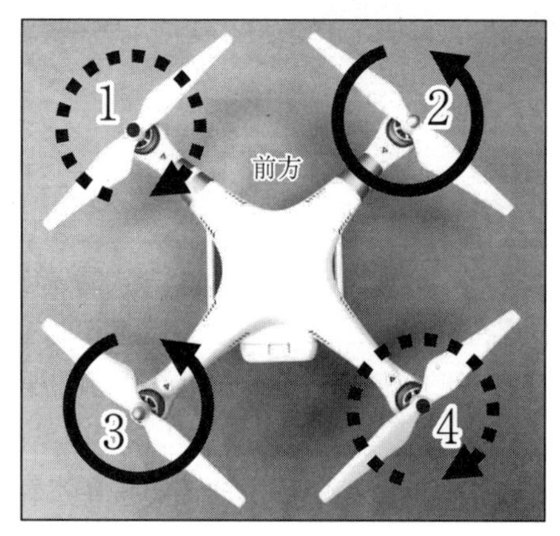

写真U 3－2　ブレードの回転方向②

表U 3－1　ブレード回転と機体の動き

スティックの動き	ブレードの回転（番号は写真 9－13に対応）	機体の動き
スロットルを上に倒す	1，2，3，4 の回転速度が速くなる	**上昇**
スロットルを下に倒す	1，2，3，4 の回転速度が遅くなる	**下降**
エレベーターを上に倒す	1，2 の回転速度が遅く、3，4 の回転速度が速くなる	**前進**
エレベーターを下に倒す	1，2 の回転速度が速く、3，4 の回転速度が遅くなる	**後進**
エルロンを右に倒す	1，3 の回転速度が速く、2，4 の回転速度が遅くなる	**右移動**
エルロンを左に倒す	1，3 の回転速度が遅く、2，4 の回転速度が速くなる	**左移動**
ラダーを右に倒す	1，4 の回転速度が遅く、2，3 の回転速度が速くなる	**右旋回**
ラダーを左に倒す	1，4 の回転速度が速く、2，3 の回転速度が遅くなる	**左旋回**

● 3-2　機体浮上の仕組み

固定翼機、回転翼機とも翼またはブレードに揚力を発生させることで、機体を持ち上げる。翼またはブレードの上の流速（空気の流れの速さ）が速く、下の流速が遅くなると、翼の下方より上方の気圧が低くなるため、翼が気圧の低い方に引っ張られる現象（揚力）が発生し、機体が持ち上げられる。

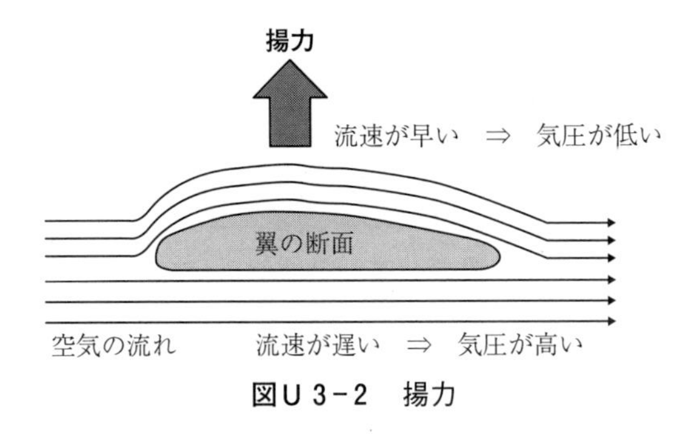

図U 3－2　揚力

翼の進行方向に対して垂直方向に揚力が発生する。そのときに、翼の角度（ピッチ）を大きくすると翼上方の流速が速くなり大きな揚力を得ることができる。

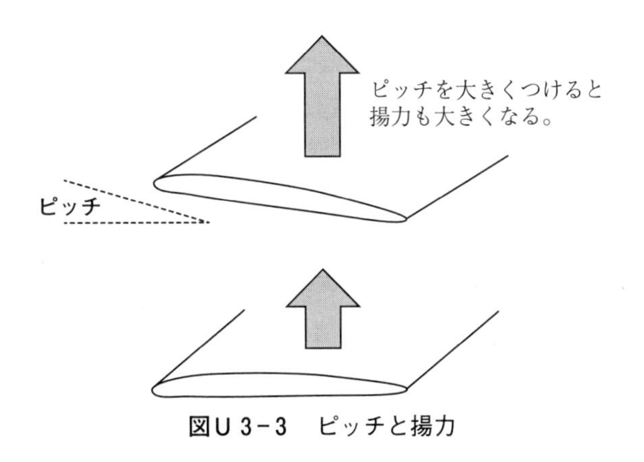

図U 3－3　ピッチと揚力

飛行機の場合、エンジンの力で前進することで翼に流速を与え、翼後方の補助翼のピッチを変更することで大きな揚力を得て、機体を浮上させる。

ヘリコプターの場合は、ブレードに可変ピッチという仕組みが備わっており、ローターの回転数を一定に保ったままブレードのピッチを変えることで揚力を調整し、機体を浮上させる。

マルチコプターの場合、ブレードの角度が固定されている（固定ピッチ）ため、ピッチの変更はできない。そのため、ローターの回転数を変えることで揚力を調整し、機体を浮上させる。揚力を変化させるためには、すべてのローターの回転数を常に精密に変化させる必要があるため、ローターの制御には「ESC（Electronic Speed Controle）」というコントローラーが備わっている。

トピックス／上昇気流とドローン

マルチコプターは固定ピッチのため、ローターの回転数を変化させることで揚力を調整する。つまり、回転数を上げることで機体が上昇し、回転数を下げることで機体が下降する

機体を降下させる場合、目視によって機体の降下に合わせてローターの回転数を調整する。降下時に上昇気流（下から上に風が吹く状態）が発生した場合、機体に浮力が発生し、ローターの回転数を下げても機体が思うように降下しなくなる。さらに回転数をさげることで、回転数が極端に下がり、機体の姿勢が制御できなくなり墜落事故が発生する。このため、マルチコプターは上昇気流に弱いということを良く理解し、着陸時や強風時の飛行には注意する必要がある

● 3-3　機体に働く 4 つの力

飛行中の機体には、4 種類の力が作用している。マルチコプターの場合、動く方向によって作用する力が変化するため、固定翼の機体で説明する。

“**4 つの力**”とは、機体を持ち上げようとする「**揚力**」、地球から引っ張られる「**重力**」、前進しようとする「**推力**」、推力を妨げる「**抗力**」である。

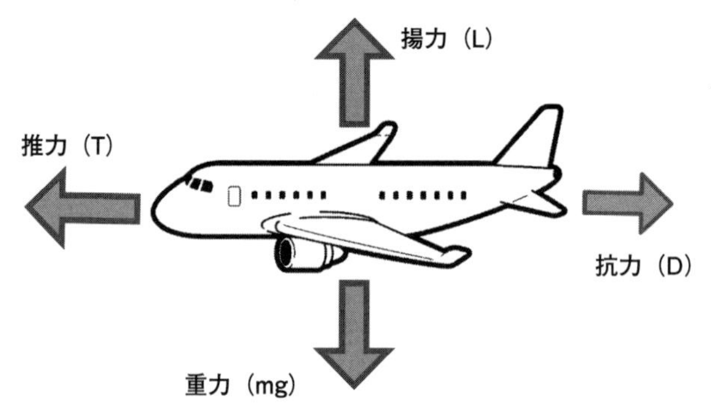

図U 3－4　機体に働く 4 つの力

空中での飛行には、これら 4 つの力のバランスが重要である。重力よりも揚力が大きくなれば上昇するし、抗力より推力が大きくなれば前進する。

ヘリコプターやマルチコプターは飛行機と異なり、4 つの力のバランスを調整することで、空中で停止するホバリングが可能である。また、マルチコプターの場合、方向転換することなく、どの方向にも移動が可能であることから、推力の方向は常に変化する。そのため、急な操縦による動作変更を行うと 4 つの力のバランスが崩れることで機体のバランスが崩れ、墜落する場合がある。

また、飛行機の場合、進行速度が低下（推力が低下）すると失速につながり墜落するが、ヘリコプターやマルチコプターの場合は、進行速度が速く（推力が増す）なると失速し墜落する。これは、速度を上げるとブレードに当たる風が大きくなり、ブレードストールという現象が発生し、機体は失速し墜落する。そのため、ヘリコプターやマルチコプ

ターには機種ごとに最高速度が規定されている。

● 3-4 センサー

ドローンの最大の特徴は、**安定した飛行を実現したこと**にある。本体には数多くの高性能センサーが搭載されており、それらセンサーから得られたデータを瞬時に計算することで機体を安定するように制御されている。

機体を安定させる装置は、機体の位置を安定させる位置安定装置と機体の姿勢を安定させる姿勢制御装置の大きく２種類がある。

それぞれの装置のセンサーは以下のとおりである。

3-4-1 位置安定装置

（１）衛星測位システム

衛星から発信されている電波を受信し解析することで、地球上での三次元位置を計算するシステム。現在のドローンでは、米国のGPS衛星のほかロシアのGLONASS衛星などの電波も受信して解析している。

（２）コンパス（地磁気センサー）

衛星測位システムでは、緯度経度高度を計測できるが、機体の向きが分からない。そこで、精密な地磁気センサーを使用したコンパスを搭載することで、進行方向を計測している。

（３）高度センサー、気圧センサー

衛星測位システムでは、水平方向の測位精度に比べ鉛直方向の測位精度は低下する。そのため、着陸時など鉛直方向の高い測位精度が必要なことから、高度センサー・気圧センサーを利用し精度を高めている。

（４）ビジョン ポジショニング システム

低空時や衛星電波の受信ができないときに、機体下部に装備されているカメラと超音波センサーによって床面から移動方向や距離を計測する。“Phantom 3”などの機種に搭載されている新しいシステムである。

3-4-2 姿勢制御装置

（１）ジャイロセンサー

ジャイロセンサーは、３軸（数学的にはX，Y，Z、航空用語ではヨー軸、ピッチ軸、ロール軸）方向の角速度を検知するセンサーである。角速度とは「物体が回転する速度、すなわち単位時間当たりの角度移動量」のことである。ジャイロセンサーにより、機体の回転を計測する。

（２）加速度センサー

加速度センサーは、加速度を検出するセンサーである。機体移動の加速度と機体にかかる重力加速度を利用し、機体の位置（X，Y，Z）を検知するセンサーである。加速度センサーにより、機体の速度変化と傾きを計測する。

トピックス／センサー

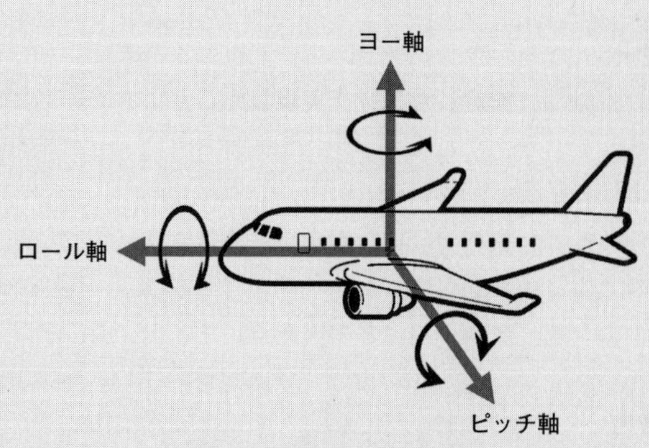

図U 3－5　機体に働く3軸

ヨー軸、ピッチ軸、ロール軸の回転を検出するのが**ジャイロセンサー**、軸方向の移動変化および傾きを検知するのが**加速度センサー**である

ちなみに、スマートフォンの画面を90°傾けると画面も傾く動作の原理は、加速度センサーによりスマートフォンにかかっている重力加速度から傾きを検知し、画面を傾けていることにある

ドローンの機体を安定させるには、姿勢制御装置が非常に重要である

第4章　バッテリーについて

電動式のドローンの動力源として主に使用されているのは、リチウムポリマー・バッテリー（**リポバッテリー**）である。しかし、リポバッテリーの取り扱いには注意が必要なため、その特性を良く理解した上で扱う必要がある。

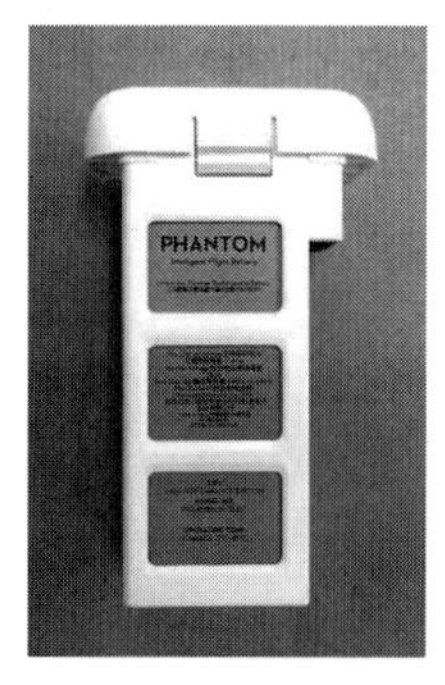

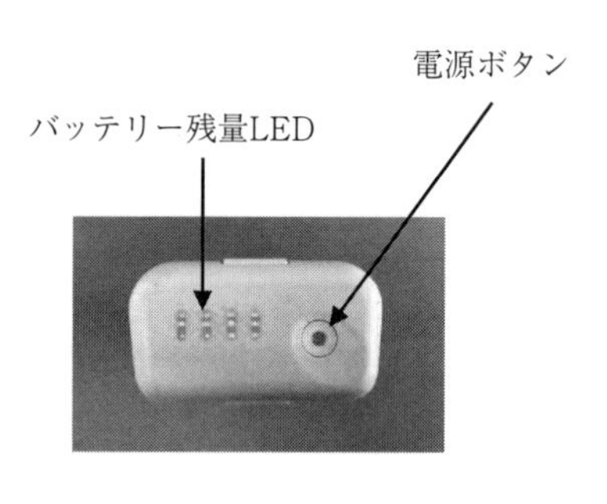

写真U 4－1　リチウムポリマー・バッテリー

4-1　リチウムポリマー・バッテリー（リポバッテリー）の特性

リポバッテリーは、小型・軽量であり、出力できる電流が大きく（起電力が高い）、大容量でエネルギー密度の高いバッテリーである。また、他のバッテリーに見られる「メモ

リー効果※」が無いのが特徴で、軽量かつ高い起電力を必要とするドローンには最適である。

※ 「メモリー効果」とは、充電を使い切らない状態で充電を行うと、本来の出力性能が発揮できない現象で、バッテリー寿命が短くなったようになる現象

● 4-2　リチウムポリマー・バッテリー（リポバッテリー）の注意事項

リポバッテリーは、電解質に可燃性の高分子ポリマーを使用しているため、使い方を誤ると発火や爆発する危険性がある。以下の注意事項を十分に理解することによって発火や爆発の危険を回避する必要がある。

- **過充電、過放電に弱い**
- **衝撃に弱い**
- **長期保存、長期使用には向かない**
- **保管時は、容量の60％程度に充電された状態にする**
- **満充電の状態での保管は、電圧が上昇しバッテリーが膨らむ可能性がある**
- **外観が膨らんだバッテリーは爆発する危険性があるため使用しない**
- **充電は、必ず専用の充電器を使用する（バランス充電を行う）**
- **使用率の約80％を超えると急に電力が低下する（バッテリーの出力低下による墜落）**
- **低温時にバッテリー電圧の低下が起こる**

● 第5章　トラブルについて

手軽に飛行させることができ、高所から360°パノラマを映像として撮影できるなど、ドローンには新しい魅力がある。しかし、空中を飛行するということは、地上での動きとはまったく違う力が作用するため、トラブル等のリスクが高いということをしっかりと認識することが重要である。「**ドローンは落ちるもの**」という前提で安全を最優先させる必要がある。

ドローンによっては、トラブル発生時に安全な飛行を行うための安全機能（フェールセーフ機能）を備えている機種もあるが、あくまで補助的機能としてとらえる必要がある。飛行時に起こりうるトラブルを事前に想定しておくことが、トラブル回避対策として重要であることから、以下のトラブルの要因例を参考願いたい。

● 5-1　ドローンに関連する要因

5-1-1　バッテリー切れ

飛行前の残量確認漏れ、飛行時の残量不足、低温時の電圧低下など、バッテリーの電圧低下による墜落。

5-1-2　電波トラブル

ドローンの機体は、送信機（プロポ）からの電波によって操縦を行うことから、電波トラブルが発生するとコントロールできない状態（ノーコン）となり、重大な事故の原因となる。そのため、高圧鉄塔、送電線や電波塔の近くなど電波障害を受けやすい場所や、近隣で同時に多くのドローンを飛行させた場合など混信の起こりやすい状況を避ける必要がある。

5-1-3　衛星電波受信エラー

安定した飛行を行うために必要な衛星測位システムであるが、上空の障害物や近傍の強い電磁波により、いきなり衛星電波の受信エラーが発生し、不安定な飛行になることがある。

● 5-2　人的な要因（操縦者）

5-2-1　整備不良

日常点検による部品や通信状態の確認、飛行前点検による機体の状態、バッテリー残量、各種パーツの取り付け状況や通信状態の確認、飛行後点検による機体の状態の確認など、常に点検を実施し、不良箇所等が見つかった場合には無理に飛行せず、修理等の対策を講じることが重要である。また、ファームウェアや専用アプリは、常に最新バージョンに更新しておくことも重要である。

5-2-2　障害物への接触

操縦ミスによる障害物への接触による制御不能からの墜落。

5-2-3　体調不良時の飛行

風邪やアルコール等の摂取時には注意力や判断力が低下することで、ドローンの正常な飛行に影響を与える恐れがある。

体調がすぐれないときには飛行しないことが重要である。

● 5-3　外的な要因（気象）

5-3-1　降水・雷・気温

ドローンは「飛ぶ精密電子機器」である。多くのドローンには、防水・防塵機能を備えていないため、雨、雷、濃霧、雪は故障等の原因となることから、悪天候時の飛行は避けるべきである。また、飛行中に急な雨や霧、雷が発生した時には、故障あるいは電波障害による墜落の危険性があるため、直ちに飛行を中止すべきである。

夏場は高温による精密機器の熱暴走、冬場は低温によるバッテリー電圧の低下による墜落等のリスクが高まるため、温度管理が重要である。

5-3-2　強風・突風

ドローンは、高性能な機体制御装置によって安定した飛行が実現できている。しかし、装置が対応できる姿勢には限度があり、その限度を超えると安全装置が作動し、ローターが非常停止する機能がある。飛行時に強風や突風で機体があおられた場合などに安全装置が作動し、ローターが非常停止することによって墜落することがある。また、地上付近と上空では風の強さが異なるため、予想外の風にも注意を払う必要がある。

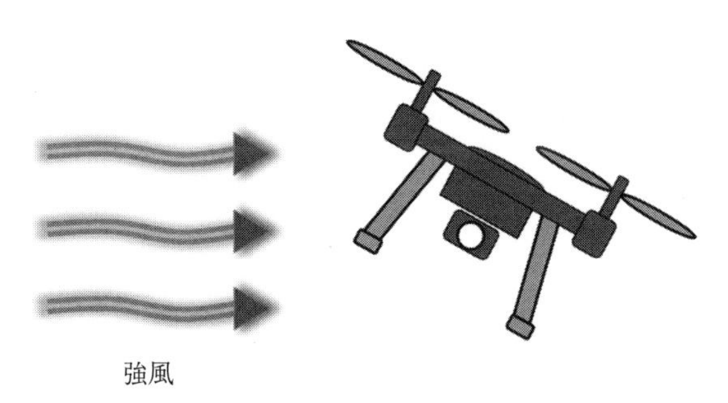

図U 5－1　強風による機体の状態

> **参考**
>
> 多くのドローンには、フェイルセーフ機能が備わっている。フェイルセーフ機能とは、障害が発生した場合に安全を確保するために制御することである。いわゆる安全装置である
>
> ドローンが一定以上に傾いた場合にローターを停止することや、送信機との電波接続が途絶えたときに離陸した場所に自動帰還（リターントゥーホーム）したり、その場で着陸（ランディング）したりする

5-3-3　セットリングウィズパワー

回転翼機の場合、ブレードの回転によって下向きの風が作られる。これを「**ダウンウォッシュ**」と呼ぶ。機体の降下時には、下から風が当たるようになるが、ダウンウォッシュにより上向きの風が下向きの風に変えられるため、空気の乱れが発生しブレードの下に渦状の風が発生する。これを「**ボルテックスリング**」という。この状態になると、ブレード周辺は乱れた空気しか存在しなくなり、機体が揚力を失う。この状態を「**セットリングウィズパワー**」と呼び、非常に危険な状態である。このような状態になった場合には、前進加速で空気の乱れた領域から脱出するしかない。

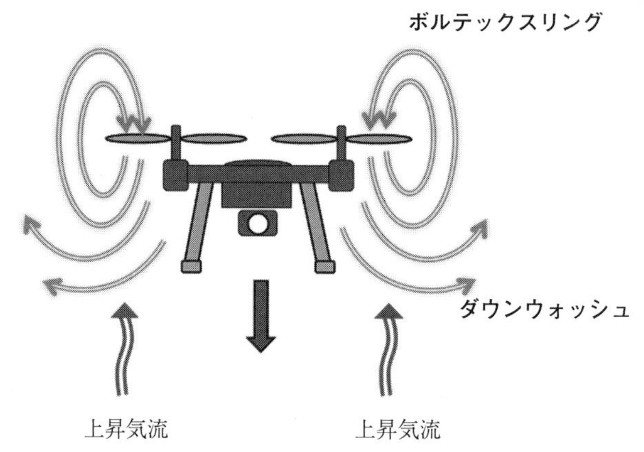

図Ｕ５－２　セットリングウィズパワー

5-3-4　地面効果

回転翼機の着陸時に、「ダウンウォッシュ」により機体と地面の間の空気が圧縮され、機体の揚力が増す現象が発生する。これを「地面効果」と呼ぶ。地面効果により、着陸の瞬間に機体が持ち上げられることにより不安定な状態となることがあり、注意が必要である。

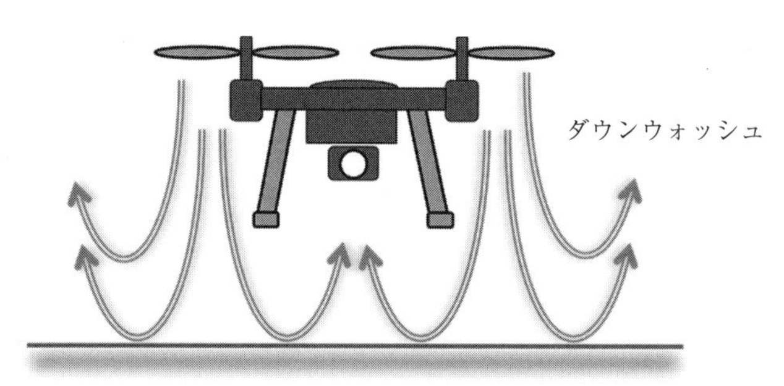

図Ｕ５－３　地面効果

● 5-4　トラブル回避の心得

ドローンを飛行させる際には、下記の心得を常に意識することが大切である。

5-4-1　法律を遵守すること！

無人航空機の操縦者は「航空法」、「民法」など飛行に関連する法律を遵守する必要がある。

5-4-2　人に被害を与えないこと！

無人航空機は、高速回転するブレードを持つ飛行する物体である。高速回転しているブレードは凶器と同じで、接触すると怪我をする。

5-4-3　社会に損害を与えないこと！

飛行場所や操縦方法により、鉄道、送電線、航空機など社会インフラに対する妨害物となりうる。

5-4-4　プライバシーに配慮をすること！

上空を飛行することで、無断で私有地への侵入や第三者を撮影したりするようなプライバシーの侵害にあたる行為は避けなければならない。

5-4-5　故意に墜落させることも必要！

危険を回避するためには、状況によって可能であるならば、故意に墜落させることで危険を回避させることも必要である。

5-4-6　操縦技術を磨くこと！

常に操縦技術を磨くことが必要である。トイドローンを使用して繰り返し屋内練習を積むことが操縦技術の向上にあたり非常に有効である。

5-4-7　機体のメンテナンスを心掛けること！

機体は精密機械である。飛行前および飛行後には、機体状態の確認と日常的に細かなメンテナンスを心掛けることが必要である。

第6章　関連する法律

2015年12月に「改正航空法」が施行され、**重量が200 g 以上**の無人航空機の飛行には航空法に従わなければならない。

6-1　航空法

航空法では、無人航空機の飛行に関して**許可が必要となる飛行禁止空域**と**承認が必要となる飛行方法**を定めている。

6-1-1　無人航空機の飛行禁止空域

航空法では無人航空機の飛行禁止空域を 航空法　第九章　無人航空機　第百三十二条により、下記のように定めている。

「航空法」 抜粋6－1

第九章　無人航空機

（飛行の禁止空域）

第百三十二条　何人も、次に掲げる空域においては、無人航空機を飛行させてはならない。ただし、国土交通大臣がその飛行により航空機の航行の安全並びに地上及び水上の人及び物件の安全が損なわれるおそれがないと認めて許可した場合においては、この限りでない。

一　無人航空機の飛行により航空機の航行の安全に影響を及ぼすおそれがあるものとして国土交通省令で定める空域

二　前号に掲げる空域以外の空域であつて、国土交通省令で定める人又は家屋の密集している地域の上空

上記条文の「航空機の航行の安全に影響を及ぼすおそれがあるもの」として、航空法施行規則　第九章　無人航空機　第二百三十六条により、下記の通り定めている。

「航空施行規則」 抜粋6－1

第九章　無人航空機

（飛行の禁止空域）

第二百三十六条　法第百三十二条第一号の国土交通省令で定める空域は、次のとおりとする。

一　進入表面、転移表面若しくは水平表面又は法第五十六条第一項の規定により国土交通大臣が指定した延長進入表面、円錐表面若しくは外側水平表面の上空の空域

二　法第三十八条第一項の規定が適用されない飛行場の周辺の空域であって、航空機の離陸及び着陸の安全を確保するために必要なものとして国土交通大臣が告示で定める空域

三　前二号に掲げる空域以外の空域であって、地表又は水面から百五十メートル以上の高さの空域

また、「人又は家屋の密集している地域」については、航空法施行規則　第九章　無人航空機　第二百三十六条の二　により、下記の通り定めている。

「航空施行規則」　抜粋6－2

第九章　無人航空機
（飛行の禁止空域）
第二百三十六条の二　法第百三十二条第二号の国土交通省令で定める人又は家屋の密集している地域は、国土交通大臣が告示で定める年の国勢調査の結果による人口集中地区（地上及び水上の人及び物件の安全が損なわれるおそれがないものとして国土交通大臣が告示で定める区域を除く。）とする。

無人航空機の飛行禁止空域をまとめると、以下の通りとなる。

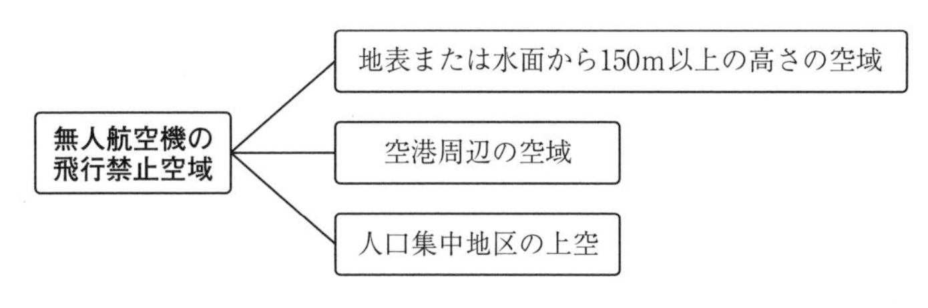

図U6－1　飛行禁止空域

国勢調査は5年ごとに行われ、その結果により人口集中地区（DID地区）が設定されるため、飛行禁止空域も5年ごとに変更されることになる。

また、**飛行禁止空域**とは、私有地の上空であっても適用される場合があり、注意が必要である。ただし、完全に区切られた屋内（防護ネットの囲われた空間も含む）は、航空法の適用除外となる。

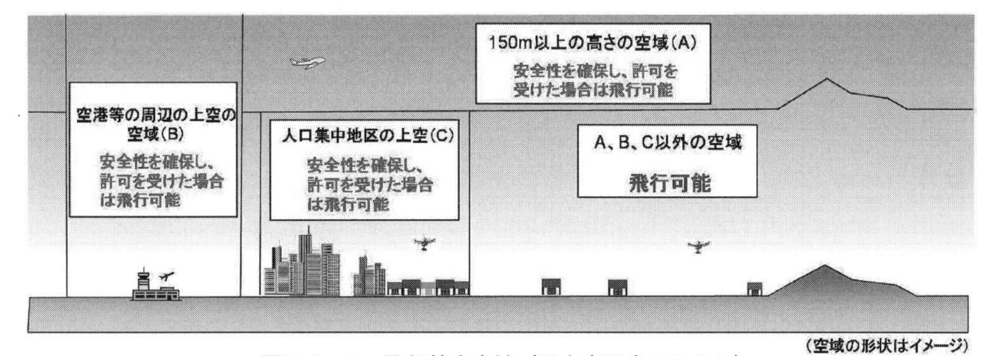

図U6－2　飛行禁止空域（国土交通省HPより）

飛行禁止空域における無人航空機の飛行には、国土交通大臣の許可が必要である。

注意！

機体重量200 g 未満のUAV（ドローン）は、改正航空法においては無人航空機から除外され、模型航空機に分類される。しかし、改正前の航空法においても、模型航空機であるUAV（ドローン）は航空機の飛行を阻害したり、航空機の飛行に危険を及ぼす可能性があるため、航空法の規制対象となっていた

そのため、改正航空法が制定された後でも、200 g 未満のUAV（ドローン）であっても、航空法　第十章　第134条の３の規制が適用されるため、飛行には注意が必要である

「航空法」　抜粋６－２

（飛行に影響を及ぼすおそれのある行為）

第百三十四条の三　何人も、航空交通管制圏、航空交通情報圏、高度変更禁止空域又は航空交通管制区内の特別管制空域における航空機の飛行に影響を及ぼすおそれのあるロケットの打上げその他の行為（物件の設置及び植栽を除く。）で国土交通省令で定めるものをしてはならない。ただし、国土交通大臣が、当該行為について、航空機の飛行に影響を及ぼすおそれがないものであると認め、又は公益上必要やむを得ず、かつ、一時的なものであると認めて許可をした場合は、この限りでない。

２　前項の空域以外の空域における航空機の飛行に影響を及ぼすおそれのある行為（物件の設置及び植栽を除く。）で国土交通省令で定めるものをしようとする者は、国土交通省令で定めるところにより、あらかじめ、その旨を国土交通大臣に通報しなければならない。

３　何人も、みだりに無人航空機の飛行に影響を及ぼすおそれのある花火の打上げその他の行為で地上又は水上の人又は物件の安全を損なうものとして国土交通省令で定めるものをしてはならない。

参考

①人口集中地区内であっても、屋内やネット等で周囲が完全に覆われている場所については、航空法の適用外となるため飛行は可能である

②人口集中地区内の私有地であっても航空法は適用されるため、私有地上空での飛行であっても国土交通省の許可・承認が必要である

6-1-2　無人航空機の飛行方法

航空法では無人航空機の飛行方法を　航空法　第九章　無人航空機　第百三十二条の二により、下記のように定めている。

「航空法」　抜粋6－3

第九章　無人航空機

（飛行の方法）

第百三十二条の二　無人航空機を飛行させる者は、次に掲げる方法によりこれを飛行させなければならない。ただし、国土交通省令で定めるところにより、あらかじめ、第五号から第十号に掲げる方法のいずれかによらずに飛行させることが航空機の航行の安全並びに地上及び水上の人及び物件の安全を損なうおそれがないことについて国土交通大臣の承認を受けたときは、その承認を受けたところに従い、これを飛行させることができる。

一　アルコール又は薬物の影響により当該無人航空機の正常な飛行ができないおそれがある間において飛行させないこと。

二　国土交通省令で定めるところにより、当該無人航空機が飛行に支障がないことその他飛行に必要な準備が整つていることを確認した後において飛行させること。

三　航空機又は他の無人航空機との衝突を予防するため、無人航空機をその周囲の状況に応じ地上に降下させることその他の国土交通省令で定める方法により飛行させること。

四　飛行上の必要がないのに高調音を発し、又は急降下し、その他他人に迷惑を及ぼすような方法で飛行させないこと。

五　日出から日没までの間において飛行させること。

六　当該無人航空機及びその周囲の状況を目視により常時監視して飛行させること。

七　当該無人航空機と地上又は水上の人又は物件との間に国土交通省令で定める距離を保つて飛行させること。

八　祭礼、縁日、展示会その他の多数の者の集合する催しが行われている場所の上空以外の空域において飛行させること。

九　当該無人航空機により爆発性又は易燃性を有する物件その他人に危害を与え、又は他の物件を損傷するおそれがある物件で国土交通省令で定めるものを輸送しないこと。

十　地上又は水上の人又は物件に危害を与え、又は損傷を及ぼすおそれがないものとして国土交通省令で定める場合を除き、当該無人航空機から物件を投下しないこと。

上記条文の「地上又は水上の人又は物件との間に国土交通省令で定める距離」については、航空法施行規則　第九章　無人航空機　第二百三十六条の四により、下記の通り定められている。

「航空施行規則」 抜粋 6－3

第九章　無人航空機
（飛行の方法）
第二百三十六条の四　法第百三十二条の二第三号の国土交通省令で定める距離は、三十メートルとする。

無人航空機の飛行方法をまとめると、以下の通りとなる。

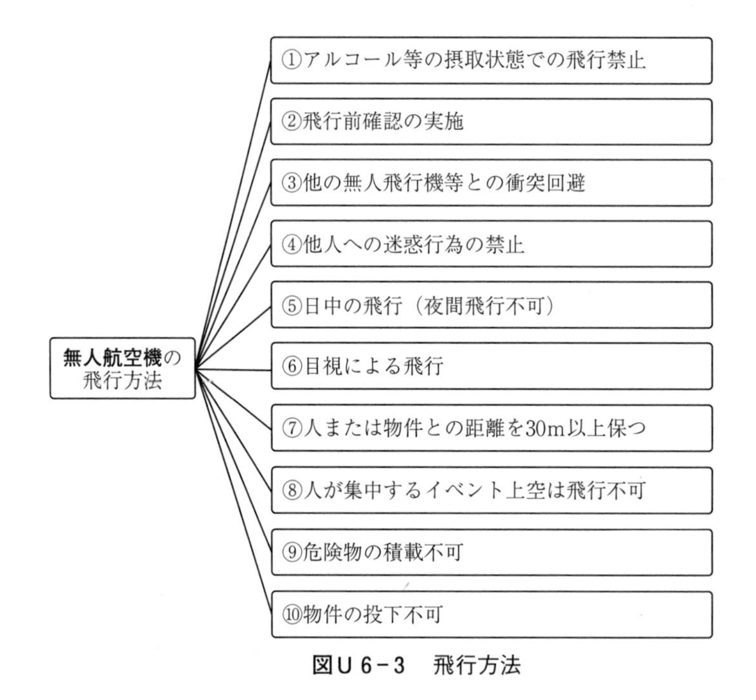

図U 6－3　飛行方法

人または物件との距離については、操縦者本人やその関係者および関係者が所有する物件は適用除外となる。しかし、イベント上空については、主催者の承諾があっても航空法は適用される。

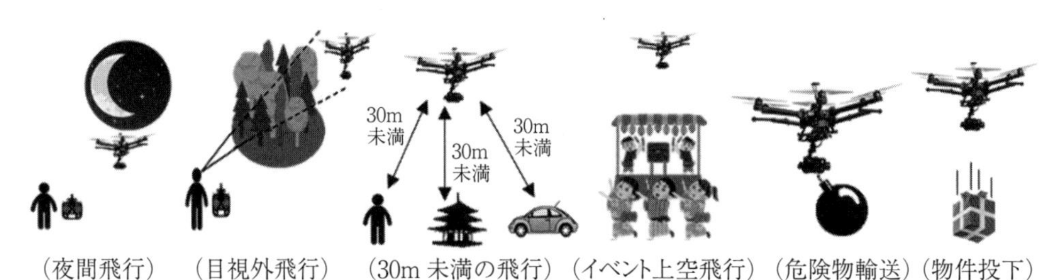

図U 6－4　承認が必要となる飛行禁止空域（国土交通省 HP より）

図U 6－3の⑤～⑩の飛行方法によらずに無人航空機を飛行させようとする場合には、安全面での措置をした上で、国土交通大臣の承認を受ける必要がある。

補足

無人航空機の飛行に関する許可・承認の審査要領の改正（2018年１月）

航空法に基づく通達の改正が2018年１月に行われ、催し場所上空での飛行に当たっての必要な安全対策が追加された。飛行承認を受けるために必要な項目として、新たに「飛行中の無人航空機の下に立ち入り禁止エリアを設ける」「プロペラガードを装着する」などといったことが義務付けられた。

補足

①講じるべき安全対策

立入禁止区画の範囲

飛行高度　0~20 m　：水平距離30 m の立ち入り禁止区画
飛行高度　20~50 m　：水平距離40 m の立ち入り禁止区画
飛行高度　50~100 m　：水平距離60 m の立ち入り禁止区画
飛行高度　100~150 m　：水平距離70 m の立ち入り禁止区画

立入禁止区画の設定

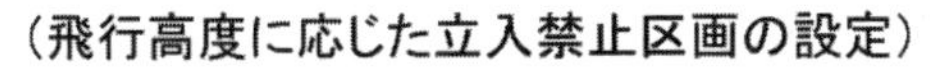

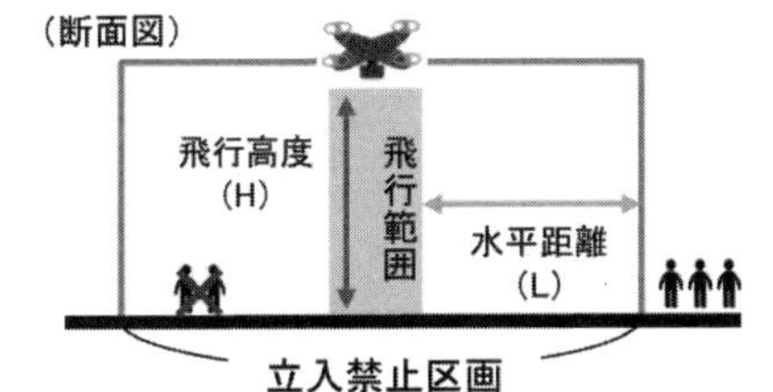

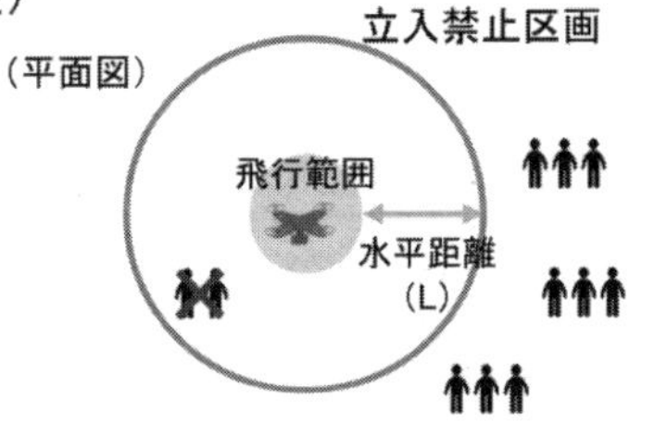

（飛行高度に応じた立入禁止区画の設定）

飛行高度(H)	水平距離(L)
0～20m	30m
20～50m	40m
50～100m	60m
100～150m	70m

※150m以上を飛行する場合の立入禁止区画は、150m以下と同様の条件のもと、機体質量、形状等を踏まえた空気抵抗の影響を考慮して算出した落下地点までの距離の範囲内とする。

図U６-５　立入禁止区画（国土交通省 HP より）

機体要件

・国土交通省ホームページ掲載無人航空機以外の場合には、次の要件を追加申請時と同じ機体の条件下で十分な飛行実績（飛行時間：３時間以上、飛行回数：10回以上目安）を有し、安全に飛行できることを確認していること（飛行時間と飛行回数を新たに申請書に記載）
・プロペラガード等の接触時の被害を軽減させる措置を義務化

風速制限

風速は５m/s 以下であること

速度制限

実測の風速に応じ、風速と速度の和が７m/s 以下とすること

②例外措置

以下の場合には、「①講じるべき安全対策」を満たさない場合でも飛行を許可する
・観客等への被害を防ぐため機体に係留装置の装着又はネットの設置等を活用した安全対策を講じていること
・機体メーカーが自社の機体の性能にあわせ落下範囲を保障している等、その技術的根拠について問題ないと判断できる場合

6-1-3　無人航空機の飛行に関する許可・承認申請

航空法は無人航空機の飛行禁止空域と飛行方法について定められているが、特別な理由により、飛行禁止空域を飛行する必要がある場合には「**国土交通大臣の許可**」が必要であり、指定された飛行方法によらない飛行を行う場合には「**国土交通大臣の承認**」が必要である。

これらの手続きは、飛行開始予定の10開庁日前からさらに、期間に相当の余裕をもって、飛行させる地域を管轄する**地方航空局**（**東京航空局または大阪航空局**）に対して申請を行う。ただし、空港等周辺の飛行禁止空域および高さ150 m 以上の空域の飛行申請においては、管轄区域とする空港事務所にも申請する必要がある。

※許可申請
・地表または水面から150 m 以上の高さの飛行
・空港等周辺の飛行禁止空域の飛行
・人または家屋が密集する地域での飛行

※承認申請
⑤夜間の飛行
⑥目視によらない飛行
⑦人または物件との距離が30 m 未満
⑧人が集合するイベント上空での飛行
⑨危険物の積載
⑩物件の投下

図U 6-6　申請内容

表U 6-1　管轄航空局

東京航空局	（航空法第132条第２号及び同法第132条の２） 北海道、青森県、岩手県、宮城県、秋田県、山形県、福島県、茨城県、栃木県、群馬県、埼玉県、千葉県、東京都、神奈川県、新潟県、山梨県、長野県、静岡県
大坂航空局	（航空法第132条第２号及び同法第132条の２） 富山県、石川県、福井県、岐阜県、愛知県、三重県、滋賀県、京都府、大阪府、兵庫県、奈良県、和歌山県、鳥取県、島根県、岡山県、広島県、山口県、徳島県、香川県、愛媛県、高知県、福岡県、佐賀県、長崎県、熊本県、大分県、宮崎県、鹿児島県、沖縄県

参考

手続きは飛行開始予定の10開庁日前までに、飛行させる地域を管轄する地方航空局（東京航空局または大阪航空局）に対して申請することになっているが、実際は混雑時期による遅れや修正指示がある場合があるため、余裕をもって飛行予定の一か月前に申請するのがよい

6-1-4　捜索または救助のための特例

航空法では、無人航空機の飛行禁止空域と飛行方法について定められている。しかし、これらの飛行ルールについては、事故や災害時に極めて緊急性が高く、かつ、公共性の高い行為であり、**国や地方公共団体またこれらの者の依頼を受けた者が捜索または救助を行うために無人航空機を飛行させる場合**については、捜索または救助等の迅速化を図ることを目的に、**航空法は適用されない**ことになっている。

「航空法」 抜粋 6－4

第九章　無人航空機
（捜索、救助等のための特例）
第百三十二条の三　第百三十二条及び前条（第一号から第四号までに係る部分を除く。）の規定は、都道府県警察その他の国土交通省令で定める者が航空機の事故その他の事故に際し捜索、救助その他の緊急性があるものとして国土交通省令で定める目的のために行う無人航空機の飛行については、適用しない。

ただし、空港等周辺および地上または水上から150ｍ以上の高さ（航空法第132条第１号の空域）において無人航空機を飛行させる場合には、空港等の管理者または空域を管轄する関係機関と調整した後、当該空域の場所を管轄する空港事務所に飛行情報を電話した上で電子メールまたはファクシミリにより通知することになっており、注意が必要である。

6-1-5　許可・承認申請の方法

オンライン申請、郵送および持参のいずれかの方法により申請が可能である。

2018年４月２日から始まったオンラインサービスによる場合には、オンラインサービス専用サイト（ドローン情報基盤システム：DIPS）からの申請となる。操作はすべてＷｅｂブラウザ上で実施するため、特別なソフトウェアは必要ない。なお、申請は書面申請と同様、飛行開始予定日の少なくとも10開庁日前までに申請する必要がある。

参考

飛行に際して、関係機関等との調整後に国土交通省に飛行許可・承認の申請を行う。
関係機関等とは、空港周辺や高度150ｍ以上での飛行の場合は空港事務所、催し場所での飛行の場合はイベント主催者、道路上空での飛行の場合は道路管理者　などになる

6-1-6　罰則規定

航空法に従わず、かつ必要な許可または承認を得ずして無人航空機を飛行させた場合には、**50万円以下の罰金（飲酒時の飛行は１年以下の懲役または30万円以下の罰金）**が課されることになっている。

6-2　その他

無人航空機の飛行にあたり、関係する他の法律等は以下のとおりである。

6-2-1　電波法

無人航空機の操縦や画像伝送には、電波を発射する無線設備が利用されている。無線設備を日本国内で使用する場合は、電波法令に基づき無線局の免許と無線従事者資格が必要である。ただし、発射する電波が極めて微弱な無線局や、一定の技術的条件に適合する無線設備を使用する小電力無線局については、無線局の免許および登録が不要である。そのような小規模な無線局に使用する特定無線設備については、登録証明機関が電波法技術基準に適合していることを証明する技術基準適合証明があり、その証明を受けた特定無線設備には登録証明機関が技適マークを貼付する。一般に使用する無線機のほとんどに技適マークが貼付されており、貼付されていない無線機の使用は違法になる恐れがあるため、無線機の購入・使用には十分な注意が必要である。

一般に販売されている多くの無人航空機にも「技適マーク」が貼付されており、使用に際して免許等は不要であるが、海外製品等では技術基準適合証明を受けていない機体もあるため、海外製品の購入には注意する必要がある。

図U６−７　技適マーク

なお、電波法違反による罰則の具体例の一部は、以下のとおりである。

表U６−２　電波法違反による罰則（一部）

電波法根拠条文	罰則に該当する行為	法定刑
108条の２	電気通信業務又は放送の業務の用に供する無線局の無線設備又は人名若しくは財産の保護、治安の維持、気象業務、電気事業に係る電気の供給の業務若しくは鉄道事業に係る列車の運行の業務の用に供する無線設備を損壊し、又はこれに物品を接触し、その他その無線設備の機能に障害を与えて無線通信を妨害した者（未遂罪は、罰せられる）	５年以下の懲役又は250万円以下の罰金
110条	免許又は登録がないのに、無線局を開設した者	１年以下の懲役又は100万円以下の罰金
	免許状の記載事項違反	

参考

（総務省 HP を抜粋）

1．ドローン等に用いられる無線設備について

ロボットを利用する際には、その操縦や、画像伝送のために、電波を発射する無線設備が広く利用されている。これらの無線設備を日本国内で使用する場合は、電波法令に基づき、無線局の免許を受ける必要がある。ただし、他の無線通信に妨害を与えないように、周波数や一定の無線設備の技術基準に適合する小電力の無線局等は免許を受ける必要はない

特に、上空で電波を利用する無人航空機等（以下「ドローン等」という。）の利用ニーズが近年高まっている

国内でドローン等での使用が想定される主な無線通信システムは、以下のとおりである

分類	無線局免許	周波数帯	送信出力	利用形態	備考	無線従事者資格
免許及び登録を要しない無線局	不要	73MHz 帯等	※ 1	操縦用	ラジコン用微弱無線局	不要
	不要※ 2	920MHz 帯	20mW	操縦用	920MHz 帯テレメータ用、テレコントロール用特定小電力無線局	
		2. 4GHz 帯	10mW/MHz	操縦用 画像転送用 データ伝送用	2. 4GHz 帯小電力データ通信システム	
携帯局	要	1. 2GHz 帯	最大 1 W	画像伝送用	アナログ方式限定※ 4	第三級陸上特殊無線技士以上の資格
携帯局 陸上移動局	要※ 3	169MHz 帯	10mW	操縦用 画像伝送用 データ伝送用	無人移動体画像伝送システム（平成28年 8 月に制度整備）	
		2. 4GHz 帯	最大 1 W	操縦用 画像伝送用 データ伝送用		
		5. 7GHz 帯	最大 1 W	操縦用 画像伝送用 データ伝送用		

※ 1 ：500 m の距離において、電界強度が200 μV/m 以下のもの

※ 2 ：技術基準適合証明等（技術基準適合証明および工事設計認証）を受けた適合表示無線設備であることが必要

※ 3 ：運用に際しては、運用調整を行うこと

※ 4 ：2. 4GHz 帯および5. 7GHz 帯に無人移動体画像伝送システムが制度化されたことに伴い、1. 2GHz 帯からこれらの周波数帯への移行を推奨している

参考

ドローンレースなど個人で使用するには第四級アマチュア無線技士以上の資格、業務で使用するには第三級陸上特殊無線技士以上の資格が必要である

無線従事者でない者が無線設備を操作した場合には罰則が定められており、「30万円以下の罰金」となる（電波法　第113条）

6-2-2　小型無人機等飛行禁止法

2016年３月18日に公布された「国会議事堂、内閣総理大臣官邸その他の国の重要な施設等、外国公館等および原子力事業所の周辺地域の上空における小型無人機等の飛行の禁止に関する法律」がある。この法律に基づき、対象施設周辺地域（対象施設の敷地または区域およびその周囲おおむね300メートルの地域）の上空においては、小型無人機等の飛行が禁止されている。

航空法においては**200 g 未満のドローンは対象外**であるが、小型無人機等飛行禁止法においては規定されていないため、たとえ200 g 未満のトイドローンの飛行であっても必ず飛行禁止エリアを管轄している警察署に問い合わせをすることが必要である。小型無人機等飛行禁止法に違反した場合、１年以下の懲役または50万円以下の罰金となる。

6-2-3　米軍基地上空の飛行禁止

2018年２月20日に防衛省・警察庁・国土交通省・外務省が連名で、米軍施設の上空でドローンなどを飛行させる行為をやめるよう「お知らせとお願い」をするポスターが公開された。

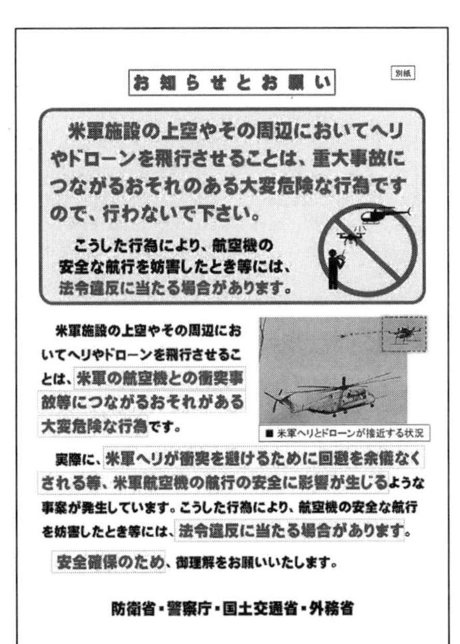

図６－８　飛行禁止のお願い（国土交通省 HP より）

注意！

“ヘリやドローンの飛行行為の禁止”であることから、航空法適用除外とされている機体重量200 g 未満の模型航空機も含まれると解釈できる

「道路交通法」　抜粋6－1

○道路交通法（第七十七条）

（道路の使用の許可）

第七十七条　次の各号のいずれかに該当する者は、それぞれ当該各号に掲げる行為について当該行為に係る場所を管轄する警察署長（以下この節において「所轄警察署長」という。）の許可（当該行為に係る場所が同一の公安委員会の管理に属する二以上の警察署長の管轄にわたるときは、そのいずれかの所轄警察署長の許可。以下この節において同じ。）を受けなければならない。

一　道路において工事若しくは作業をしようとする者又は当該工事若しくは作業の請負人

二　道路に石碑、銅像、広告板、アーチその他これらに類する工作物を設けようとする者

三　場所を移動しないで、道路に露店、屋台店その他これらに類する店を出そうとする者

四　前各号に掲げるもののほか、道路において祭礼行事をし、又はロケーションをする等一般交通に著しい影響を及ぼすような通行の形態若しくは方法により道路を使用する行為又は道路に人が集まり一般交通に著しい影響を及ぼすような行為で、公安委員会が、その土地の道路又は交通の状況により、道路における危険を防止し、その他交通の安全と円滑を図るため必要と認めて定めたものをしようとする者

道路敷地内でUAV（ドローン）の離着陸を行う場合には、**“一　道路において工事若しくは作業をしようとする者又は当該工事若しくは作業請負人”**に該当し、「道路使用許可申請書」を提出する必要があると考えられる。また、道路上空を飛行させる場合には、安全確保のため管轄の警察署に事前の連絡・確認を行うことが必要である。ただし、安全確保の観点から、交通量の多い道路上空の飛行は避けるべきである。

「民法」　抜粋 6－1

○民法（第二百六条、第二百七条）
第二編　物件
第三章　所有権
第一款　所有権の内容及び範囲
（所有権の内容）
第二百六条　所有者は、法令の制限内において、自由にその所有物の使用、収益及び処分をする権利を有する。
（土地所有権の範囲）
第二百七条　土地の所有権は、法令の制限内において、その土地の上下に及ぶ。

土地所有権が上下におよぶ限界については、民法の条文では明確にされていない。現在考えられている範囲は、上空においては航空法の最低安全高度、地下においては大深度地下の公共的使用に関する特別措置法が基準と解釈される場合が多い。

航空法81条　航空法施行規則第174条　において、航空機の最低安全高度が規定されている。それによると、航空機の飛行できる高度は、「**人又は家屋の密集している地域の上空にあっては、当該航空機を中心として水平距離600 m の範囲内の最も高い障害物の上端から300 m の高度**」または「**人又は家屋のない地域及び広い水面の上空にあっては、地上又は水上の人又は物件から150 m 以上の高度**」と規定されている。

大深度地下の公共的使用に関する特別措置法においては、地下室の建設のための利用が通常行われない深さである地下40 m 以深が公共の用に利用できることになっている。

この２つの法律を基準として、所有権のおよぶ範囲は、**建造物の高さ＋300 m** の高さまでが上空におよぶ範囲であり、地下深度限界は大深度地下法の40 m であるという解釈が一般的である。したがって私有地上空での飛行には、土地所有者や管理者の承諾を得る必要がある。

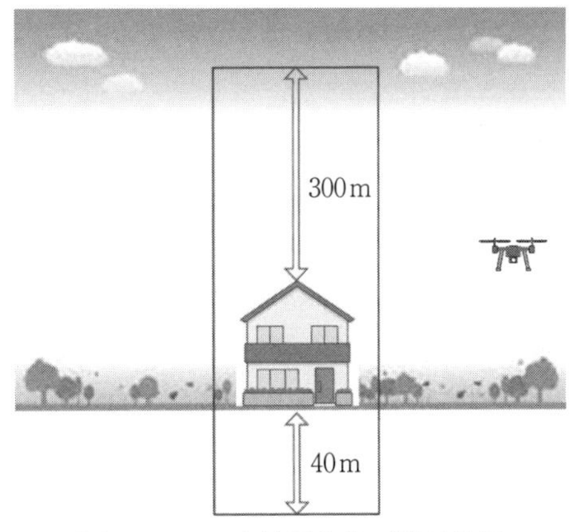

図Ｕ６－９　土地所有権が及ぶ範囲

注意！

航空法の許可等は地上の人・物件等の安全を確保するため技術的な見地から行われるものである。ルール通り飛行する場合や許可等を受けた場合であっても、第三者の土地の上空を飛行させることは所有権の侵害に当たる可能性がある。そのため、他人の所有する土地の上空を飛行させる場合は、土地や物件の所有者または管理者の許可を得て飛行を行うことが必要である。ただし“法令の制限内”の解釈によるところが大きい

また、安全最低高度は人口集中地区以外では150 m 以上の高度となっているため、所有権が及ぶ範囲も150 m までと解釈できる。地域によって所有権範囲が変化するものなのかどうか、解釈が異なるため、本書ではあくまで、「**障害物の上端から300 m までを所有権のおよぶ範囲**」とした。

6-2-4　都道府県、市町村の条例

法律以外に、各都道府県や市町村が独自の条例を制定し、小型無人機等の飛行の制限および禁止されているエリアが存在する場合がある。飛行場所の条例については、各自治体に確認する必要がある。

6-2-5　プライバシー権と肖像権

小型無人機による空撮は、通常と違う予期しない視点から撮影を行うため、第三者のプライバシー侵害となるリスクがある。住宅地等近辺での空撮には十分な配慮が必要である。場合によっては事前に承諾を得る必要がある。また、空撮画像および動画の公開には、個人または私物が特定できないようにすることも必要である。

2015年９月に総務省より公表された**「ドローン」による撮影映像等のインターネット上での取り扱いに係るガイドライン**を参考とする必要がある。ガイドラインには、具体的に注意すべき下記の３事項があげられている。

①住宅地にカメラを向けないようにするなど撮影態様に配慮すること

②プライバシー侵害の可能性がある撮影映像等にぼかしを入れるなどの配慮をすること

③撮影映像等をインターネット上で公開するサービスを提供する電気通信事業者においては、削除依頼への対応を適切に行うこと

参考

プライバシー権とは、「私生活上のことがらをみだりに公開されない法的保障ないしは権利」

肖像権とは、「承諾なしに他人から容貌等を撮影されない自由および無断で公表されたり利用されたりしないことを主張できる権利」

6-2-6 その他の法律

・道路交通法、河川法、海岸法、重要文化財保護法等

法律以外でUAV測量実施における関連するマニュアルは、国土地理院より整備されている。

6-2-7 UAVを用いた公共測量マニュアル（案）（2017年3月改正）

UAVで撮影した空中写真を用いて測量を行う場合における、精度確保のための基準や作業手順等を定めている。

6-2-8 公共測量におけるUAVの使用に関する安全基準（案）（2016年3月）

UAVを安全に運航して測量作業を円滑に実施するために、作業機関が遵守すべきルール等を定めている。

参考

風水害や地震等による自然災害が発生した場合、国・地方公共団体が連携し、人命救助や復旧活動等を効果的に展開する必要がある。国土交通省 東北地方整備局では、関係団体とともに、平成28年台風10号のドローンを用いた被災状況調査を主な題材として、ドローンの撮影手法に関して得られた知見をまとめることにした。本来であれば、より幅広い事例を分析したマニュアル等の作成が望まれるが、少ない事例に基づく検討結果であることから、ポイント集という形でまとめることになった

○ドローンを用いた被災状況動画撮影のポイント集（素案）
～平成28年台風10号等の際の経験を基に～　　平成29年11月

操縦者の責任として、無人航空機による事故を起こした場合、自動車と同じように「民事責任」、「刑事責任」、「行政上の責任」を負わなければいけない。そのため、第三者への被害を補償できる備えとして、損害賠償保険への加入が大切である。

第7章 「無人航空機の飛行に関する許可・承認申請書」について

第6章 関連する法律で述べたとおり、飛行禁止空域を飛行する必要がある場合には「**国土交通大臣の許可**」、指定された飛行方法によらない飛行を行う場合には「**国土交通大臣の承認**」を得るための申請による許可書が必要である。

図U7-1 申請の流れ

● 7-1　申請の目的

申請は**第三者の生命、財産を脅かさない**ための安全な運航を確認するのが目的である。つまり、申請が必要となる場所および条件というのは、人や物件に危害を与えるリスクが高い場所および条件のことであり、安全な飛行が可能となる操縦技術と安全管理を約束するための申請であることを十分理解する必要がある。

● 7-2　申請書類

許可および承認申請に必要な書類は、下記のとおりである。

なお、申請書および記載例等については、変更等が随時行われるので、申請時には必ず、国土交通省ホームページにて確認することが必要である。

○様式 1　　：無人航空機の飛行に関する許可・承認申請書
○様式 2　　：無人航空機の機能・性能に関する基準適合確認書
○様式 3　　：無人航空機を飛行させる者に関する飛行経歴・知識・能力確認書
○別添資料 1：飛行の経路の地図
○別添資料 2：無人航空機の製造者、名称、重量等
○別添資料 3：無人航空機の運用限界等
○別添資料 4：無人航空機の追加基準への適合性
○別添資料 5：無人航空機を飛行させる者一覧
○別添資料 6：無人航空機を飛行させる者の追加基準への適合性
○別添資料 7：飛行マニュアル

● 7-3　省略可能な書類

“資料の一部を省略することができる無人航空機”として国土交通省が認めた機種（国土交通省ホームページにて確認）については、下記の書類は省略可能である。

○別添資料 2：無人航空機の製造者、名称、重量等
○別添資料 3：無人航空機の運用限界等

また、航空局標準飛行マニュアル（国土交通省ホームページにて確認）を使用する場合には、下記書類は省略可能である。

○別添資料 7：飛行マニュアル

● 7-4　申請のポイント

申請書の審査は、安全な運航を確認するのが目的である。特に、国土交通省が定める“様式 3　飛行経歴・知識・能力確認書”は重要であるが、あくまで申請者の申請書類のみでの審査となることから、虚偽の申請とならないように内容を十分に理解する必要がある。

7-4-1　飛行経歴および知識について

確認事項		確認結果
飛行経歴	無人航空機の種類別に、10時間以上の飛行経歴を有すること。	□適 / □否
知　識	航空法関係法令に関する知識を有すること。	□適 / □否
	安全飛行に関する知識を有すること。 ・飛行ルール（飛行の禁止空域、飛行の方法） ・気象に関する知識 ・無人航空機の安全機能（フェールセーフ機能　等） ・取扱説明書に記載された日常点検項目 ・自動操縦システムを装備している場合には、当該システムの構造及び取扱説明書に記載された日常点検項目 ・無人航空機を飛行させる際の安全を確保するために必要な体制 ・飛行形態に応じた追加基準	□適 / □否

様式3　抜粋7－1

（1）飛行経歴

飛行とは**空中を飛んでいくこと**であり、**経歴とは実際に体験したりすること（経験）**である。併せて、**飛行経歴とは実際に空中を飛ばした経験**のことである。

（2）無人航空機の種類

無人航空機とは、航空法によると「航空の用に供することができる飛行機、回転翼航空機、滑空機、飛行船その他政令で定める機器であって、構造上人が乗ることができないもののうち、遠隔操作または自動操縦（プログラムにより自動的に操縦を行うこと）により飛行させることができるもの」である。種類（飛行機、回転翼航空機、滑空機、飛行船のいずれか）とは別のことである。

飛行経歴とは、無人航空機の種類別に実際に空中を飛行させた経歴のことである。パソコンによるシュミレーションや無人航空機から除外されている**200g未満の機体（トイドローン）の経歴は認められない**（飛行時間にカウントできない）。

（3）知識

あくまで自己申告書での評価となるため、客観的評価は難しい。

7-4-2　能力について

能力	一般	飛行前に、次に掲げる確認が行えること。 ・周囲の安全確認（第三者の立入の有無、風速・風向等の気象　等） ・燃料又はバッテリーの残量確認 ・通信系統及び推進系統の作動確認	□適 / □否
	遠隔操作の機体※1	GPS等の機能を利用せず、安定した離陸及び着陸ができること。	□適 / □否
		GPS等の機能を利用せず、安定した飛行ができること。 ・上昇 ・一定位置、高度を維持したホバリング（回転翼機） ・ホバリング状態から機首の方向を90°回転（回転翼機） ・前後移動 ・水平方向の飛行（左右移動又は左右旋回） ・下降	□適 / □否
	自動操縦の機体※2	自動操縦システムにおいて、適切に飛行経路を設定できること。	□適 / □否
		飛行中に不具合が発生した際に、無人航空機を安全に着陸させられるよう、適切に操作介入ができること。	□適 / □否

様式3　抜粋7－2

（1）一般

能力の一般とは、飛行場所の安全確認および機体の安全確認を行うことができる能力を持っていることである。これが申請条件になる。

（2）遠隔操作の機体

機体の遠隔操作能力としては、**“GPS等の機能を利用せず”**となっており、安定飛行を行うセンサーを利用せず（センサーを切った状態）に、飛行を行う能力を持っていることが申請の条件である。

7-4-3　審査について

申請はあくまで申請者による自己申告であるため、客観的能力の評価は難しい。そこで、別添資料5の備考欄に取得している認定資格を記載することで知識および能力の客観的評価の判断材料となる。また、別添資料6に飛行させる者の飛行経験として総飛行時間を記入することで、能力評価の判断材料となる。

これらを考慮すると、認定資格を持っていることは、申請においては有利な条件になる。

認定資格

国土交通省ホームページ（航空局）に、無人航空機の一定の要件を満たした技能認証を得るための講習を実施する講習団体および管理団体として一覧が掲載されている。平成30年5月1日時点では、講習団体は177組、管理団体は13組となっている。特に有名な管理団体は下記の3つである

○ JUIDAの認定資格
○ DPAの認定資格
○ DJI JAPANの認定資格

7-4-4　申請にあたって参考とすべき資料

・無人航空機の飛行に関する許可・承認の審査要領
・無人航空機　飛行マニュアル　（制限表面・150 m以上・DID・夜間・目視外・30 m・催し・危険物・物件投下）　場所を特定した申請について適用
・無人航空機　飛行マニュアル　（DID・夜間・目視外・30 m・危険物・物件投下）
　場所を特定しない申請について適用
・無人航空機　飛行マニュアル　（DID・夜間・目視外・30 m・危険物・物件投下）
　空中散布を目的とした申請について適用
・無人航空機の飛行に関する許可承認申請書の記載方法について　（書面により申請を行う場合）
・無人航空機（ドローン、ラジコン機等）の安全な飛行のためのガイドライン

・公共測量におけるUAVの使用に関する安全基準（案）
・DIPS　操作マニュアル　申請者編
・無人航空機に係る規制の運用における解釈について
・無人航空機（ドローン、ラジコン等）の飛行に関するQ＆A
・ドローン情報基盤システム　（飛行情報共有機能）

● 7-5　飛行情報共有システムについて

“無人航空機の飛行に関する許可・承認の審査要領（2019年７月26日付け）”において、“無人航空機を飛行させる際の安全を確保するために必要な体制”がある。

ここでは、「飛行経路に係る他の無人航空機の飛行予定の情報（飛行日時、飛行範囲、飛行高度等）を飛行情報共有システム（国土交通省が整備したインターネットを利用し無人航空機の飛行予定の情報等を関係者間で共有するシステムをいう。）で確認するとともに、当該システムに飛行予定の情報を入力すること。」と定められた。

つまり、本改正の施行により、今後、新たに航空法に基づく許可・承認を受けて飛行を行う場合は、その都度、飛行前に「飛行情報共有システム」を利用して飛行経路に係る他の無人航空機の飛行予定の情報等を確認するとともに、当該システムへ飛行予定の情報を入力することが必要となる。入力忘れのないように注意する必要がある。

“ドローン”情報基盤システム　（飛行情報共有機能）　ご利用案内　【無人航空機運航者編】　第１章　はじめに”　において、システムの概要と目的が以下のように述べられている。

「ドローン情報基盤システム」　抜粋７－１

第１章　はじめに

１．１　飛行情報共有機能の概要
飛行情報共有機能（以下、本機能とする）では、無人航空機の普及に伴い、航空機と無人航空機、無人航空機間のニアミスとなる事案が増加している状況をふまえ、ドローン情報基盤システムにおいて、航空機と無人航空機、無人航空機間における更なる安全確保のために双方で必要となる飛行情報の共有を可能としました。

１．２　目的
本機能は、無人航空機を飛行させるにあたり、航空機・他の無人航空機との接触回避を図ることを目的とし、本システムにおいて事前に飛行計画を登録し、重複する場合は事前に調整を図ります。また無人航空機の飛行中に航空機の接近を検知した場合に、画面上で航空機の位置情報等を表示し、注意喚起を行います。

ドローン情報基盤システム（飛行情報共有機能）とは、無人航空機の普及に伴い、航空機と無人航空機、無人航空機間のニアミスとなる事案が増加している状況をふまえ、**航空機と無人航空機、無人航空機間における安全確保のために双方で必要となる飛行情報（飛行計画、航空機位置情報）の共有を図るシステム**である。

● 7-6　その他

7-6-1　航空局標準飛行マニュアルについて

航空局標準飛行マニュアルとして、下記の２種類が公開されていた。

・飛行マニュアルとして、無人航空機　飛行マニュアル　（制限表面・150 m 以上・DID・夜間・目視外・30 m・催し・危険物・物件投下）　場所を特定した申請について適用
・無人航空機　飛行マニュアル　（DID・夜間・目視外・30 m・危険物・物件投下）場所を特定しない申請について適用

しかし、農用地等における空中散布における無人航空機の利活用の進展に伴い、事故やトラブル件数が増加していることから、2019年７月30日に「無人航空機飛行マニュアル（DID・夜間・目視外・30 m・危険物・物件投下）空中散布を目的とした申請について適用」が追加公開された。

7-6-2　飛行訓練のための申請について

飛行経歴が10時間に満たない初心者が飛行訓練等を行う場合、あるいは許可や承認の申請が必要となる飛行場所や飛行方法による場合は、十分な飛行経験を有した監督者の下で飛行を行うことなどを条件として許可や承認の申請を行うことが可能である。このように安全性の確保を前提に柔軟な対応が実施されている。

初心者でも、ホームページにて公開されている「**飛行経歴が10時間に満たなくても認められた無人航空機の飛行の許可・承認の例**」を参考に申請が可能である。

● 第８章　無人航空機を用いた測量

無人航空機を用いて公共測量を実施する際、国土地理院が制定した「UAV を用いた公共測量マニュアル（案）」（平成28年３月制定、平成29年３月改正）に沿って測量を実施することとなっている。マニュアル（案）では、数値地形図の作成と三次元点群の作成についての標準的な作業方法が定められている。

本書においては、三次元点群作成の説明を主としているが、UAV を用いた公共測量作業の基本は、従来の空中写真測量の延長線上に位置づけられており、それに SfM（Structure from Motion）等の三次元点群データ作成技術が追加されている。したがって、UAV 測量を理解するためには、空中写真測量の基本から理解する必要がある。

● 8-1　空中写真測量の基本①

空中写真測量とは、連続撮影された空中写真を用いて地形図（数値地形図データ）を作成する作業である。

空中写真測量の原理は、以下のとおりである。

① 重複する２枚の空中写真を用いて撮影時の状態を再現する。

② 重複している範囲内で位置関係を合わせることで、三次元モデル（ステレオモデル）を作成する。

③ 三次元モデル（ステレオモデル）と現地の三次元位置座標とが整合するように調整し、縮尺や位置座標を決定する。

④ 現地の座標と整合の取れた三次元モデル（ステレオモデル）から地形や地物を図化し、地形図（数値地形図データ）を作成する。

現在の空中写真測量における撮影機材は、デジタルカメラの使用が主流であるため、ステレオモデルはパソコンソフトを使用して作成される。

図U８－１　空中写真測量イメージ

空中写真測量で重要なのが、連続する**空中写真の重複**、ならびに現地の**測量座標との整合**である。

8-1-1　空中写真の重複

写真測量の撮影では、隣接する写真を重複するように撮影することが重要である。これは、２枚の空中写真を用いて三次元モデルを作成するためには、２枚の写真画像のズレが必要だからである。

人間も同じで、両眼で対象を見た場合、左右の目で見えている映像に微妙なズレが発生している。このズレによって物の立体感や距離感を認識することができる。この映像のズレを**視差**という。空中写真測量でもこの微妙なズレ（視差）を用いて三次元モデルを作成する。

同一コース内の隣接する空中写真との重複度を**オーバーラップ**といい、隣接コースの空中写真との重複度を**サイドラップ**という。地形図作成の場合、オーバーラップは60％、サイドラップは30 %の重複があり、後述するUAVを用いた測量における点群データ作成の場合は、オーバーラップ80 %以上、サイドラップ60 %以上と重複度が異なる。

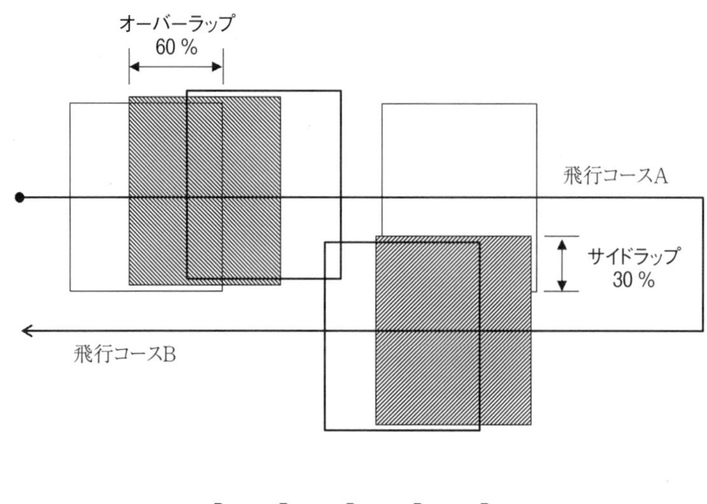

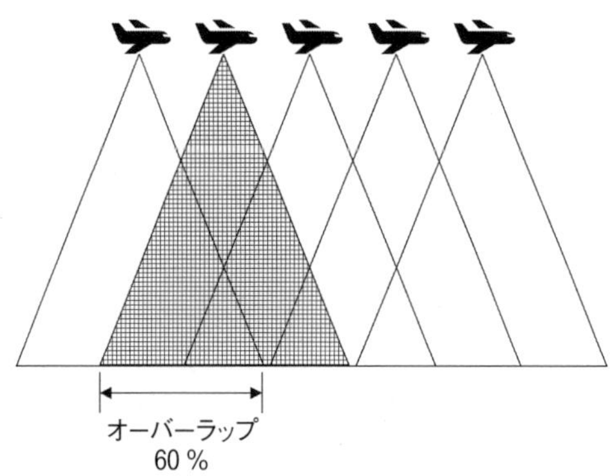

図U 8－2　オーバーラップとサイドラップ

8-1-2　測量座標との整合

重複する写真の視差から作成される三次元モデルは、あくまでも擬似的な空間内でのモデルである。このモデルを地図データにするには、現地の水平位置や標高と整合を取る必要がある。

モデルと地上での測量座標である（X，Y，Z）を対応付けするために必要な点（水平位置および標高の基準となる点）が**標定点**である。この標定点は撮影前に現地に設置し、測量座標を与えるための観測を行う。

空中写真を地上点と対応させることを**標定**という。

標定点が空中写真に明瞭に写り込むために設置する標識を**対空標識**という。対空標識の設置については、「作業規程の準則」第4章　空中写真測量　第4節 対空標識　において、下記のように定義されている。

「作業規程の準則」　抜粋８－１

第４節　対空標識の設置

（要旨）

第158条　「対空標識の設置」とは、同時調整及び数値図化において基準点、水準点、標定点等（以下この節において「基準点等」という。）の写真座標を測定するため、基準点等に一時標識を設置する作業をいう。

（対空標識の規格及び設置等）

第159条　対空標識は、空中写真上で確認できるように、空中写真の縮尺又は地上画素寸法等を考慮し、その形状、寸法、色等を選定するものとする。

一　対空標識の形状は、次のとおりとする。

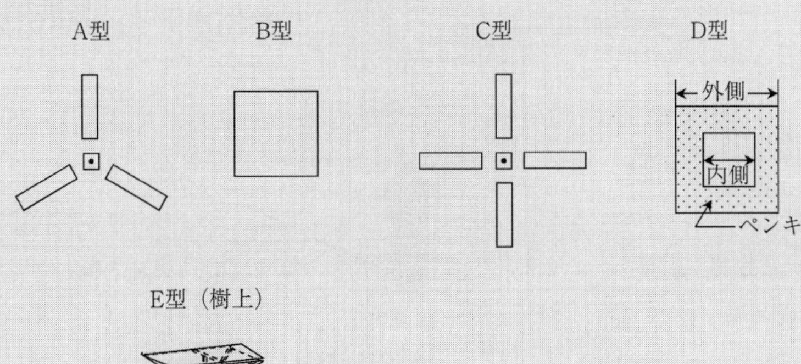

E型（樹上）

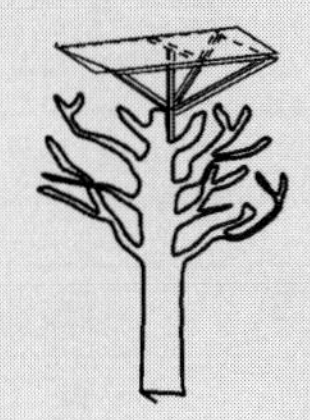

二　対空標識の寸法は、次表を標準とする。

形状 / 地図情報レベル	A、C型	B型、E型	D　型	厚さ
500	20 cm ×10 cm	20 cm × 20 cm	内側30 cm・外側70 cm	4 mm ～ 5 mm
1000	30 cm ×10 cm	30 cm × 30 cm		
2500	45 cm ×15 cm	45 cm × 45 cm	内側50 cm・外側100 cm	
5000	90 cm ×30 cm	90 cm × 90 cm	内側100 cm・外側200 cm	
10000	150 cm ×50 cm	150 cm × 150 cm	内側100 cm・外側200 cm	

三　対空標識の基本型は、Ａ型及びＢ型とする。

四　対空標識板の色は白色を標準とし、状況により黄色又は黒色とする。

● 8-2　空中写真測量の基本②（撮影高度と縮尺）

空中写真の撮影の際、求める精度に応じて撮影地域全体の計画上の縮尺である撮影縮尺が設定される。設定された撮影縮尺で撮影するための撮影高度は、使用するカメラのレンズ中心点からフィルム面（撮像素子：イメージセンサー）までの距離（**焦点距離**）が固定されているので、下図のように相似比例の原理で自動的に計算できる。

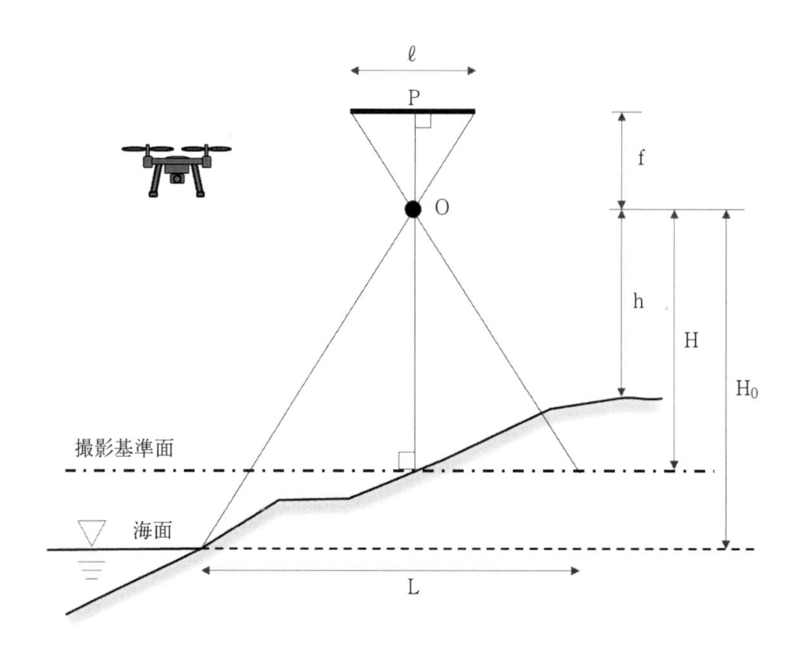

P：写真主点
O：レンズ中心
f：焦点距離
h：対地高度
H：撮影高度（相対撮影高度）
H_0：海抜撮影高度（絶対撮影高度）
ℓ：写真上の距離
L：地上水平距離

$$\frac{f}{H} = \frac{\ell}{L} = \frac{1}{m}$$

m：分母は写真縮尺

図Ｕ８－３　撮影高度と縮尺

この計算式は、空中写真測量の基本である。

● 8-3　UAV測量の基本①

空中写真測量の最大のメリットは、「広範囲の測量を効率よく実施することが可能」であることである。しかし、撮影には航空機を使用しなければならず、撮影コストが高く、手頃に撮影を行うことは困難である。

カメラを搭載したUAV（ドローン）が発売されると、趣味等の利用目的のための空撮だけではなく、測量用の空撮にも利用されるようになった。その理由は、航空機を使用するほど広範囲の撮影は困難であるが、ある程度の範囲の撮影を効率よくかつ低コストで容易に実施することが可能となったためである。

UAV測量の種類には、「UAVを用いた公共測量マニュアル（案）」に定められているとおり、**数値地形図の作成**と**三次元点群の作成**の2種類がある。

● 8-4 UAV測量の基本②（必要な機材等）

UAV測量を実施するために必要な機材やアプリケーションシステムは、以下のとおりである。UAV（ドローン）のみでは、空撮は可能でも測量はできないことに注意が必要である。

8-4-1 UAV（ドローン）本体と送信機

測量精度を満たすことができる性能を持つカメラが搭載され、ある程度の飛行時間も確保できるUAV（ドローン）が必要である。**200 g未満の模型航空機レベルではUAV測量は不可能**である。

8-4-2 アプリケーションシステム

「機体、送信機、バッテリー、カメラの設定を行う」アプリケーションシステムと、「自動飛行（自律飛行）を計画・飛行させる」アプリケーションシステムが必要である。ただし、これらのシステムは、使用する機体に依存することが多い。

8-4-3 測量機材（標定点観測のため）

標定点を観測するためのトータルステーションまたはGNSS測量機が必要である。公共測量の観測者は、測量士補または測量士の資格が必要である。

8-4-4 図化システム（数値地形図作成用）

撮影された画像から三次元モデルを作成し、地形図（数値地形図データ）を作成する写真測量専用システムである。

8-4-5 SfM処理ソフトウェア（三次元点群作成）

SfM（Structure from Motion）処理とは、カメラで撮影された複数の画像から、撮影位置を推定し、同一地点に対するそれぞれの画像の視差から対象物の三次元モデルを復元・構築する処理のことをいう。

8-4-6 三次元点群処理ソフトウェア（三次元点群編集）

SfM処理ソフトウェアで作成された三次元モデルデータを編集するソフトウェア。SfM処理ソフトウェアに点群処理機能が含まれているソフトウェアもある。

8-4-7　三次元設計データ処理ソフトウェア（三次元設計データ作成）

作成された三次元データを使用して設計データ等を作成するソフトウェア。

8-4-8　ハイスペックパソコン

図化やSfM処理能力は、パソコンスペックに依存するところが大きい。そのため、CPUおよびGPU（3Dグラフィック）の処理能力の高いハイスペックパソコンが必要である。

撮影画像のみを使用する目的であるなら、UAV（ドローン）の購入のみで良いが、測量を目的とする場合には他の機材を購入するための費用が必要である。高額かつ専門的な技術が必要となることに注意が必要である。

● 8-5　UAV測量の基本③（地上画素寸法と撮影高度）

三次元点群データ作成のための撮影では、作成する三次元点群データの位置精度に応じて、撮影高度が決定される。また、位置精度に応じた地上画素寸法は、「UAVを用いた公共測量マニュアル（案）」第57条　運用基準において、下記のように定義されている。

「UAVを用いた公共測量マニュアル（案）」抜粋8-1

（撮影計画）

第57条　撮影計画は、撮影地域ごとに、作成する三次元点群の位置精度、地上画素寸法、対地高度、使用機器、地形形状、土地被覆、気象条件等を考慮して立案し、撮影計画図としてまとめるものとする。

〈第57条　運用基準〉

1　撮影する空中写真の地上画素寸法は、作成する三次元点群の位置精度に応じて、次表を標準とする。

位置精度	地上画素寸法
0.05 m 以内	0.01 m 以内
0.10 m 以内	0.02 m 以内
0.20 m 以内	0.03 m 以内

2　対地高度は、〔(地上画素寸法）÷（使用するデジタルカメラの1画素のサイズ）×（焦点距離)〕以下とし、地形や土地被覆、使用するデジタルカメラ等を考慮して決定するものとする。

8-5-1　撮影高度の計算例

作成する三次元点群データの位置精度は、地上画素寸法と撮影高度により決定される。つまり、使用するUAVの搭載カメラの最大静止画サイズとセンサーサイズから必要な位置精度を得るための撮影高度を決定することとなる。

例として、以下に機種Ａを使用し三次元点群データを作成する場合、位置精度0.10 m以内を得るために必要な撮影高度の計算過程を示す。

（１）機種Ａ　のカメラ諸元の確認

最大静止画サイズ　1 200万画素（4 000×3 000）

センサーサイズ　6.2 mm ×4.65 mm

焦点距離　f＝3.61 mm

（２）１画素当たりのサイズを計算

センサーサイズと画素数から、１画素当たりのサイズを計算する。

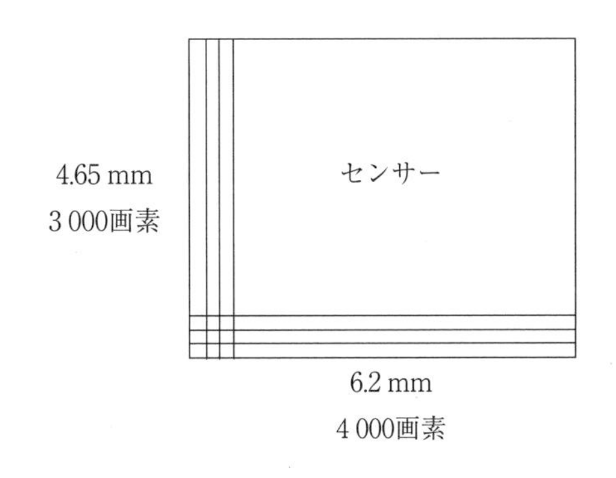

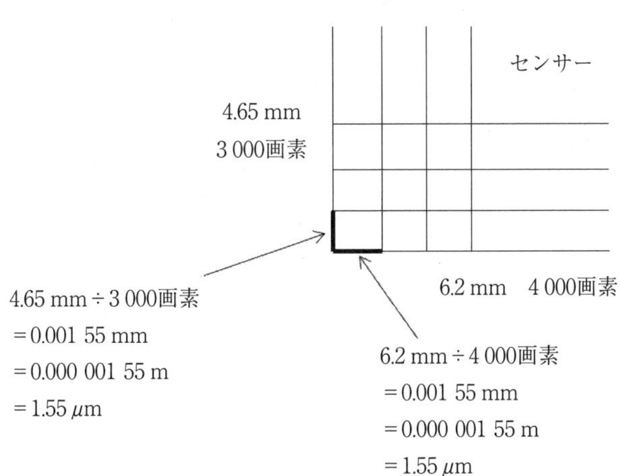

図Ｕ８−４　１画素当たりのサイズ

（3）撮影高度の計算

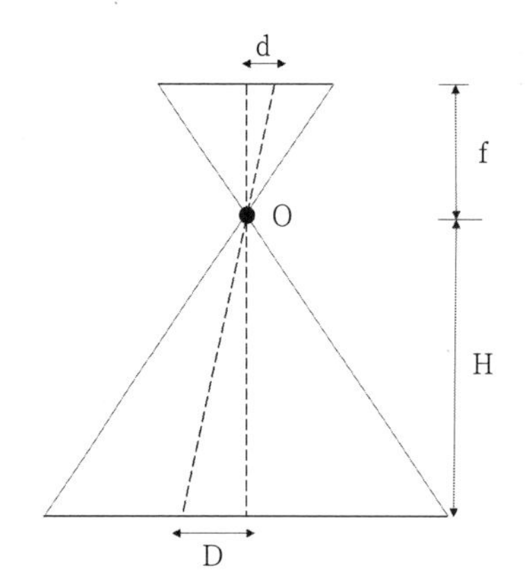

d：1画素あたりのサイズ（m）
O：レンズ中心
f：焦点距離（m）
H：撮影高度（m）
D：地上画素寸法（m）

$$\frac{f}{H}=\frac{d}{D} \quad \text{より} \quad H=\frac{d}{D}\times f$$

図U 8－5　撮影高度

焦点距離　f＝3.61 mm＝0.003 61 m、1画素あたりのサイズ　d＝0.000 001 55 m である。

第57条運用基準より、必要となる位置精度が0.10 m 以内の場合の地上画素寸法が0.02 m であることから、位置精度を満たすための撮影高度は、

$$H = D/d \times f = 0.02\,\mathrm{m}/0.000\,001\,55\,\mathrm{m} \times 0.00361\,\mathrm{m} = 46.58\,\mathrm{m}$$

したがって、位置精度0.10 m を満たすための撮影高度は、46.6 m 以下となる。

8-5-2　参考例

機種A（1 200万画素）と機種B（2 000万画素）を使用した場合、それぞれの位置精度を満たす飛行高度は、以下のとおりとなる。

（1）機種A

表U 8－1　撮影高度A

位置精度	地上画素寸法	撮影高度
0.05 m 以内	0.01 m 以内	23.3 m 以下
0.10 m 以内	0.02 m 以内	46.6 m 以下
0.20 m 以内	0.03 m 以内	69.9 m 以下

最大静止画サイズ
　1 200万画素（4 000×3 000）
センサーサイズ　6.2 mm ×4.65 mm
焦点距離　f＝3.61 mm
1画素あたりのサイズ
　d＝0.000 001 55 m

(2) 機種B

表U 8－2　撮影高度B

位置精度	地上画素寸法	撮影高度
0.05 m 以内	0.01 m 以内	36.5 m 以下
0.10 m 以内	0.02 m 以内	73.0 m 以下
0.20 m 以内	0.03 m 以内	109.5 m 以下

最大静止画サイズ
2 000万画素（5 000×4 000）
センサーサイズ　13.2 mm ×8.8 mm
焦点距離　f =8.8 mm
1画素あたりのサイズ
d =0.000 002 41

8-5-3　UAV 測量では

実務においては、“GS Pro”（Ground Station Pro）などの自動飛行制御システムを使用しながら撮影を行うことになるが、要求精度に応じた撮影高度は画面上で設定することが可能である。（“GS Pro”とは、DJI の機体の自動飛行を制御または計画するように設計された iPad 用アプリケーションのことをいう）

● 8-6　UAV 測量の基本④（標定点および検証点の設置）

標定点とは、三次元形状復元計算に必要となる水平位置および標高の基準となる点であり、三次元点群データの検証を行う点を**検証点**という。

標定点および検証点には対空標識を設置し、（X、Y、Z）の値を与えるため、トータルステーションや GNSS 測量機を使用して測量を実施する。

8-6-1　標定点および検証点

標定点および検証点の設置については、第51条により定義されている。

「UAV を用いた公共測量マニュアル（案）」 抜粋8－2

第3章　標定点及び検証点の設置

（要旨）

第51条　標定点及び検証点の設置とは、三次元形状復元計算に必要となる水平位置及び標高の基準となる点（以下第3編において「標定点」という。）及び三次元点群の検証を行う点（以下「検証点」という。）を設置する作業をいう。

2　標定点及び検証点には対空標識を設置する。

8-6-2　対空標識の模様

対空標識は、拡大された空中写真上で確認できるように「形状、寸法、色」等を選定するものであり、以下の模様を標準とする（第16条）。

「UAVを用いた公共測量マニュアル（案）」 抜粋8－3

（参考）

〈第16条　運用基準〉

1　対空標識の模様は、次を標準とする。

★型

X型

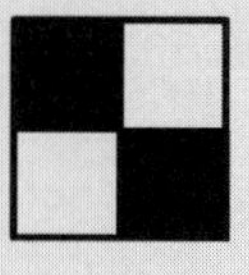

＋型

○型

2　対空標識の辺長又は円形の直径は、撮影する空中写真に15画素以上で写る人きさを標準とする。

3　対空標識の色は白黒を標準とし、状況により黄色や黒色とする。

4　対空標識の設置に当たっては、次に定める事項に留意する。

（1）　あらかじめ土地の所有者又は管理者の許可を得る。

（2）　UAVから明瞭に撮影できるよう上空視界を確保する。

（3）　設置する地点の状態が良好な地点を選ぶものとする。

5　設置した対空標識は、撮影作業完了後、速やかに回収し原状を回復するものとする。

6　空中写真真上で周辺地物との色調差が明瞭な構造物が測定できる場合は、その構造物を標定点及び対空標識に代えることができる。

参考／対空標識

標定点および検証点が空中写真に明瞭に写り込むために設置する標識を**対空標識**といい、システム上では**GCP（Ground Control Point）**と表記されることが多い

対空標識の模様およびサイズは、使用するSfMシステムによって決められていることが多く、多くのシステムでは対空標識を自動抽出する機能が備わっている

8-6-3　標定点および検証点の配置

標定点および検証点の配置方法は、第53条により定義されている。

「UAVを用いた公共測量マニュアル（案）」 抜粋8－4

（標定点及び検証点の配置）

第53条　標定点は、計測対象範囲の形状、比高が大きく変化するような箇所、撮影コースの設定、地表面の状態等を考慮しつつ、次の各号のとおり配置するものとする。

一　標定点は、計測対象範囲を囲むように配置する点（以下「外側標定点」という。）及び計測対象範囲内に配置する点（以下「内側標定点」という。）で構成する。

二　外側標定点は、計測対象範囲の外側に配置することを標準とする。

三　内側標定点は、計測対象範囲内に均等に配置することを標準とする。

四　標定点の配置間隔は、作成する三次元点群の位置精度に応じて、以下の表を標準とする。

なお、外側標定点は3点以上、内側標定点は1点以上設置するものとする。

位置精度	隣接する外側標定点間の距離	任意の内側標定点とその点を囲む各標定点との距離
0.05 m 以内	100 m 以内	200 m 以内
0.10 m 以内	100 m 以内	400 m 以内
0.20 m 以内	200 m 以内	600 m 以内

五　計測対象範囲内の最も標高の高い地点及び最も標高の低い地点には、標定点を設置することを標準とする。なお、これらの標定点は、外側標定点又は内側標定点の一部とすることができる。

2　検証点は、標定点とは別に、次の各号のとおり配置するものとする。

一　検証点は、標定点からできるだけ離れた場所に、計測対象範囲内に均等に配置することを標準とする。

二　設置する検証点の数は、設置する標定点の総数の半数以上（端数は繰り上げ。）を標準とする。

三　検証点は、平坦な場所又は傾斜が一様な場所に配置することを標準とする。

標定点は、計測対象範囲を囲むように外側標定点を配置し、計測対象範囲内に内側標定点を設置する。また、標定点の総数の半数以上（端数繰り上げ）の検証点を計測対象範囲内に設置する。

標定点は地形の形状をよく考慮して設置する必要がある。三次元形状復元の計算精度に影響を与えるため、この場合は経験による判断が入る。

また、マニュアルには、一般的な標定点の配置例として、以下のとおり示されている。

「UAV を用いた公共測量マニュアル（案）」 抜粋 8－5

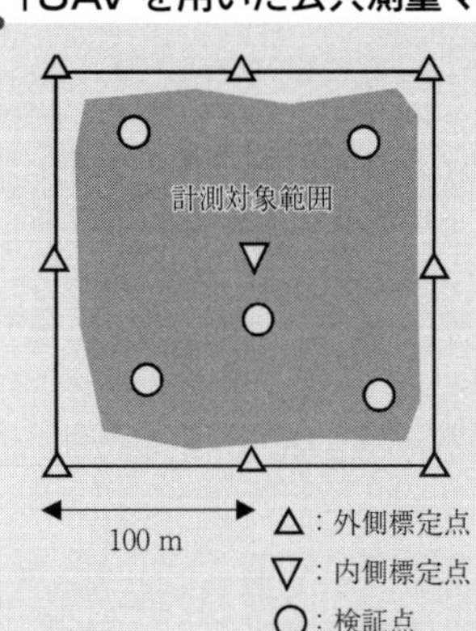

外側標定点
・計測対象範囲を囲むように配置
・隣り合う外側標定点の距離は100 m 以内
内側標定点
・内側標定点は最低 1 点とする。
・内側標定点とそれを囲む標定点との距離は200 m 以内
検証点
・標定点の総数の半数以上（端数は繰り上げ）
・計測対象範囲内に均等に配置

標定点の配置

8-6-4　標定点および検証点の観測

標定点および検証点の観測は、現地測量の TS（トータルステーション）点の設置に準じた観測を実施する。

「UAV を用いた公共測量マニュアル（案）」 抜粋 8－6

（標定点及び検証点の観測方法）
第54条　標定点及び検証点の位置及び高さは、準則第 3 編第 2 章第 4 節第 1 款の TS 点の設置に準じた観測により求めるものとする。ただし、作成する三次元点群の位置精度が0.05 m 以内の場合には、準則第92条に示す TS 等を用いる TS 点の設置に準じて行うものとする。

〈第54条　運用基準〉
1　標定点及び検証点の観測結果については、精度管理表にまとめるものとする。
2　TS 等を用いる場合は、準則第445条第 3 項を準用し、次表を標準とする。

区分		水平角観測	鉛直角観測	距離測定
方法		2 対回（0°、90°）	1 対回	2 回測定
較差の許容範囲	倍角差	60”	60”	5 mm
	観測差	40”		

3　キネマティック法、RTK 法又はネットワーク型 RTK 法による TS 点の設置は、準則第93条及び第94条に準じて行うものとする。いずれの方法においても、観測は 2 セット行うものとする 1 セット目の観測値を採用値とし、2 セット目を点検値とする。セット間の格差の許容範囲は、X 及び Y 成分は20 mm、Z 成分は30 mm を標準とする。

付近に既存基準点（3、4 級基準点）が設置されている場合には、トータルステーションを用いて標定点の観測を実施するか、GNSS 測量機を使用して観測を実施する。

付近に既設基準点が無い場合は、ネットワーク型RTK法の単点観測法による観測を実施する場合が多い。その場合でも、作業地域周辺を囲むような既知点において整合を確認する必要がある。既知点数は3点以上を標準とする。ただし、**作成する三次元点群の位置精度が0.05 m以内**の場合には、標定点の観測はトータルステーションによる観測のみが可能である。

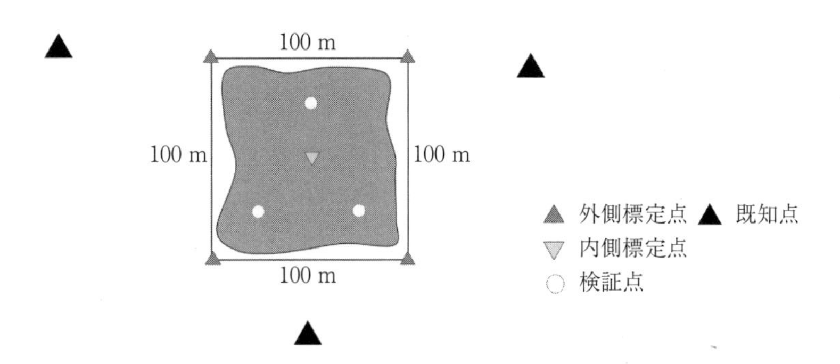

図U 8-6　標定点と既知点

● 8-7　UAV測量の基本⑤（撮影）

撮影を実施するにあたり、必要とする三次元点群データの位置精度に応じて、地上における画像画素の寸法を決定し、撮影高度、撮影範囲、重複度等を計画する。

「UAVを用いた公共測量マニュアル（案）」 抜粋8-7

（撮影計画）

第57条　撮影計画は、撮影地域ごとに、作成する三次元点群の位置精度、地上画素寸法、対地高度、使用機器、地形形状、土地被覆、気象条件等を考慮して立案し、撮影計画図としてまとめるものとする。

〈第57条　運用基準〉

1　撮影する空中写真の地上画素寸法は、作成する三次元点群の位置精度に応じて、次表を標準とする。

位置精度	地上画素寸法
0.05 m 以内	0.01 m 以内
0.10 m 以内	0.02 m 以内
0.20 m 以内	0.03 m 以内

2　対地高度は、〔（地上画素寸法）÷（使用するデジタルカメラの1画素のサイズ）×（焦点距離）〕以下とし、地形や土地被覆、使用するデジタルカメラ等を考慮して決定するものとする。

3　撮影基準面は、撮影地域に対して一つを定めることを標準とするが、比高の大きい地域にあっては、数コース単位に設定することができる。
4　焦点距離は、レンズの特性や地形等の状況によって決定するものとする。決定した焦点距離は、撮影終了まで固定することを標準とする。ただし、地形形状等からオートフォーカスを使用することが適切であると判断される場合は、この限りではない。
5　UAV の飛行速度は、空中写真が記録できる時間以上に撮影間隔がとれる速度とする。
6　同一コースは、直線かつ等高度で撮影することを標準とする。
7　撮影後に実際の写真重複度を確認できる場合には、同一コース内の隣接空中写真との重複度が80％以上、隣接コースの空中写真との重複度が60％以上を確保できるよう撮影計画を立案することを標準とする。撮影後に写真重複度の確認が困難な場合には、同一コース内の隣接空中写真との重複度は90％以上、隣接コースの空中写真との重複度は60％以上として撮影計画を立案するものとする。
8　コースの位置及び隣接空中写真との、重複度は、次の各号に配慮するものとする。
（1）　実体空白部を生じさせない
（2）　隠蔽部ができる限り少なくなるようにする
9　外側標定点を結ぶ範囲のさらに外側に、少なくとも 1 枚以上の空中写真が撮影されるよう、撮影計画を立案するものとする。
10　撮影計画は、撮影時の明るさや風速、風向、地形・地物の経年変化等により、現場での見直しが生じることを考慮しておく。

撮影高度の決定方法については、前出の「UAV 測量の基本③（地上画素寸法と撮影高度）」を参照されたい。

8-7-1　隣接空中写真との重複度（オーバーラップ、サイドラップ）

同一コース内の隣接空中写真との重複度（オーバーラップ）が80 %以上、隣接コースの空中写真との重複度（サイドラップ）が60 %以上を確保できるように撮影を実施することを標準とする。

ただし、撮影後に写真重複度の確認が困難な場合には、同一コース内の隣接空中写真との重複度（オーバーラップ）は90 %以上、隣接コースの空中写真との重複度（サイドラップ）は60 %以上として撮影を実施する。システム上で重複度を自動点検できない場合は、オーバーラップ90 %以上で撮影を実施し重複度確認を省略するのが望ましい。

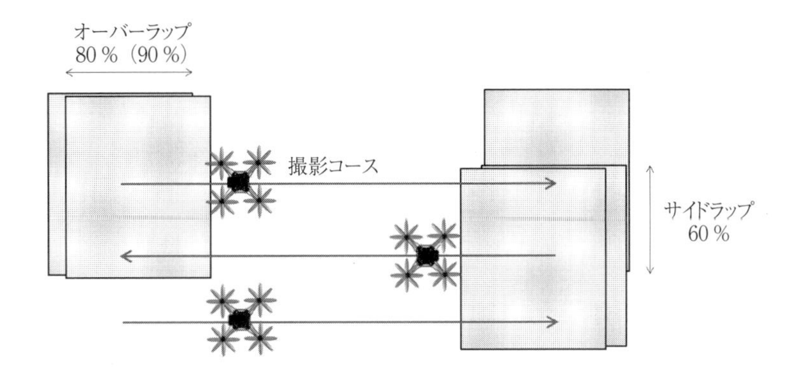

図Ｕ８－７　写真重複度

8-7-2　撮影コース

撮影コースは、外側標定点を結ぶ範囲のさらに外側に少なくとも１枚以上の空中写真が撮影されるよう、撮影コースを設定する。

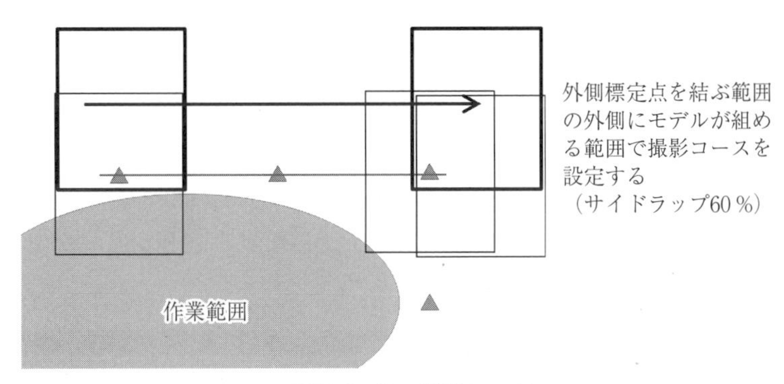

図Ｕ８－８　撮影コース

写真Ｕ８－１　撮影イメージ

参考／―撮影時の天候―

空中写真測量の撮影に適している天候は曇りの日である。快晴時には影の影響で明暗がはっきりと分かれるため、影の部分が見えない場合やSfM処理による三次元モデル作成ができない場合が発生する。また、太陽の位置が低い朝晩の時間帯では、影が長くなる影響が出るため、太陽位置の高い昼前後での撮影がベストである

● 8-8　自動飛行（自律飛行）について

「公共測量におけるUAVの使用に関する安全基準（案）」では、公共測量においてUAVを使用する際には、使用する環境や安全を確保する目的を達成するため、**離着陸時を除き自動運航を行うことを原則とする**、とされている。また、「UAVを用いた公共測量マニュアル（案）」においても、撮影飛行は、**離着陸以外は、自律飛行で行うことを標準とする**、とされている。

自動運航（自律飛行）とは、操縦者が送信機（プロポ）を用い、UAVを操作しながら飛行（マニュアル飛行）するものではない。UAVに搭載されたGNSS等で機体の位置情報などを取得し、あらかじめ計画した飛行ルートに従ってUAVが自動的（自律的）に飛行することをいう。

公共測量においては、測量に必要な情報を一定の精度で取得することが必要であることから、あらかじめ計画された飛行ルートに従って正確に飛行することが重要である。また、自動飛行（自律飛行）は、操縦者による飛行技能の影響が少なく、思わぬ操縦ミスを防ぐことも可能である。

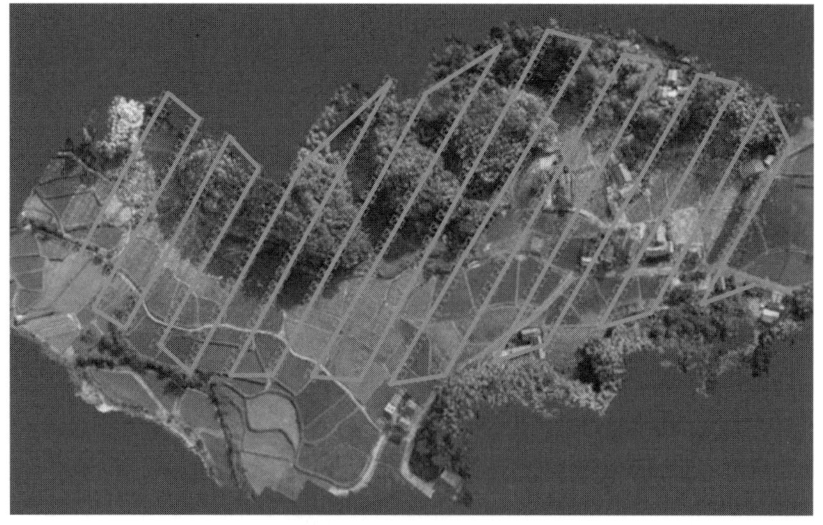

写真Ｕ８－２　飛行ルート

UAV（ドローン）を自動飛行（自律飛行）させるには、飛行ルートを設定し飛行させるソフトウェアが必要である。代表的なソフトウェアは以下のとおりである。

- GROUND STATION　PRO（DJI）
- Litchi（VC Technology）
- Pix4D（Capture　Pix4D）
- Mission Planner（APM）

これらのソフトウェアは、タブレットまたはパソコン上で飛行範囲を設定した上で、オーバーラップ、サイドラップ、飛行高度を設定し、そのデータをUAV（ドローン）本体に送信することにより、自動飛行（自律飛行）しながら自動撮影を行うことが可能となる。ただし、使用するUAV（ドローン）に対応している専用ソフトウェアが必要である。

● 8－9　三次元点群データ

UAV（ドローン）に搭載されたカメラで撮影した複数の画像データから、それらの撮影位置を推定し、同一地点に対する複数枚のデジタル画像の“ズレ”（視差）から、三次元点群データを作成する手法のことをSfM（Structure from Motion）という。

三次元点群データの精度は、使用するカメラの「画素数、撮影高度、ラップ率」によって変化する。三次元点群データのすべての点は三次元座標から成り立っており、測量座標と整合させるためにSfM処理の実行時に地上の標定点と画像データ上での標定点との三次元座標の対応付けを行い、3次元点群データを作成する。

写真U 8－3　三次元点群データ

三次元点群データから、「斜距離、水平距離、面積、ボリューム計算、断面図作成」が可能である。また、点群データからTINデータやDEMデータを作成することができ、空中写真画像を張り付けることも可能である。また、正射投影補正をおこなったオルソ画像を作成することもできる。

写真Ｕ８－４　DSM データと写真画像データの合成（３Ｄ）

UAV 測量の目的は、三次元点群データを作成し、「オルソ画像作成、土量計算、縦横断面図作成」を行うことである。

UAV 測量全体の工程別作業手順は、下記のとおりである。

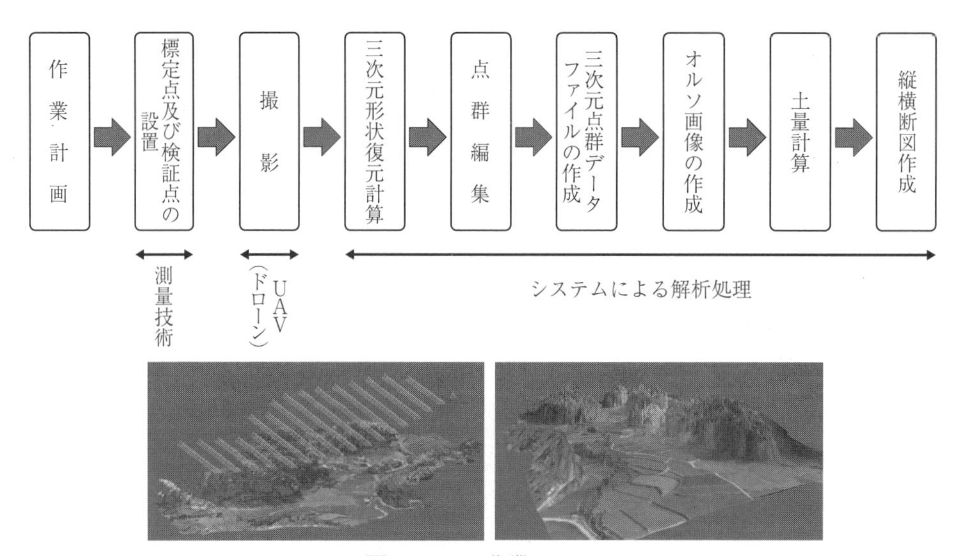

図Ｕ８－９　作業フロー

標定点および検証点の観測には測量技術が必要であり、点群データ作成等においては、解析ソフトおよび高性能パソコンが必要である。

全体作業の工程では、UAV（ドローン）の使用は撮影に関与するだけであり、最も作業時間が必要となるのは上述のシステムによる解析処理である。

● 8-10　三次元形状復元計算

三次元形状復元計算とは、撮影した空中写真および標定点を用いて、地形・地物の三次元形状をシステムで復元し、オリジナルデータを作成する作業をいう。

三次元形状復元計算については、「UAV を用いた公共測量マニュアル（案）」 第65条において、下記のように定義されている。

「UAV を用いた公共測量マニュアル（案）」 抜粋８－８

第５章　三次元形状復元計算

（要旨）

第65条　三次元形状復元計算とは、撮影した空中写真及び標定点を用いて、空中写真の外部標定要素及び空中写真に撮像された地点（以下「特徴点」という。）の位置座標を求め、地形・地物の三次元形状を復元し、オリジナルデータを作成する作業をいう。

2　二次元形状復元計算は、特徴点の抽出、標定点の観測、外部標定要素の算出、三次元点群の生成までの一連の処理を含むものとする。

〈第65条　運用基準〉

1　三次元形状復元計算に用いる撮像素子寸法、画素数は、デジタルカメラのカタログ値を採用し、焦点距離の初期値は、デジタルカメラのカタログの焦点距離の値を用いるものとする。

2　三次元形状復元計算は、分割して実施しないことを標準とする。

3　カメラのキャリブレーションについては、三次元形状復元計算において、セルフキャリブレーションを行うことを標準とする。

「UAV による空中写真を用いた数値地形図作成」では、第25条にて、**撮影に使用するデジタルカメラは、独立したカメラキャリブレーションを行ったものでなければならない**と定義されているが、「UAV による空中写真を用いた三次元点群作成」では、第65条運用基準 において、**カメラのキャリブレーションについては、三次元形状復元計算において、セルフキャリブレーションを行うことを標準とする**、と定義されている。

参考／カメラキャリブレーション

カメラにはレンズ特性による各種の歪みが発生する。撮影画像に歪みが存在すると正確な位置座標が特定できない。そのため、歪みの無い正確な撮影画像を必要とするため、カメラの歪みを予め特定し、その歪み量を補正値として撮影画像を補正しなければならない。この補正する処理を「キャリブレーション」という。

カメラキャリブレーションでは、「レンズ歪みパラメータ、レンズ焦点距離などの内部パラメータ、カメラの位置・姿勢を表す外部パラメータ」を求め、歪みのある画像を補正し処理する。

独立したカメラキャリブレーションとは、予めキャリブレーションを実施し、パラメータを特定することであり、**セルフキャリブレーション**とは、SfM システム内部で処理中に標定点を使用してパラメータを自動的に算出し補正を実施することである。

● 8-11　三次元形状復元計算結果の点検

三次元形状復元計算の結果は、三次元形状復元計算ソフトの機能に応じて点検することになっている。結果の点検は、使用しているソフトに依存するが、以下のような事項が標準である。

（1）処理に使用されなかった空中写真の有無
（2）処理に使用した空中写真の重複枚数
（3）特徴点の分布
（4）標定点の残差
（5）検証点の較差

また、三次元形状復元計算において最も重要である標定点および検証点の点検方法については、「UAV を用いた公共測量マニュアル（案）」第67条において、下記のように定義されている。

「UAVを用いた公共測量マニュアル（案）」　抜粋8－9

（標定点の残差及び検証点の較差の点検）

第67条　三次元形状復元計算で得られる標定点の残差が、X、Y、Zいずれの成分も、作成する三次元点郡の位置精度以内であることを点検する。

2　あらかじめ求めた検証点の位置座標と、三次元形状復元計算で得られた検証点の位置座標との較差が、X、Y、Zいずれの成分も、作成する三次元点群の位置精度以内であることを点検する。

3　点検のために、必要に応じてオルソ画像を作成することができるものとする。

4　点検の結果、精度を満たさない場合には、不良写真の除去及び特徴点の修正を行った上で、再度三次元形状復元計算を行い、点検を行うものとする。こうした処理を行っても精度を満たさない場合には、追加撮影を行うものとする。

〈第67条　運用基準〉

1　三次元形状復元計算ソフトで直接検証点の位置座標を求めることができない場合は、検証点の位置座標は、次の方法で求めるものとする。

（1）　平面位置は、第3項で作成したオルソ画像上で検証点の位置を確認し、座標を求める。

（2）　高さは、作成した三次元点群を用いて、各検証点に対し平面座標上の距離が15 cm以内であるような点群を抽出し、距離の重み付内挿法（Inverse Distance Weighted法：IDW法）で求める。

標定点の残差や検証点の較差は、作成される三次元点群の目的別の位置精度によって異なってくる。

すなわち、「出来高管理には位置精度0.05 m以内」、「起工測量または岩線計測には位置精度0.10 m以内」、「部分払い出来高計測には位置精度0.20 m以内」となる。

その他の目的の場合には、必要とする位置精度を目的に応じて設定するが、位置精度は、0.05 m、0.10 m、0.20 mなどが標準とされている。

● 8-12　点群編集

点群編集とは、オリジナルデータから必要に応じて異常点の除去、あるいは、点群の補間等の編集を行ってグラウンドデータを作成し、所定の点群に構造化する作業をいう。

「UAV を用いた公共測量マニュアル（案）」 抜粋 8－10

（点群編集）

第70条　オリジナルデータを複数の方向から表示し、地形以外を示す特徴点や成果に不要となる特徴点等の異常点を取り除くものとする。

2　オリジナルデータが必要な密度を満たさない場合は、必要に応じて TS 等を用いて現地補測を行い、点群を補間する。

3　異常点やオリジナルデータが必要な密度を満たさない場所が広範囲に分布する場合には、空中写真及び三次元形状復元計算結果を見直し、必要に応じて空中写真の追加撮影又は三次元形状復元計算の再計算を行うものとする。

【解説】

三次元点群の点群編集には、誤抽出の修止と欠測部での補測がある。誤抽出とは、異なる場所を同一の場所と判定して三次元点群に変換したものをいう。欠測部とは三次元点群が、精度に影響するほどまとまった範囲で抽出できなかったところをいう。前者は類似の模様が固まって存在する場所に、後者は土地被覆の濃淡が少なかったり、水面のように異なる模様で写る場所が該当する。

抽出が正確に行われたとしても成果とはならない樹木、草、構造物、車両等を抽出している場合は、これらも必要に応じて編集により除去する。

土木施工において使用する三次元点群の点密度は、下表を標準に分類している。

低密度	標準の密度	高密度
100 m^2（10 m ×10 m）につき 1 点以上	0.25 m^2（0.5 m ×0.5 m）につき 1 点以上	0.01 m^2（0.1 m ×0.1 m）につき 1 点以上

8-12-1　異常点の除去

UAV（ドローン）による空中写真の撮影は、航空機に比べて圧倒的に飛行高度が低いため、地上の色彩の違いや比高差によって、SfM 処理による点群異常点が多く発生する。

写真 U 8－5 は、SfM 処理によって作成した点群データから編集をせずにオルソ画像を作成したものである。欄干の白色と橋梁下との急な比高差により、点群データに異常点が多く発生した結果である。これらの異常点を取り除き、オルソ画像を作成したのが写真 U 8－6 である。

点群データ編集の有無によって、完成する成果データに違いが出るのは明らかであるが、編集作業には三次元データを扱う技術と編集時間という大変な労力が必要である。システムによっては、半自動編集機能は存在するが、多くの作業はオペレータの作業に依存することになる。

写真U８－５　点群未編集

写真U８－６　点群編集後

● 8-13　構造化

構造化とは、グラウンドデータからサーフィスモデルであるTIN（Triangulated Irregular Network）データやDEM（Digital Elevation Model）データ等の構造化データを作成および変換する作業である。

「UAVを用いた公共測量マニュアル（案）」 抜粋８－11

（構造化）
第71条　構造化とは、必要に応じて、グラウンドデータを決められた構造の構造化データに変換する作業をいう。
２　構造化に当たっては、必要に応じてブレークラインを追加できるものとする。

【解説】

グラウンドデータを変換することで、サーフェスモデル（TINデータ）や、一定の格子間隔で地形の形状を表すDEMデータを作成することができる。また、サーフェスモデルに撮影した空中写真画像を貼り付けることで、写真地図（三次元オルソ画像）を作成することもできる。サーフェスモデルは土木施工において利用されることも多い。必要となるデータは、利用目的等によっても異なることから、必要に応じてグラウンドデータから、これらの構造化データに変換する作業を行う。

構造化データは、３D_CADなどの３Dデータとして利用される。

参考／一用語解説一

TIN（Triangulated Irregular Network、不規則三角形網）データとは、三次元点群データを三角形の格子状に結合した集合体で表現するデータ構造である

オリジナルデータとは、SfM処理によりすべての特徴点から作成された状態の三次元点群データ。地表面の建物や樹木などすべての地表物が含まれている。**DSM（Digital Surface Model、数値表層モデル）データ**である

グラウンドデータとは、オリジナルデータから建物や樹木など地表面のデータを取り除き（フィルタリング処理）、地盤の高さのみの状態の三次元点群データ。**DEM（Digital Surface Model、数値標高モデル）**データである

引用・参考文献

飯塚修功・大滝三夫・中根勝見（2010）：公共測量教程　測量計算　三訂新版、株式会社東洋書店
飯村友三郎・中根勝見・箱岩英一（1998）：公共測量教程　TS・GPSによる基準点測量、株式会社東洋書店
内山一男（2002）：わかる　最新測量学、株式会社日本理工出版会
大滝三夫・中根勝見（1998）：公共測量教程　水準測量、株式会社東洋書店
岡田清 監修（2010）：ニューパラダイムテキストブック　測量学、東京電機大学出版局
公共測量　作業規程の準則　解説と運用（平成28年3月31日改正版）、社団法人日本測量協会
国土地理院（2009）：かんたんJPGIS、財団法人日本測量調査技術協会
小白井亮一（2009）：わかりやすい　測量の数学、株式会社オーム社
作業規程の準則（制定昭和26年8月25日建設省告示第800号）　一部改正平成28年3月31日国土交通省告示第565号
瀬戸島政博（2010）：図版でみる江戸時代の測量術、社団法人日本測量協会
千田泰弘・岩田拡也・柴崎誠（2016）：トコトンやさしい ドローンの本、日刊工業新聞社
測量法（昭和24年6月3日法律第188号）　最終改正：平成23年6月3日法律第61号
土屋淳・辻宏道（2002）：新・GPS測量の基礎、社団法人日本測量協会
飛田幹男（2002）：世界測地系と座標変換、社団法人日本測量協会
株式会社トプコンソキアポジショニングジャパン：測量と測量機のレポート
長谷川昌弘・川端良和 編著（2010）：改訂新版　基礎測量学、株式会社電気書院
堀口俊二（2012）：樋口権右衛門（小林謙貞）の南蛮流測量術と紅毛流測量術、新潟産業大学経済学部紀要
村井俊治（2003）：改訂版　空間情報工学、社団法人日本測量協会
やまおかみつはる（2012）：地図測量の200人、オフィス地図豆
山下壱平（2015）：ドローン検定協会公認 ドローンの教科書 標準テキスト、3級対応、Dig, tec Books

測量数学基礎編

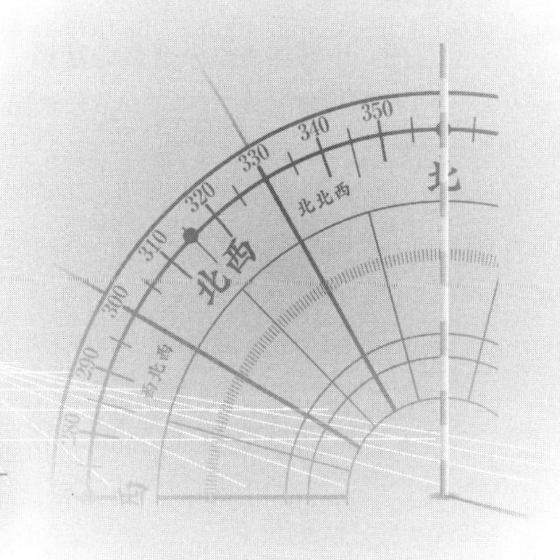

第１章　十進法と六十進法

1-1　記数法

測量では、距離や角度などの数（すう）に関する膨大な情報を適切に測定・記録・計算する必要がある。

数を表記する方法を「記数法」という。記数法のうち頻繁に使われているものが「十進法」である。

十進法では「１、２、３、…」と数えて、９まで進むと桁がひとつ繰り上がり、次は10になる。同じように「10、20、30、…」と10ずつ数えて90まで進むと、ひとつ桁が繰り上がり、次は100になる。このように十進法では10をひとつの単位として、桁を繰り上げることで数を表現する。

この桁を繰り上げる単位となる数（十進法では10）を「基数（きすう）」または「底（てい）」という。基数をＮとする記数法を「Ｎ進法」といい、Ｎ進法で表記した数を「Ｎ進数」という。

1-2　度数法で用いられる六十進法

測量では、角度を表すとき、度（°）・分（′）・秒（″）に「六十進法」が使われる。この度数法による角度表記では、60秒は１分に等しく、60分は１度に等しい。

六十進法は60を基数とする記数法である。しかし、度数法では、各桁に相当する度・分・秒は十進数を使って表記する。そして、それぞれの数のあとに度（°）、分（′）、秒（″）という単位をつけることで各桁を識別する。なお、秒（″）以下の数は、秒（″）の桁に小数を用いて十進法で表記する。

度数法で表記された角度に対して加減乗除を行うには、十進法での計算を行った上で、六十進法での桁の繰り上がり、繰り下がりを考える必要がある。

六十進法は、60を一つの単位として桁が繰り上がっていく。つまり、六十進数の各桁は、一つ下の桁の60倍、一つ上の桁の60分の１である。したがって、小数点以上 n 桁、小数点以下 m 桁の六十進数は、小数点以上 i 桁目を a_i、小数点以下 j 桁目を、a_{-j} とすると、十進数では次の式で表現できる。

$$a_n \times 60^{n-1} + \cdots + a_2 \times 60 + a_1 + a_{-1} \times 60^{-1} + \cdots + a_{-m} \times 60^{-m}$$

● 1-3　十進数と六十進数の変換

1-3-1　度分秒表記（° ′ ″）から秒表記（″）への変換

たとえば、50° 40′ 30″を秒（″）表記に変換するときは次のように行う。

秒（″）の桁を基準に考えると、分（′）は秒（″）の60倍、度（°）は秒（″）の3 600倍（60×60倍）なので、次のように計算できる。

$$50\times 3\,600 + 40\times 60 + 30 = 182\,430$$

つまり、50° 40′ 30″ は 182 430″と等しい。

1-3-2　度分秒表記（° ′ ″）から度表記（°）への変換

たとえば、50° 40′ 30″を度（°）表記に変換するときは次のように行う。

度（°）の桁を基準に考えると、分（′）は度（°）の60分の 1、秒（″）は度（°）の3 600分の 1 なので、次のように計算できる。

$$50 + \frac{40}{60} + \frac{30}{3\,600} = 50.675$$

つまり、50° 40′ 30″ は 50. 675° と等しい。

また、度（°）は秒（″）の3 600倍なので、50° 40′ 30″を秒（″）表記した182 430″を3 600で割ると、同じように50. 675° を得ることができる。

1-3-3　秒表記（″）から度分秒表記（° ′ ″）への変換

たとえば、123 456″を度分秒表記に変換するときは次のように行う。

秒（″）の桁を基準に考えると、分（′）は秒（″）の60倍、度（°）は分（′）の60倍である。したがって、秒表記の123 456″を60で割ると、その余りが秒（″）の桁になる。

これを計算すると、

$$\frac{123\,456''}{60} = 2\,057.6' = 2\,057'\,36''\ \ (0.6' \times 60 = 36'')$$

$$\frac{2\,057'}{60} = 34.283^\circ = 34^\circ\,17'\ \ (0.283^\circ \times 60' = 17')$$

つまり、123 456″ は 34° 17′ 36″と等しい。

1-3-4　度表記（°）から度分秒表記（° ′ ″）への変換

たとえば、度表記の55. 555° を度分秒表記に変換するときは次のように行う。

度（°）の桁を基準に考えると、分（′）は度（°）の60分の１、秒（″）は分（′）の60分の１である。したがって、度表記55.555°の小数点以下の桁に60を掛けて得られた小数点以上の値が分（′）の桁に、さらにその小数点以下の桁に60を掛けて得られた値が秒（″）になる。

これを計算すると、

$$0.555° \times 60 = 33.3'$$

$$0.3' \times 60 = 18''$$

つまり、55.555°　は 55°33′18″と等しい。

第２章　三角関数

測量では、地形や建物の空間的な位置関係や形状を測定および記録し、地図（図面）に地形情報を記述する。つまり、測量は図形や幾何学との関係が深い。

古代エジプトでは、三角形の性質を利用して、農地の土地測量が行われていたといわれる。我が国では、伊能忠敬（いのうただたか）によって全国の実地測量が行われ、極めて正確な地図を残したことが知られている。伊能忠敬の測量では、三角形の性質を利用して、斜面の角度や距離の測定が行われている。

2-1　三角比

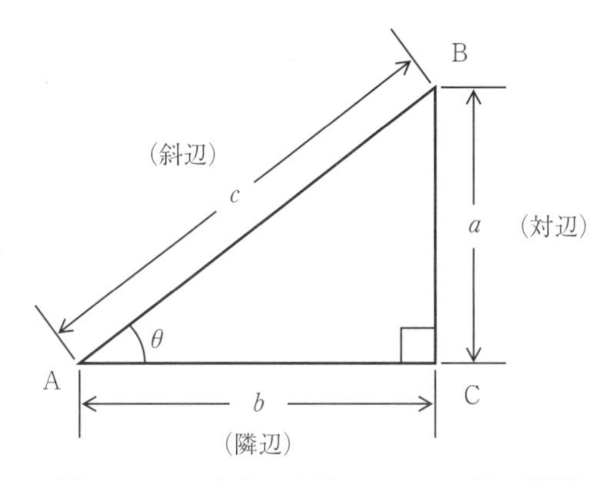

図Ｍ２－１　直角三角形における三辺の関係

2-1-1　三角比の種類

三角形の内角の和は一定（180°）である。ここで、図Ｍ２－１のような直角三角形を考える。直角三角形では、直角ではない二つの角のうち、一つの角度が定まれば他の角度も定まる。そして、そのときの各辺の比も定まる。

直角ではないある角と、そのときの各辺の比との関係のことを「三角比」という。三角比には、正弦（sine；サイン）、余弦（cosine；コサイン）、正接（tangent；タンジェント）がある。

図M 2-1に示す直角三角形の角Aの角度をθ、斜辺ABの長さをc、角Aに隣接する隣辺ACの長さをb、角Aに対向する対辺BCの長さをaとすると、三角比は次のように定義される。

①正弦（sine；サイン）

対辺BCの長さaを斜辺ABの長さcで除した（割り算をした）ものを正弦（sine；サイン）といい、次式で定義される。

$$\sin\theta = \frac{a}{c}$$

②余弦（cosine；コサイン）

隣辺ACの長さbを、斜辺ABの長さcで除したものを余弦（cosine；コサイン）といい、次式で定義される。

$$\cos\theta = \frac{b}{c}$$

③正接（tangent；タンジェント）

対辺BCの長さaを、隣辺ACの長さbで除したものを正接（tangent；タンジェント）といい、次式で定義される。

$$\tan\theta = \frac{a}{b}$$

2-1-2　三角比の相互関係

三角比には次のような相互関係がある。

$$\sin^2\theta + \cos^2\theta = 1, \quad \tan\theta = \frac{\sin\theta}{\cos\theta}, \quad 1 + \tan^2\theta = \frac{1}{\cos^2\theta}$$

● 2-2　平面座標と三角関数

直角三角形のある角度θの範囲は$0° < \theta < 90°$である。したがって、三角比は$\theta > 90°$の鈍角には適用できない。

$\theta < 0°$や$\theta > 90°$の角に対しては、平面座標を用いた「三角関数」を用いることで、三角比の考え方を適用することができる。ここで**図M 2-2**のようなxy平面座標を考える。

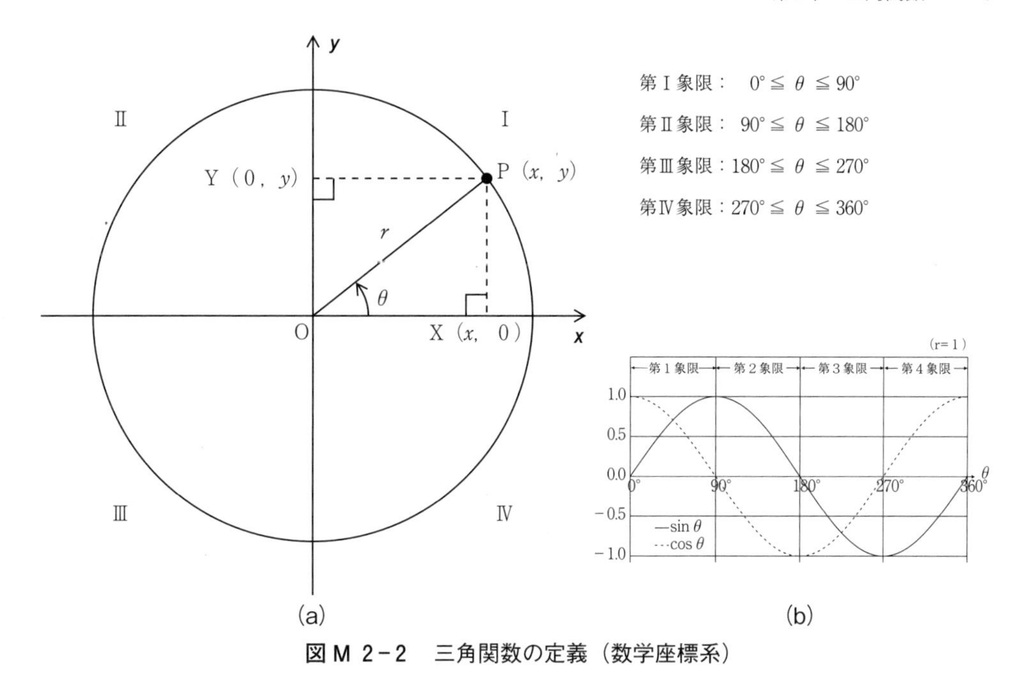

図M 2－2　三角関数の定義（数学座標系）

この xy 平面座標上に、原点Oを中心とした半径 r の円を描く。この円周上に、任意の点P（x, y）を置く。原点Oと点Pを結び、点Pから x 軸に対して垂線を引き、交点をX（x, 0）とする。

そして、角POXの角度 θ に対する正弦関数（sin θ）、余弦関数（cos θ）、正接関数（tan θ）を次のように定義する。

$$\sin\theta = \frac{y}{r},\quad \cos\theta = \frac{x}{r},\quad \tan\theta = \frac{y}{x}$$

● 2-3　正弦定理と余弦定理

三角形は、

①二つの角度と一つの辺の長さがわかっているとき

②二つの辺の長さとその辺に挟まれた角度がわかっているとき

③すべての辺の長さがわかっているとき

のいずれかの条件が整うと、一つに定まる。測量では、この三角形の性質を利用して角度や長さを測定することで、座標を定めていく。

三角形の角度と各辺の長さに関する定理に、正弦定理と余弦定理がある。

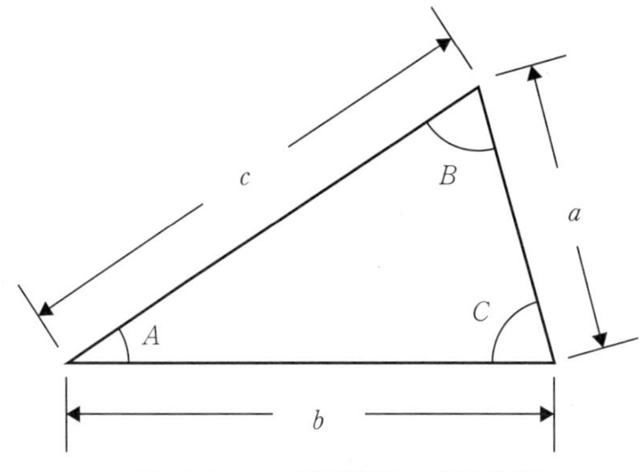

図M 2－3　正弦定理と余弦定理

2-3-1　正弦定理

三角形の一つの角度とその対辺の長さの関係を正弦定理という。

図M 2－3のような三角形があるとき、この三角形の角度と辺の長さには次の式の関係がある。正弦定理を用いることで、二つの角度と一つの辺の長さから残りの角度と辺の長さを求めることができる。

$$\frac{a}{\sin A}=\frac{b}{\sin B}=\frac{c}{\sin C}$$

2-3-2　余弦定理

三角形の一つの角度と各辺の長さの関係を余弦定理という。

図M 2－3のような三角形があるとき、この三角形の角度と辺の長さには次の式の関係がある。

余弦定理を用いることで、二つの辺の長さとその辺に挟まれた角度から残りの角度と辺の長さを求めることができる。

$$a^2 = b^2 + c^2 - 2\,bc \cos A$$
$$b^2 = c^2 + a^2 - 2\,ca \cos B$$
$$c^2 = a^2 + b^2 - 2\,ab \cos C$$

第3章　基本的な統計処理

測量では、測量機器を用いることによって距離や角度を測定する。しかし、この測定値には誤差が含まれ、真の値を直接知ることはできない。そのため、得られた測定値から、何らかの方法で真の値を推定する必要がある。

測量では、得られた複数の測定値に対して、統計処理を行うことによって真の値とみなせる値すなわち「最確値」を求める。

● 3-1　度数分布表とヒストグラム

統計学では、多数の数値に対して数学的な処理を加えることによって、それらの数値群のもつ特徴を端的に表現あるいは未知の値を推定する。

たとえば、距離を100回測定し、**表Ｍ３－１**のような測定値を得たとする。このままでは、単なる数値の羅列に過ぎず、測定値の意味を読み取ることは難しい。得られた多数の測定値は、表やグラフにまとめることで、その特徴を捉えることができる。

表Ｍ３－１　測定値の例

測定回（回）	測定値 距離（m）
1	110.499
2	110.518
3	110.547
4	110.473
5	110.482
6	110.489
7	110.497
8	110.529
9	110.504
・	・
・	・
・	・
100	110.510

このときに用いられる測定値の表現方法が「度数分布表」と「ヒストグラム」である。度数分布表は、測定値をある一定範囲に分割して、その範囲内に入る測定値の個数を表にまとめたものである。ヒストグラムは、度数分布表を棒グラフで表現したものである。

度数分布表とヒストグラムの例を**表Ｍ３－２**、**図Ｍ３－１**に例示する。

表Ｍ３－２　度数分布表の例

階級	階級値	度数	相対度数	累積度数	相対累積度数
110.45～110.46	110.455	1	0.01	1	0.01
110.46～110.47	110.465	6	0.06	7	0.07
110.47～110.48	110.475	9	0.09	16	0.16
110.48～110.49	110.485	14	0.14	30	0.30
110.49～110.50	110.495	25	0.25	55	0.55
110.50～110.51	110.505	17	0.17	72	0.72
110.51～110.52	110.515	10	0.10	82	0.82
110.52～110.53	110.525	9	0.09	91	0.91
110.53～110.54	110.535	6	0.06	97	0.97
110.54～110.55	110.545	3	0.03	100	1.00

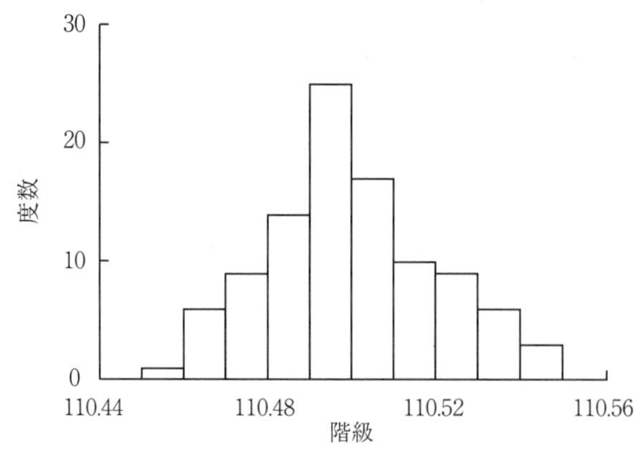

図M 3－1　ヒストグラムの例

ここで、度数分布表の中で、分割した一定範囲のことを「階級」、その階級内に入る測定値の個数を「度数」または「頻度」、各階級の中心の値を「階級値」という。各階級の度数を測定値の総個数で割ったものを「相対度数」、各階級の度数を足し合わせていったものを「累積度数」、累積度数を測定値の数で総個除したものを「相対累積度数」という。

● 3-2　代表値

度数分布表やヒストグラムは、測定値のもつ特徴や傾向を視覚的かつ定性的に捉えることができる。しかし、測定値の代表的な値を用いて、定量的に表現した方が便利なことがある。この測定値を代表する値を「代表値」という。**代表値には「平均値」、「中央値」、「最頻値」**などがある。

3-2-1　平均値（Average, Mean）

測定値の合計を測定値の総数 n で割ったものを平均値という。測定値を、x_1, x_2,・・・, x_n とすると、平均値 $\bar{x}$ は、次の式で表すことができる。

$$\bar{x} = \frac{x_1 + x_2 + \cdots + x_n}{n} = \frac{1}{n}\sum_{i=1}^{n} x_i$$

ただし、測定値のなかに極端に大きい値あるいは小さい値があるとき、平均値はその極端な値に大きく影響される。その場合、平均値は測定値を代表する値とはいいにくい。

3-2-2　中央値（Median）

測定値を小さい順または大きい順に並び替え、中心に位置する値を中央値という。中央値は「メジアン」とも呼ばれる。中央値は、平均値に比べて極端な値の影響を受けにくい。測定値を、$x_1 < x_2 <$・・・$< x_n$ とすると、中央値 $\tilde{x}$ は、次式で表すことができる。

$$\tilde{x} = \begin{cases} x_m & n\text{が奇数のとき} \quad m = \dfrac{n+1}{2} \\ \dfrac{x_m + x_{m+1}}{2} & n\text{が偶数のとき} \quad m = \dfrac{n}{2} \end{cases}$$

3-2-3　最頻値（Mode）

測定値のうちもっとも**度数の大きいものを最頻値**という。最頻値は「モード」とも呼ばれる。複数の最頻値をもつこともある。

● 3-3　散布度

代表値が同じでも測定値の分布は異なることがある。測定値のばらつきを示す尺度が散布度である。**散布度には「分散」、「標準偏差」、「変動係数」**などがある。

3-3-1　分散（Variance）

各測定値と平均値の差を2乗し、その平均をとったものを分散という。測定値を $x_1, x_2,$ ・・・, x_n, 平均値を $\bar{x}$ とすると、分散 σ^2 は次の式で表すことができる。

$$\sigma^2 = \frac{1}{n} \sum_{i=1}^{n} (x_i - \bar{x})^2$$

ただし、分散は測定値と平均値の差を2乗しているため、測定値と次元が異なる。そこで、測定値のばらつきの評価には次の標準偏差がよく用いられる。

3-3-2　標準偏差（Standard Deviation）

分散の平方根を標準偏差という。分散を σ^2 とすると、標準偏差 σ（または s）は、次式で表すことができる。

$$\sigma = \sqrt{\sigma^2}$$

測定値のばらつきの程度を比較するとき、測定値の値が大きく異なると分散や標準偏差では単純に比較することができない。測定値の値が大きく異なる場合は次の変動係数を用いるとよい。

3-3-3　変動係数（Coefficient of Variance）

標準偏差を平均値で除したものを変動係数（単位のない相対的なバラツキ）という。標準偏差を σ、平均値を $\bar{x}$ とすると、変動係数 CV は次式で表すことができる。

$$\mathrm{CV} = \frac{\sigma}{\bar{x}}$$

第4章　精度・有効数字

4-1　有効数字の表記法

測量で測定した距離や角度は、使用する測量器械によって測定範囲や精度が限られる。この精度や不確かさが含まれた測定値を表す方法として「**有効数字**」という考え方がある。

有効数字は「**測定結果などを表す数字のうちで、位取りを示すだけのゼロを除いた意味のある数字**」(JIS K 0211：2005) と定義されている。

たとえば、水準測量で0.123 mの値を得たとする。このとき、先頭の0は位取りを示すだけなので、小数点以下の3桁のみが意味を持つ。この場合「有効数字は3桁である」という。

有効数字の桁数について具体的な例を示す。

① 1.23　　有効数字**3桁**
② 1.230　　有効数字**4桁**
③ 0.0123　　有効数字**3桁**
④ 1 230.0　　有効数字**5桁**
⑤ 1 230　　次のトピックスを参照

（注）本書では、たとえば"1 230"←"1, 230"と表記している。

トピックス

前述の⑤で示した例は、最小桁の0が位取りを表すためだけのものなのか、それとも意味のある数字でたまたま0なのか、一見しただけではわからない。この場合は、以下のように10のべき乗を用いて表記することで、有効な桁数を明示することができる

⑥ 1.23×10^3　　有効数字**3桁**
⑦ 1.230×10^3　　有効数字**4桁**

4-2　有効数字の最小桁の取り扱い

測定値には、常に不確かさが含まれる。たとえば、**水準測量で用いる普通標尺には5 mmごとに白黒の目盛が振られている。測定者は、目分量で5 mm以下をmm単位まで読み取る。このとき、mmの桁には不確かさが残る。**

たとえば、**0.123 mという値は0.120から0.125の間にある**。したがって、最小桁のひとつ大きい桁の0.12までは信頼できる。しかし、最小桁の3は、実際には2かもしれないし、または3よりも4に近いのかもしれない。つまり、最小桁の3には不確かさが残る。**測定値の最小桁は確実な値ではなく、不確かさを含んだ値**であると認識しておく必要がある。

4-3　有効数字の計算

測定値の最小桁に含まれている不確かな桁に対して、適切な端数処理を行う必要があ

る。とくに、測定値の計算によって得られた結果は有効数字を考慮して表記する。

4-3-1　加減算

加減算では、計算後の有効数字は最小桁が一番大きい数に合わせる。

たとえば、加算では以下のような有効数字の処理を行う。

$$1.234+5.67=6.904 \rightarrow 6.90$$（有効数字 **3桁**）

この例では、有効数字が小数点以下3桁の数に小数点以下2桁の数を加えている。このとき、計算結果には小数点以下2桁以降に不確かさが含まれる。したがって、小数点以下3桁を四捨五入して小数点以下2桁に丸める。減算でも同じような有効数字の処理を行う。

$$9.876-5.4321=4.4439 \rightarrow 4.444$$（有効数字 **4桁**）

この例では、有効数字が小数点以下3桁の数から小数点以下4桁の数を減じている。このとき、計算結果には小数点以3桁以降に不確かさが含まれる。したがって、小数点以下4桁を四捨五入して小数点以下3桁に丸める。

加算の際には、繰り上がりによって有効数字の桁数が大きくなることがある。

$$1.23+9.87=11.10$$

この例では、有効数字3桁の数を足し合わせたところ、計算結果の有効数字が4桁になった。これに対して、減算では有効数字の桁落ちが生じることがある。

$$1.234-1.223=0.011$$

この例では、有効数字4桁の数から有効数字4桁の数を引いたところ、有効数字が2桁に桁落ちした。

4-3-2　乗除算

乗除算では、計算後の数値は有効数字の桁数のもっとも少ない数に合わせる。

たとえば、乗算では以下の有効数字の処理を行う。

$$12.34\times0.987=12.17958 \rightarrow 12.2$$

この例では、有効数字4桁の数に有効数字3桁の数を乗じている。このとき、4桁目を四捨五入して有効数字3桁として表記する。除算でも乗算と同じように有効数字の処理を行う。

$$123.45\div6.789=18.1838\cdots \rightarrow 18.18$$

この例では、有効数字5桁の数から有効数字4桁の数を除している。このとき、5桁目を四捨五入して有効数字4桁として表記する。

第5章　誤差

5-1　誤差と測定値の評価

測量では、測量器械を用いることによって、距離や角度を測定する。測量によって得られた距離や角度は、測定者が測量器械を介して得た測定値である。このとき、測定者は「**真の値**」を直接知ることはできない。

また、どれだけ優秀な測量技術者がどれだけ精密な測量器械を用いて測量を行ったとしても、測定値には真の値からの「ずれ」が生じる。このずれは、測定ごとに変化する。そして、そのずれの程度は「**測量器械の特性、測定者のくせ、周囲の環境など**」さまざまな要因から影響を受ける。

測量では、真の値からのずれを含んだ測定値から真の値を推定する作業を繰り返している。より正確な測量を行うためには、測定値に含まれる真の値からのずれを正しく把握し、適切に取り扱わなければならない。

5-1-1　正確度と精度

測定値の品質を評価するためには、測定値が真の値からどの程度ずれているのか、あるいは測定値そのものがどの程度ばらついているかを把握する必要がある。

測定値の評価指標には「**正確度**（accuracy）」と「**精度**（precision）」がある。

正確度は真の値からのずれの程度を表す。精度は測定値の平均値に対するばらつきを表す。

図M 5－1に正確度と精度の概念を示す。

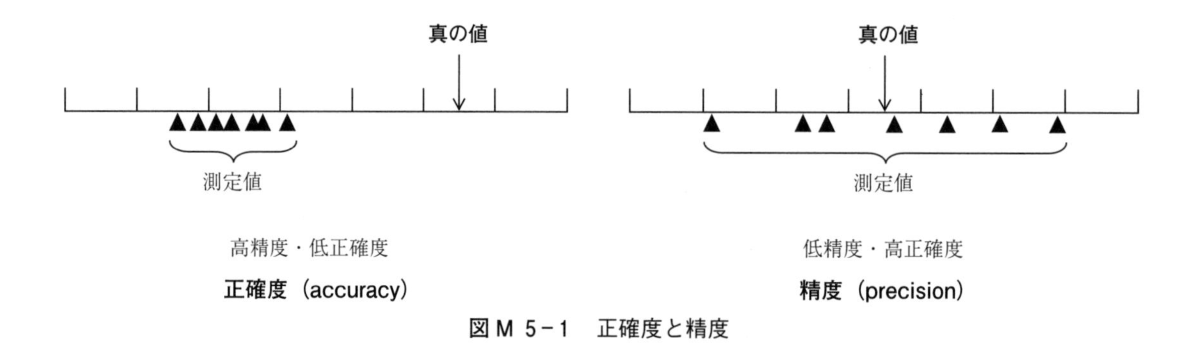

図M 5－1　正確度と精度

5-1-2　誤差の種類

真の値からの測定値の「ずれ」のことを誤差という。誤差には「**過失誤差**」、「**系統誤差**」、「**偶然誤差**」がある。

①過失誤差（過誤（かご））

測定者の不注意や過失によって生じる誤差を過失誤差という。過失誤差には、測量器械の誤操作、測定値の誤読や誤記などがある。過失誤差に対する測定値の補正は難しい。したがって、**測量器械の操作方法を習熟する、測定値の点検を行うなど、十分な準備と注意によって過失誤差が生じないようにする。**

②系統誤差（定誤差）

ずれの方向や大きさにある傾向をもって生じる誤差のことを系統誤差という。系統誤差には、標尺の目盛誤差、大気の屈折率（レフラクション）による誤差などがある。系統誤差は、**それぞれが生じる要因ごとに対処法があり、適切な方法によって系統誤差を軽減できる**。たとえば、標尺の目盛誤差は往観測と復観測で標尺を交換することで軽減できる。

③偶然誤差（不定誤差）

ずれの方向や大きさに一定の傾向をもたずに生じる誤差のことを偶然誤差という。測量などで何らかの値を測定する際には偶然誤差は必ず生じる。また、偶然誤差は偶発的に生じるものなので、系統誤差のような発生要因に応じた軽減策をとることができない。**偶然誤差は統計処理によって評価する。**

● 5-2　測定値の統計的取り扱い

誤差のうち、過失誤差と系統誤差は適切な処理を行うことで除去または軽減できる。しかし、偶然誤差は取り除くことができない。そこで、測定値を統計的に処理することで偶然誤差を評価する。

5-2-1　測定値の分布

実際の測量では、数回の測定値を得る。このとき、まったく同じ測定値が得られることは少ない。得られる測定値は測定ごとに異なる。測定を繰り返すと、ある値を中心とした広がりを持った測定値の分布が得られる。

ここで測定を無限に繰り返したとする。測定値とその出現回数を調べると**図Ｍ５－２**のような関係が得られる。

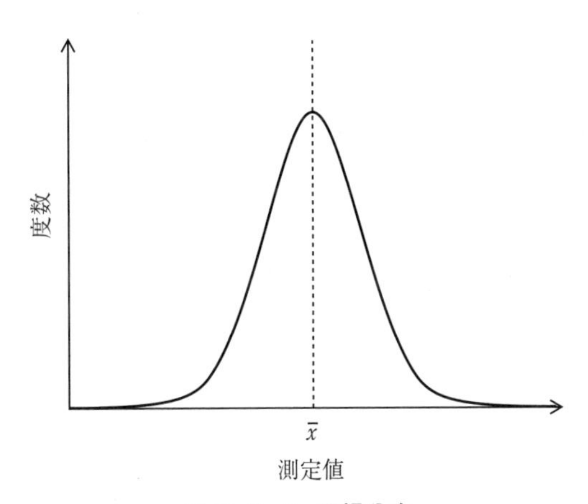

図Ｍ５－２　正規分布

この測定値の分布を正規分布またはガウス分布という。無限回の測定を行った場合の出現回数はその測定値が得られる確率であると考えることができる。正規分布は次の式で表される。

$$f(x) = \frac{1}{\sqrt{2\pi} \cdot \sigma} \cdot e^{-\frac{(x-\bar{x})^2}{2\sigma^2}}$$

上の式で、x は測定値、$\bar{x}$ はすべての測定値の平均値、σ はすべての測定値の標準偏差、π は円周率、e は自然対数の底、$f(x)$ は測定値 x が得られる確率である。

正規分布は、測定値の平均値と標準偏差の関数で表される。平均値は、得られる確率がもっとも高い測定値である。この平均値は真の値にもっとも近いと考えられる。また、標準偏差は測定値のばらつきの大きさを示している。標準偏差が大きいほど正規分布の裾野は広くなり、測定値のばらつきが大きくなる。

5-2-2　実際の測定値の取り扱い

実務的な測量では、時間や労力の制約があり、測定は数回程度に限られる。そこで、測量で実際に行う有限回の測定を「**無限個の測定値の集団（母集団（ぼしゅうだん））から、有限個の測定値を無作為に取り出す操作（標本抽出）**」と考える。

測量における測定は、母集団である無限個の測定値から実際の測定値を取り出す標本抽出である。

ここでは、測定値から最確値を求めるための「母平均」と「標本平均」の関係、測定値のばらつきを求めるための「母分散」と「標本不偏分散」の関係を整理する。

①母平均と標本平均

母集団の平均値である母平均と、標本の平均値である標本平均は等しい。母平均を μ、標本平均を $\bar{X}$、各標本の値を、X_1、X_2、・・・、X_n とすると、次の関係がある。

$$\mu = \bar{X} = \frac{X_1 + X_2 + \cdots + X_n}{n} = \frac{1}{n}\sum_{i=1}^{n} x_i$$

測量で得られた測定値の平均値は、無限個の測定値の平均値に等しい。実際の測定値の平均値は、真の値とみなせる最確値と考えてよい。

②母分散と標本不偏分散

母集団の分散である母分散の推定には、標本不偏分散を用いる。母分散を s^2、標本不偏分散を U^2、標本平均を $\bar{X}$、各標本の値を、X_1、X_2、・・・、X_n とすると、次の関係がある。

$$s^2 = U^2 = \frac{1}{n-1}\sum_{i=1}^{n}(X_i - \bar{X})^2$$

測量で得られた測定値の不偏分散を求めることで、無限個の測定値の分散すなわちその測定における本来の測定値のばらつきの程度を求めることができる。

参考文献

佐藤敏明（2013）：これならわかる！三角関数，ナツメ社，pp.1-247，東京.
中根勝見（2012）：正確度と精度の考察，写真測量とリモートセンシング 50（6），386-392
長谷川昌弘・川端良和（2010）：改訂新版　基礎測量学，電気書院，pp.28-34，167，284-287，東京.
山口義郎・鳥越規央（2013）：統計学序論，東海大学出版会，pp.1-22，51-103

測量実習編

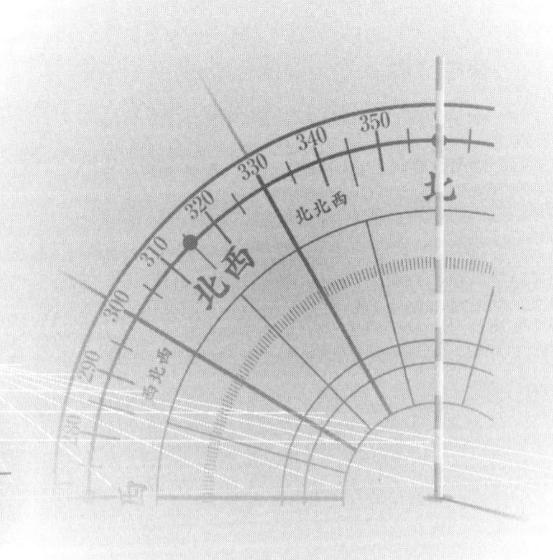

第１章　器械の取り扱い

1-1　目的

測量器具は石突など尖ったものが多く、測量器械は比較的高額な精密機械が多い。このため、これらの取り扱いには十分な注意が必要である。

1-2　ポールの取り扱い

①運搬時、石突によって周囲の人に危害を与えることの無いように、尖った先端部が上を向くように運ぶ。

②使用後、ポールの石突に泥がついていたら、ふき取ってから収納する。

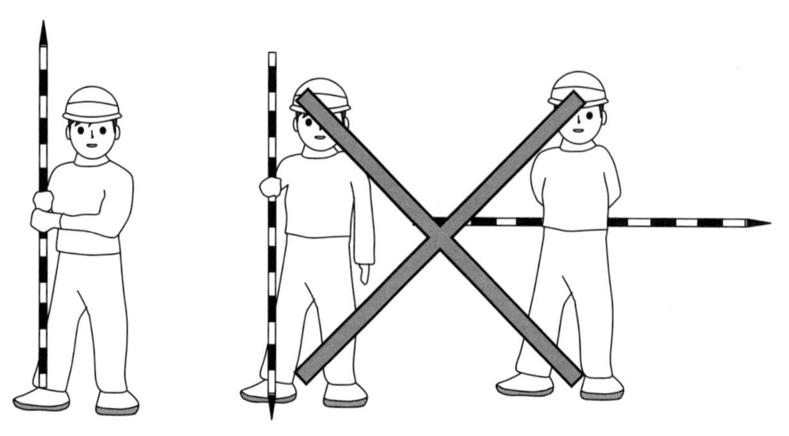

図Ｐ１−１　ポールの運び方

1-3　標尺（スタッフ）の取り扱い

①使用前に「目盛の異常、剥離、傷やへこみ」などがないかを確認する。

②使用前に「伸縮部の異常、余分なガタツキ」などがないかを確認し、伸ばしたときロックが正常に作動するか確認する。

③使用後、標尺に泥が付いていたら、ふき取ってから収納する。

● 1-4　三脚の取り扱い

①脚部や伸縮部にガタツキがないかを確認する。

②固定ねじや定心桿はきちんと締まるかを確認する。

③石突の先端が磨耗していないかを確認する。

④三脚の運搬時は、必ず固定ねじを締め、ベルトで脚を固定する。

⑤使用後三脚の石突に泥がついていたら、ふき取ってから収納する。

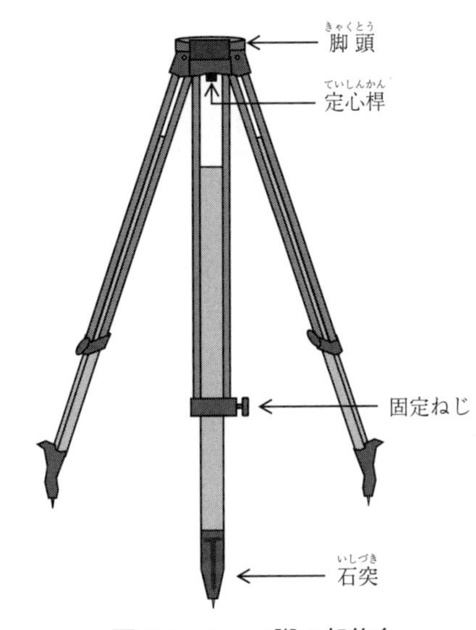

図Ｐ１－２　三脚の部位名

● 1-5　器械の取り扱い

1-5-1　保管時・使用前

①保管場所が高温多湿な場所、急激な温度変化のある場所にないかを確認する。

②定期的に調整点検に出し、メンテナンスを行う。

③年１回の器械検定を行い、検定証明書が発行された器械のみを使用する。

④使用前にバッテリーを確認し、必要なら充電しておく。使用時は予備バッテリーを携行する。

1-5-2　取り出し時

①格納箱から器械を取り出すときは、付属品その他の備品類を確認する。

②取り出すときには、必ず、水平固定つまみと望遠鏡固定つまみを緩める。

③器械は必ず両手で持って取り出す。そのときにアンテナが付属されている器械では、アンテナをケースに引っ掛けないように注意する。

④器械を三脚に取り付けるときには、落下防止のために、完全に器械が定心桿で固定されるまで手を離さない。

⑤器械を三脚に固定した後、速やかに格納箱のふたを閉める。

注意／器械の転倒の主な原因と対策

「三脚に足がかかる、三脚や器械に衣類がかかる、強風で倒れる」などがあるが、三脚を大きめに正三角形になるように開いて据え付けるとある程度転倒を回避することができる

1-5-3　作業中・作業後

①器械に衝撃を与えてはいけない。
②固定つまみを締めた状態で望遠鏡などを無理に回転させてはいけない。
③固定つまみは軽く締めるだけで器械の動きを止めることができる。固定つまみを回しすぎてはいけない。回しすぎると、内部のねじ山がつぶれる。
④望遠鏡で太陽を見てはいけない。
⑤タッチパネル画面をシャープペンシルなど先のとがったものでタッチしてはいけない。
⑥レーザー光源を直接覗き込んではいけない。
⑦三脚に器械を載せたまま移動してはいけない。必ず三脚から取り外し、格納箱に収納してから移動すること。
⑧自動車などで移動する場合は、格納箱を荷台に直接載せず、シートやクッションに置いて移動する。
⑨作業後、観測した電子データは、速やかに複数の電子媒体に保存または転送する。

注意／使用時に水でぬれた場合

格納前に乾いた布で拭き、室内の転倒しない場所に１日程度置き、十分に自然乾燥させてから格納すること

注意／上記②③の操作で、固定つまみを強く締めない

完全に固定するほど締めない。固く締め付けると、衝撃を受けたときに各部の精密部分に影響する

注意／器械を三脚から外せない場合（上記⑦の操作）

必ず器械を立てた状態にして三脚を身体の前方で抱えるような形で運ぶこと

1-5-4　格納時

①格納時、器械のレンズにほこりがついていた場合は、そのほこりを払う。
②格納時、望遠鏡などを取り出し時と同じ状態にして、固定つまみを軽く締める。
③格納時、バッテリーを取り出す。

④格納箱に器械を入れるときは、取り出したときと同じ格納状態にする。
⑤付属品（下げ振り（錘球）や取り付け金具など）も所定の位置に格納する。

注意

上記④の操作では、無理に押し込んで格納しないこと

第２章　基準点踏査

2-1　目的

基準点測量においては、必要となる各種基準点が地図上でどのような密度で存在しているかを確認する。また携帯型GNSSを用いて基準点（実習では三角点など）を効率よく探索する方法を身に付ける。

2-2　使用器具

・携帯型GNSS　　　　１台
・野帳、筆記用具　　　１式

2-3　実習手順

2-3-1　基準点のおよその位置の確認（内業）

①国土地理院ホームページ内の「基準点成果等閲覧サービス」から周辺の基準点地図を閲覧する。
②周辺の基準点地図から、適当な「三角点」、「１級基準点」を１点ずつ選択し、詳細情報から緯度経度を野帳に記録する。
③１／25 000の縮尺程度で周辺の地図を印刷する。
④上記②で選択した「三角点」から、②で選択した「１級基準点」を含む以下の基準点数を踏査できるルートを決定する。
・②で選択した三角点：　１箇所（始点）
・１等水準点　　　　：　（②で選択）
・街区三角点　　　　：　５箇所
・街区多角点　　　　：　10箇所
⑤携帯型GNSSのナビ機能に②で選択した「三角点」を入力する。

トピックス

③の操作で、地図上段にある「□テキスト情報」にチェックを入れ、基準点番号も同時に印刷する

表Ｐ2－1　三角点・水準点の数（国土地理院 HP、平成31年（2019年）４月１日現在）

種類（区分）	設置点数	内訳		平均点間距離
国家三角点	109 866	一等三角点	974	25 km
		二等三角点	5 009	8 km
		三等三角点	31 754	4 km
		四等三角点	71 746	1 km
国家水準点	16 917	基準水準点	84	100 km
		一等水準点	13 634	2 km
		二等水準点	3 090	2 km
電子基準点	1 318	電子基準点	1 318	20 km

（注）本書では、３桁ごとの位取りに空白を入れる（例；123,456 → 123 456）

図Ｐ2－1　三角点の例（三重県津市江戸橋、柱の左下の地表面にある）

図Ｐ2－2　一等水準点の例(三重県津市栗真町屋町)

トピックス

三角点や１級基準点は公的施設の敷地内にあることが多い。実習にあたっては事前に当該公的施設に訪問の趣旨を説明しておく必要がある

2-3-2　基準点の踏査と記録

①携帯型 GNSS のナビ機能に従い、選択した「三角点」を探索する。

②「三角点」を確認したら、礎石に携帯型 GNSS を置き、携帯型 GNSS に表示される緯度経度および測位誤差を野帳に記録する。

③携帯型 GNSS の軌跡ログが ON になっているかを確認する。

④前述2. 3. 1④で決定したルートに従って基準点を探索する。

⑤基準点を確認したら、「確認時刻、基準点名、等級種別、基準点上の携帯型 GNSS の位置データ、測位誤差」を記録する。

トピックス／周辺に似た標識がある場合

誤って記録することがあるため、基準点名を上述2.3.1③の内業で印刷した基準点名と同じであることを確認する。また、街区多角点では、容易に確認できないところもあるため、1箇所当たりの探索時間は5分程度とする

図P2－3　基準点の例

2-4　結果の整理

①基準点の種類と基準点間距離を調べる。

②基準点の記録を表にまとめる。

③「三角点」と「1級基準点」の携帯型GNSSの位置データ（緯度・経度）と、国土地理院の位置データを比較して、携帯型GNSSの精度を考察する。

④携帯型GNSSの軌跡を適当なソフトを用いて描画する。

トピックス

上記④の操作はインターネットの地図ページで描画することもできる

第3章　距離測量（簡易距離測量）

3-1　目的

指定した地点間の距離を簡易な測量技術によって測る。簡易な測量技術として、「歩測、目視、携帯型レーザー距離計、携帯型GNSS」の4種を使用する。これらの測量技術は、時間的・社会的・地域的に制限がある場合、測量機器を用いることなく大まかな距離を知るのに有益である。

3-2　使用器具

・ガラス繊維製巻尺（テープ）　1本

・携帯型レーザー距離計　1台

・携帯型 GNSS　1台
・ポール　2本
・チョーク　1本
・厚紙　1枚
・野帳、筆記用具　1式

● 3-3　実習手順

3-3-1　歩幅の決定

①ガラス繊維製巻尺で30 m を測り、印をつける。

②30 m 区間を歩くのに要する複歩(ふくほ)数を数え、野帳に記入する（1往復）。

③複歩幅を $\dfrac{30.0\,\mathrm{m}}{\text{歩数}}$ で求める。

（例：$\dfrac{30.0\,\mathrm{m}}{33.5\,\text{歩}} \fallingdotseq 0.896\,\mathrm{m}/\text{歩}$）

注意

上記②のとき最後の歩数は目印を超えて止まり、0.5歩単位で数える（例：33.5歩）

トピックス／複歩幅(ふくほ)

右足から右足、または左足から左足までの歩幅。複歩幅は身長の90％程度である

表 P 3－1　野帳の記入例（複歩幅の決定）

測線長（m）	測定者		複歩数（歩）	平均歩数（歩）	複歩幅（m）
		往	19.5		
30.0	○○	復	19.0	19.3	1.55

3-3-2　測点の設置

①平坦地において、間隔約100 m の2点（測点A、測点B）を定める。

3-3-3　歩測による距離測量

①測点A－B間の距離を歩くのに要する歩数を数える（1往復）。

②複歩幅を用いて ［歩数］×［歩幅］ によって距離を求める。

③往復の「平均距離、往路、復路の距離の差（較差）」を求め、精度を計算する。

④精度が1／100以下の場合は、①～③を再測する。

注意

上記①のとき、最後の歩数は目印を超えて止まり、0.5 歩単位で数える

④の精度とは、ある量を測定したときの「正確さの度合い」をいう。2 回測定の場合、測定値の差の絶対値（較差）と平均値の比であらわす

表 P 3－2　野帳の記入例（歩測）

測線	測定者	区間	複歩数	距離（m）	較差（m）	平均距離（m）	精度
AB	○○	A-B	66.0	102.3			1
		B-A	66.5	103.1	0.8	102.7	128.0

3-3-4　その他の簡易距離測量

(1) 目視

①測点 A、測点 B で互いに向かい合うようにポールを立てる。

②測点 A から測点 B を目視し、およその距離が何メートルに見えるか判断して、野帳に記録する。

(2) 携帯型レーザー距離計

①測点 A、測点 B で互いに向かい合うようにポールを立てる。

②測点 B のポール係は、測点 A に向かい合うようにレーザー光反射用の画用紙を持つ。

③ポール係の横に補助員が立ちポールが鉛直になるよう指示する。

④測点 A から測点 B までの水平距離を計測し、野帳に記録する。

注意

携帯型レーザー距離計で測定範囲が100 m 以上のものは、中間点を設置する

携帯型レーザー距離計の測定誤差も合わせて記録する

(3) 携帯型 GNSS

①携帯型 GNSS を起動し、衛星を捕捉するまで待つ。

②測点 A および測点 B の緯度、経度および位置の測位誤差を野帳に記録する。

③ 2 点の緯度、経度より測点 AB 間の距離を求める。

トピックス

インターネット上の緯度・経度から距離を求めるサイトを利用すると簡便である

表P3-3　野帳の記入例（その他の簡易距離測量）

測線	測定者	携帯型レーザー			GNSS			
		目視(m)	距離計(m)	測定誤差	測点	測位(m)	緯度	経度
AB	○○	100	101	±0.5 m	A	± 4	N34° 44′ 44.6″	E136° 31′ 21.1″
					B	± 5	N34° 44′ 41.6″	E136° 31′ 22.9″
							A–B 間	103.16 m

3-4　結果の整理

「歩測、目視、携帯型レーザー距離計、携帯型GNSSの距離測量結果」と「歩測の精度、携帯型レーザー距離計の測定誤差、携帯型GNSSの測位誤差」をまとめ、考察しなさい。

第4章　距離測量（巻尺による距離測量）

4-1　目的

鋼製巻尺を用いた簡易な距離測量の技術を習得する。

4-2　知識

4-2-1　巻尺（テープ）

距離測量に使用する巻尺は、精度の高いものから低いものまで各種ある。精度の低いものから順に、ガラス繊維製巻尺、鋼製巻尺、インバール製巻尺などがある。

実習では、鋼製巻尺による距離測量を行う。鋼製巻尺は、ねじれや外力により折損しやすいので測定時には取り扱いに注意する。

4-2-2　巻尺による測定

鋼巻尺を使用して精密に距離を測るには張力計（スプリングバランス）を用いるが、実習では手で適当な張力をかけることで代用する。張力は、引張係が**図P4-1**のように巻尺がずれないように持ち、巻尺に十分な張力がかかるようにする。張力をかける場合、両端で息を合わせて同じ力で引かなければ巻尺が大きく動く。協力して息を合わせる必要がある。

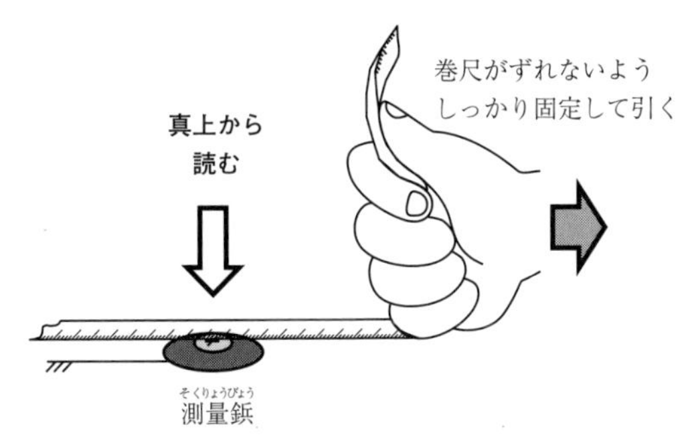

図P4－1　巻尺の持ち方

4-2-3　中間点の設置

測線ABが使用する巻尺より長い場合、**図P4－2**のように約30mごとに中間点を設けて区間ごとに測定する。

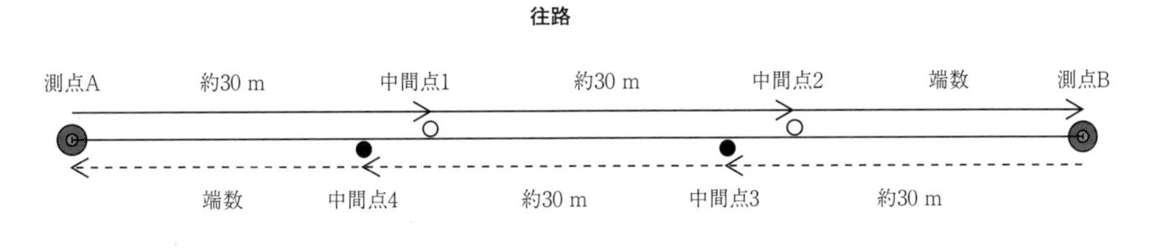

図P4－2　中間点の設置

中間点は**図P4－3**を参考に以下の手順で決定する

①A点、B点にポールを立てる。このときポール係Aは、見通しする係の障害とならないように注意する。

②中間点となるポール係Cは、約30mの距離まで歩測で進み、測線AB上と思う位置にポールを仮に立てる。

③見通しを行う係は、測線ABの延長線上でAから数m離れた位置に立つ。測線AB上では見通しを行う係から見ると、B点は完全にA点のポールによって隠れるはずである。

④見通しを行う係は、A、Bのポールを両眼で同時に見通し、ポール係Cに声をかけて測線AB上にポールCをC′に誘導し、中間点を決定する。

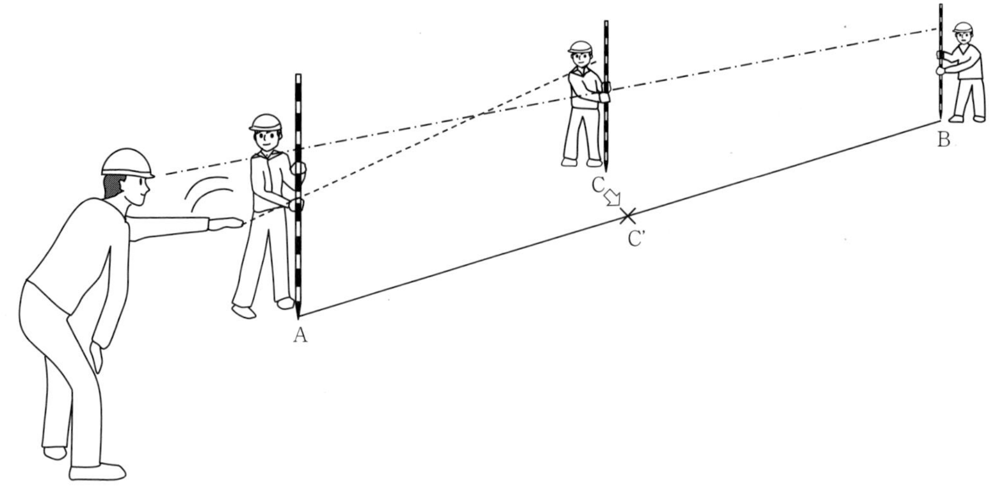

図P4－3　直線の見通し

● 4-3　使用器具

・鋼製巻尺（テープ）	1本
・ポール	3本
・測量鋲・明示板	4組
・野帳、筆記用具	1式

● 4-4　実習手順

①平坦地において、間隔約100mの2点（測点A、測点B）を定める。

②中間点をいくつ設けるか事前に決定する。

③ポールを用い、測線ABの見通し線上の約30mごとに中間点を決定し、測量鋲を設置する。

④測点Aに巻尺の0m端を置き、巻尺を側線上にねじれがないように張る。

⑤測点Aに巻尺の0mを合せ、巻尺の終端を中間点までたるまないように軽く波打たせながら引く。

⑥記帳係は測点A付近に立ち、「よーい」の掛け声とともに片手を上げ、「はい」の掛け声とともに手を振り下ろす。このとき、記帳係の「よーい」の掛け声とともに引張係は巻尺を十分な張力で引き、記帳係の「はい」の掛け声とともに読係が測点（始点と終点）の目盛を読み、野帳に記録する。記帳係の声が聞こえにくい場合は、手を振るなどのジェスチャーで合図すること。

注意／測量鋲が設置できない場合

チョーク等で印をつける。このとき、中間点は石の先端など限りなく点に近いものとし、チョークはその位置がわかるような印とする

注意

上記④のときから測定時まで、巻尺を横断しようとする人に注意する
測定時、測点Aでの目盛は0mからずれるが、読係は「ずれた値」をmm単位で読むこと

⑦中間点1から測点Bまで巻尺の長さが30mより長い場合は、測点Aにあったポールを中間点1に移動させ、「中間点1－測点B間」で見通しを行い、中間点2を決定する。
⑧測点Bまで④から⑦を繰返し、距離測定を行う。測点Bに到着したあと、両端の読係の記録したデータを記帳係が野帳にまとめる。
⑨測点Bから測点Aまで復路も②から⑦までを繰返し、距離測定を行う。
⑩ここでは精度1／5 000を目標として測定を行い、測定終了後その場で精度を計算し、確認する。精度が1／5 000未満の場合は再測する。

表P4－1　野帳の記入例

測線	測定区間		始点読値	終点読値	測定距離（m）	距離（m）
	往路	A－1	0.003	30.015	30.012	
		1－2	0.010	30.346	30.336	
		2－3	0.052	30.412	30.360	
		3－B	0.005	25.574	25.569	116.277
AB	復路	B－4	0.014	29.885	29.871	
		4－5	0.008	30.178	30.170	
		5－6	0.002	30.479	30.477	
		6－A	-0.006	25.739	25.745	116.263
					平均（m）	116.270
					較差（m）	0.014
					精度	1
						8 300

● 4-5　結果の整理

①往路、復路で較差が生じた要因について考察せよ。
②鋼製巻尺による精密距離測量では、各種補正が行われる。参考図書や公共測量作業規程準則の計算式集などを参考に補正式を調べてまとめよ。

トピックス／補正の練習

たとえば、温度補正について、実習中の気温を仮に25℃としたときの測定距離の補正をしてみることも1つの練習となる

第5章　器械（トータルステーション）の据え付け

5-1　目的

トータルステーションを代表例として器械の据え付け法を身に付ける。測量器械（トータルステーション等）は、地表に設置されている金属鋲等の測点の真上に水平に設置し観測を行う。測量器械が測点の真上からずれて設置された場合、そのずれ量がそのまま測量誤差となる。三脚を使用して測量器械を正しく設置するという操作は、測量精度にそのまま反映されるため、非常に重要な作業である。

5-2　知識

5-2-1　据え付けに必要な部位

使用頻度の高い部位名は正確に覚えておく必要がある。**図P5－1**に使用頻度の高い部位の名称と注意点を示す。

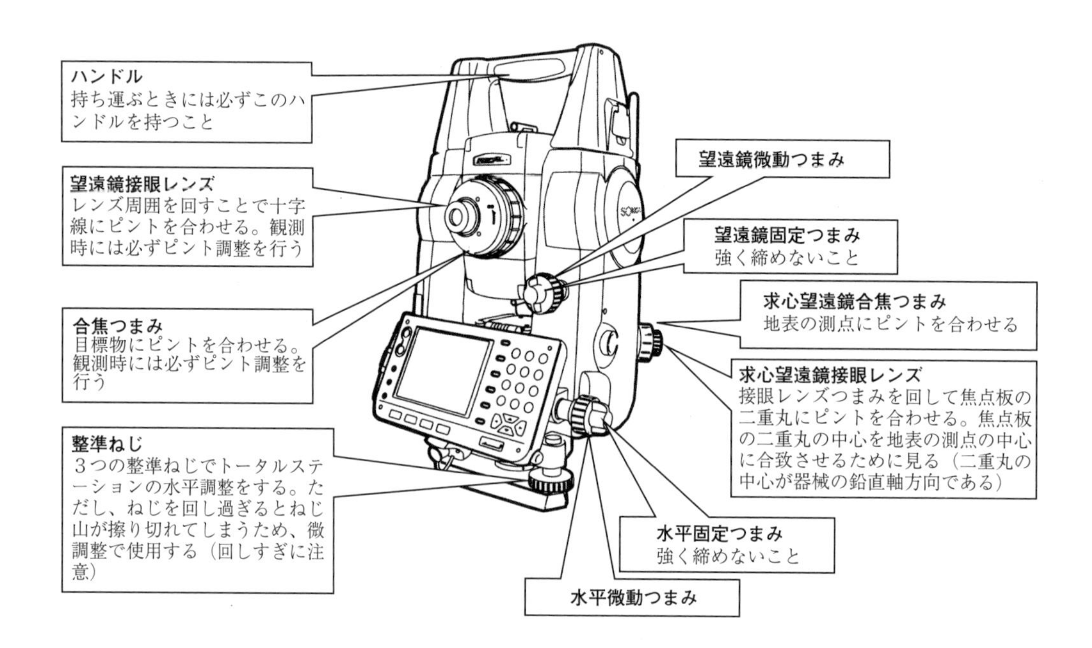

図P5－1　使用頻度の高い部位名と注意点

5-2-2　望遠鏡の正位と反位

正位は水平固定ねじが右手で操作できる位置にあるときをいい、**反位**は水平固定ねじが右手で操作できない位置にあるときをいう。

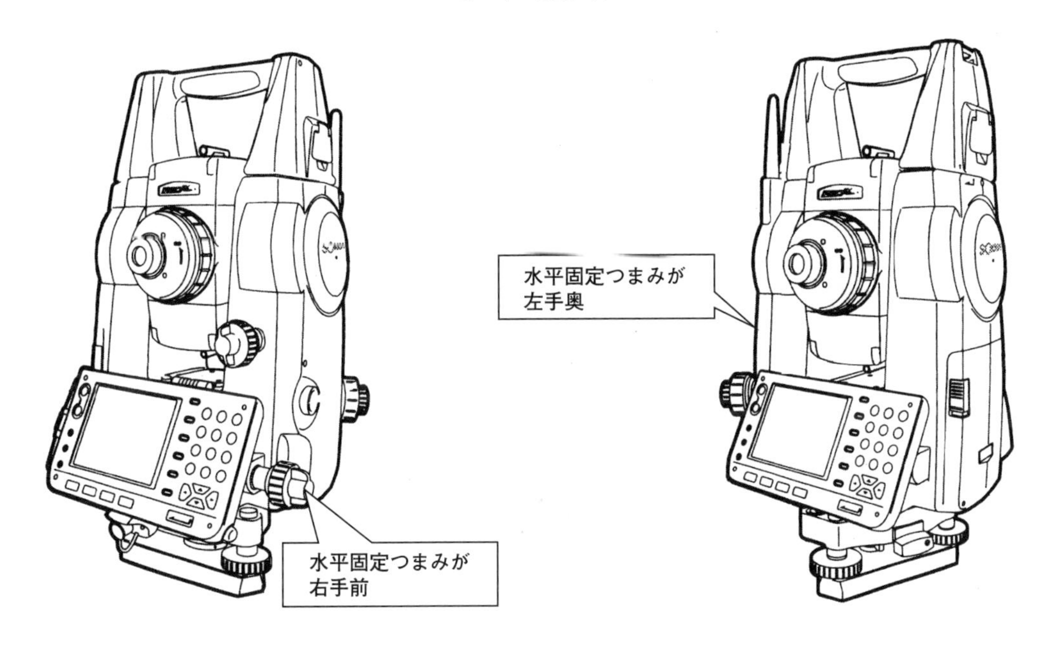

図Ｐ5－2　望遠鏡接眼レンズ側からみた望遠鏡の正位と反位

● 5-3　使用器具

・トータルステーション	1式
・三脚	1本
・測量鋲・明示板	1組
・野帳、筆記用具	1式

● 5-4　実習手順

5-4-1　卓上で使用頻度の高いつまみの操作を確認する

①トータルステーションの箱を横にして、ふたを開ける。

②固定つまみを緩めてから、ハンドルと底盤を“必ず”両手で持ち、できるだけ水平な卓上に、底盤を下にして静かに置く。

③トータルステーションの各部位（**図Ｐ5－1**）を一つずつ指差し確認する。

④バッテリーカバーを開き、バッテリーを入れ、カバーを閉める。

⑤水平固定つまみを回したとき、トータルステーションの水平回転が固定されることを確認する。

⑥水平回転を固定したまま、水平固定つまみの内側の水平微動つまみを回して、トータルステーションの水平回転が固定されたままでも水平回転の微動ができることを確認する。

⑦水平固定つまみを緩める。

⑧望遠鏡の望遠鏡接眼レンズが手前にくるように望遠鏡を回転させる。

⑨望遠鏡固定つまみを回して、望遠鏡の鉛直回転が固定されることを確認する。
⑩望遠鏡の鉛直回転を固定したまま、望遠鏡微動つまみを回して、望遠鏡の鉛直回転が固定されたままでも、鉛直回転の微動ができることを確認する。
⑪望遠鏡固定つまみを緩める。
⑫望遠鏡をのぞき、合焦つまみを回してピントを合わせることができるかどうかを確認する。
⑬望遠鏡中にある十字線のピントが望遠鏡接眼レンズを回すことで合わせることができることを確認する。

注意

「求心望遠鏡合焦つまみ、求心望遠鏡接眼レンズつまみ」は同様の操作でピント調節を行う

5-4-2　卓上での横気泡管の操作確認

①**図P5-3**のように、整準ねじ二つが手前になるように動かし、横気泡管が自分の正面に来て、整準ねじABと横気泡管が平行になるようにトータルステーションを回転させる。
②手前の二つの整準ねじABを**図P5-4**のように動かし、気泡管が**図P5-4**のように動くことを確認し、気泡が中央に来るように調整する。
③トータルステーションを90°回転させ、ABの整準ねじは触れずにCの整準ねじのみを**図P5-5**の実線と破線の矢印の向きに回すと、気泡管の気泡が**図P5-5**のように動くことを確認し、気泡が中央に来るように調整する。

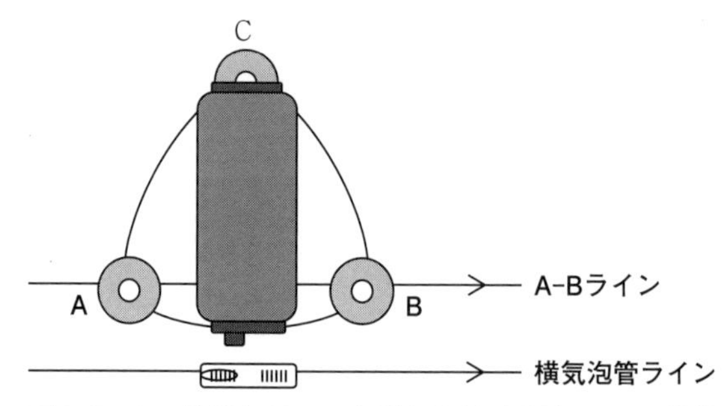

図P5-3　整準ねじABと横気泡管を平行にした状態

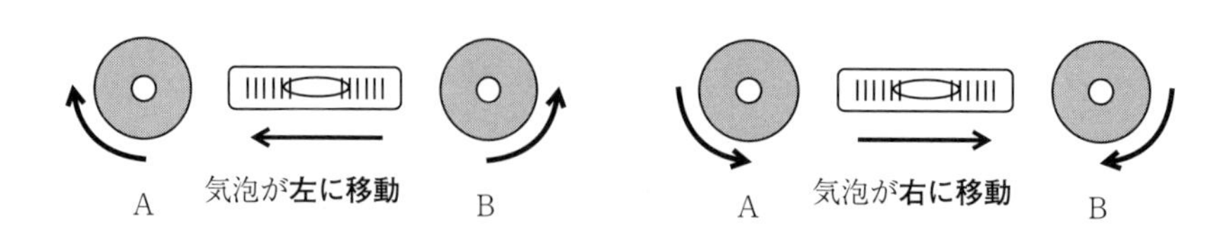

図P5-4　整準ねじABの回転と気泡の移動方向

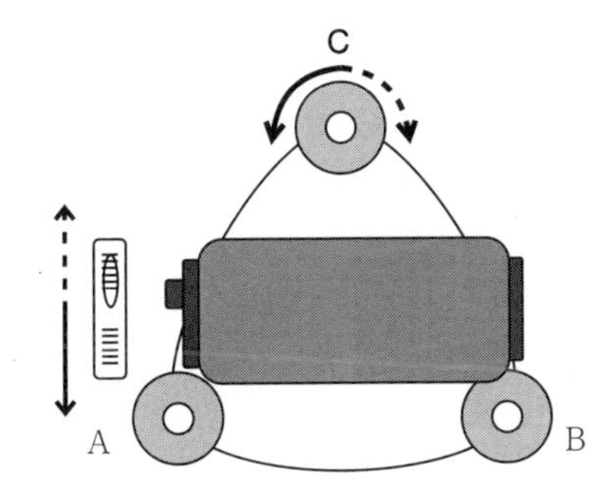

図Ｐ5－5　整準ねじＣの回転と気泡の移動方向

5-4-3　トータルステーションの格納

①トータルステーションの格納前に、調整時に回したねじを指標線まで戻す。

②望遠鏡を立てて、水平固定つまみ、望遠鏡固定つまみを軽く締める。

③ハンドルと底盤を両手で持ち、静かに格納箱に格納する。

5-4-4　トータルステーションの据え付け練習

①三脚の伸縮調整ねじを緩め、脚頭を観測者の身長に合う高さに調整する。理想的な高さは、トータルステーションを脚頭上に置いたときに観測者の目線より少し低い程度（1.5 m ほど）である。

三脚の伸縮調節固定ねじを緩める

三脚を適度な長さに伸ばし、しっかりと
伸縮調節固定ねじを締め固定する

図Ｐ5－6　三脚の高さ調整

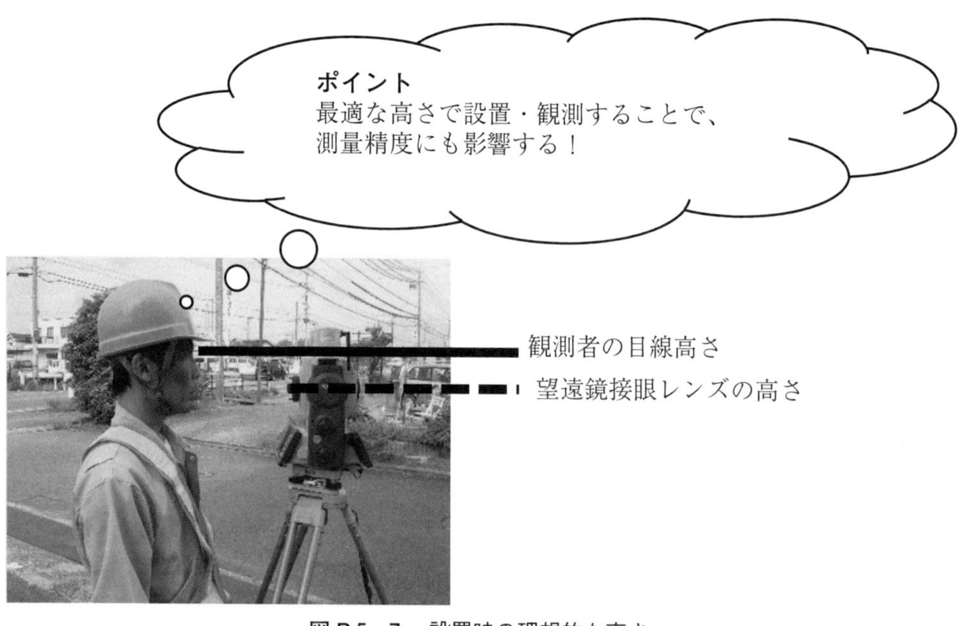

図Ｐ５－７　設置時の理想的な高さ

注意

上記①の操作では、適度な高さに調整することにより、観測者の疲労低減や無理な体勢での観測を防ぐことができる

②三脚をほぼ等間隔に開き、脚頭をほぼ水平にし、観測点上の中心に位置するようにバランスよく据え付け、軽く石突を踏んで脚を地面に固定する。

注意

上記②の操作では、地面が土であろうと、アスファルトであろうと、コンクリートであろうと石突は必ず踏むこと。踏むことで脚が固定される。三脚を正しく据え付けることで、器械の設置がスムーズに行える

測量鋲の真上に脚頭の中心が来るように、かつ、水平となるように三脚を設置する

三脚の石突の位置がほぼ正三角形の頂点になるように設置する

３本の石突を軽く踏んで、脚が動かないように固定する。この時点では軽く踏むぐらいでＯＫ。最終段階でしっかりと踏み込み三脚と地面を固定する

図Ｐ５－８　三脚の設置

③格納箱を開けて、格納してある部品を確かめる。次にトータルステーションの固定ねじをすべて緩め両手で持って静かに取り出す。

安全な安定している場所でトータルステーションの格納箱を開ける。車や自転車の通行する場所や斜面上などは避けること

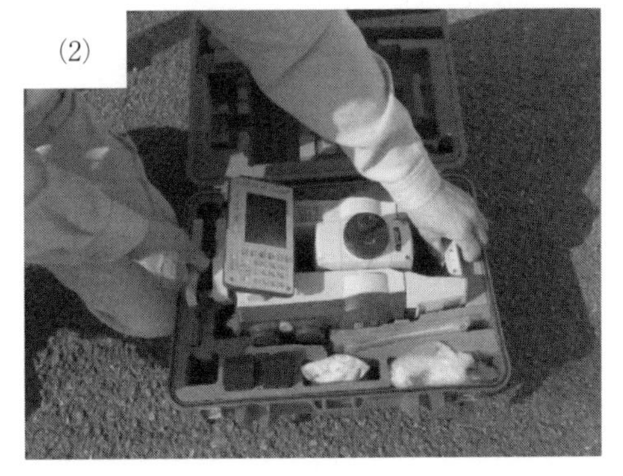

トータルステーションを取り出すときには必ず水平固定ねじと望遠鏡固定ねじを緩め、両手でハンドルと底盤を持ってゆっくりと取り出すこと

図Ｐ５－９　トータルステーションの取り出し

④トータルステーションを脚頭上に静かに置き、片手でしっかりと支えながらもう一方の手で定心桿を回して、脚とトータルステーションを固定する。

注意

上記④の操作で、トータルステーションを脚頭に固定したら、格納箱のふたを速やかに閉めておく

三脚の定心桿でトータルステーションを固定するときにも、必ずトータルステーションのハンドルを持っていること

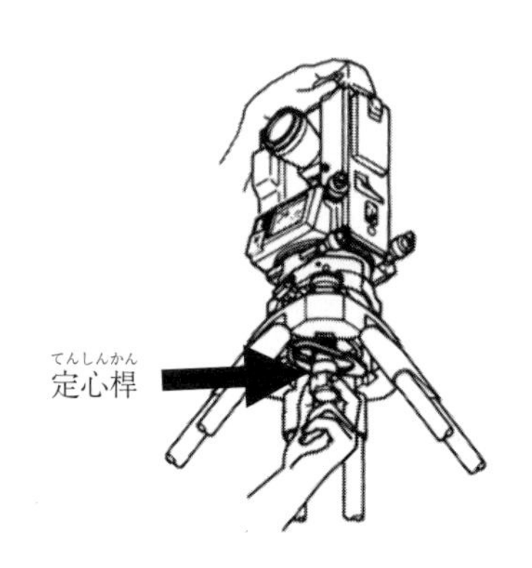

三脚の定心桿でしっかりと固定する

図P5－10　定心桿（ていしんかん）によるトータルステーションの固定

⑤求心望遠鏡をのぞき、求心望遠鏡接眼レンズつまみを回して、焦点板の二重丸にピントを合わせる。次に求心望遠鏡つまみを回して測点にピントを合わせる。

求心望遠鏡合焦つまみを回し、地表の測点にピントを合わせる

求心望遠鏡接眼レンズつまみを回し、焦点板の二重丸にピントを合わせる

正しくピントを合わせないと正しく求心ができない!!

図P5－11　求心望遠鏡のピント合わせ

⑥求心望遠鏡をのぞきながら、測点が求心望遠鏡の二重丸の中央付近に来るように三脚の2本の脚を動かしながら調整をする。

注意

上記⑤⑥の下げ振り（錘球）を使用しないで行う調整は難しい。しかし、慣れると据え付けを迅速に行えるようになる

⑥の操作で、片足のつま先を測量鋲の近くに置くと、求心望遠鏡から見ている地表位置がよくわかる

注意

上記⑥の作業は、求心望遠鏡をのぞいたときに焦点板の二重丸のほぼ中央に測点があれば必要ない

測点が二重丸から大きくずれている場合には、三脚の２本の脚を手で持ち上げ、求心望遠鏡をのぞきながら二重丸の中央に測点が来るように動かす

手に持たない脚は動かさないように注意する

図Ｐ5－12　２本の三脚の移動による“おおよそ”の求心

⑦トータルステーションが測点のほぼ鉛直線上に在ることを確認しながら再度、石突を踏んで脚をしっかりと地面に固定する。

注意

上記⑦の操作では、地面が土であろうと、アスファルトであろうと、コンクリートであろうと石突は必ず踏むこと。踏むことで脚が固定される

石突を踏んで脚をしっかりと地面に固定する。その際、必ず両手で三脚を持ち、転倒しないようにする

図Ｐ５－13　三脚の石突の踏み込み

⑧整準ねじを使って測点を求心望遠鏡の二重丸の中央に入れる。

注意

上記⑧の整準ねじの回し方は、前述５－４－２の方法を参考にする

求心望遠鏡をのぞきながら３つの整準ねじを回し、測点の中心に焦点板の二重丸の中心を合わせる

図Ｐ５－14　整準ねじによる求心

⑨円形気泡管の気泡が寄っている方向に最も近い三脚の脚を縮めるか、または最も遠い脚を伸ばして気泡管を中央に寄せ、さらに他の（１本の）脚の伸縮によって気泡を中央に入れる。

注意／三脚の伸縮させる脚を決定するとき

円形気泡管が、トータルステーションの中央にあると思いながら決定する

注意／三脚の伸縮調節固定ねじを緩めるとき

必ず、空いている手で三脚をしっかり持って転倒しないようにすること。トータルステーションの重さで脚がいっきに縮んでしまう

円形気泡管を見ながら、三脚の脚を伸縮させることで、トータルステーションを水平に設置する

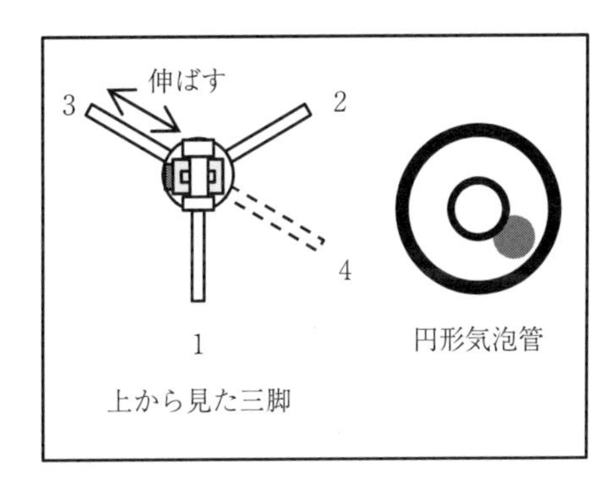

図のような円形気泡管の場合、最も近い脚4がないため、最も遠い脚3を伸ばす

図P5－15　トータルステーションの水平の調整

⑩再度、求心望遠鏡をのぞき、もし測点が求心望遠鏡の二重丸の中央からずれていた場合、定心桿を少し緩め、求心望遠鏡をのぞきながらゆっくりとトータルステーションを動かし、測点を求心望遠鏡の二重丸の中央に入れる。

注意／定心桿（ていしんかん）を緩めるとき、移動するとき、再度定心桿をしっかり固定するとき

必ず空いている手でトータルステーションの底盤を持つこと。転倒には十分注意すること

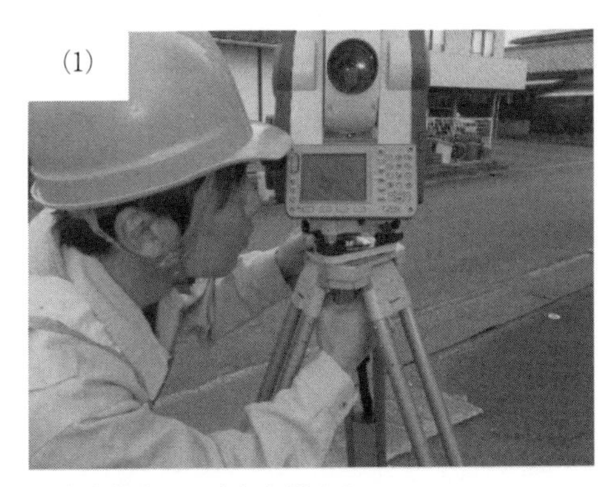

(1)

定心桿をゆっくりと緩める

(2)

求心望遠鏡をのぞきながら、トータルステーションをゆっくりと少しずつ動かし、測点の中心に二重丸の中心を合わせる。合わせたら再度、定心桿をしっかりと固定する

図P5－16　底盤の移動による求心

⑪トータルステーション上部を回転させて、横気泡管を整準ねじA、Bと平行にし、整準ねじA、Bを使って気泡を中央に入れる。次に、トータルステーション上部を90°回転させ、横気泡管が整準ねじA、B方向と直角になるようにし、整準ねじCを使って気泡を中央に入れる。

注意

上記⑪の整準の方法は、前述5－4－2の方法を参考にする

⑫トータルステーション上部をさらに90°回転させ、気泡が中央のまま動かないことを確認する。気泡が中央にない場合には、⑪の作業を繰り返す。

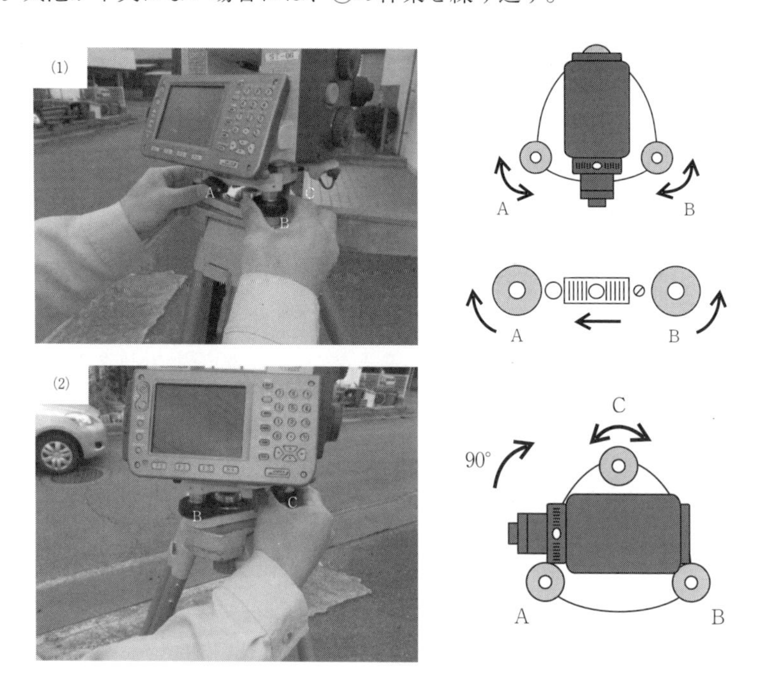

図P5－17　トータルステーションの整準

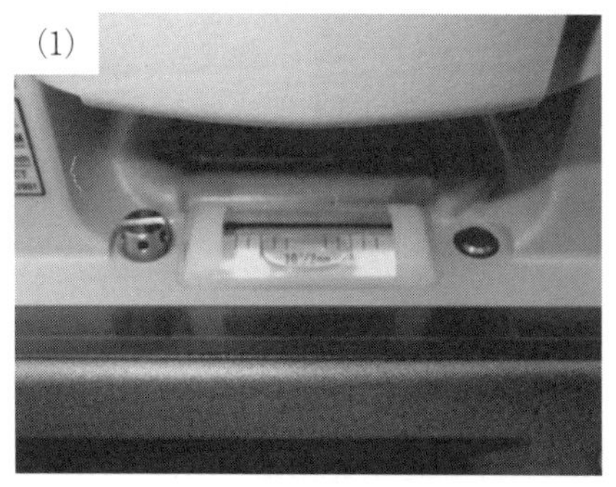

水平になっている状態

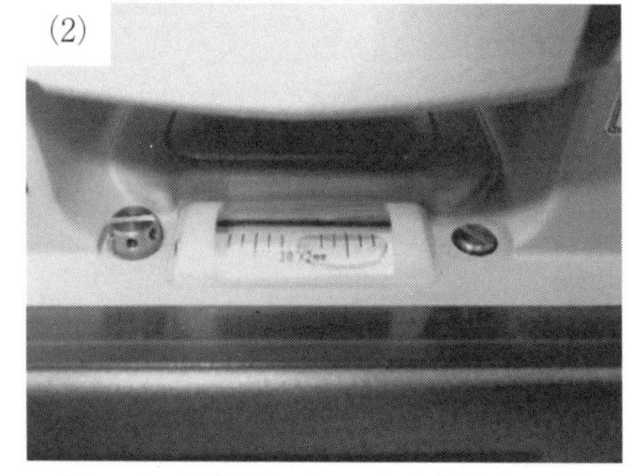

傾いている状態。このような場合、再度整準ねじで水平になるように調整

図P5－18　横気泡管の状態

⑬トータルステーションの上部を回転させ、どの方向でも気泡が同じ位置になることを確かめる。気泡が同じ位置になるまで⑪、⑫の整準作業を繰り返し行う。

トータルステーションをゆっくり360°回転させ、常に気泡が気泡管の中央にあることを確認する

図P5－19　整準の確認

⑭トータルステーションが水平になったことを確認した後、再度、求心望遠鏡をのぞき、焦点板の二重丸の中心が測点の中心にあることを確認する。ずれていた場合は、定心桿を少し緩め、求心望遠鏡をのぞきながら脚頭上でトータルステーションをゆっくりと移動させて二重丸の中央と測点の中心を合わせ、定心桿をしっかり締める。

(1)

定心桿をゆっくりと緩める。その際、空いている手で必ず整準台を持っていること

(2)

求心望遠鏡をのぞきながら、トータルステーションをゆっくりと少しずつ動かし、測点の中心に二重丸の中心を合わせる。合わせたら再度、定心桿をしっかりと固定する

図P5－20　求心の確認

⑮気泡が中央にない場合には、⑪～⑭の整準作業を繰り返す。

注意／測量器械の設置

必ず測点の真上に設置しないといけない！
器械は水平かつ測点の真上を満たすように設置することが必要！！

第6章　角測量（水平角）

6-1　目的

トータルステーションによる方向観測法の２対回（ついかい）での水平角の観測方法を習得する。

6-2　知識

6-2-1　方向観測法

水平角の測定には、「方向観測法、単測法、倍角法（反復法）」がある。一般的には方向観測法を用いる。方向観測法は、方向法ともいい、ある特定の方向（これを０°輪郭という）を基準にして各方向までの角を一連に視準読定する方法である。

方向観測法による角測量では、望遠鏡の正・反観測により、「視準軸誤差、水平軸誤差、目盛盤の偏心誤差など」による影響が除かれる。従って、正確さを要求される基準点測量においては、正・反観測を行うのが原則である。

正・反１回の観測を１対回（ついかい）観測（正位と反位の２回観測している状態）という。通常、基準点測量では、水平角を０°とした場合（０°輪郭という）の正・反観測と水平角を90°とした場合（90°輪郭という）の正・反観測を行う２対回観測（正と反の４回観測している状態）を行う。

実習では、この２対回観測による実習を行う。

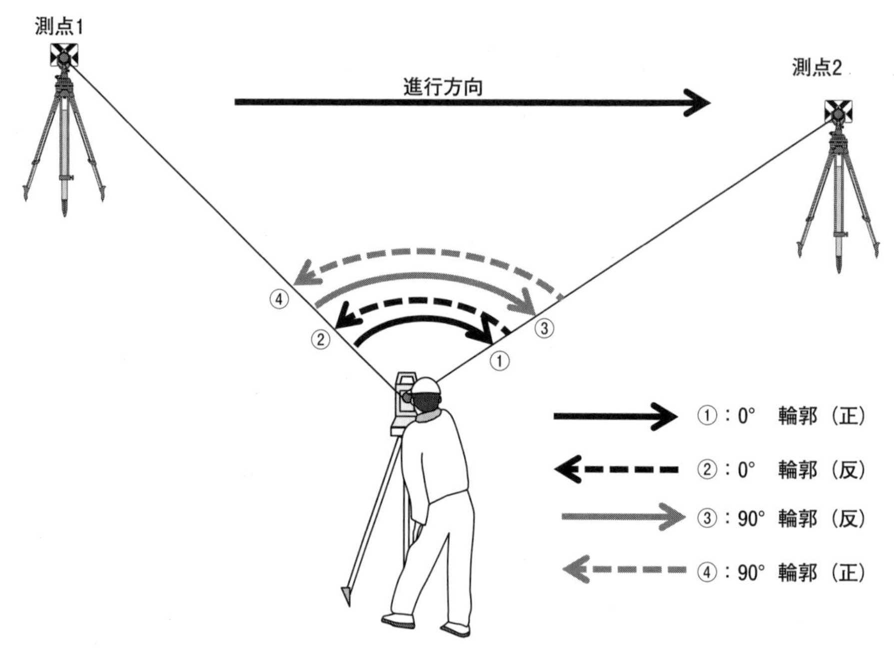

図Ｐ６－１　２対回方向観測法の概念図

6-2-2　視準点

トータルステーションにより角測量を行う場合、測距を同時に行うことが多い。トータルステーション等の光波距離計による測距を行う場合の視準点には反射プリズムが用いられる。反射プリズムは、観測点に設置して光波距離計からの測距光を光波距離計に返すためのものである。反射プリズムには、**図Ｐ6－2**に示すように整準台タイプ、ポールタイプ、ピンポール・タイプがある。反射プリズムを視準するときは、**図Ｐ6－3**のように反射プリズムの中央を視準する。

測距を行わず、角測量をする場合には、視準点にポールを立てる場合がある。ポールを視準するときは、**図Ｐ6－3**のようにポールの石突の先端で測量鋲の中心を指し、測角時にはポールの先端を視準するようにする。

実習では、ポールで視準点を設置して行う。

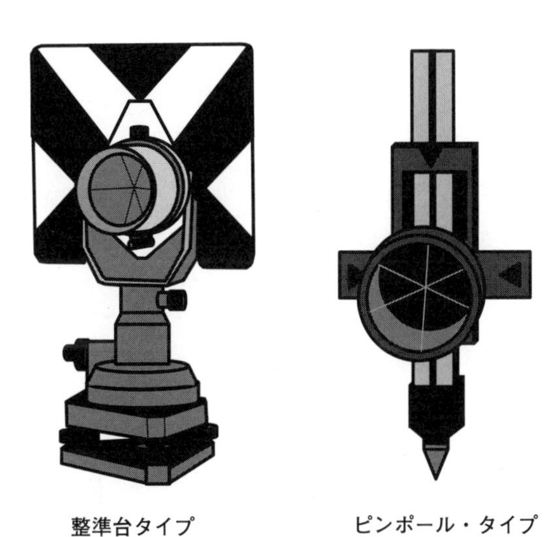

整準台タイプ　　ピンポール・タイプ

図Ｐ6－2　反射プリズム

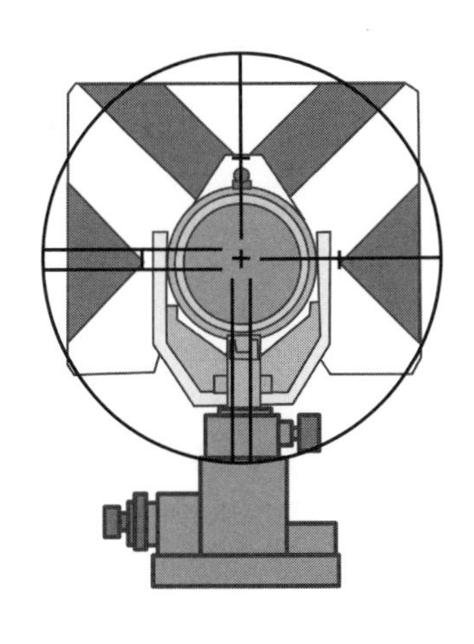

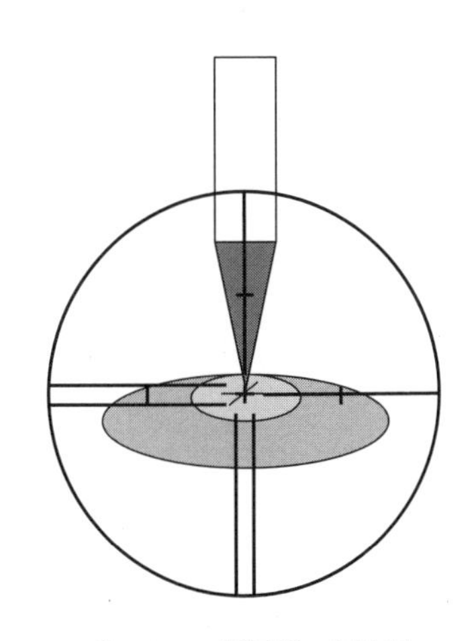

反射プリズム　　ポール ＋ 測量鋲・明示板

図Ｐ6－3　測点の視準位置

● 6-3 使用器具

・トータルステーション　1式
・三脚　1本
・測量鋲・明示板　3組
・ポール　2本
・野帳、筆記用具　1式

● 6-4 実習手順

6-4-1 トータルステーションの据え付け

①適当な地面を選び、測量鋲を設置する。
②前述5章の「器械（トータルステーション）の据え付け」を参考に、トータルステーションを据え付ける。
③ポールをセオドライトから45°～60°くらいの適当な位置に設置する。セオドライトから見て左を測点A、右を測点Bとする（進行方向A→B)。

注意／ポールを使用する場合

角測量ではポールの石突の接地点を視準する

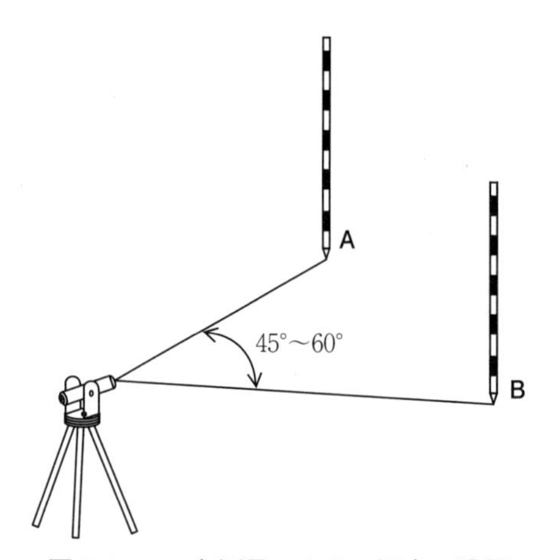

図P6-4　角測量のための測点の設置

6-4-2 水平角測量（1対回目）

これより、正位を「(正)」、反位を「(反)」と示す。

①（正）水平固定ねじが右手側（正位）にあることを確認し、野帳に「測点名（等級と名称)、B＝C＝P、器械の種類と器械番号、観測年月日、天候、風の強さ、観測者氏名、記帳者氏名、記録項目」を記入する。ここでB＝C＝Pとは、B：観測点、C：測量鋲の中心、P：目標点。
②（正）A方向を視準し水平固定ねじを締め、微動ねじを使って正確に測点Aを視準す

る。

③（**正**）水平角を0°01′10″にし、再度、測点Aを視準する。ずれていたら微動ねじを使って正確に視準し、「開始時刻、読み取り値」を記入する。再度視準した結果、値が0°01′10″からずれた場合は、ずれた値を記入する。

④（**正**）水平固定ねじを緩めて、トータルステーションを時計回りに回して測点Bを視準する（**図P6-5**）。

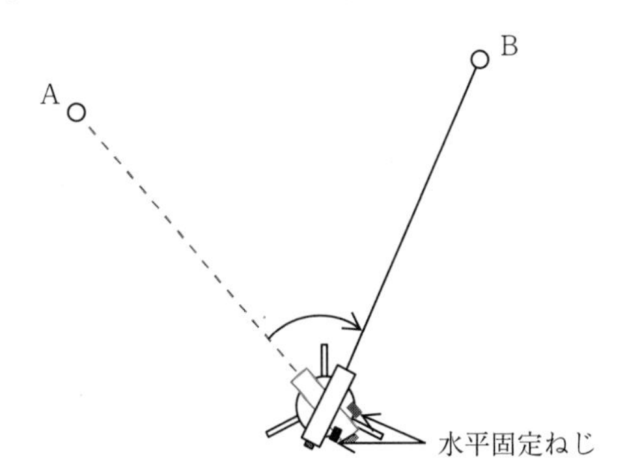

図P6-5　正位でのB点の視準

⑤測点番号と画面に表示された水平角を野帳に記入する。

⑥（**反**）望遠鏡を縦方向に反転させ、正位→反位にする。

⑦（**反**）トータルステーションを反時計回りに回して再び測点Bを視準し、「望遠鏡の向き（反位なのでL)、測点番号、画面に表示された水平角」を野帳に記入する（**図P6-6**）。

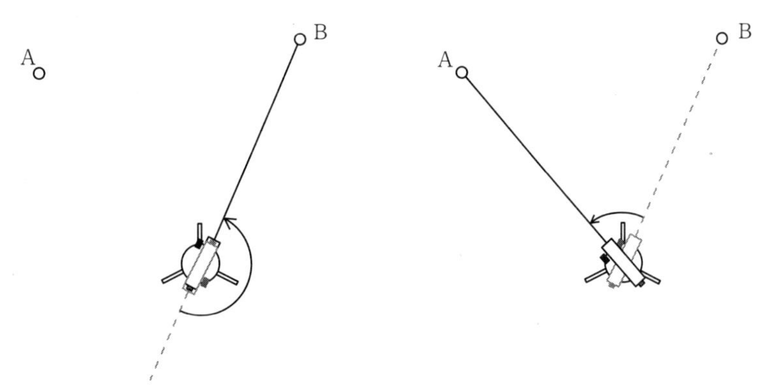

図P6-6　反位での測点Bの視準　　**図P6-7　反位での測点Aの視準**

⑧（**反**）水平固定ねじを緩めて、トータルステーションを反時計回りに回して測点Aを視準し、測点番号と画面に表示された水平角を野帳に記入する（**図P6-7**）。

⑨結果の項目に「正位、反位の測定結果」を記入し、倍角、較差を求める。

・**倍角**：　同一対回内の結果、秒位の正位・反位の和

注）分位が異なるときは、小さい分位にそろえたときの秒位の和

ここでは、59′10″と58′50″なので、59′10″→58′70″として計算して、50＋70＝120″

・較差：　同一対回内の結果、秒位の正位・反位の差

ここでは、59′10″－58′50″＝20″

表P6－1　1対回目の野帳の記入例

測点：測点O		B＝C＝P		器械：			
観測年月日：		風：					
		天候：		観測者：		記帳者：	
時刻	目盛	望遠鏡	番号	観測角	結果	倍角	較差
	°			° ′ ″	° ′ ″	″	″
13:40	0	R	A	0°01′10″			
			B	53°00′20″	52°59′10″		
						120	20
		L	B	233°00′20″	52°58′50″		
			A	180°01′30″			

※「B＝C＝P」について、B: 観測点、C: 測量鋲の中心、P: 目標点

6-4-3　水平角測量（2対回目）

①（**反**）望遠鏡反位のまま、水平角を270°01′10″にし、再度、測点Aを視準し、ずれていたら微動ねじを使って正確に視準する。野帳に「目盛、望遠鏡の向き（反位なのでL）、測点番号、読み取り値」を記入する。このとき、水平角が多少変動した場合は、変動した水平角を野帳に記入する。

②（**反**）水平固定ねじを緩めて、セオドライトを時計回りに回して測点Bを視準し、測点番号と画面に表示された水平角を野帳に記入する（**図P6－8**）。

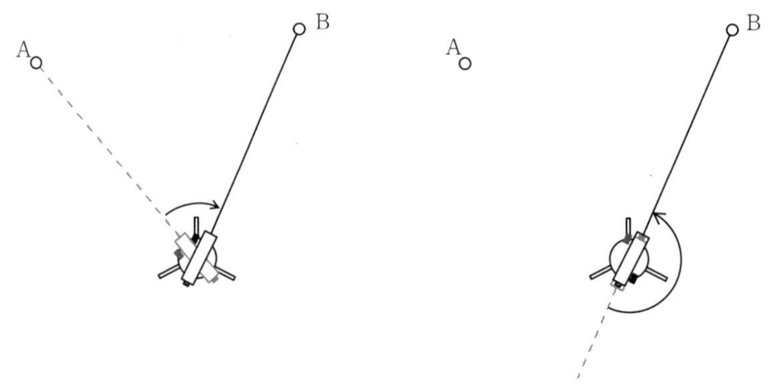

図P6－8　反位での測点Bの視準　　**図P6－9　正位での測点Bの視準**

③（**正**）望遠鏡を縦方向に反転させ反位→正位にして、トータルステーションを反時計回りに回して再び測点Ｂを視準し、「望遠鏡の向き（正位なのでR）、測点番号と画面に表示された水平角」を野帳に記入する（**図Ｐ６－９**）。

④（**正**）水平固定ねじを緩めて、トータルステーションを反時計回りに回して測点Ａを視準し、水平固定ねじを締める。その後、微動ねじを使って正確に測点Ａを視準し、「終了時刻と測点番号、画面に表示された水平角」を野帳に記入する（**図Ｐ６－10**）。

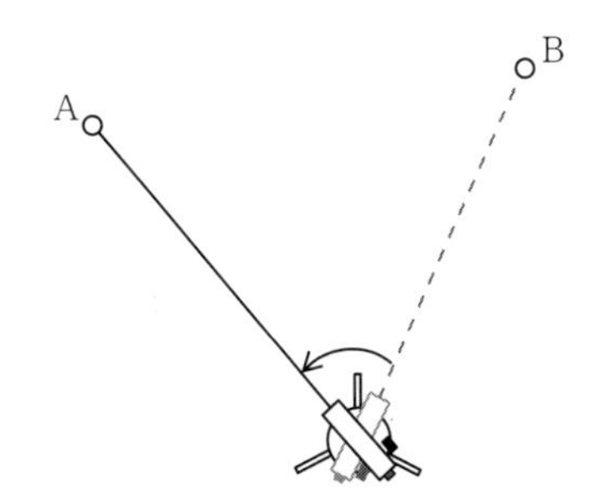

図Ｐ６－10　正位での測点Ａの視準

⑤結果の項目に「正位、反位の測定結果」を記入し、倍角、較差を求める。

- **倍角**：　同一対回内の結果、秒位の正位・反位の和
  注）分位が異なるときは、小さい分位にそろえたときの秒位の和
  ここでは、59′10″と58′50″なので、59′10″→58′70″として計算して、50＋70＝120″

- **較差**：　同一対回内の結果、秒位の正位・反位の差
  ここでは、59′10″－58′50″＝20″

表Ｐ6－2　2対回目の野帳の記入例

測点：測点O		B＝C＝P		器械：			
観測年月日：		風：					
		天候：		観測者：		記帳者：	
時刻	目盛	望遠鏡	番号	観測角	結果	倍角	較差
	°			°　′　″	°　′　″	″	″
13:40	0	R	A	0° 01′ 10″			
			B	53° 00′ 20″	52° 59′ 10″		
						120	20
		L	B	233° 00′ 20″	52° 58′ 50″		
			A	180° 01′ 30″			
	90	L	A	270° 01′ 10″			
			B	323° 00′ 30″	52° 59′ 20″		
						130	30
		R	B	143° 00′ 00″	52° 58′ 50″		
14:00			A	90° 01′ 10″			

6-4-4　倍角差、観測差を求める

①野帳に水平角観測結果に「測点、方向、中数、倍角差、観測差」といった項目を記入する。

②中数、倍角差、観測差を計算し、野帳に記入する。

・**中数**：　正・反2対回計4回の測定値の平均

秒位を、分位が小さな値にそろえて計算するとやや楽。

ここでは、結果が52° 59′ 10″、52° 58′ 50″、52° 59′ 20″、52° 58′ 50″であるため、分位58′ にそろえて、(60＋10) ″＋50″＋ (60＋20) ″＋50″＝250″

$$\frac{250''}{4}=62.5'' \rightarrow 63''$$

つまり、52° 58′ 63″＝52° 59′ 03″

・**倍角差**：　全対回における倍角の差

・**観測差**：　全対回における較差の差

③ここで、倍角差が60°、観測差が40° より大きくなった場合は再測する。倍角差、観測差が規定値以内のときは、中数（観測結果の平均）を計算し記入する。

表Ｐ6－3　野帳の水平角観測結果の計算

	水平角観測結果			
測点	方向	中数	倍角差（60）	観測差（40）
		°　′　″	″	″
測点Ｏ	測点Ａ	0°00′00″	10	10
	測点Ｂ	52°59′03″		

● 6-5　結果の整理

①観測結果を整理する。

②セオドライトの器械誤差の種類を挙げて、0.5対回（１回の角測量）と２対回（４回の角測量）で、どの誤差が消去されるか調べなさい。

● 第７章　角測量（鉛直角）

● 7-1　目的

トータルステーションを使った鉛直角の観測方法を習得する。

● 7-2　知識

7-2-1　鉛直角モード

トータルステーションの鉛直角のモードには、「天頂角（天頂０°）、高度角（水平０°）、高度角（水平０°±90°）」のモードが設定できる。通常、鉛直角の計測では天頂角を用いて行われる。

7-2-2　器械高と目標高

鉛直角を測定する場合は、必ず器械高（i）と目標高（f）をmm単位で記入しておく。器械高は、トータルステーション側面の器械高マークからコンベックス等で計測する。データを整理するとき、高さの調整における手間を少なくするために、器械高と目標高は一致させるのが望ましい。

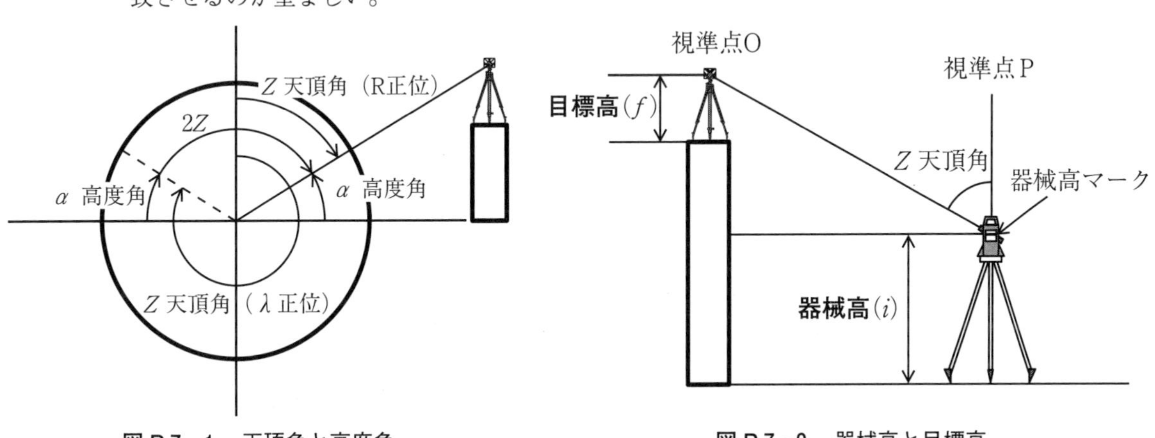

図Ｐ7－1　天頂角と高度角

図Ｐ7－2　器械高と目標高

● 7-3　使用器具

・トータルステーション　1式
・三脚　1本
・測量鋲・明示板　1組
・コンベックス　1個
・野帳、筆記用具　1式

● 7-4　実習手順

7-4-1　トータルステーションの据え付け

①適当な地面を選び、測量鋲を設置する。
②前述5章の「器械（トータルステーション）の据え付け」を参考に、トータルステーションを据え付ける。
③視準点ＯとＰを決定する。

注意

上記③のとき、視準点Ｏ、Ｐは風などで動かないように設定する。視準点に反射プリズムなどを設けることができない場合は、直接視準点を視準し、そのときの目標高は0cmとする

7-4-2　鉛直角測量（視準点Ｏ）

①**（正）**水平固定ねじが右手側（正位）にあることを確認し、野帳に「測点名（等級と名称）、Ｂ＝Ｃ＝Ｐ、器械の種類と器械番号、観測年月日、天候、風の強さ、観測者氏名、記帳者氏名、記録項目」などを記入する。
②器械高（i）と目標高（f）を記録する。
器械高：　望遠鏡横にある器械高マークから地面までの高さ
目標高：　視準点に設置したターゲット（ミラー中心など）までの高さ
③トータルステーション鉛直角の設定が天頂角になっていることを確認する。
④**（正）**測点Ｏを視準し、「開始時刻、望遠鏡の向き（正位なのでR）読み取り値」を記入する。
⑤**（反）**トータルステーションを反時計回りに回して、望遠鏡を手前へ縦方向に回転させ正位→反位にする。
⑥**（反）**再び点Ｏを視準し、「望遠鏡の向き（反位なのでL）、測点番号、読み取り値」を野帳に記入する。
⑦測定結果をもとに、Ｒ＋Ｌ、高度定数、鉛直角（天頂角）Ｚ、２Ｚ、αを計算する。

・Ｒ＋Ｌ：　同一視準点の（正位の読み取り値＋反位の読み取り値）
　ここでは、88°23′20″＋271°37′00″＝360°00′20″
・高度定数：（Ｒ＋Ｌ）－360°　※高度定数には（＋、－）をつける。

ここでは、360° 00′ 20″ − 360° 00′ 00″ = ＋20″

・2Z：(360＋R) − L

ここでは、(360° 00′ 00″ ＋88° 23′ 20″) −271° 37′ 00″ ＝176° 46′ 20″

・鉛直角Z：$\frac{2Z}{2}$

ここでは、176° 46′ 20″ ÷ 2 ＝88° 23′ 10″

・α：Z ＝90° − α

ここでは、90° 00′ 00″ −88° 23′ 10″ = ＋１° 36′ 50″

7-4-3　鉛直角測量（視準点P）

①（反）トータルステーションを視準点Ｐの方角に向ける。
②（反）水平固定ねじが左奥（反位）にあることを確認する。
③（反）視準点Ｐを視準し、野帳に「望遠鏡の向き（正位なのでL）、視準点番号、読み取り値」を記入する。
④（正）セオドライトを時計回りに180度回転し、望遠鏡を縦方向に反転させ反位→正位にする。
⑤（正）再び測点Ｐを視準し、野帳に「望遠鏡の向き（正位なのでR）、測点、画面に表示された鉛直角、測定終了時刻」を記入する。
⑥　測定結果をもとに、R + L、高度定数、鉛直角（天頂角）Z、２Z、αを計算する。

7-4-4　測定の良否を判断する

①高度定数の較差を求める。

ここでは、

高度定数の較差＝視準点Ｏの高度定数Ｋ −視準点Ｐの高度定数Ｋ ＝ ＋20″ −（−20″）＝ 40″

②高度定数の較差が60″未満であることを確認し、60″以上のときは再測する。

表Ｐ７−１　野帳の記入例

測点：測点Ａ		B＝C＝P		器械：		
観測年月日：		風：				
		天候：		観測者：		記帳者：
					$(R+360)-L=2Z$	
				器械高 (i)	Z	
時刻	望遠鏡	視準点番号	観測角	目標高 (f)	α	高度定数の較差
		O	° ′ ″		° ′ ″	″
13:40	R		88° 23′ 20″	(i) 1. 40	176° 46′ 20″	

	L		271° 37′ 00″	(f) 1.40	88° 23′ 50″	40
		R + L	360° 00′ 20″		+1° 36′ 50″	
		高度定数	+20″			
		P				
	L		277° 41′ 20″		164° 37′ 00″	
14:00	R		82° 18′ 20″	(f) 1.40	82° 18′ 30″	
		R + L	359° 59′ 40″		+7° 42′ 30″	
		高度定数	−20″			

● 7-5　結果の整理

①観測結果を整理する。

②各視準点で正・反２回の鉛直角の測定をし、鉛直角Ｚを求めることで、どのような誤差を消去できるか。

● 第８章　オートレベルの点検

● 8-1　目的

オートレベルの据え付け法とレベルの点検方法を習得する。

● 8-2　知識

8-2-1　使用頻度の高いオートレベルの部位名称

使用頻度の高い部位名は正確に覚えておく必要がある。**図Ｐ８－１**に使用頻度の高い部位の名称と注意点を示す。

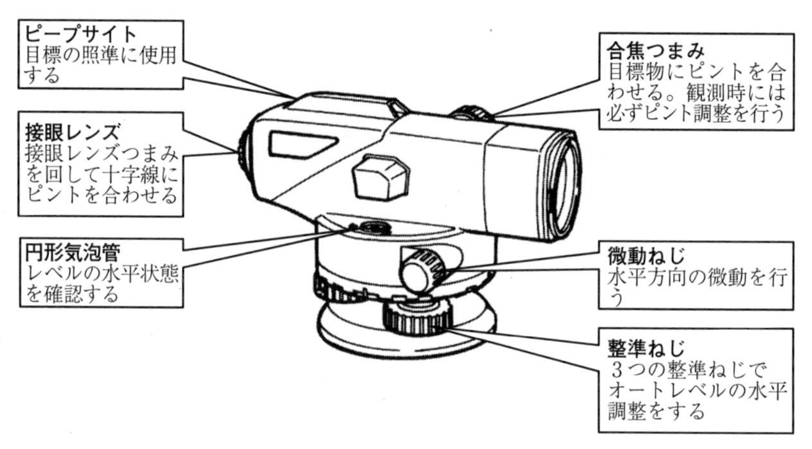

図Ｐ８－１　使用頻度の高い部位の名称と注意点

8-2-2　オートレベルの点検

オートレベルを用いた水準測量は、オートレベルが水平であることが前提となる。このため、円形気泡管、コンペンセータおよび視準線の点検を行い、オートレベルにより水準測量することが可能であることを確認する。

①**円形気泡管の点検：**　円形気泡管の水平性が保たれているかどうかを確認する。

②**コンペンセータの点検：**　補正可能範囲内（10′以内）でレベルが傾いてもコンペンセータが働いて自動的に視準線がもどることを確かめる。

③**視準線の点検：**　不等距離法を用いて、視準線により測定した値がオートレベルから水平の位置にあることを確認する。

④**不等距離法によるレベルの点検の原理：図P8－2（a）**のように視準点ABの中央で標尺A、標尺Bを視準すると、視準線が水平の場合の読定値a_1とb_1の読定値差H_1と、視準線がずれている場合の読定値a_1'とb_1'の読定値差H_1'はおおよそ等しくなる。

しかし、**図P8－2（b）**のように、測線ABの外から標尺A、標尺Bを視準すると、視準線が平行な場合の読定値a_2とb_2の読定値差H_2はH_1とおおよそ等しくなる。しかし、視準線がずれている場合の読定値a_2'とb_2'の読定値差H_2'はH_1'と異なってくる。

つまり、読定値差の差を　$H = |H_2 - H_1|$　とすると、Hが小さければオートレベルの視準線の水平精度が高いことを意味する。Hの値は、水準測量レベルによって許容値が**表P8－1**のように定められている。

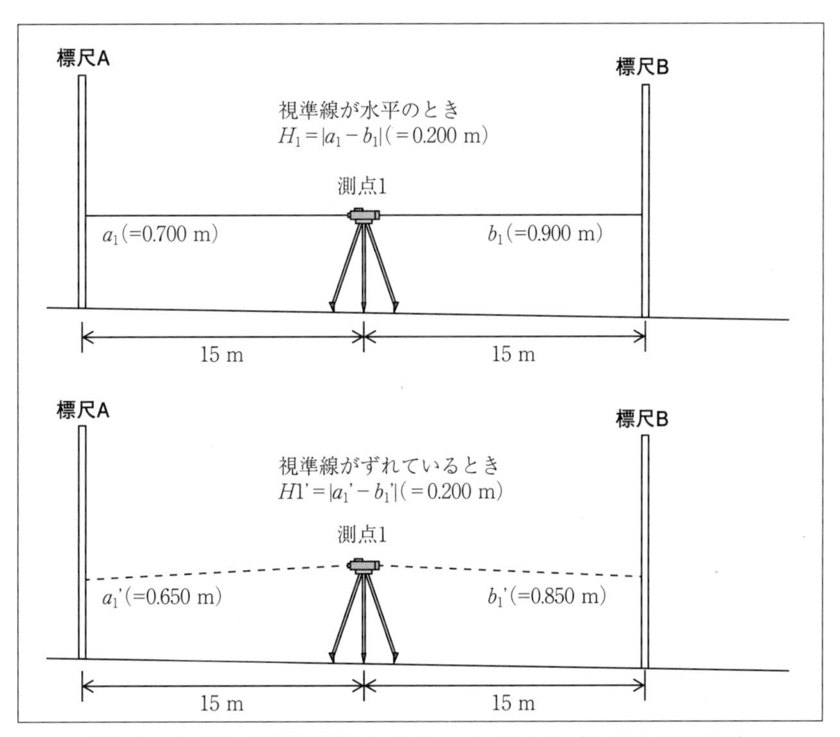

図P8－2（a）　不等距離法によるレベルの点検（中間点での視準）

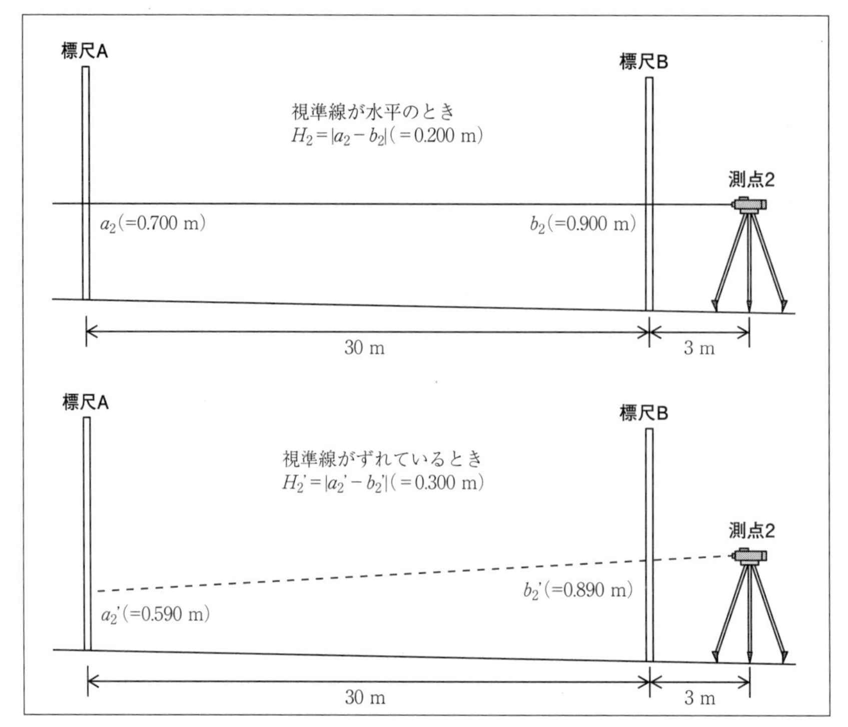

図Ｐ８－２（b）　不等距離法によるレベルの点検（外側からの視準）

表Ｐ８－１　各級レベルの許容値

区分	1級レベル	2級レベル	3級レベル
許容範囲（mm）	0.3	0.3	3
読定単位（mm）	0.01	0.1	1

● 8-3　使用器具

・オートレベル　1式
・球面脚頭三脚　1本
・標尺台　2個
・スタッフ　2本
・繊維製巻尺（テープ）　1本
・野帳、筆記用具　1式

● 8-4　実習手順

8-4-1　レベルの据え付け

①適当な地面を選び、測量鋲を設置する。

②三脚の伸縮調整ねじを緩め、脚頭を観測者の身長に合せるように高さに調整する。理想的な高さは、レベルを脚頭上に置いたときに観測者の目線より少し低い程度（1.5ｍほど）が良い。

注意

上記②の操作のとき、適度な高さに調整することにより、観測者の疲労低減や無理な体勢での観測を防ぐことができる

(1)

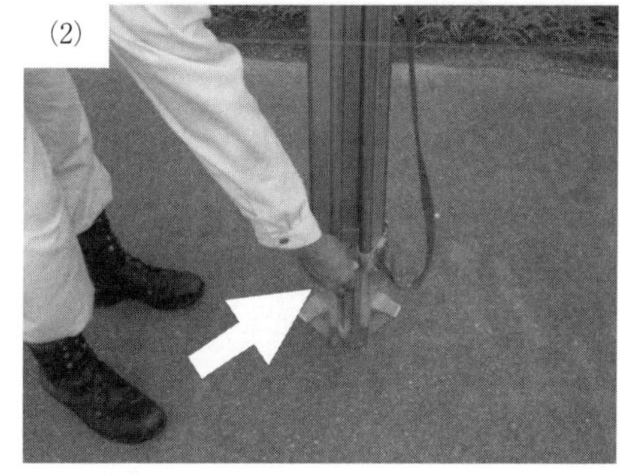

(2)

三脚の伸縮調節固定ねじを緩める

(3)

三脚を適度な長さに伸ばし、しっかりと伸縮調節固定ねじを締め固定する

図Ｐ8－3　三脚の高さ調整

③脚頭が胸の高さ程度でほぼ水平で、３本の脚がほぼ正三角形になるように均等に開き、石突をしっかりと踏み込んで三脚を固定する。

注意

地面が土であろうと、アスファルトであろうと、コンクリートであろうと石突は必ず踏むこと。踏むことで脚が固定される

観測に最適な高さは、レベルを脚頭に置いたときに望遠鏡接眼レンズが観測者の目線より少し低い程度が理想である
この高さが観測者の疲労低減や無理な体勢での観測を防ぐことができる

3本の石突をしっかりと踏んで、脚が動かないように三脚と地面を固定する

図P8−4　三脚の設置

④レベルを脚頭の上に載せて、レベルが動く程度に定心桿を軽く締める。片手でしっかりとレベルを持ち、球面脚頭上で滑らせ、レベルの円形気泡管の気泡がマークの中心付近になるようにし、その後、しっかりと定心桿を締める。

注意

オートレベルを三脚に固定したら、レベルの入っていた箱の蓋を速やかに閉じておく

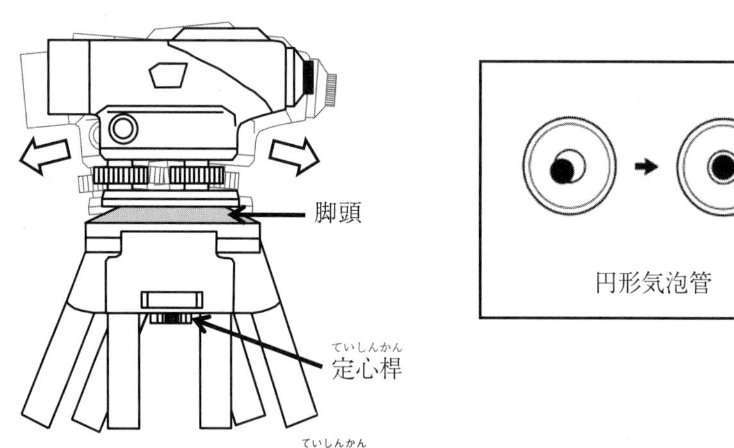

図P8−5　定心桿（ていしんかん）によるオートレベルの固定

⑤定心桿を締めた後、レベルを回転させ円形気泡管の気泡のズレを調べ、ズレが大きい場合は3つの整準ねじで気泡の位置を調整する。

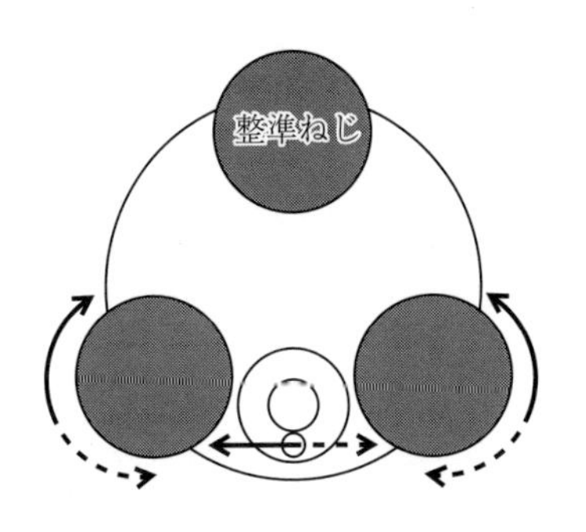

(a) 気泡管左右の動き

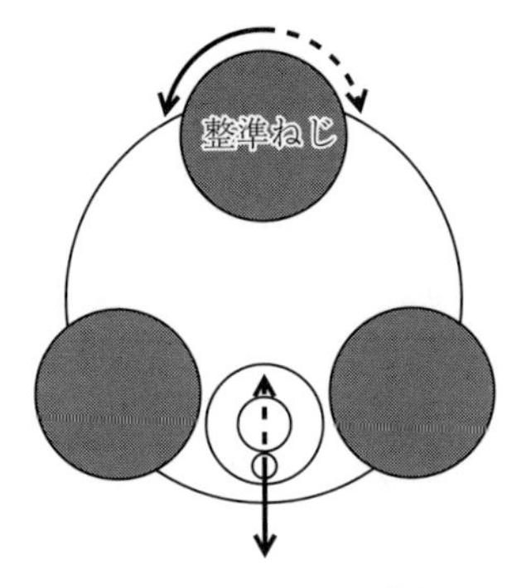

(b) 気泡管上下の動き

図P8－6　整準ねじの回転方向と気泡の動き

8-4-2　気泡管の点検

①整準後、望遠鏡の向きを180°回転させる。

②円形気泡管の気泡が移動しなければ正常である。

8-4-3　標尺の設置

①標尺台を使用し、標尺を立てる。しっかりと標尺台を踏み込み地面に固定する。

(1)

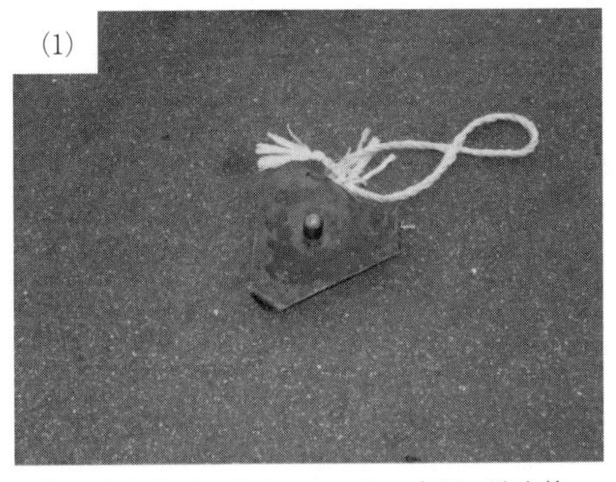

標尺台を地面に置く。その時、交通の障害等になる場所や、動く可能性のある場所は避けること

(2)

標尺台をしっかりと踏み込み、地面に固定する

図P8－7　標尺台の設置

②標尺係は、標尺台の突起の上に標尺を立てて円形水準器を用いて標尺を鉛直に立てる。

注意

上記②のとき、標尺係は視準するオートレベルに向かい合うように立ち、標尺の目盛がオートレベルの方を向くように持つ

標尺台が動かないように、静かに標尺を載せる

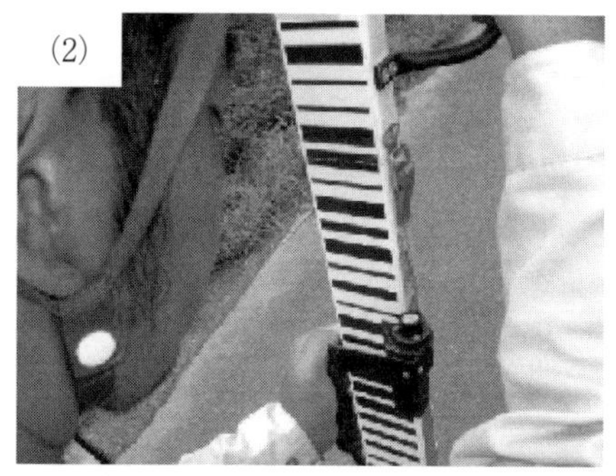

標尺を鉛直に立てるために必要な円形水準器を用いて、標尺を鉛直にする

観測中、常に標尺を鉛直に立て続ける必要はなく、観測者が観測開始直前に声を掛け、そのときのみ集中して鉛直にする

図Ｐ８－８　標尺の設置

8-4-4　視準方法

①ピープサイトをのぞき、三角の目印の頂点が目標となる標尺付近に来るようにオートレベルを回転させる。

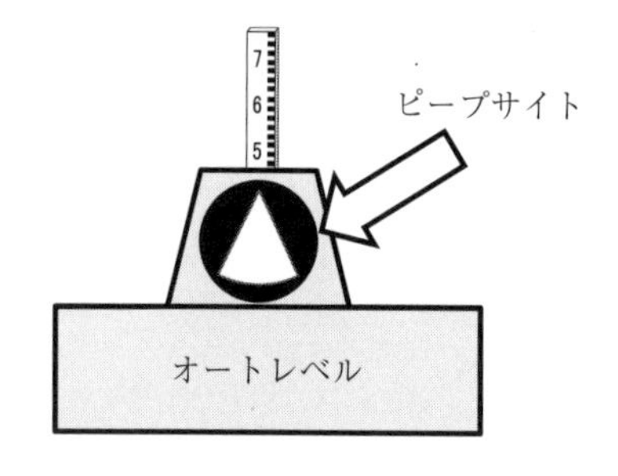

ピープサイトから視たときの標尺

図Ｐ８－９　ピープサイトによる目標の照準

②レンズ内の十字線のピントが合っていない場合は、接眼レンズを回して十字線のピントを合わせる。

③接眼レンズをのぞき、合焦つまみを回して視界のピントを合わせる。

④望遠鏡を覗きながら目を上下左右に移動して、目標物に合わせる十字線が動かないことを確認する。

8-4-5　標尺の読み方

一般に標尺の目盛は、中央に2～10 mm 単位の黒白目盛、左側に0.1 m 単位の数字、右側に cm 単位の数字を表示してある。ただし、**読定値は mm 単位で**読む。

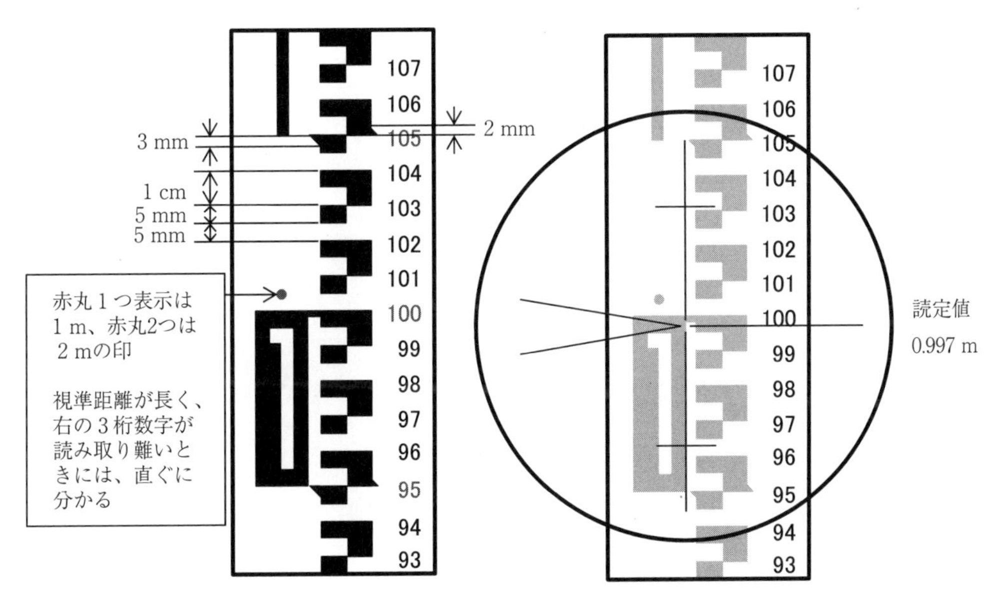

図Ｐ8－10　標尺の読み方（例）

8-4-6　コンペンセータの点検

①繊維製巻尺を用い、30 m 離れた位置に標尺 AB を鉛直に立てる。

②レベルを中央（測点１）に設置する（**図Ｐ8－2** 参照）。

③野帳に「測点名（等級と名称）、器械の種類と器械番号、観測年月日、天候、風の強さ、観測者氏名、記帳者氏名、記録項目」などを記入する。

④標尺 A を読定し、この読定値 a を記入する。

⑤接眼レンズをのぞきながら、視準している人以外の人が整準ねじの一つを動かし、気泡が気泡管内の○に接するまで移動させる。

⑥このとき、視準している人は、移動した視準線がコンペンセータによって元の位置に自動的に戻ることを確認する。

⑦標尺 A を再び読定し、この読定値 a' を記入する。

⑧上述④の読定値 a、⑦の読定値 a' の差を求め、**表Ｐ8－1** の３級レベルの許容範囲内で

あることを確認する。

表P８－２　野帳の記入例（コンペンセータの点検）

測点：測点Ａ		風：		器械：
観測年月日：		天候：		標尺：アルミ製標尺
		観測者：		記帳者：
測線	測点		読定値（m）	読取値の差（m）
AB	1	a	1.010	
		a′	1.011	−0.001

8-4-7　視準線の点検

①繊維製巻尺を用い、30 m 離れた位置に標尺 AB を鉛直に立てる。

②視準点 AB の中央と測線 AB の視準点 B から外に 3 m 離れた地点に測量鋲を設置する（**図P８－２**参照）。

③オートレベルを中央（測点１）に設置する（**図P８－２（a）**参照）。

注意
上記③のとき、下げ振りを使ってオートレベルを測量鋲の真上に設置する

④標尺 A および標尺 B を読定し、この読定値 a_1、b_1 を野帳に記録し、２点間の読定値差 $H_1 = a_1 - b_1$ を求める。

⑤オートレベルを標尺 B から 3 m（測線 AB の約 $\frac{1}{10}$）離れた位置（測点２）へ設置する（**図P８－２（b）**参照）。

⑥標尺 A および標尺 B を読定し、この読定値 a_2、b_2 を野帳に記録し、２点間の読定値差 $H_2 = a_2 - b_2$ を求める。

⑦読定値差の差 $H = H_1 - H_2$ を求めて、その値が**表P８－１**の３級レベルの許容範囲を満たすか確認する。

注意
上記⑦の読定値差の差 H は絶対値で評価する

表P8－3　野帳の記入例（視準線の点検）

測点：測点A		風：		器械：	
観測年月日：		天候：		標尺：アルミ製標尺	
		観測者：		記帳者：	
測線	測点		読定値（m）	読取値差（m）	読取値差の差（m）
	1	a_1	1.032		
AB		b_1	0.983	0.049	
	2	a_2	0.963		
		b_2	0.912	0.051	0.002

● 8-5　結果の整理

①観測結果を整理する。

②水準測量では、実習で行った観測による点検の他に各測量器械について機能点検がある。オートレベル、標尺、三脚、標尺台の機能点検項目を調べてまとめなさい。

● 第9章　オートレベルによるスタジア測量

● 9-1　目的

オートレベルの据え付け法とレベルの点検方法を習得する。

● 9-2　知識／スタジア測量の原理

スタジア測量は、上下スタジア線間の狭長（きょうちょう）および鉛直角を用いて、水平距離と高さを求める測量である。精度は高くないが、地形に影響されることが少なく、作業性がよい。

実習では、オートレベルを用いて上下スタジア線間の狭長から水平距離を求める。

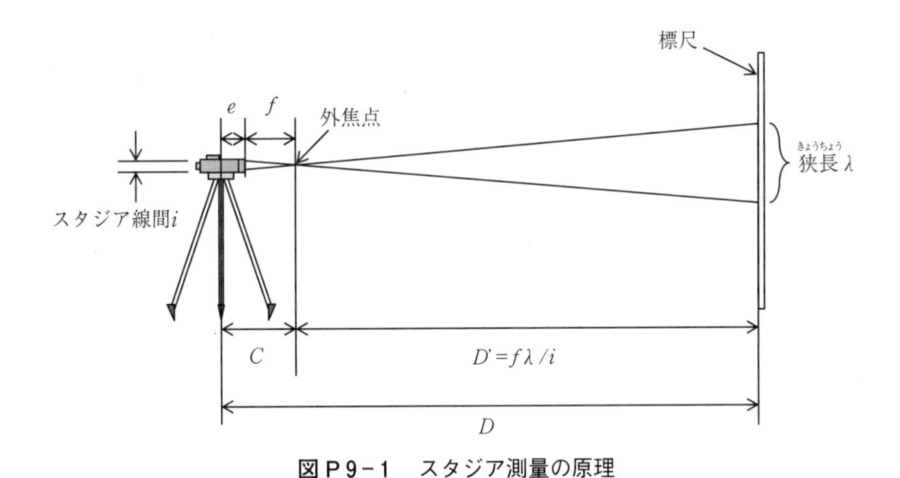

図P9－1　スタジア測量の原理

図P９−１にスタジア測量の原理の図を示す。

ここで、

i ：上下スタジア線間

λ ：狭長（きょうちょう）

D ：器械中心から標尺までの水平距離

e ：器械中心から対物レンズの光心までの距離

f ：対物レンズの焦点距離

D' ：外焦点から標尺までの距離

C ：eとfの和でスタジア加数と呼ばれる。

このとき、

$$i : \lambda = f : D'$$

より、

$$D' = \frac{f\lambda}{i}$$

より、

$$D = \frac{f\lambda}{i} + (e+f) = \mathrm{K}\lambda + C$$

ここで、Kはスタジア乗数と呼ばれる。

一般に、K＝100、$C = 0$である。よって、スタジア測量においては、**図P９−２**で読める狭長を100倍した値が、器械中心から標尺までの距離となる。

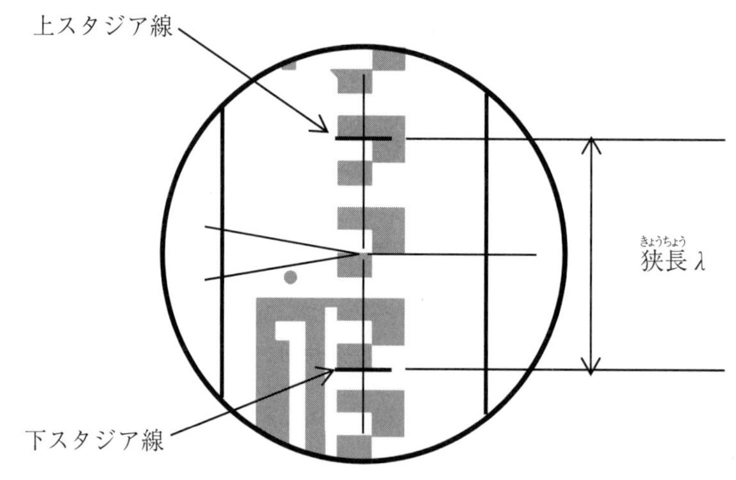

図P９−２　スタジア線間（狭長）の読み

● 9-3　使用器具

・オートレベル　　　１式

・球面脚頭三脚　　　１本

・標尺台　1個
・スタッフ　1本
・繊維製巻尺（テープ）1本
・野帳、筆記用具　1式

● 9-4　実習手順

9-4-1　路線の決定

①比較的水平な地面に、ポールとガラス繊維製巻尺を用いて50 mの直線を取る。

②**図P9-3**の位置のように始点（測点O）から10 mおきに視準点を設け、チョークで印をつける。

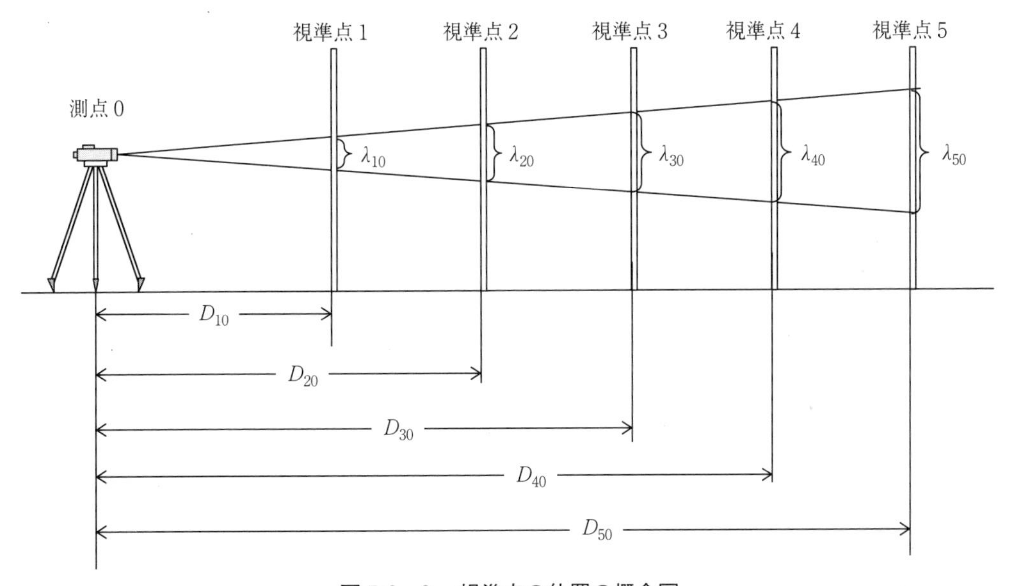

図P9-3　視準点の位置の概念図

③野帳に、「測点番号、風の強さ、器械の種類と器械番号、観測年月日、天候、使用標尺の種類、観測者氏名、記帳者氏名」などを記入する。

④野帳に、「記録項目であるスタジアの読み（上線、下線）、スタジア計算距離、巻尺測定距離、誤差（%）」などを記入する。

⑤野帳に、「各視準点番号、測点Oから各視準点までの巻尺測定距離」を記入する。

注意

上記⑤のテープの読み取りは0.1 m単位でよい

9-4-2　スタジア測量

①測点Oにオートレベルを据え付ける。

②視準点1に標尺台を置き、標尺を鉛直に立てる。

③測点Oから視準点1の標尺を視準し、上下スタジア線の目盛をmm単位まで読む。

④野帳に、上下スタジア線の値を記入し、狭長λを計算しK＝100、C＝0としてスタジア測量による計算距離D'（0.1 m単位）を計算し、記入する。

⑤各視準点について②～④の手順を繰り返す。

表P9－1　野帳の記入例

測点：測点A		風：		器械：		
観測年月日：		天候：		標尺：アルミ製標尺		
		観測者：		記帳者：		
スタジア線読み				スタジア計算	テープ測量	誤差
視準線No.	A	B	狭長（m）	距離（m）	距離（m）	(D′-D)/D (%)
1	1.451	1.35	0.101	10.1	10.0	1
2					20.0	
3					30.0	
4					40.0	
5					50.0	

● 9-5　結果の整理

①観測結果を整理する。

②距離D'（計算）と距離D（テープ）を比較し、どのくらいの誤差があるか、それは距離Dとどのような関係にあるかを考察する。

③器械中心から視準点nまでの距離、視準点nでの狭長からスタジア乗数と、スタジア加数を以下の式で求めることができる。

$$K=\frac{n(\Sigma\lambda D)-(\Sigma\lambda)\cdot(\Sigma D)}{n(\Sigma\lambda^2)-(\Sigma\lambda)\cdot(\Sigma\lambda)}$$

$$C=\frac{(\Sigma\lambda^2)(\Sigma D)-(\Sigma\lambda)\cdot(\Sigma\lambda D)}{n(\Sigma\lambda^2)-(\Sigma\lambda)\cdot(\Sigma\lambda)}$$

ここで、

$$\Sigma D=D_1+D_2+\cdots+D_n$$

$$\Sigma\lambda = \lambda_1 + \lambda_2 + \cdots + \lambda_n$$

$$\Sigma\lambda^2 = \lambda_1^2 + \lambda_2^2 + \cdots + \lambda_n^2$$

$$\Sigma\lambda D = \lambda_1 D_1 + \lambda_2 D_2 + \cdots \lambda_n D_n$$

このようにして求めた実測によるスタジア乗数と、スタジア加数と、器械性能によるスタジア乗数K＝100と、スタジア加数C＝０を比較し、考察しなさい。

第10章　オートレベルによる往復水準測量

10-1　目的

標高が既知の出発点から標高が未知の測点までを往復水準測量し、未知の測点の標高を求める。

10-2　知識

10-2-1　昇降法による未知点の標高の求め方

既知のB.M.である測点Aから測点Bの標高を求める場合を考える。

①測線AB間の距離が長い場合、中間点を設ける。

注意

上記①の中間点の間は、もりかえ点を設ける。中間点を設けない場合はもりかえ点のみ

②測点Aともりかえ点Cの高さの違いを調べたいとき、測線AC間にレベルを据え付け、A、C点上の標尺を視準する。

注意

図P10－1の例では、AC間の高低差は、A点（1.559 m）－C点（1.255 m）＝0.304 m、つまりC点の方がA点より0.304 m高いことがわかる

③これを繰り返して求めたい測点Bまで、高低差を測定する。

④測点Bの標高H_Bは、H_B＝既知の標高H_A＋（測点Bまでの高低差の和）

⑤往復水準測量の場合往復許容誤差は精度レベルによって決まっている。このとき、Sは片道測線距離となるが、単位は（km）で計算し、計算した許容値の単位は（mm）で評価する。

注意

図 P10－1 の例では、AC 間0.0557 km、CB 間は0.0668 km より、AB 間つまり S は0.1225 km。よって、4級水準測量は$20\sqrt{0.1225}=7$ mm の許容誤差となる

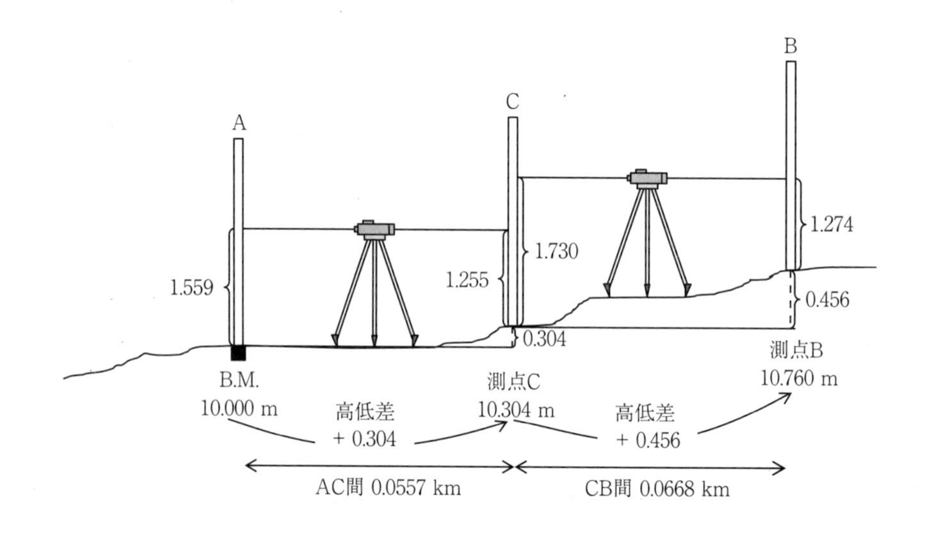

図 P10－1　昇降法の概念図

10-2-2　器械に依存する誤差原因と消去対策

①視準軸と水準器軸が平行でない場合の誤差

視準軸と水準器軸が平行でない場合、前視標尺の視準距離と後視標尺の視準距離が異なる（不等距離）と誤差が生じる（**図 P10－2**）。

注意

点検：前述8章の「オートレベルの点検」で示した視準線の点検調整を行うことにより誤差の発生を軽減できる

対策：前視標尺の視準距離と後視標尺の視準距離を等しくすることにより、この誤差を消去できる

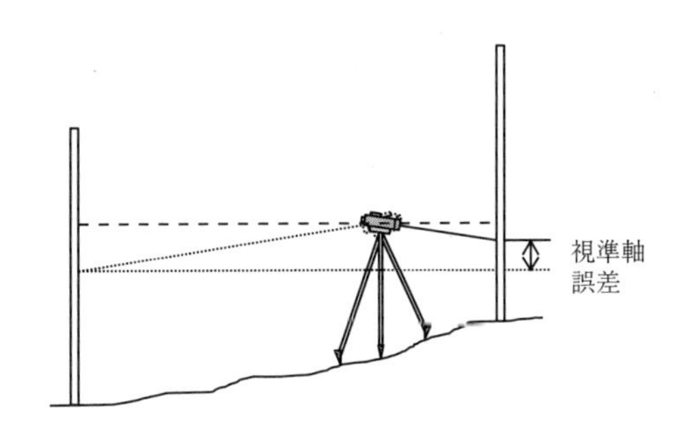

(a) 前視標尺と後視標尺の距離を等しくしなかったとき

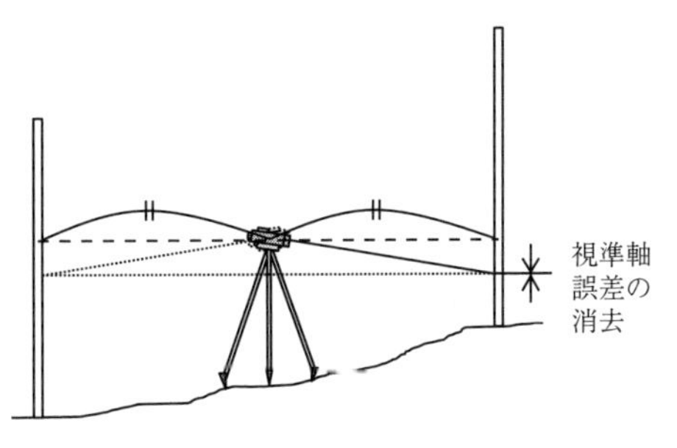

(b) 前視標尺と後視標尺の距離を等しくしたとき

図 P10－2　不等距離と視準軸誤差

②水準儀の円形水準器の未調整による誤差

水準儀の円形水準器が未調整や、軸の磨耗などにより鉛直軸が鉛直でない場合、鉛直軸から傾き鉛直軸誤差が生じる（**図 P10－3 (a)**）。鉛直軸誤差を消去するには前視と後視で同じ傾きで測定すればよい（**図 P10－3 (b)**）。

注意

点検：前述8章の「オートレベルの点検」で示した円形気泡管の点検調整を行うことにより誤差の発生を軽減できる

対策：**図 P10－4** のように、三脚のうち、特定の1本の脚を常に観測軸に垂直になるようにし、他の2本の脚を常に観測軸に平行になるように設置することで消去できる

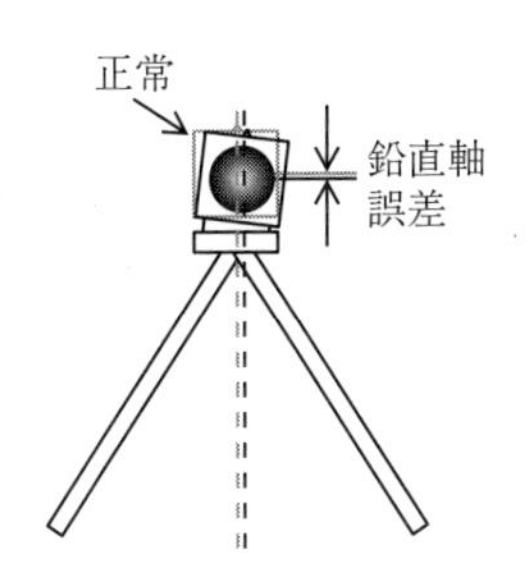

(a) 正常な鉛直軸と傾いた鉛直軸による鉛直軸誤差

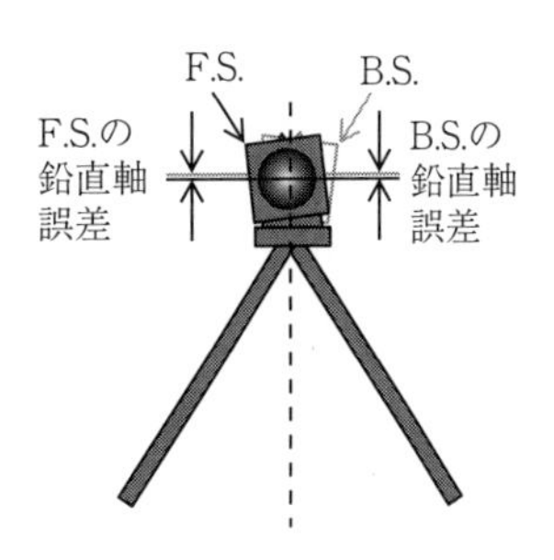

(b) 前視と後視の誤差を同じにすることによる鉛直軸誤差消去

図 P10－3　鉛直軸誤差と前視後視による消去

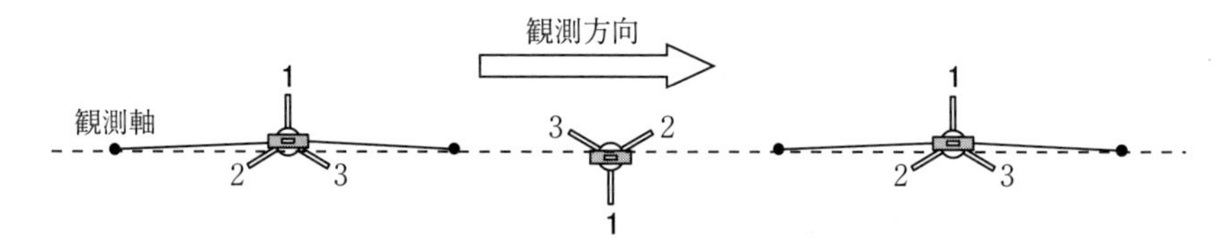

図 P10－4　脚を一定方向に置くことでの鉛直軸誤差消去

③器械・標尺の浮沈による誤差

夏場などに路面が熱せられアスファルトなどの路面が軟らかくなり、器械や標尺が沈下することがある。器械の沈下は、器械の整置の不安定さから、観測者が気付くことがあるが、標尺の沈下は観測中には発見ができない。また、器械や標尺を設置した直後に、弾性反発によりそれらが浮き上がることがあり、当然観測誤差が生じる。

注意

対策：器械や標尺の沈下による誤差は、器械や標尺の設置場所を選ぶこと（コンクリート上などの硬固な場所）により避けることができる。また、弾性反発による誤差を避けるためには、器械や標尺を設置した直後の観測を控え、数十秒間をおいて観測を開始する必要がある

④標尺への日射の影響に伴う誤差

標尺の目盛りの黒ペンキが厚く塗られている場合、標尺に上から光があたると読みとりに系統誤差が生じることがある。場合によって、その量は0.5～1.0 mm/km になる。

また、北側の標尺は直射日光により熱せられ膨張し誤差の原因となる。

注意

対策：ペンキによる誤差については、標尺目盛りの凹凸がないものを用いれば誤差は生じない。また、標尺の膨張による誤差は、日射時間を少なくする敏速な読定により誤差を小さくできる

10-2-3　ウェービング法による標尺の読み

水準測量では、標尺を鉛直に立てたときの標尺の読値が必要となる。通常１～４級水準測量の場合は水平気泡管を使用するが、簡易測量の場合には気泡管等を用いずに、ウェービング法によって得ることができる。

ウェービング法の注意点として、以下の項目を守るように気をつける。

①測点の位置でレベルの方を向いて、足は肩幅に開き、まっすぐに立つ。

②標尺を両手で挟むように持つ。このとき標尺で目盛を隠さないようにする。

③レベルの観測者の合図で、標尺を５秒程度の間に前後に約10°ずつ振る。

● 10-3　使用器具

・オートレベル　1式
・球面脚頭三脚　1本
・標尺台　2個
・スタッフ　2本
・野帳、筆記用具　1式

● 10-4　実習手順

10-4-1　路線の決定

①指定されたB.M.から、指定された測点までを踏査して、歩測により40 m程度の間隔でもりかえ点を設定する。

注意

もりかえ点は偶数個、総観測点数も偶数個にする

10-4-2　水準測量

①後視測点、前視測点に標尺台を踏み込んで固定する。舗装の上でもしっかり踏み込む。
②歩測を利用して、後視測点から前視測点までの中央付近にレベルを据え付ける。オートレベルの据え付けでは鉛直軸誤差の消去法も考慮する。
③オートレベルの測定者は、後視の標尺を視準し、野帳に記入する。
④オートレベルを反転させ前視の標尺を視準し、野帳に記入する。
⑤前述①～④を次の測線で行い、目標となる測点まで繰り返す。
⑥目標となる測点を視準したら、復路をB.M.まで水準測量する。
⑦測定結果より、往路復路についてB.M.の標高から高低差を求める。往復の高低差は、0となるべきだが、通常誤差が生じる。

実習では、**誤差が公共測量3級水準測量の許容誤差（$10\sqrt{S}$＜（mm））を満たすように**する。ここで、**Sは片道観測距離（km）の値を入力するが、$10\sqrt{S}$の単位は（mm）として扱う**。許容誤差を超えた場合は、再測とする。

（誤差）＝｜（往路高低差）＋（復路高低差）｜ ＜ $10\sqrt{S}$

⑧目標測点の平均標高を求める。
［往路による目標測点の標高］＝［B.M.の標高］＋［往路高低差］
［復路による目標測点の標高］＝［B.M.の標高］－［復路高低差］
［目標測点の標高］＝［往路・復路による目標測点の地盤高の平均］

表P10－1　野帳の記入例

測点：測点P				器械：		
観測年月日：		天候：	風：	標尺：アルミ製標尺		
観測者：			記帳者：			
往路				高低差		
測線	距離(m)	B.S.	F.S.	昇＋	降－	
B.M.－1	42.5	1.022	0.918	＋0.104		
1－2	46.4	1.476	1.451	＋0.025		
2－3	38.8	1.534	1.521	＋0.013		
3－4	41.2	1.444	1.676		－0.232	
4－5	35.2	1.391	1.628		－0.237	
5－目標	37.3	1.236	1.354		－0.118	高低差
和	206.2	6.712	6.920	＋0.142	－0.587	－0.445

復路				高低差		
測点	距離(m)	B.S.	F.S.	昇＋	降－	
目標－5	37.3	1.548	1.434	＋0.114		
5－4	35.2	1.572	1.333	＋0.239		
4－3	41.2	1.529	1.298	＋0.231		
3－2	38.8	1.677	1.688		－0.011	
2－1	46.4	1.345	1.369		－0.024	
1－B.M.	42.5	1.214	1.32		－0.106	高低差
和	206.2	7.313	7.109	＋0.584	－0.141	＋0.443

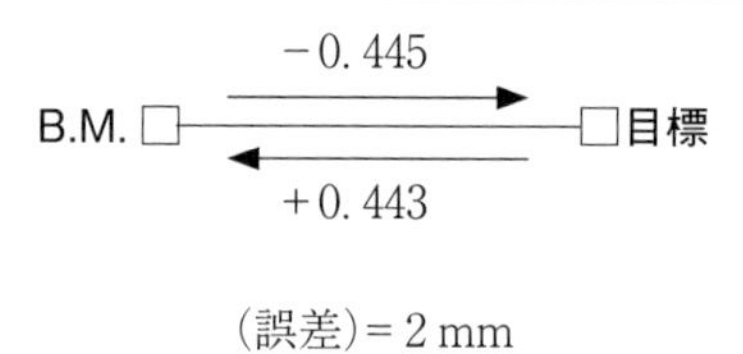

(誤差)＝2 mm

● 10-5　結果の整理

①観測結果を整理する。

②１級、２級の水準測量では、「**①球差による誤差、②潮汐による誤差、③重力の影響**」といった誤差も考慮する必要がある。これらの誤差評価法を調べなさい。

第11章　トータルステーションによる基準点測量

11-1　目的

単路線方式の４級基準点測量を用いて、基本的な基準点測量と座標の決定方法を身につける。

11-2　知識

11-2-1　単路線方式

単路線方式とは、既知点間を１つの路線で結合させる多角方式である。

両端の既知点において、両既知点またはどちらか１点で方向角の取り付け観測を行う。単路線方式は原則として３級および４級基準点測量で採用される。

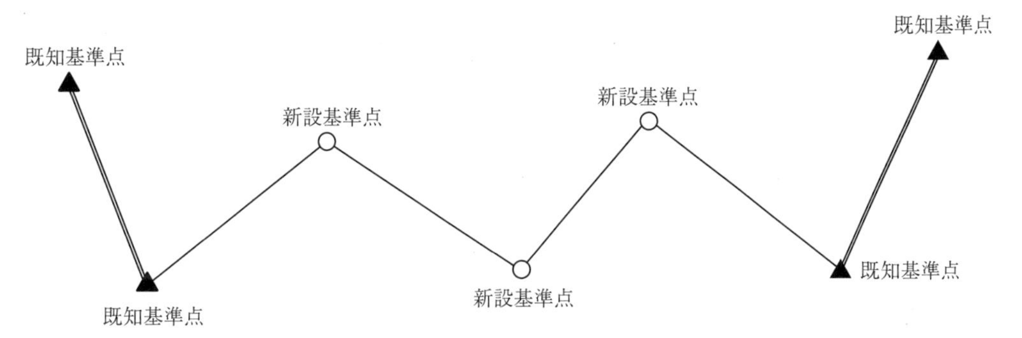

図 P11－1　単路線方式の概念図

11-2-2　方位角と方向角

方位角（azimuth angle）とは子午線（meridian）を基準にして右回りに測った角である。**方向角（direction angle）とは、座標のＸ軸を元にして右回りに測った角度**である。

また、子午線を元にして右または左回りに座標のＸ軸まで測った角度を子午線収差角といい、Ｘ軸を元にして右または左回りに子午線まで測った角度を真北方向角という。子午線収差角と真北方向角は符号が反対で絶対値は同じである。

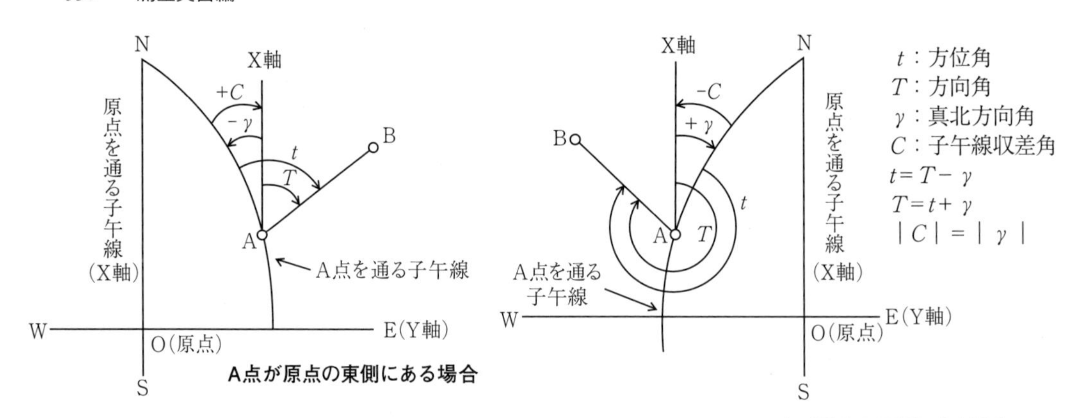

図 P11－2　方位角と方向角の関係（その１）　　**図 P11－3**　方位角と方向角の関係（その２）

2点 A(x_i, y_i) から B(x_n, y_n) への方向角 T は次の計算式で求められる。

$$T = \tan^{-1}\frac{y_n - y_i}{x_n - x_i}$$

ただし、方向角 T は点Bの象限によって下記図のようになる（T は絶対値とする）。

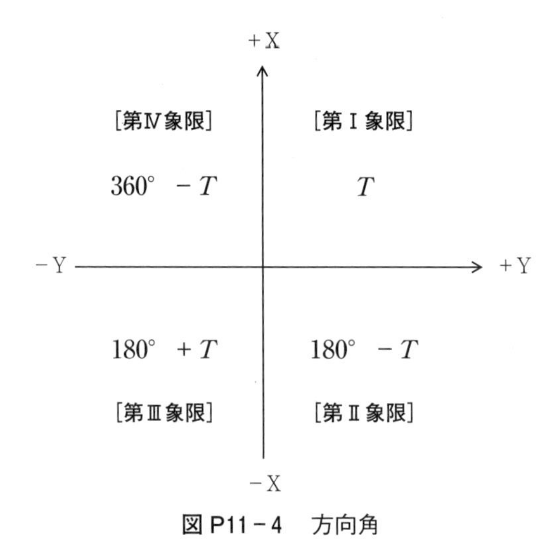

図 P11－4　方向角

注意

tan^{-1}（arc Tan）で求められる角度について、第Ⅰ象限および第Ⅳ象限の場合はX軸（＋）からの角度であり、第Ⅱ象限および第Ⅲ象限の場合はX軸（−）からの角度である

方向角はX軸（＋）から右回りの角度であるから、第Ⅰ象限以外では補正が必要である

方向角（Direction angle）の計算式

測量座標のX軸（＋）から右周りの角度を方向角という。

点Aから点Bへの方向角 T は、tanを使用しての計算が最もシンプルであるため、方向角の計算には、通常、$\tan^{-1}$ を使用する。

$$T = \tan^{-1}\frac{y_n - y_i}{x_n - x_l}$$

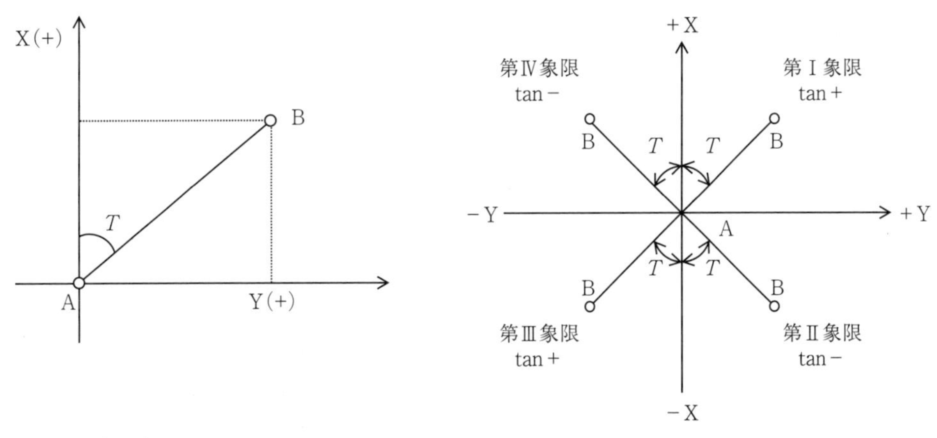

図P11－5　方向角の計算　　**図P11－6　方向角計算結果の符号**

計算式で求められる方向角 T は、点Bが点Aに対する象限方向によって、**図P11－6**のとおりとなる。また、各象限における角度（方向角）の計算結果の符号も図のとおりとなる。

11-2-3　距離の補正計算

測量の基準は、準拠楕円体面上（GRS80楕円体）であり、実際に扱う測量座標は、平面直角座標系であるため、観測した距離を補正する必要がある。

観測距離 → ①基準面上の距離（投影補正計算）→ ②平面上の距離（縮尺補正計算）

①基準面上の距離（投影補正計算）

距離の計算においては、点間距離を準拠楕円体上（GRS80楕円体）とするために標高に準拠楕円体面からジオイド面までの高さであるジオイド高を加えた楕円体高を用いて補正すると規定されている。そのジオイド高は、各既知点のジオイド高を平均した値を用いることとされている。

ジオイド高は、国土地理院が提供するジオイドモデル（日本のジオイド2011（Ver.2））から求めるか、ジオイドモデルが無い地域で水準点がある場合には、GPS測量と水準測量を行い、その地域のジオイド高を計算してから求める。

$$S = D\cos\left(\frac{\alpha_1 - \alpha_2}{2}\right)\frac{\mathrm{R}}{\mathrm{R} + \left(\frac{H_1 + H_2}{2}\right) + N_g}$$

ただし、

S　：基準面上（準拠楕円体）の距離（m）

D　：測点1～測点2の斜距離（m）

H_1：測点1の標高（概算値）＋測距儀の器械高（m）（$H_a + i_1$）

H_2：測点2の標高（概算値）＋測距儀の器械高（m）（$H_b + i_2$）

α_1：測点1から測点2に対する高低角

α_2：測点1から測点2に対する高低角

R＝6 370 000：平均曲率半径（m）

N_g：ジオイド高（既知点のジオイド高を平均した値）

補足

両端点の高低角α_1およびα_2の平均値を用いて、斜距離Dから水平距離S'を求める

$$S' = D\cos\left(\frac{\alpha_1 - \alpha_2}{2}\right)$$

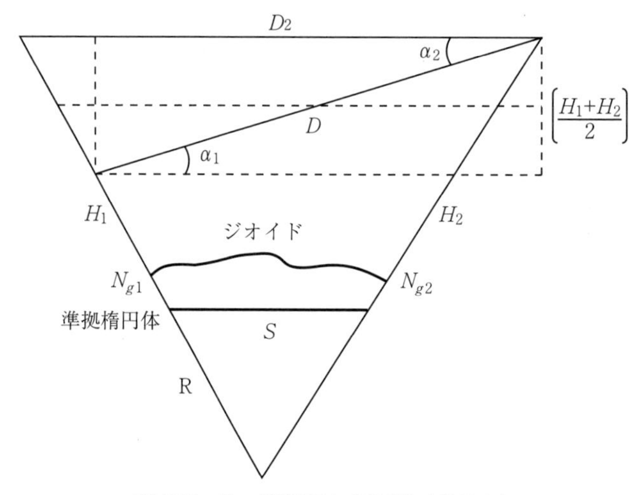

図 P11－7　基準面上の距離（その1）

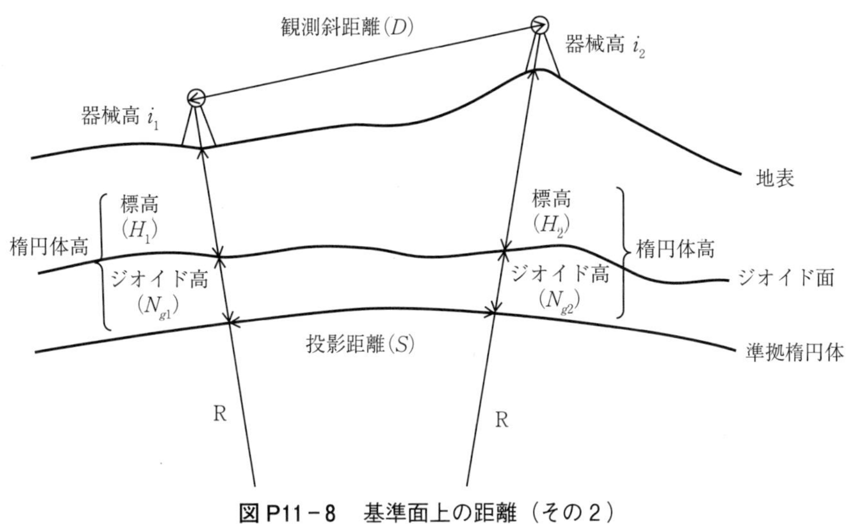

図 P11－8　基準面上の距離（その2）

②平面上の距離（縮尺補正計算）

基準面面上の距離（投影距離）に、平面上に近似した場合の相対誤差が1万分の1以内に収めるように定めた観測地点の縮尺係数を与え、平面上の距離を計算する。

$s = S \times \mathrm{K}$

ただし、

s ：座標面上の距離（m）

S：基準面上（準拠楕円体）の距離（m）

K：縮尺係数

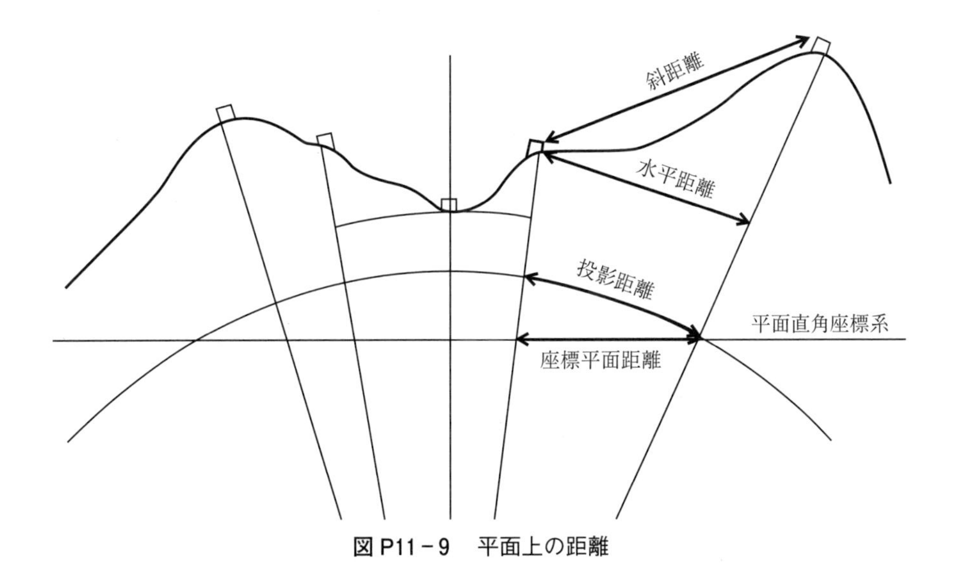

図 P11－9　平面上の距離

例題）水平距離の計算

下記のような観測結果例がある場合の点１から点２までの測量で使用する平面直角座標系での水平距離を計算しなさい。

観測結果例

観測斜距離　$D_1^2 = 1\ 200.564$ m、観測高低角　$\alpha_1 = 5°\ 10'\ 20''$、$\alpha_2 = -5°\ 10'\ 43''$

解答例

①水平距離の計算

観測斜距離と両端点の観測高低角の平均を用いて水平距離 S′ を計算する。「12－2－3」距離の補正計算」に記述した式より、

$$S' = 1\ 200.564 \cos\left(\frac{(5°\ 10'\ 20'') - (-5°\ 10'\ 43'')}{2}\right) = 1\ 195.670 \text{ m}$$

②投影補正計算

「12－2－3」距離の補正計算」に記述した式より、基準面上の距離を計算する。

$$S = 1\ 195.670 \times \frac{6\ 370\ 000}{6\ 370\ 000 + \left(\frac{87.50 + 108.23}{2}\right) + 20.89} = 1195.648 \text{ m}$$

③平面距離（平面直角座標系上）への変換

基準面上の距離に縮尺係数を乗じる。

$$S = 1\ 195.648 \text{ m} \times 0.999\ 921 = 1\ 195.554 \text{ m}$$

● 11-3　使用器具

・トータルステーション	1式
・反射プリズム	2台
・三脚	3台
・測量鋲・明示板	必要組
・野帳、筆記用具	1式

● 11-4　実習手順

11-4-1　測点の設置

①使用する既知点（４つ）を設置し、既知点の方向角を得る。

②新基準点の設置を行う。新点は40 m から50 m 間隔で前後の基準点への見通しが確保できる場所に測量鋲を打ち込む。

③新基準点名は、T －１、T －２、・・・とし、測量鋲の明示板に書き込む。

11-4-2　基準点観測

①単路線方式による４級基準点測量を実施する。観測は第６章の「角測量（水平角）」の手順で各測点間の夾角を観測し、第７章の「角測量（鉛直角）」の手順で各測点間の高度角を観測する。

②トータルステーションの光波により各測点間の距離を測定する。

注意

既知点 AB 間、CD 間の距離は必要ない

③各測点観測終了後、必ず精度確認（倍角差、観測差、高度定数差）を行い、制限オーバーの場合は再測を行うこと。

注意

観測忘れのないようにすれば、観測の順番はどの点から観測しても問題ない

表 P11－1　各測点における野帳記入の例

測点：測点 T−1		B = C = P		器械：				
観測年月日：		風：						
		天候：		観測者：		記帳者：		
目盛	望遠鏡	視準点	観測角	結果	倍角	較差	倍角差	観測差
°			° ′ ″	° ′ ″	″	″		
0	R	M 1	0° 01′ 47″					
		T−2	191° 02′ 36″	191° 0′ 49″				
					102	− 4	12	8
	L	T−2	11° 02′ 45″	191° 00′ 53″				
		M 1	180° 01′ 52″					
90	L	M 1	270° 07′ 12″					
		T−2	101° 08′ 07″	191° 00′ 55″				
					114	+ 4		
	R	T−2	281° 07′ 59″	191° 00′ 59″				
		M 1	90° 07′ 00″					
水平角の観測結果		中心の観測角						
測点	方向	° ′ ″						
T−1	M 1	0° 00′ 00″						
	T−2	191° 00′ 54″						
			r − l = 2 Z					
			90 ± α = Z					
望遠鏡	視準点	観測角	α	高度定数差				
		° ′ ″	° ′ ″	″				
R	M 1	90° 19′ 29″	180° 38′ 36″					
L		260° 40′ 53″	90° 19′ 18″					
	和	360° 00′ 22″	− 0° 19′ 18″	8				
R	T−2	91° 34′ 33″	183° 08′ 36″					
L		268° 25′ 57″	91° 34′ 18″					
	和	360° 00′ 30″	− 1° 34′ 18″					
斜距離		測定距離	測定距離	セット内較差	セット間較差	測定結果		
測点	方向	(m)	(m)	(mm)	(mm)	(m)		
T−1	T−2	47.354	47.355	1				
		47.354	47.354	0	1	47.354		

● 11-5　結果の整理

単路線方式の簡易網平均計算を説明する。

単路線方式は、既知点間を一路線で結ぶ多角方式で、出発点と到達点のどちらかにおいて他の既知点への方向角の取り付けを行うことが条件である。

本計算においては、計算説明を簡素化するために、鉛直角の計算を省略し、距離も補正計算後の値を使用する。また、出発点と到達点において方向角の取り付けを行った場合の計算である。

以下に計算の基礎と計算例を使っての計算要領を説明する。

11-5-1　測量座標と方向角

座標系のX軸は、座標系原点において子午線に一致する軸とし、真北に向かう値を正とする。座標系のY軸は、座標系原点において座標系のX軸に直行する軸とし、真東に向かう値を正とする（数学座標とはX軸とY軸が逆である）。方向角は、座標のX軸を元にして右回りに測った角度である。

例）A点からB点への方向角 α_A^B は下図のとおりである。

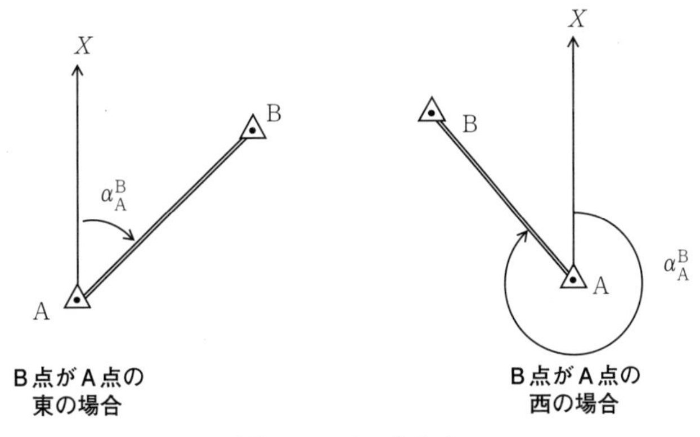

図P11－10　方向角

11-5-2　座標値の計算

点Aの座標が（x, y）、点Aから点Bまでの距離が S［m］、点Aから点Bへの方向角が α であるとき、点Bの座標は以下のとおりである。

表P11－2　各測点名

測点名	X座標	Y座標
A	x	y
B	$x+S\times\cos\alpha$	$y+S\times\sin\alpha$

11-5-3　計算の例題

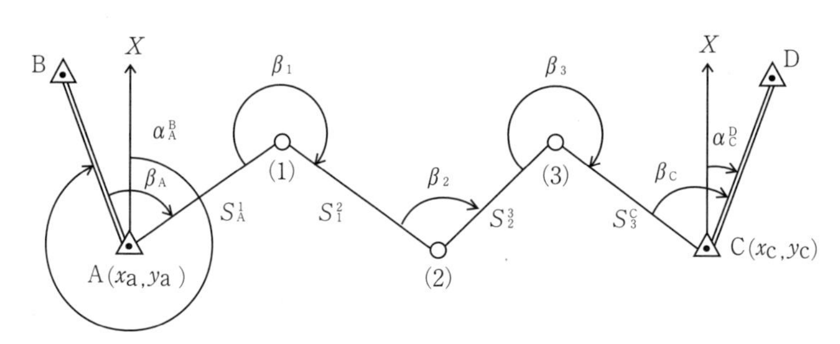

図 P11－11　観測図（例題）

A：出発点（既知点）　B：出発点方向角取付既知点
C：到達点（既知点）　D：到達点方向角取付既知点
α：既知点方向角
β：観測夾角（きょうかく）
S：補正後の水平距離

表 P11－3　既知点座標

測点名	X 座標	Y 座標
A	−27 312. 689 m	+35 713. 674 m
C	−27 162. 513 m	+36 810. 354 m

出発点、取付点の既知方向角　[既知点]

$\alpha_A^B = 350°30'21''$，　$\alpha_C^D = 12°05'23''$

水平距離（補正後）

$\beta_A = 92°29'19''$，　$\beta_1 = 210°10'28''$，　$\beta_2 = 100°26'45''$，
$\beta_3 = 240°10'19''$，　$\beta_C = 98°18'23''$

観測夾角（補正後）

$S_A^1 = 320.493$ m，$S_1^2 = 296.734$ m，$S_2^3 = 300.567$ m，$S_3^C = 340.193$ m

①夾角補正計算

既知方向角と観測夾角を用いて各測点間における仮方向角を計算し、方向角の閉合誤差を求め、観測夾角の誤差を補正する。

$\alpha_A^1 = \alpha_A^B + \beta_A - 360° = 350°30'21'' + 92°29'19'' - 360° = 82°59'40''$

$\alpha_1^2 = \alpha_A^1 + \beta_1 - 180° = 82°59'40'' + 210°10'28'' - 180° = 113°10'08''$

$\alpha_2^3 = \alpha_1^2 + \beta_2 - 180° = 113°10'08'' + 100°26'45'' - 180° = 33°36'53''$

$\alpha_3^C = \alpha_2^3 + \beta_3 - 180° = 33°36'53'' + 240°10'19'' - 180° = 93°47'12''$

$\alpha_C^D = \alpha_3^C + \beta_C - 180° = 93°47'12'' + 98°18'23'' - 180° = 12°05'35''$

取り付け点Cでの既知方向角は、$\alpha_C^D = 12°05'23''$であるから方向角の閉合誤差$\varDelta\alpha$は、$\varDelta\alpha = 12°05'35'' - 12°05'23'' = +12''$（正しい方向角に対して12″大きいということ）となる。ここで、この誤差を各観測夾角に均等配布（測点平均）する。

表 P11－4　補正夾角の計算

測点名	観測角	補正値計算	補正値	補正夾角
A	β_A	－12″／5 × 1 = － 2″	－ 2″	92° 29′ 19″ － 2″ = 92° 29′ 17″
（1）	β_1	－12″／5 × 2 = － 5″	－ 3″	210° 10′ 28″ － 3″ = 210° 10′ 25″
（2）	β_2	－12″／5 × 3 = － 7″	－ 2″	100° 26′ 45″ － 2″ = 100° 26′ 43″
（3）	β_3	－12″／5 × 4 = －10″	－ 3″	240° 10′ 19″ － 3″ = 240° 10′ 16″
C	β_C	－12″／5 × 5 = －12″	－ 2″	92° 29′ 19″ － 2″ = 92° 29′ 17″

②方向角の補正計算

補正夾角を用いて、各測点の方向角を計算する。

表 P11－5　方向角の補正計算

測点名	観測角	方向角の補正計算
		（既知方向角）　$\alpha_A^B = 350°30'21''$
A	β_A	$\alpha_A^1 = \alpha_A^B + \beta_A - 360° = 350°30'21'' + 92°29'17'' - 360° = 82°59'38''$
（1）	β_1	$\alpha_1^2 = \alpha_A^1 + \beta_1 - 180° = 82°59'38'' + 210°10'25'' - 180° = 113°10'03''$
（2）	β_2	$\alpha_2^3 = \alpha_1^2 + \beta_2 - 180° = 113°10'03'' + 100°26'43'' - 180° = 33°36'46''$
（3）	β_3	$\alpha_3^C = \alpha_2^3 + \beta_3 - 180° = 33°36'6'' + 240°10'16'' - 180° = 93°47'02''$
C	β_C	$\alpha_C^D = \alpha_3^C + \beta_C - 180° = 93°47'02'' + 98°18'21'' - 180° = 12°05'23''$
		（既知方向角）　$\alpha_C^D = 12°05'23''$

③座標補正計算

方向角と水平距離（補正後）を使用し、各測点の仮座標を計算する。ここで、取り付け既知点における閉合差を計算し精度確認を行う。精度が制限内であれば閉合誤差の補正計算を行い、各測点の座標を計算する。

表 P11－6　仮座標計算

測点名	X 座標（仮座標点）	Y 座標（仮座標点）
A	－27 312. 689	＋35 713. 674
（1）′	－27 312. 689＋320. 456 m×cos82°59′38″ ＝－27 273. 601	＋35 713. 674＋320. 456 m×sin82°59′38″ ＝＋36 031. 737
（2）′	－27 273. 601＋296. 700 m×cos113°10′3″ ＝－27 390. 329	＋36 031. 737＋296. 700 m×sin113°10′3″ ＝＋36 304. 511
（3）′	－27 390. 329＋300. 533 m×cos33°36′46″ ＝－27 140. 046	＋36 304. 511＋300. 533 m×sin33°36′46″ ＝＋36 470. 879
C′	－27 140. 046＋340. 153 m×cos93°47′02″ ＝－27 162. 494	＋36 470. 879＋340. 153 m×sin93°47′02″ ＝＋36 810. 290

閉合差

既知点 C の座標（－27 162. 513, ＋36 810. 354）と仮座標計算で求めた C 点の仮座標（－27 162. 494, ＋36 810. 290）との差。

$$閉合差=\sqrt{((-)27\ 162.513-(-)27\ 162.494)^2+((+)36\ 810.354-(+)36\ 810.290)^2}=0.067\ \mathrm{m}$$

$$精度=\frac{0.067\ \mathrm{m}}{(320.493\ \mathrm{m}+296.734\ \mathrm{m}+300.567\ \mathrm{m}+340.193\ \mathrm{m})}=\frac{1}{18\ 775}=\frac{1}{18\ 000}$$

閉合誤差補正計算

X 座標誤差＝(－)27 162. 494－(－)27 162. 513＝＋0. 019 m

Y 座標誤差＝(＋)36 810. 290－(＋)36 810. 354＝－0. 064 m

表 P11－7　座標補正計算

測点名	X 座標補正計算	Y 座標補正計算
（1）	－0. 019 m／4×1＝－0. 005 m	＋0. 064 m／4×1＝＋0. 016 m
（2）	－0. 019 m／4×2＝－0. 010 m	＋0. 064 m／4×2＝＋0. 032 m
（3）	－0. 019 m／4×3＝－0. 014 m	＋0. 064 m／4×3＝＋0. 048 m
C	－0. 019 m／4×4＝－0. 019 m	＋0. 064 m／4×4＝＋0. 064 m

④座標計算

仮座標計算で求めた仮座標に座標補正値を加える。

表 P11－8　座標計算

測点名	X 座標	Y 座標
(1)	−27 273.601−0.005＝−27 273.606	36 031.737＋0.016＝36 031.753
(2)	−27 390.329−0.01　＝−27 390.339	36 304.511＋0.032＝36 304.543
(3)	−27 140.046−0.014＝−27 140.06	36 470.879＋0.048＝36 470.927
C	−27 162.494−0.019＝−27 162.513	36 810.29＋0.064＝36 810.354

「温故知新」編

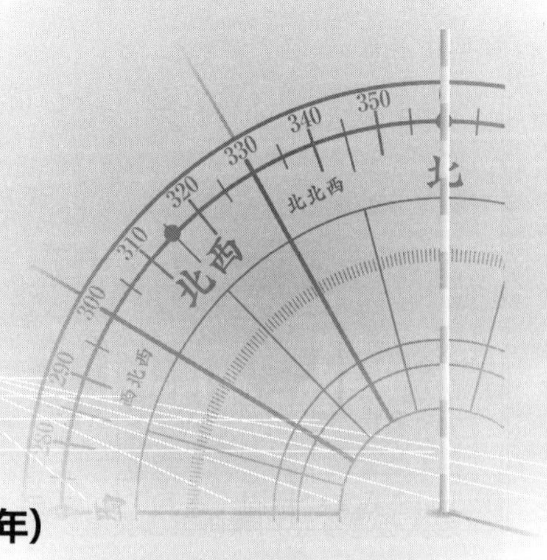

第１章　松浦武四郎（1818年～1888年）

北海道の歴史を語るとき、忘れてはならない三重県出身の人物がいる。それは、津市の南を流れる雲出川対岸の、一志郡須川村（現在の松阪市小野江町）に生まれた松浦武四郎である。

江戸時代後期、文化15年に生まれた武四郎の生家は、参宮街道に面しており、文政13年（1830年）に500万人を超える人々が伊勢を目指したといわれる「文政のおかげ参り」の旅人の姿を目の当たりにして全国各地の見知らぬ土地への興味やあこがれを抱いたといわれる。

13歳から津藩の平松楽斎に学んだ彼は、16歳を前に突然塾を辞めて江戸に向かい、一旦連れ戻されるものの、17歳で全国を巡る旅に出る。

天保14年（1843年）、各地を巡った武四郎が目指したのが蝦夷地。松前藩の取締りが厳しく、このときは上陸を果たせなかったが、２年後には函館から知床を巡る１回目の探査を行った。安政５年（1858年）までの13年間で６回の蝦夷地探索を行い、全域をくまなく踏査したことに加え、樺太や国後・択捉などにも渡っている。こうした探査の記録は日誌（151冊）としてまとめられ、当時は未開地と認識されていた蝦夷地の状況を伝える貴重な調査記録となった。彼の蝦夷地調査は、単に地理的な測量を目指したものではなく、蝦夷地の自然や生活、アイヌ文化などを知る上での総合調査の一端として行われた。既に知られていた伊能図（大日本沿海輿地全図）を活用し、海岸線の特徴や内陸部の川の状況などを記録したその内容は緻密かつ詳細なものだった。

武四郎の調査記録は、当時の知識人や幕末の志士たちも注目し、吉田松陰や西郷隆盛、大久保利通なども武四郎の家を訪れるなどの交流をしている。

一方、幕府も蝦夷地調査の重要性を認識し、既に３回の調査を行っていた武四郎を雇い入れる形で安政３年（1856年）の４回目の調査から地理調査にあたらせている。武四郎は同時にアイヌ民族の実態調査を進め、幕府にアイヌ文化の保護を訴えるなど、原住民であるアイヌの立場に立った活動を行った。

時代が明治になると、武四郎は新政府から「蝦夷地開拓御用掛」に任じられ、開拓使が設置されると、「開拓判官」に任命される。ここで武四郎は、「蝦夷地」に替わる新しい名前の提案を求められ「北加伊道」などを政府に提出し、これをもとに新名称は「北海道」

に決定された。郡名や国名（現在の支庁名）をアイヌ語の地名をもとに名づけたことから、武四郎をして「北海道の名付け親」と呼ばれる所以がここにある。

その後、武四郎は政府の北海道開拓の考え方との違いに反発して辞職する。彼のアイヌ民族とその文化の保護に根ざす考え方が、開拓による営利を追求する商人との間に軋轢を生んだ結果だった。政治の世界に失望した武四郎は、その後再び全国をめぐるなどし、大台ケ原に登山し、そのルート整備や山小屋の建設などに努めて、冒険心の衰えることはなく、70歳のときには富士登山もしている。

明治21年（1888年）に71歳で亡くなった彼の生涯は、日本中を駆け巡った「旅」そのものであり、歴史の転換期の日本各地に大きな足跡を残した。

図H1－1　松浦武四郎肖像（65歳）（写真提供：三重県松阪市 松浦武四郎記念館）

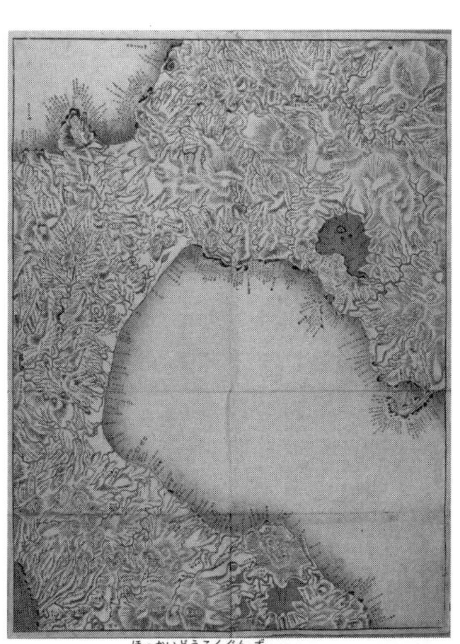

図H1－2　北海道国郡図（部分）（写真提供：三重県松阪市 松浦武四郎記念館）

第2章　西嶋八兵衛（1596年～1680年）

戦国時代の末期、慶長元年に生まれた西嶋八兵衛は、津藩初代藩主藤堂高虎に仕え、京都二条城の築城に携わるなどした津藩士である。彼の土木技術者としての専門領域は広く、城づくり以外にも作庭や治水、水田開発など多岐にわたる。

空海（弘法大師）の造営とされる香川県の満濃池は、12世紀末の決壊から修復がなされず、灌漑用の池として機能していなかった。津藩と縁戚関係にあった讃岐高松藩へ派遣された彼は、普請奉行としてその改修に努め、農業用ため池の機能を見事に復活させたほか、新たな水田開発や灌漑用水の調査指導に当たり、讃岐平野の安定した農業経営の基礎を築いた。

津藩に戻った八兵衛は、２代藩主藤堂高次の命のもと、寛永20年（1643年）や正保３年（1646年）と打ち続く領内の大旱魃への対応を任された。

伊勢湾に注ぐ雲出川の下流域は、現在は肥沃な水田が広がる地域となっているが、当時は、そばを流れるものの水田より低い雲出川からの取水がかなわず、旱魃の影響を受けるとすぐさま凶作となる土地だった。彼は、上流の一志郡戸木村（現在の津市戸木町）に堰を設けて取水し、北側の久居台地の裾に水路を開削して、総延長7200間（約13km）に及ぶ大工事の陣頭指揮にあたった。

彼がとった工法が伝えられている。水路を通す土地の高低差を測るため、夜間に同じ長さの竹の先に提灯をつけて立て並べ、これを遠望して測量を行ったといわれている。現在の水準測量の原点のような手法を用いたほか、水路の途中には７ヵ所の樋門を設けて水流調節を行い、また水路の側斜面に竹を植えて崩落を防ぐなど、大規模な土木工事となった。慶安元年（1648年）に完成したこの「雲出井用水」により、以降、下流の13カ村約600町歩の水田が旱魃の影響を受けることなく、１万石近くの安定した収量が得られるようになった。

その後、城和加判奉行（山城・大和の津藩領の管理者）となり藩政要職を務めた八兵衛だが、延宝８年（1580年）に85歳で亡くなる。彼の生涯は、土木技術者として数多くの水田開発や灌漑施設の改修に取り組んだ農業基盤整備の先駆者と位置づけられる。雲出井用水が分岐する津市高茶屋小森町には彼の遺徳たたえる井ノ宮神社（水分神社）があり、毎年４月に祭礼行事が行われている。350年のときを経て、雲出井用水は改修を繰り返しながら現在もその機能を保ち続け、今日も台地裾の水路は豊かな流れで満たされている。

写真H2－1　西嶋八兵衛銅像（津市丸之内）

写真H2－2　現在の雲出井用水（津市高茶屋小森町分水地点）

第３章　柳楢悦（1832年～1891年）

明治初期、近代国家の産声を上げた我が国の水路事業（海図製作や海洋測量、海象・気象・天体の観測など）を牽引した人物が柳楢悦である。

天保３年（1832年）に津藩下級武士の長男として江戸に生まれた彼は、天保９年（1838年）に父に従って来津し、９歳から津藩校有造館の養正寮に入った。元服後「楢悦」を名乗るようになった彼は、算術家として著名だった村田佐十郎の門下で算術の基礎を学び、その才能を発揮し頭角を現した。嘉永６年（1853年）、津藩では沿岸部の測量を行っており、彼も参加している。このときの記録簿である『測量稿』と題された和綴冊子には、津城下海岸部の基点から湾岸線の主な目標物（山や崎、大きな樹木など）までの距離や角度が記されており、六分儀を使った本格的な測量であったことがわかる。

その後、安政２年（1855年）に幕府が開設した長崎海軍伝習所への津藩留学生12名のひとりとして、楢悦は師の村田佐十郎とともに派遣される。伝習所では、西洋の数学を基礎とした近代的な航海術や海防に必要な測量術を習得するとともに、ここで出会った人々との交流が、明治期の楢悦の大きな飛躍につながる。勝海舟や小野友五郎などの幕臣のほか、薩摩藩の五代友厚や川村純義などがその代表的な人物だった。

帰国後の文久元年（1861年）に幕府はイギリスの測量艦隊に日本沿岸の測量を許可するが、伊勢神宮神域に近い伊勢・志摩や熱田神宮のある尾張への立ち入りは、朝廷の抗議や津藩の申し出により禁止された。そのとき、津藩は長崎への留学を終えた村田や柳の技量を高く評価し、自藩の領海測量実施を申し入れ、この海域の測量を幕府海軍と共同で行うことになった。海上保安庁が所蔵する『藩海實測稿』と題された資料には、計算式や数値、略測図など様々な書き込みがあり、実地での様子が垣間見られる資料である。

その後、明治３年（1870年）になって新政府に出仕した楢悦に求められたものは、諸外国からの水路測量要求への対応で、全国各地の沿岸測量の推進だった。その先頭に立って測量を行い、我が国の水路事業の先駆者となった彼だが、明治21年（1888年）に観象事業（気象観測と天文観測）を海軍が一元的に扱うべきとの主張が内務省や文部省との溝を生み、水路部長の職を退く。

海軍退役後は、大日本水産會の幹事長として明治22年（1889年）に水産伝習所（後の水産講習所、東京水産大学（現 東京海洋大学））を設立して水産業の振興や人材育成に努めたほか、翌年には貴族院議員に勅撰され国政に携わるものの、明治24年（1891年）に亡くなった。

海上保安庁にある柳楢悦胸像の台座には、水路部創設時に掲げた創業方針の一節が刻まれている。

「水路事業ノ一切ハ海員的精神ニ依リ徹頭徹尾外国人ヲ雇用セス地力ヲ以テ外国ノ学術技芸ヲ選択利用シ改良進歩を期スヘシ」

この言葉の示す信念は、時代の要請から生じた水路測量の重要性を、自ら先頭に立って切り開いてきた者の矜持の表れであり、海路の前方を見据える彼の視線の強さがそれを物語っている。

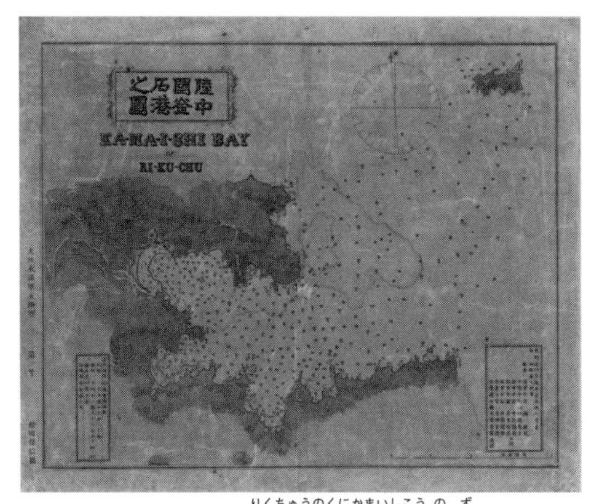

図H3－1　陸中國釜石港之圖
日本で最初に刊行された、岩手県釜石港近辺の沿岸測量図で、柳楢悦が陣頭指揮をとって測量された成果として我が国の水路測量の記念碑的な意味を持つ一枚（出典：海上保安庁 HP）

図H3－2　柳楢悦（出典：海上保安庁 HP）

第4章　上野英三郎（1872年～1925年）

人波の途切れることのない東京・渋谷駅前で人々を見つめる「忠犬ハチ公」の銅像。全国的に有名な忠犬ハチの飼主が、東京帝国大学教授で農業土木・農業工学を専門として全国の耕地整理事業に指導的役割を果たした上野英三郎博士である。

博士は、明治5年（1872年）に現在の津市久居元町に生まれ、明治28年（1895年）に東京帝国大学農科大学農学科を卒業後に大学院で学び、明治33年（1900年）から講義を行っている。この頃の日本は「耕地整理法」が制定され、大規模な耕地整理（圃場整備）が行われようとしていた。当時、その技術指導のできる農業土木技術者がほとんどいなかった時代に、上野博士はその第一人者として活躍した。明治44年（1911年）には、東京帝国大学に我が国初の農業工学講座が創設され、初代講座主任となっている。

彼の耕地整理に対する理論は、伝統的な水田区画である南北を意識した一辺60間（約108m）の正方形区画を批判し、土地の傾斜や地形に合せて「最小の労力で最大の収量を確保する」ことに重点が置かれた。

博士の著書『耕地整理講義』は、大学や各地での講義・講演などをまとめたものである。近代的な耕地整理理論の集大成となった著作の中で博士は、実際に行われていた古代以来の土地区画に固執した整備事例を挙げ、地形を考慮しない「所謂碁盤目主義なるもの」と断じ、用水路と排水路を兼ねた水路の在り方や、道路に接しない水田を生じる欠点などを批判的に指摘している。また、耕地に関わる水路論や道路論に加え、実際の耕地整理の設計や具体的な工法の提示、施行の順序、費用の計算法など、耕地整理の要点を一冊にすべて盛り込んだ内容で、農業土木学の「原典」と評価されている。

博士が提唱した耕地整理理論は、個々の水田が用水路と側道、排水路に接して独立した耕作を可能とするもの。これは、時代が推移して工業が発展し、やがて労働力が農村から都市に移動し、少人数で農業生産を担わなければいけない時代の訪れを見越したもので、動力（牛馬・機械）を効率的に使える大規模区画を整備する先見性のあるものだった。しかし、博士の区画理論（短辺30m ×長辺100m、面積30アールが基本）の耕地整理理論の実現は、当時の土地制度（寄生地主制）のもとでは不可能だった。土地所有者である地主にとって、収穫量の増加は望んでも、耕地整理に膨大な費用をかけて耕作者である小作人の負担を軽減する必要はなく、効率的な農業経営の観点（労働量低減と生産性向上）は必要とされなかったことに起因する。博士の理論が実現されるには、土地制度の抜本的な改革（戦後の農地改革）を待たねばならなかった。理論が示されてから60年を経た昭和30年代後半、全国各地での大規模圃場整備で採用された「標準区画」の採用こそが、博士の提唱した耕地整理理論の実現だった。現在、全国各地の圃場区画の基礎となっているのは上野博士の理論に基づいたものであり、我が国の「農業土木学の父」と評価される業績を残している。

博士は、大学で教鞭を執る一方で、農商務省兼任技師として全国各地の農業土木技術指導を通じて多くの技術者を育てた。その人数は3,000人ともいわれる。その中には、大正12年（1923年）9月に起きた関東大震災の後、首都東京の復興にかかる「帝都復興事業」を支えた技術者も多く含まれ、土木測量技術が農業分野以外でもたいへん大きな役割を果たし、震災復興に生かされたことがうかがえる。

大正14年（1925年）上野博士は53歳のときに大学内で倒れ急逝する。帰らぬ主人を待ちわびるハチ公の物語が有名となるのは博士の亡くなった7年後、渋谷駅前のハチ公像の建立は9年後のことだった。

技術者として、また教育者として牽引した耕地整理事業と復興事業への貢献と実践は、博士の正装写真が示す強い眼差しの先に我が国の未来を見通しているようでもある。

図H4－1　上野英三郎博士（東京大学大学院農学生命科学研究科　生物・環境工学専攻　農地環境工学研究室　所蔵）

図H4－2　近鉄久居駅（津市）広場の上野英三郎とハチ公（除幕式：2012年10月20日，制作者：稲垣克次）

■ 用語解説

BM（Bench Mark ; B.M.） →「ベンチマーク」

CAD（Computer Aided Design; コンピューターを用いた設計支援（ツール））

DEM（Digital Elevation Model）「数値標高モデル」。標高値のみの「DTM」のこと

DTM（Digital Terrain Model）「数値地形モデル」。地形を三次元座標で数値表現する

GIS（Geographic Information System） →「地理情報システム」

GNSS（Global Navigation Satellite System）「全地球航法衛星システム」。人工衛星を用いて、地球上の位置座標を特定するシステムの総称

GPS（Grobal Positioning System） →「全地球測位システム」

GRS80楕円体（Geodetic Reference System 1980）「地球楕円体」のうちのひとつ。IAGおよびIUGGが1979年に採用した

IAG（International Association of Geodesy）「国際測地学協会」

ICT（Information and Communication Technology） →「情報通信技術」

ITRF座標系（International Terrestrial Reference Frame） IERSが定義した地球の重心を三次元直交座標系とする測地座標系

IUGG（The International Union of Geodesy and Geophysics）「国際測地・地球物理学連合」

REM（Remote Elevation Measurement） トータルステーションの持つ機能のひとつ。プリズムを直接設置できない目標の鉛直距離を求めることができる。遠隔測高

RTK-GNSS RTK…Real Time Kinematic. 地上の基準局から位置情報を用いて、高い精度で現在の位置情報を取得する技術

T.P.（Tokyo Peil） →「東京湾平均海面」

UAV（Unmanned Aerial Vehicle） 無人航空機のことであり、通称名はドローン（Drone）である

WGS84座標系（World Geodetic System 1984） 米国が採用している座標系

伊能忠敬（いのうただたか）（1745年～1818年） 江戸時代の商人・測量家。寛政12年（1800年）から文化13年（1816年）にかけて10次にわたる江戸幕府公認の測量隊を編成し、蝦夷地（現 北海道）から南九州にかけての範囲を測量して『大日本沿海輿地全図』を完成させた。→「大日本沿海輿地全図」

インバール尺（inver tape） →「インバール製標尺」

インバール製標尺（inver rod） ニッケル鋼（インバール）で作られた標尺。ニッケル鋼は、温度に対する変化が小さい

上野英三郎（うえのひでさぶろう）（1872年～1925年） 東京の渋谷駅前「忠犬ハチ公」の飼い主。三重県久居の出身。上野は、農業土木学の第一人者であり、東京帝国大学に農業土木学の専修コースを創設し、水田区画の大型化や用排水路の整備などの研究・改良を進め、現代の効率的な農業生産基盤整備の礎を築いた

右岸（うがん）**・左岸**（さがん） 河川を上流から下流に向かって、右側を右岸、左側を左岸という。なお、海洋分野ではその逆をいうことがあるので注意

衛星測位（navigation satellite system） 人工衛星からの電波を受信して、受信機と衛星との距離を測定し、この距離をもとに位置と時刻を計算すること

円形気泡管（circular level） 円形の気泡管

円形水準器（circular level） →「円形気泡管」

鉛直線（vertical line） 重力の働く方向に引いた直線のこと。水平面に垂直に交わる。測量機器の鉛直軸は、気泡管を用いて定める

オクトコプター（octcopter） 8つのローターを搭載した回転翼機

オルソフォト（orthophoto） →「写真地図」

温故知新 故きを温ねて新しきを知る。古くから伝わる知識や技術を再確認することで、新しい発見があるということ

外業（field work） 野外作業のこと

回転楕円体（spheroid） 楕円をその長軸または短軸を中心に回転したときに得られる立体

河川測量（river surveying） 河川の改修工事などの計画に必要な河川の状況を明らかにするための測量

間接水準測量（indirect leveling） 水準測量機器を使用せずに高低差を測定する測量。GPS測量、スタジア測量、写真測量などがある

規矩術 西洋測量術の江戸時代における呼称。当時の西洋測量術は、コンパスと定規を用いて遠近高低を測る計測方法と絵図作成技術であった

気差誤差（refraction error） 光の屈折によって生ずる誤差。光は大気密度の大きい方に屈折する。地表面付近は、太陽熱によって気温が高くなるため、大気密度が小さくなる。この密度差によって、光の屈折による誤差が生ずる

基準点測量（control point survey） 既知点をもとに、基準点の平面位置または標高を定める測量。広義の意味での「基準点測量」には、平面位置を定める狭義の意味での「基準点測量」と、標高を定める「水準測量」が含まれる

既知点（known point） 基準点測量において、すでに平面位置または標高が定まっている点。与点ともいう→「未知点」

気泡管（level vial） 液体と気泡を封入した透明容器。整準の際に、鉛直軸が正しく鉛直に据えられているか確認するために使用する

基本測量（basic survey） 測量法で規定するすべての測量の基礎となる測量。国土地理院で行う

求心望遠鏡（plummet eyepiece） 三脚に取りつけた測量機器の鉛直軸の中心と測点の中心を合わせるために用いる望遠鏡。求心望遠鏡の視野の中心に測点を合わせることで中心を合わせる

クアッドコプター（quadcopter） 4つのローターを搭載した回転翼機

空眼 目測。江戸時代に刊行された「量地指南」において、その重要性が説かれている

空中写真測量（aerial photogrammetry） 航空機に搭載した航空カメラによって撮影した地表面の写真画像を用いて地形図を作成する測量

屈折誤差（refraction error） →「気差誤差」

結合多角方式（**connected traverse method**）基準点測量の方式のひとつ。3点以上の既知点を用いて、既知点と新点とを多角路線によって結合した多角網を形成する。交点が多いため、観測精度は高くなる

験潮場（**tide station**）潮汐変動を連続的・長期間観測するための施設。検潮所

量盤『量地指南』に示された測量器械。現代でいう平板。量盤を用いた測量とは、平板測量を指す。『量地指南』には、量盤の詳細図面や分解図などが描かれている。また、量盤の詳細な各パーツの寸法も表記されている

公共測量（**public survey**）「基本測量」以外の測量のうち、費用の全部もしくは一部を国または公共団体が負担もしくは補助する測量

公共測量作業規程（**Regulations for Public Surveys**）公共測量の作業方法などについて、計画機関（たとえば国土交通省など）が定めた規定。「作業規程の準則」を準用する

航空法（**Aviation Law**）航空機の航行の安全、航空機による運送事業などの秩序の確立を目的とする法律

航空レーザー測量（**airborne laser mapping**）航空機に搭載したレーザー測距装置・GPS・IMUを用いて、上空から地形や建造物の三次元座標を観測する測量

光波距離計（**electro-optical distance meter**）→「光波測距儀」

後視（**B. S. ; Back Sight, backsight**）水準測量において標高が既知の点に対する視準、あるいはその点に立てた標尺の読み→「前視」

光波測距儀（**electro-optical distance meter**）光波を用いて距離を測る機器。発射光と反射光の位相のずれから距離を求める

小型無人機等飛行禁止法　国会議事堂、内閣総理大臣官邸その他の国の重要な施設等、外国公館等及び原子力事業所の周辺地域の上空における小型無人機等の飛行の禁止に関する法律

国際地球基準座標系（地球重心系）（**International Terrestrial Reference Frame**）→「ITRF座標系」

国土地理院（**Geospatial Information Authority of Japan**）国土交通省に設置された特別の機関。地理空間情報の活用を推進するための、測量・地図に関する施策を講じることを役割として挙げている。測量法では、国土地理院の行うものを「基本測量」という

国家基準点（**national control point**）国土地理院によって、設置および維持されている基準点。基準点測量では、国家基準点を既知点として、基準点を増設していく

コンペンセータ（**compensator**）自動的に視準線を水平に保つための装置。自動レベルに搭載されている。ワイヤで吊り下げた三角プリズムが重量力によって常に鉛直方向に維持されることを利用している

作業規程の準則（**surveys regulations**）公共測量における作業規程を計画機関が策定する際に規範となる準則

三脚（**tripod**）測量機器を設置するために用いる三本脚の台座。脚の伸縮・開閉によって、機器の高さ・水平を調整できる

三次元直交座標系（**three dimensional Cartesian coordinate system**）地球の重心を原点とし

て三次元直交座標を定めた座標系。この座標内に任意の「地球楕円体」を設定できる。ただし、実用上は、緯度経度で表示した方が、位置関係を把握しやすい

算法地方大成（さんぽうじかたたいせい） 江戸時代における農政学・農業工学の教科書。天保 8 年（1837年）に刊行された。秋田義一著。農政・農業土木等に対する詳細な記述がある。堤防決壊に対する工事の方法などが詳細に記されている。当時の農政学や土木技術の工法が良くわかる

ジオイド（Geoid） 地球の全表面を平均海面でならしたと仮想した面

視準（しじゅん）**（collimation）** 測量機器の望遠鏡を観測目標に向かって定めること

自動補正装置（compensator） →「コンペンセータ」

自動レベル（automatic level） 自動補正機構によって、視準線の水平を自動的に維持できるレベル。オートレベル

写真地図（orthophotomap） オルソ補正を行った航空写真。オルソ補正の際には、中心投影の写真を正射投影に変換するため、「正射写真図」ともいう

重力（gravitation） 地球が物体を引き寄せる力。本来、標高とは、ある点から地表面までの距離を、重力に対して垂直方向に測定した長さのことである。しかし、現在の測量では、観測比高を楕円補正することで、近似的に標高としている。この違いによって、測量では誤差が生ずる

準拠楕円体（Reference Ellipsoid） 地球楕円体と三次元直交座標を組み合わせることで、位置座標を表現することができる状態の楕円体と座標系の組み合わせ

情報通信技術（ICT ; Information and Communication Technology） 主にコンピュータを活用した情報および通信に関する技術。従来の IT（Information Technology）とほぼ同義語で用いられる。Communication の語によって、通信・伝達の側面が強調されている

塵劫記（じんこうき） 江戸時代初期の和算家の吉田光由（よしだみつよし）（1598年～1673年）が記した和算書。和算は、江戸期に発達した日本独自の数学で、庶民にも流行していた

水準器（level vial） →「気泡管」

水準測量（leveling） 地表面の標高または高低差を求める測量

数～（すう） たとえば「数十、数百・・・」の使い方。このときの「数」とは、4 を境にして、2 ～ 3 または 5 ～ 6 を意味する「大体の範囲」をいう

数値地形図（digital mapping） 地図情報を、座標データなどのように、コンピュータで処理できる形式で記録したもの

据え付け（setting up the instrument） 三脚を使用して測量機器を測点の真上に水平に設置すること。測量は、測点の中心に座標を与える作業を繰り返すことで進んでいく。据え付けの精度は、測量精度にそのまま反映される。測定機器を正しく据え付けることは、極めて重要な作業である

スタジア線（stadia line） 距離および高低差を求めるため、トランシットなどの望遠鏡内に刻まれた線

スタッフ（leveling rod）「標尺」または「箱尺」の別名

精眼『量地指南』に示された測量観測時に目標物を凝視すること

整準（**leveling**）鉛直軸を正しく鉛直に据える作業。整準ねじを操作し、気泡を気泡管中央に導くことによって行う

整準ねじ（**leveling screw**）整準の際に調整を行うねじ

セオドライト（**theodolite**）角度（水平角、鉛直角）を測定する器械。米国で使用されていたものをトランシット、欧州で使用されていたものをセオドライトといっていたが、現在では、角度の読取方式の違いで使いわけている

世界測地系（**World Geodetic System**）世界各国で共通に利用できることを目的に構築された測地基準点のこと

前視（**F. S. ; Fore Sight, foresight**）水準測量において標高が未知の点への視準→「後視」

全地球測位システム（**GPS ; Global Positioning System**）地球を周回する4機以上の人工衛星の電波を同時に受信して位置を測定するシステム。米国で開発された

測量（**surveying**）地表上の各点相互の位置を求め、ある部分の位置・形状・面積を測り、これを図示すること、およびその技術のこと

測量機器級別性能分類表（**Classification of Surveying Instruments**）測量に使用する機器の性能基準を定めて、分類した表。「作業規程の準則」の別表に定められている。基準点測量などでは、各級区分の基準を満たす性能の機器を用いなければならない

測量術 江戸時代における「測量」の呼称

測量法（**Surveying Law**）土地の測量に関する基本的な事項を定めた法律

太閤検地 豊臣秀吉（1537年～1598年）による大規模な測量事業。正確な年貢を把握するために行われた。全国規模で田と畑の形状を測り、面積・耕作者を検地帳に記すことで、耕作地（個人）ごとの年貢を計算した

大日本沿海輿地全図 伊能忠敬が中心となって作製された日本国土とくに海岸線および内陸河川等の実測地図。寛政12年（1800年）から文化13年（1816年）にかけて江戸幕府の事業として測量および地図作成が行われた。完成は文政４年（1821年）。大図（縮尺１/36 000、全214枚）、中図（縮尺１/216 000、全８枚）、小図（縮尺1/432 000、全３枚）がある→「伊能忠敬」

楕円体（**Earth Ellipsoid**）→「地球楕円体」

単路線方式（**compound traverse method**）基準点測量の方式のひとつ。既知点間をひとつの路線で結合させる多角方式

地球楕円体（**Earth Ellipsoid**）地球の形に近似させた回転楕円体。南北に扁平な形状をしている。世界各地で測定が行われたため、いくつかの種類がある。それぞれの測定結果の違いによって、わずかに数値が異なる。地表面の各点を求めるときに使用する

地図情報レベル（**map information level**）数値地形図データの精度を示す値。従来の地図の縮尺に代わる概念。たとえば、地図情報レベル2500は、１/2500の地図縮尺に相当する

潮汐（**tide**）月や太陽と地球の重力差によって海面が上下する現象。月や太陽の引力によって重力の方向がずれるため測量において誤差が生ずる

直接水準測量（direct leveling） レベルと標尺などの水準測量機器を用いて、直接高低差を測定する測量

地理空間情報活用推進基本法（Basic Act on the Advancement of Utilizing Geospatial Information） 地理空間情報の活用の推進に関する基本的な事項を定めた法律

地理情報システム（GIS；Geographic Information System） 地理・地形に関する情報（空間データ）を、数値・図形情報として扱い、これらの情報を利用・加工・解析することで、意思決定の支援を行うシステム

津藩校有造館 文政3年（1820年）に津藩第10代藩主藤堂高兌が開設した藩校。幕末にかけて藩士子弟教育の拠点となり、明治期に活躍した人材を数多く輩出した

定心桿（centering screw） レベルを固定するために使用する三脚の部位のこと。レベルの底部にあるねじ穴に定心桿をねじ込んで固定する

ティルティングレベル（tilting level） 望遠鏡内に見える管型気泡管を用いて、視準線の水平を保持するレベル。気泡菅レベル

ディジタルマッピング（digital mapping） →「数値地形図」

電子基準点（digitel geodetic point） GNSS 衛星から電波を受信する措置を持った地点

電子平板（electronic plane table） あらかじめ観測された基準点の三次元座標をもとに、トータルステーションで観測した角度と距離から地形図の作図を行うシステム

電子レベル（digital level） 自動レベルに CCD カメラを組み込み、目盛の読み取り、測距を自動的に行い、測定値をデジタルデータで表示・記録するレベル

電波法（Radio Act） 電波行政全般の基本を定めた法律。この法律は、電波の公平且つ能率的な利用を確保することによって、公共の福祉を増進することを目的とする

東京湾平均海面（Tokyo Mean Sea Level（TMSL），T.P.） 1873年～1879年にかけて、東京湾霊岸島で観測した潮位の平均値。標高の基準として定められている

東京湾霊岸島（Reigan-jima） 日本の標高の基準となる東京湾平均海面を定める際に観測点となった島

東北地方太平洋沖地震（The 2011 off the Pacific coast of Tohoku Earthquake） 2011年3月11日に太平洋三陸沖で発生した日本観測史上最大の地震。東日本大震災を引き起こした。この地震に伴って発生した巨大津波によって、特に沿岸域が壊滅的な被害を受けた

トータルステーション（total station） 角度（水平角、鉛直角）と距離を同時に測定できる電子式測距測角儀。内部コンピュータにより、三次元座標の算出ができる

トランシット（transit） 角度（水平角、鉛直角）を測定する器械

トリコプター（multicopter） 3つのローターを搭載した回転翼機

内業（indoor work, office work, desk work） 室内作業のこと

長崎海軍伝習所 安政2年（1855年）に江戸幕府が設立した海軍士官の養成機関。砲術や航海術などの軍事関係の学問だけでなく、医学・化学などの当時最先端の西洋学術を取り入れた教育機関であった

日本経緯度原点（Japan Horizontal Datum） 日本における経緯度の基準となる原点

日本水準原点（Japan Vertical Datum） 日本における高さの基準となる原点。東京湾平均海面を０ｍとした基準

農業土木（農業農村工学）（NOGYODOBOKU; Irrigation, Drainage and Rural Engineering） 土木技術を用いて、農業の生産性を高めることを目的とする分野。伝統的には、潅漑・排水および農地造成を中心課題としてきた。近年では、これらに加えて、農村生活・自然環境の整備なども対象としている

八田與一（八田与一；1886年～1942年）日本の土木・水利技術者。大正～昭和初期の台湾の農業水利事業に多大な貢献を果たした。八田が手掛けた台湾最大規模の農業灌漑組織「嘉南大圳」（1930年竣工）ならびにその水源として建設された「烏山頭ダム」（1930年竣工）は、現在でも台湾の最大穀倉地帯を守り続けている

反射プリズム（surveying prism） 光波測距儀による距離測量に用いられる機器。測距儀から発信された光波を反射し、これを測距儀が受信することで距離を測定する

ヒステリシス誤差（hysteresis error） レベルを回転させたときに、コンペンセータが鉛直に戻りきれないときに生ずる誤差

標高（elevation） 基準点（日本ではT. P.）からその点に至る鉛直距離

標尺（leveling rod）、スタッフ（stuff） レベルの視準線の高さ、またはスタジア線間の間隔を求めるために用いる目盛尺

標尺台（leveling rod turning plate） 標尺を立てるための補助器具。標尺の沈下による誤差を防ぐ。標尺台は体重をかけてしっかりと踏み込み、標尺台中央にある突起上に標尺を立てて使用する

標尺の零点誤差（zero point error） 標尺底面の摩耗などによって、零点目盛がずれることによって生ずる誤差。観測回数を偶数回にすることで、起点と終点で同じ標尺を立てることになり、標尺の零点誤差を消去できる

標尺目盛誤差（scale pitch error） 標尺目盛の不均一によって生ずる誤差。往観測と復観測で標尺を交換することで、標尺目盛誤差を軽減できる

プロポ（proportional control system） 左右スティックで機体の操縦を行う送信機。プロポーショナル・システム（比例制御）の略

平面直角座標系（Plane Rectangular Coordinate System） 原点における子午線をＸ軸、それに直交する線をＹ軸とする座標系

ヘキサコプター（hexacopter） ６つのローターを搭載した回転翼機

ベッセル楕円体（Bessel's Ellipsoid）「地球楕円体」のうちのひとつ。ベッセルが提唱した

ベンチマーク（B. M. または BM ; Bench Mark） 標高が既知の水準点。仮BMをKBMともいう

方位角（azimuth） 子午線の北の方向を基準として測った水平角

方向観測法（method of direction） ある１点から数個の点を順次観測し、各観測差をとって夾角を求める方法

方向法（method of direction） →「方向観測法」

マルチコプター（multicopter） ３つ以上のローターを搭載した回転翼機

未知点（**unknown point**）位置や高さを与点から求める点→既知点、与点

モード（**mode**）プロポの舵の割り当てのこと。モード１～モード４の４種類ある。日本国内ではモード１が主流である

用地測量（**surveying of land acquisition**）道・水路・ダムなどの工事で、公共の用に供するために必要な土地および境界等について調査し、用地取得等に必要な資料や図面を作成する測量

陸地測量部（**Land Survey Department**）陸軍参謀本部陸地測量部。明治21年に置かれた。国土地理院の前身

リチウムポリマー・バッテリー（**lithium polymer battery**）電解質がゲル状であることから液漏れが無く、高エネルギー密度・高性能なバッテリー。エネルギー密度が高いことから、取り扱いに注意が必要である

量水標（**water level mark**）河川の水位や潮位を観測するための設備。鉛直な岸壁や柱に取り付けられた目盛板の目盛を読み取ることで、水位変化を測定する

量地指南 享保18年（1733年）に刊行された村井昌弘の『量地指南 前編』３冊、および、村井昌弘の死後の寛政６年（1794年）に刊行された『図解 量地指南 後編』５冊の江戸時代の測量技術書。現在においても測量技術者（特に初心者）にとって大切な心構えとして十分に通じる

量地図説 嘉永５年（1852年）に刊行された、初心者のための測量術解説書。甲斐駒蔵と、その弟子である小野友五郎との共著。簡易な測量器による観測方法と、計算方法を解説している。当時の農政・農業土木技術者の測量初心者向けに書かれた

レベル（**Level ; 水準儀**）水準測量を行うための器械

六分儀（**Sextant**）天体の高度角、水平角あるいは測定者自身の位置などを測定するための手持ちの測量器械。60°（360°の六分の一）の弧（arc）によって角度を測定する

路線測量（**route surveying**）道路・水路・鉄道など狭長な地域に造られる施設の設計・施工のための測量

参考文献

国土地理院（2012）：地理空間情報活用推進基本法・基本計画，http://www.gsi.go.jp/kihonhou.html.

国土地理院（2013）：平成25年度国土地理院概要，http://www.gsi.go.jp/kikakuchousei/gaiyou.pdf.

農業農村工学会（2019）：改訂６版農業農村工学標準用語事典，農業農村工学会，東京.

索　引

あ　行

か　行

さ　行

た 行

な　行

は　行

ま　行

や 行

ら 行

わ 行

欧 文

■ ギリシャ文字一覧

大文字	小文字	アルファベット表記	読み方
A	α	alpha	アルファ
B	β	bêta	ベータ
Γ	γ	gamma	ガンマ
Δ	δ	delta	デルタ
E	ε	epsilon	イプシロン
Z	ζ	zêta	ツェータ
H	η	êta	イータ
Θ	θ	thêta	シータ
I	ι	iôta	イオタ
K	κ	kappa	カッパ
Λ	λ	lambda	ラムダ
M	μ	mu	ミュー
N	ν	nu	ニュー
Ξ	ξ	keisei, ksi	グザイ
O	o	o mikron	オミクロン
Π	π	pei, pi	パイ
P	ρ	rô	ロー
Σ	σ	sigma	シグマ
T	τ	tau	タウ
Y	υ	upsilon	ウプシロン
Φ	ϕ	phei, phi	ファイ
X	χ	khei, khi	カイ
Ψ	ψ	psei, psi	プサイ
Ω	ω	ô mega	オメガ

■ 長さ・広さ換算表

長さ（距離）

	寸	尺	間	町	里	メートル (m)	キロメートル (km)	インチ (in)	フィート (ft)	ヤード (yd)	マイル (mile)
寸	1	0.1	0.0166666	0.00027777	0.0000077	0.030303	0.0000303	1.19305	0.09941939	0.0331403	0.0000188
尺	10	1	0.166666	0.0027777	0.000077	0.30303	0.000303	11.9305	0.9941939	0.331403	0.000188
間	60	6	1	0.016666	0.000462	1.81818	0.001818	71.5832	5.965163	1.98842	0.001129
町	3600	360	60	1	0.027777	109.09	0.10909	4294.99	357.9098	119.305	0.067784
里	129600	12960	2160	36	1	3927.27	3.92727	154619	12884.753	4294.99	2.44033
メートル（m）	33	3.3	0.55	0.009166	0.000254	1	0.001	39.3701	3.28084	1.09361	0.000621
キロメートル（km）	33000	3300	550	9.16666	0.254629	1000	1	39370.1	3280.84	1093.61	0.621371
インチ（in）	0.83818	0.083818	0.013969	0.000232	0.000006	0.0254	0.000025	1	0.083333	0.027777	0.000015
フィート（ft）	10.0582	1.00582	0.167637	0.002793	0.000077	0.3048	0.0003	12	1	0.33333	0.000189
ヤード（yd）	30.1746	3.01746	0.50291	0.008381	0.000232	0.9144	0.000914	36	3	1	0.000568
マイル（mile）	53108.3	5310.83	885.123	14.752	0.409779	1609.344	1.609344	63360	5280	1760	1

追記）**「身度尺」（しんどしゃく）**：人間の体を使って長さを表現することもある
咫（あた）：人さし指と親指を直角にして指の先から指の先までの長さ
尋（ひろ）：両手を左右に広げたときの、指の先から指の先までの寸法
丈（つえ）：かかとから頭のてっぺんまでの長さ

広さ（面積）

	平方尺	坪	反	町	平方メートル (㎡)	アール (a)	ヘクタール (ha)	平方キロメートル (k㎡)	平方フィート (ft^2)	平方ヤード (yd^2)	平方マイル ($mile^2$)
平方尺	1	0.027777	0.000092	0.000009	0.091827	0.000918	0.0000092	-	0.988457	0.109828	-
坪	36	1	0.003333	0.000333	3.30578	0.033058	0.0003306	0.000003	35.5844	3.95372	0.000001
反	10800	300	1	0.1	991.736	9.91736	0.0991736	0.000991	10675.3	1186.14	0.000382
町	108000	3000	10	1	9917.36	99.1736	0.991736	0.009917	106750	11861.4	0.003829
平方メートル（㎡）	10.89	0.3025	0.001008	0.0001	1	0.01	0.0001	0.000001	10.7639	1.19599	0.0000003
アール（a）	1089	30.25	0.100833	0.010083	100	1	0.01	0.0001	1076.39	119.599	0.000038
ヘクタール（ha）	108900	3025	10.0833	1.0083	10000	100	1	0.01	107639	11959.9	0.0038
平方キロメートル（km^2）	-	302500	1008.33	100.833	1000000	10000	100	1	10764263	1195.99	0.3861
平方フィート（ft^2）	1.01171	0.028102	0.000093	0.000009	0.0929	0.000928	0.0000093	-	1	0.111111	-
平方ヤード（yd^2）	9.10543	0.25293	0.000843	0.000084	0.836127	0.008361	0.0000836	0.0000008	9	1	-
平方マイル（$mile^2$）	28205082	783443	2611.47	261.147	2589988	25899.88	258.9988	2.589988	27878400	3097600	1

著者紹介

谷口　光廣（たにぐち　みつひろ）
三重大学大学院 生物資源学研究科 非常勤講師
株式会社 若鈴 営業企画部 部長
測量士
執筆分担：基準点測量編（測量ことはじめ）、UAV 編

岡島　賢治（おかじま　けんじ）
三重大学大学院 生物資源学研究科 教授
博士（農学）
執筆分担：測量実習編

森本　英嗣（もりもと　ひでつぐ）
三重大学大学院 生物資源学研究科 准教授
博士（農学）
執筆分担：測量数学基礎編

中村　光司（なかむら　こうじ）
津市教育委員会 主幹
博物館学芸員資格
執筆分担：基準点測量編（測量ことはじめ）第1章古文書解説、「温故知新」編

成岡　　市（なりおか　はじめ）
三重大学名誉教授
株式会社　三祐コンサルタンツ管理本部　技術顧問
農学博士
執筆分担：顧問

© Mitsuhiro Taniguchi, Kenji Okajima, Hidetsugu Morimoto,
Koji Nakamura, Hajime Narioka 2020

改訂2版 実務測量に挑戦!! 基準点測量

2014年4月10日 第1版第1刷発行
2017年11月24日 改訂第1版第1刷発行
2020年4月3日 改訂第2版第1刷発行
2024年2月8日 改訂第2版第2刷発行

著 者 谷口光廣
岡島賢治
森本英嗣
中村光司
成岡市

発行者 田中聡

発行所
株式会社 電気書院
ホームページ www.denkishoin.co.jp
(振替口座 00190-5-18837)
〒101-0051 東京都千代田区神田神保町1-3ミヤタビル2F
電話(03)5259-9160/FAX(03)5259-9162

印刷 亜細亜印刷株式会社
Printed in Japan/ISBN978-4-485-30264-4

• 落丁・乱丁の際は,送料弊社負担にてお取り替えいたします.

JCOPY 〈出版者著作権管理機構 委託出版物〉
本書の無断複写(電子化含む)は著作権法上での例外を除き禁じられています.複写される場合は,そのつど事前に,出版者著作権管理機構(電話:03-5244-5088, FAX:03-5244-5089, e-mail:info@jcopy.or.jp)の許諾を得てください.
また本書を代行業者等の第三者に依頼してスキャンやデジタル化することは,たとえ個人や家庭内での利用であっても一切認められません.